中国电子教育学会高教分会推荐

普通高等教育电子信息类“十三五”课改规划教材

计算机操作系统

刘晓建　岳国华　编著

李占利　李军民　审

西安电子科技大学出版社

内容简介

本书是参考教育部颁布的计算机软件专业操作系统教学大纲，结合编者多年积累的教学经验和科研成果，借鉴国内外经典教材的优点编写而成。书中主要介绍了操作系统基本概念、原理和方法，力图体现计算思维、形式化方法和软硬件一体化等基本理念与思维方式在操作系统中的运用。

本书适合作为高等学校计算机相关专业的本科教材，也可作为相关人员的自学参考书。

图书在版编目(CIP)数据

计算机操作系统/刘晓建，岳国华编著. —西安：西安电子科技大学出版社，2017.7

普通高等教育电子信息类“十三五”课改规划教材

ISBN 978-7-5606-4385-4

Ⅰ. ① 计… Ⅱ. ① 刘… ② 岳… Ⅲ. ① 操作系统—教材 Ⅳ. ① TP316

中国版本图书馆 CIP 数据核字(2016)第 293505 号

策　　划　毛红兵

责任编辑　买永莲

出版发行　西安电子科技大学出版社(西安市太白南路 2 号)

电　　话　(029)88242885　88201467　　邮　　编　710071

网　　址　www.xduph.com　　电子邮箱　xdupfxb001@163.com

经　　销　新华书店

印刷单位　陕西天意印务有限责任公司

版　　次　2017 年 7 月第 1 版　2017 年 7 月第 1 次印刷

开　　本　787 毫米×1092 毫米　1/16　印　张　18

字　　数　424 千字

印　　数　1～3000 册

定　　价　38.00 元

ISBN 978-7-5606-4385-4/TP

XDUP 4677001-1

前　言

操作系统是当今最复杂的系统软件之一，是所有复杂应用软件的基础。操作系统已经深度融入到几乎所有与信息处理相关的系统中，小到各种传感器、智能手机、掌上电脑，大到超级计算机、云计算平台，甚至整个互联网络。

操作系统的种类多种多样，运行的硬件平台、应用目标和行为特征各不相同，从教学来说，不可能一一列举所有这些种类的操作系统。本书不是介绍某种具体的操作系统，而是在回顾计算机和操作系统发展历史的基础上，重点介绍操作系统的基本概念、原理和方法。因此，本书内容具有一般性和普适性。掌握了这些内容之后，可以将这些概念、原理和方法应用到某种具体的操作系统中。

计算机操作系统是计算机相关专业的一门重要的理论基础课，是学习和开发大型复杂软件系统的基础，同时也是学习程序开发方法、并发程序设计，甚至程序语义学的基础。“计算机操作系统”课程以计算机组成原理、数据结构、编译原理、程序设计语言等课程为先行课程，但是在学习过程中，并不要求学生对计算机硬件结构、编译原理等有详细了解，如果需要，则会在相关章节进行抽象和宏观的说明。

本书的编者是在高校长期从事操作系统教学和研究的人员。在编写本书时，参考了多部国内外经典教材，并根据教学活动中学生的反馈意见，进行了内容的合理选择和组织。本书具有以下主要特色：一是注重基本概念、方法和原理的讲解，力求做到概念准确、原理透彻，能够满足教学以及工程开发的基本要求；二是加强操作系统不同知识模块间的联系，便于学习者对操作系统形成一个系统化认识；三是通过例子以及 UNIX 系统调用的介绍，将抽象的概念和原理具体化，变得更容易理解和操作；四是增加了硬件基础知识的介绍，有利于形成软硬件一体化的思维方式，同时便于不具备计算机硬件基础的人员学习。

全书共七章。第一章为计算机操作系统概论，介绍了操作系统的基本功能，总结了操作系统的结构，回顾了操作系统的发展历史并展示了操作系统的全貌；第二章为操作系统的硬件基础，从宏观角度介绍了计算机的基本模块、指令集、指令循环和处理器模式，可为后续操作系统的学习建立硬件基础；第三章是进程管理，介绍了进程的概念、结构和状态迁移模型，进程的控制、进程的调度策略，以及线程的概念；第四章是进程的并发和死锁，主要介绍了实现并发控制的基本机制，如信号量、管程、消息传递等，分析了典型并发设计问题的解决方案，深入讨论了死锁以及处理死锁的各种策略；第五章是内存管理，介绍了虚拟内存的概念，分页式、分段式内存管理方法以及采取的管理策略；第六章为文件管理，介绍了文件的属性、结构、存储空间管理、目录结构、共享以及文件系统的保护等；第七章是输入/输出系统，介绍了 I/O 硬件结构和组织、软件组织、缓冲处理技术、磁盘驱动调度和 I/O 进程控制等。

本书的第一章至第六章由刘晓建编写，第七章由岳国华编写，最后由刘晓建统稿，李占利教授和李军民教授审核了全书。

本书的出版受到陕西省自然科学基础研究计划面上项目(2017JM6105)的资助，同时得到了西安科技大学校级规划教材项目和西安电子科技大学出版社的大力支持，在此表示衷心的感谢。

限于编者水平，书中不妥与疏漏之处在所难免，恳请广大读者批评指正。

编著者

2017 年 4 月

目　　录

第一章　计算机操作系统概论

计算机操作系统是当今最复杂的系统软件之一，它是几乎所有复杂应用软件的基础。操作系统已经深度融入到几乎所有与信息处理相关的系统之中，小到各种传感器、手机、掌上电脑，大到整个互联网。它的应用如此广泛，以至于我们感觉不到它的存在。

本章围绕操作系统的基本概念展开，试图从三个角度理解操作系统的概念，即功能角度、资源管理角度和计算环境角度；另外，本章回顾了操作系统的发展历史，总结了操作系统的基本结构，对已经渗透到社会生活方方面面的操作系统给出了一个全景式的概述。

本章学习内容和基本要求如下：

➢ 从三个角度理解计算机操作系统的概念。

➢ 在学习操作系统发展历史的基础上，重点掌握多道程序设计的概念、原理和实现；掌握分时系统的基本原理。

➢ 了解操作系统的典型结构，重点掌握层次结构、微内核结构的优点和不足；对虚拟机结构有所了解。

1.1　操作系统的概念

操作系统本质上是一组程序，它管理和控制着其他程序的执行，并充当应用程序和计算机硬件之间的接口。一般来说，操作系统应满足如下三个应用需求：

(1) 方便性。从用户使用的角度来看，操作系统应当为用户使用计算机提供便利。

(2) 有效性。从计算资源分配和管理的角度来看，操作系统应当为用户程序的执行提供必要的计算环境，并合理有效地调配各种计算机资源，使得系统整体使用效率得到优化和提高。

(3) 可扩展性。从操作系统本身的设计和构造方面来看，它应当满足可扩展性，即在构造操作系统时，应该允许在不妨碍服务的前提下，有效地开发、测试和引进新的系统功能。

当然，随着操作系统的普遍使用，人们对于操作系统的上述需求有所偏重。比如对于嵌入式操作系统，由于其面向专门的应用场合并工作在资源受限的环境下，人们更偏重于操作系统性能的有效性；而对于桌面或手机操作系统而言，由于它们主要完成与用户的交互，因此对操作系统的方便性要求更加突出。

一般来说，可以从以下三个角度来理解操作系统的概念：用户使用角度、计算资源管理和控制角度以及计算环境角度。

1.1.1　从用户使用角度理解操作系统

计算机用户大致可以分为三类：使用者、开发者和维护者。无论是哪一类用户，操作系统都应当为他们使用计算机提供便利。从用户角度来看，操作系统表现为一组可用的功

能和提供这些功能的接口。总的来说，操作系统为用户提供了如下功能：

(1) 程序开发。操作系统提供了各种各样的工具和服务，如编辑器、编译器和调试器，帮助开发者开发程序。这些服务通常以实用工具程序的形式出现，严格来说，它们并不属于操作系统的核心部分。

(2) 程序运行。运行一个程序需要很多步骤，包括必须把指令和数据载入到内存、初始化I/O设备和文件以及准备其他一些资源。操作系统为用户程序的执行提供必要的环境，并处理这些调度问题。

(3) I/O设备访问。对每个I/O设备的访问都需要特定的指令集或控制信号，操作系统隐藏这些细节并提供了统一的访问接口，使得程序员可以使用简单的读、写操作访问这些设备。

(4) 文件访问和控制。操作系统能够为用户提供简单、抽象的文件访问和控制方法，屏蔽对文件的具体存储介质(如磁盘、磁带)的访问和控制，隐藏存储介质中文件数据的存储结构等。此外，对于多用户系统，操作系统还可以提供保护机制来控制对文件的访问。

(5) 并发控制和系统保护。对于共享或共有的系统资源，操作系统对这些系统资源和数据进行并发访问控制及安全保护，解决资源竞争的冲突问题，避免未授权用户的非法访问。

(6) 错误检测和响应。计算机系统运行时，可能发生各种各样的错误，包括内部和外部硬件错误(如存储器错误、设备失效或故障)以及各种软件错误(如算术溢出、试图访问被禁止的存储器单元、执行非法指令等)。对每种情况，操作系统都必须给予响应以清除错误条件，减小其对正在运行的应用程序的影响。响应可以是终止引起错误的程序、重新执行操作或简单报告应用程序错误等。

(7) 日志和记账。一个好的操作系统可以收集对各种资源使用的统计信息，监控诸如响应时间之类的性能参数。在任何系统中，这些信息对于预测将来增强功能的需求以及调整系统以提高性能等都大有用处。对于多用户系统，这个信息还可用于记账。

1.1.2　从计算资源管理和控制角度理解操作系统

从资源管理角度来看，操作系统是计算资源的管理者。当多个任务或多个用户同时请求有限的计算资源时，为了防止资源冲突，并且高效地利用这些资源，需要一个管理者从中进行合理有效的分配和协调。计算资源包括：

(1) 处理器。对于单处理器计算机，当多个应用程序同时请求运行时，就会发生处理器资源的争夺。协调多个应用程序的执行，需要使用操作系统的调度机制来解决。即使对于多处理器计算机，仍然存在处理器资源的分配、协调和负载均衡问题。比如，当一个任务到来时，究竟让哪一台处理器执行该任务，或者当一个正在执行的任务需要与另一个运行在其他处理器上的任务通信时，都需要操作系统的处理器调度机制来参与协调。

(2) 内存。当多个应用程序同时运行时，就会争夺内存资源。如何分配内存资源，使得每个应用程序既能相互隔离、避免相互干扰，又能共享特定的区域、方便应用程序之间的通信和联络，同时还能提高内存的使用效率，最大程度上发挥处理器的处理能力，这就需要操作系统的内存管理机制来加以解决。

(3) 外部存储介质。对于大量的数据信息，如何有效地进行存储、访问以及保护，是操作系统存储器管理和文件系统管理必须解决的问题。

(4) I/O资源。I/O资源是计算机系统中最为丰富多彩，同时也是控制最为复杂的一部分资源。

(5) 实用程序、关键数据和文档。除了上面的硬件资源外，实用程序、关键数据和文档也是计算资源的组成部分。

所有这些资源的管理和控制问题，其核心都是一个最优化问题，也就是如何在有限资源的约束下，满足每个应用的需求，同时使整个系统的某个或某些指标达到最优。这是作为资源管理者的操作系统重点需要解决的问题。这些问题将在后续章节详细展开。

操作系统对应用程序及资源的管理和控制方式与普通的自动控制系统有所不同。在自动控制系统中，控制器与被控对象通常是不同的事物，被控对象一般是物理过程，而控制器一般是包含控制算法的计算机系统，控制器根据负反馈原理，通过执行器向被控对象施加操作，实现控制目标。操作系统对资源的控制方式与自动控制系统有三方面不同：

(1) 操作系统与普通的应用程序一样，都是由处理器执行的一段或一组程序。同时，操作系统还要管理和控制其他程序，因此操作系统可以称为“元程序”(Meta program)。

(2) 操作系统不能独立于计算机资源之外而存在，它既是计算资源的使用者，又是计算资源的管理者。操作系统管理和控制着处理器、内存和外存等计算资源，同时它的运行和存储也必须用到这些资源。这一点决定了操作系统必须耗费和占有计算资源。

(3) 操作系统对应用程序的控制并不是由操作系统来解释和执行应用程序，而是通过操作系统对资源的控制和释放来实现的。当一个应用程序需要执行时，操作系统必须放弃处理器资源，让它转而执行该应用程序；当需要操作系统进行控制和管理时，处理器又必须从应用程序被切换到操作系统程序，执行相关控制功能；控制结束之后，处理器又要被切换回应用程序，继续执行有意义的操作。图 1-1 形象地说明了操作系统对处理器的控制和释放过程，其中黑粗线条表示操作系统或应用程序正在占用处理器。

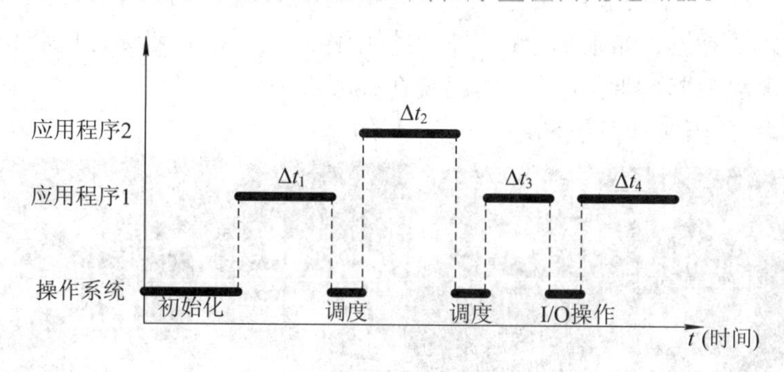

图 1-1　操作系统对处理器的控制和释放

1.1.3　从计算环境角度理解操作系统

从提供计算环境的角度来看，可以把操作系统看作：为相互独立运行的用户或进程，提供隔离的虚拟计算环境的提供者。在后续章节的学习中将会看到，通过处理器调度、虚拟内存、虚拟磁盘以及 I/O 多路复用和磁盘调度等技术的使用，操作系统可以为一个用户或进程创建一个独立、自含的计算环境，并给用户造成自己私人占有整个计算机的假象，我们把这样的计算环境称为虚拟计算环境或虚拟机。

虚拟计算环境能够很好地实现硬件计算资源的共享性和用户之间的逻辑隔离性。当一

个用户需要进行计算时，总需要处理器、内存、存储器和 I/O 等资源，但是在一个多用户系统中，这些资源不可能完全分配给该用户；另一方面，每个用户都希望能够拥有各自独立的计算空间，相互不发生干扰，圆满地完成计算任务。虚拟计算环境就是为了满足这两个看似相互矛盾的需求而提出的。

虚拟计算环境为用户或进程使用计算机提供了一个“视图”(View)，或者说虚拟计算环境就是一个用户或进程所看到的计算机的映像，这些映像是整个计算机系统的一个局部、侧面或片段。要为一个用户创建一个虚拟计算环境，并保证计算环境的正确、可靠和有效，就需要操作系统的支持。

虚拟计算环境的概念在操作系统的设计中运用得较为普遍。比如在分时系统中，运用时分复用原理，为每个用户分配周期性时间片资源，如果周期足够小，就会造成用户自己独占计算资源的假象；再如，在目前广泛使用的 Android(安卓)手机操作系统中，每个应用程序都运行在一个 Dalvik 虚拟机的基础上，使得应用程序相互隔离。当一个程序出错时，错误被限定在自己的计算环境中，不会干扰其他应用程序，从而提高了系统的安全性和可靠性。

1.2　操作系统的发展历史

1.2.1　串行处理

20 世纪 40 年代后期到 50 年代中期，计算机处于早期发展阶段。当时还没有出现操作系统，程序员直接与计算机硬件打交道。这些机器都运行在一个控制台上，控制台包括显示灯、触发器、某种类型的输入设备和打印机等。用机器代码编写的程序通过输入设备(如卡片阅读机)载入计算机。如果一个错误使得程序停止运行，则错误原因将由显示灯指示。如果程序运行正常完成，则输出结果将出现在打印机中。

图 1-2 为早期的纸带计算机和串行处理计算机。

图 1-2　早期的纸带计算机和串行处理计算机

该时期，人工控制和使用计算机的过程大致如下：

(1) 输入源程序：人工把源程序穿孔在卡片或纸带上(卡片和纸带相当于外部存储器)，变成计算机能够识别的输入形式。

(2) 加载系统程序：将准备好的汇编解释程序或编译系统（也在卡片或纸带上）装入计算机。

(3) 加载待汇编/编译源程序：汇编程序或编译系统读入人工装在输入机上的穿孔卡片或穿孔带上的源程序。

(4) 执行汇编或编译命令：执行汇编过程或编译过程，产生目标程序，并输出到目标卡片或纸带上。

(5) 装入可执行程序：通过引导程序把装在输入机上的目标程序读入计算机。

(6) 运行可执行程序，加载待处理数据：启动目标程序，从输入机上读入人工装好的数据卡片或数据带上的数据。

(7) 输出结果：产生计算结果，并将结果从打印机上或卡片机上输出。

人工操作的缺点如下：

(1) 用户独占全机资源，造成资源利用率不高，系统效率低下。

(2) 手工操作多，处理机时间浪费严重，也极易产生差错。

(3) 上机周期长，作业调度不合理。大多数装置都使用一个硬拷贝的登记表预定机器时间。通常，一个用户可以以半小时为单位登记一段时间。有可能用户登记了 1 小时，而只用了 45 分钟就完成了工作，在剩下的时间中计算机只能闲置，这时就会导致浪费。另一方面，如果一个用户遇到一个问题，没有在分配的时间内完成工作，在解决这个问题之前就会被强制停止。

这种操作模式称为“串行处理”，反映了用户必须顺序访问计算机的事实。后来，为使串行处理更加有效，人们开发了各种各样的系统软件工具，其中包括公用函数库、链接器、加载器、调试器和 I/O 驱动程序等，作为公用软件，所有的用户都可使用它们。

1.2.2　简单批处理系统

早期的计算机非常昂贵，由于调度和准备而浪费计算机处理器资源是难以接受的，因此最大限度地利用处理器是当时面临的主要问题。为了提高处理器的利用率，General Motors 在 20 世纪 50 年代中期开发了第一个批处理操作系统，并用在 IBM 701 上。运行在 IBM 7090/7094 计算机上的操作系统 IBSYS 是最著名的批处理系统，对其他操作系统有着广泛影响。

简单批处理方案的中心思想是使用一个称作监控程序的软件。通过这个软件，用户不再直接访问机器，用户把卡片或磁带中的作业程序提交给计算机操作员，由他把这些作业按顺序组织成一批，并将整批作业放在输入设备上，供监控程序使用。每个作业处理完成后，返回到监控程序，由监控程序自动加载下一个程序。

监控程序控制作业的顺序，为此大部分监控程序必须常驻内存并且可以执行，这部分程序称作常驻监控程序(Resident monitor)，如图 1-3 所示。用户程序区域包括用户程序以及一些实用程序和公用函数，它们作为用户程序的子程序，在需要用到它们时才被载入。监控程序每次从输入设备(通常是磁带驱动器或卡片阅读机)中读出一个作业，把它放置在用户程序区域，并且把控制权交给这个作业。当作业完成后，控制权被返回给监控程序，监控程序立即读取下一个作业。每个作业的结果被发送到输出设备(如打印机)，交付给用户。

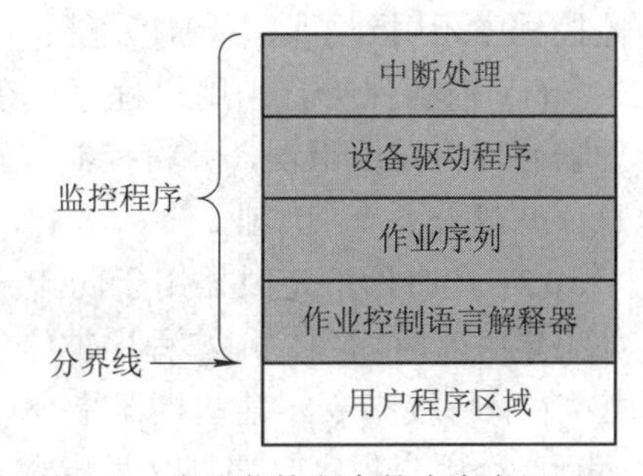

图 1-3　常驻监控程序的内存布局

监控程序完成调度功能。一批作业排队等候，处理器尽可能迅速地执行作业，没有任何空闲时间。监控程序还改善了作业的准备时间。每个作业的执行步骤由作业控制语言(JCL，Job Control Language)所编制的程序来给出，监控程序读取该程序，根据作业控制语句的指示，完成每个执行步骤。

例如，用户提交一个用 FORTRAN 语言编写的程序以及程序需要用到的一些数据，所有 FORTRAN 程序和数据在一个单独打孔的卡片中，或者是磁带中的一个单独的记录。除了 FORTRAN 程序和数据之外，作业中还包括作业控制指令，这些指令以“$”符号开头。作业的整体格式如下：

```
$JOB
$FTN
...
...(FORTRAN 程序)
...
$LOAD
$RUN
...
...(数据)
...
$END
```

为执行这个作业，监控程序读$FTN 行，从磁带中载入合适的语言编译器。编译器将用户程序翻译成目标代码，并保存在内存或磁带中。在编译操作之后，监控程序重新获得控制权，此时监控程序读$LOAD 指令，启动一个加载器，并将控制权转移给它，加载器将目标程序载入内存(在编译器所占的位置中)，之后开始执行目标程序。

在目标程序的执行过程中，任何输入指令都会读入一行数据。目标程序中的输入指令导致调用一个输入例程，输入例程是操作系统的一部分。如果输入过程中发生错误，那么控制权转移给监控程序进行错误处理。用户作业完成后，监控程序扫描输入行，直到遇到下一条 JCL 指令。

可以看出，监控程序或者说批处理操作系统只是一个简单的计算机程序，它依赖于处理器可以从内存中的不同部分取指令并执行的能力，以交替地获取或释放控制权。此外，监控程序还用到了以下硬件功能：

(1) 内存保护。当用户程序正在运行时，不能改变监控程序所在的内存区域，否则处理器硬件将发现错误，并将控制权转移给监控程序，监控程序取消这个作业，输出错误信息，并载入下一个作业。

(2) 定时器。定时器用于防止一个作业独占系统。在每个作业开始时，设置定时器，如果定时器时间到，用户程序被停止，控制权返回给监控程序。

(3) 特权指令。某些机器指令设计成特权指令，只能由监控程序执行。如果处理器在运行一个用户程序时遇到这类指令，则会发生错误，并将控制权转移给监控程序。I/O 指令属于特权指令，因此监控程序可以控制所有 I/O 设备，此外还可以避免用户程序意外地读到下一个作业中的作业控制指令。如果用户程序希望执行 I/O 操作，它必须请求监控程序为自己执行这个操作。

(4) 中断。这个特性能够让一个用户程序放弃处理器的执行权，将处理器的控制权交给监控程序，让监控程序开始运行。

内存保护和特权指令引入了操作模式的概念。用户程序在用户态或用户模式下执行，在该模式下，有些内存区域是受到保护的。用户程序也不允许执行特权指令，因此可以防止用户程序有意或无意地破坏关键内存区域或越权操纵 I/O 设备。监控程序在系统态或内核模式运行，在这个模式下，可以执行特权指令，可以访问任何内存区域。

1.2.3 多道程序批处理系统

多道程序批处理系统是指允许多个程序同时进入一个计算机系统的主存储器并启动，进行交替执行的方法，即计算机内存中同时存放了多道程序，它们都处于开始与结束点之间。从宏观上看，多道程序并发运行，它们都处于运行过程中，但都未运行结束。从微观上看，多道程序的执行是串行的，各道程序轮流占用处理器，交替执行。多道程序设计技术的硬件基础是中断机制和通道技术。中断机制能够使一个程序在执行过程中被其他程序所打断，进而将处理器的执行权从一个程序切换到另一个程序；通道技术使程序中复杂繁琐的 I/O 操作的控制和具体实施过程被代理到通道处理机，处理器得到了释放，进而可以执行其他应用程序。

下面通过两个例子来说明多道程序处理如何提高处理器的利用率和系统吞吐量。

【例 1-1】 某个数据处理问题 P1，要求从输入机上输入 500 个字符(花费 70 ms)，经处理器(CPU)处理 50 ms 后，将结果的 2000 个字符存到磁带上(花费时间 100 ms)，重复这个过程，直至数据全部处理完毕。试计算这个问题中 CPU 的利用率。

解 先画出数据处理问题 P1 的时序图，如图 1-4 所示。

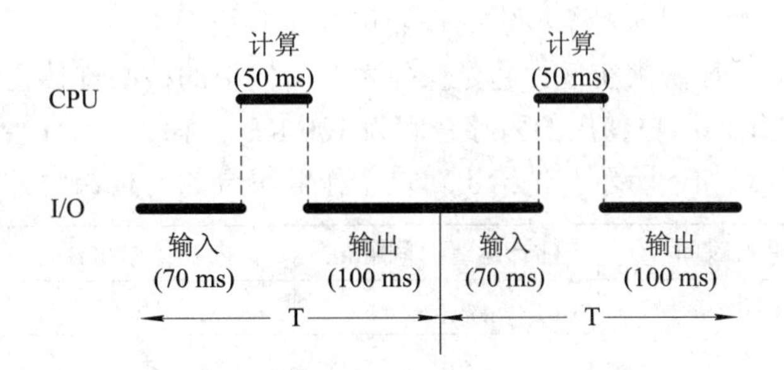

图 1-4 单道程序运行时 CPU 和 I/O 工作的时序图

CPU 的利用率 = 50/(70 + 50 + 100) = 23%。可见单道程序运行时 CPU 的利用率较低，主要原因是 I/O 的执行速度远低于 CPU 的执行速度，使得 CPU 大部分时间都处于等待 I/O 完成的状态，宝贵的 CPU 资源被浪费了。

为了提高 CPU 的利用率，如果内存空间足够大，可以容纳操作系统和两个应用程序，那么当一个作业正在等待 I/O 时，处理器可以切换到另一个可能并不在等待 I/O 的作业。进一步还可以扩展内存以保存三个、四个或更多的程序，并且在它们之间进行切换。这种处理方式就是“多道程序设计”(Multiprogramming)或“多任务处理”(Multitasking)，如图

1-5所示，这是现代操作系统采用的主要方案。

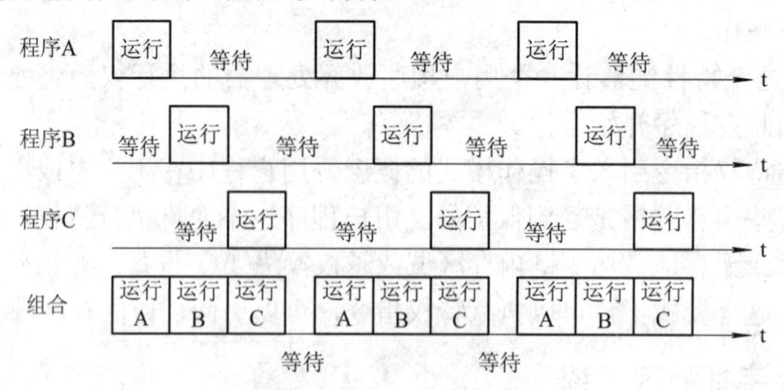

图1-5　多道程序设计实例

【例1-2】 在图1-5中，假定程序A、B和C的运行模式是相同的，在一个周期内运行时间为50ms，输入输出的时间（即等待时间）为100 ms。试计算单道、两道和三道程序运行时，CPU的利用率。

解　单道程序运行时，CPU的利用率为50/150 = 1/3。两道程序运行时，在一个周期内，运行时间达到100 ms，因此CPU利用率为100/150 = 2/3。三道程序运行时，在一个周期内，运行时间达到150 ms，因此CPU利用率达到100%。

从上例可见，多道程序下，处理器的等待时间大大减小，利用率得到提高，单位时间内处理作业的个数也增多了。还可以看出，要使处理器的利用率达到最高，需要考虑多个程序的运行和等待时间，并对这些程序的执行次序进行精心的安排，这就涉及调度问题。

一般的，给定一个作业集合J以及资源约束条件C。如果S是对J中作业执行的一个编排，并且满足资源约束C，那么称S为作业集合J上的一个调度(Schedule)。

对同一作业集合，可以有多个调度。比如，对程序A、B和C，可以进行串行调度，让处理器顺序执行这三个程序，也可以用图1-5所示的方式进行并发调度。显然，不同调度的处理性能是不同的，因此对于给定的作业集合J和资源约束C，有必要寻找一个最优调度。调度通常用调度算法来实现，它是操作系统内核中的核心部件之一。

【例1-3】 某系统供用户使用的内存空间为100 KB，系统配有4台磁带机。一批作业的运行和资源需求信息如下所示。试给出对这个作业集合的一种调度。

作业	进入时间	估计运行时间/min	内存需求/KB	磁带机需求/台
J_1	10:00	25	15	2
J_2	10:20	30	60	1
J_3	10:30	10	50	3
J_4	10:35	20	10	2
J_5	10:40	15	30	2

解　作业集合 $J = \{J_1, J_2, J_3, J_4, J_5\}$

约束C：$M(J_i) + M(J_j) + \cdots + M(J_k) \leqslant 100K$

$P(J_i) + P(J_j) + \cdots + P(J_k) \leqslant 4$

其中，J_i，J_j，…，J_k是当前内存中的作业，$M(J_i)$和$P(J_i)$分别表示J_i所占的内存和打印机资源。

图1-6给出了一个可能的调度。

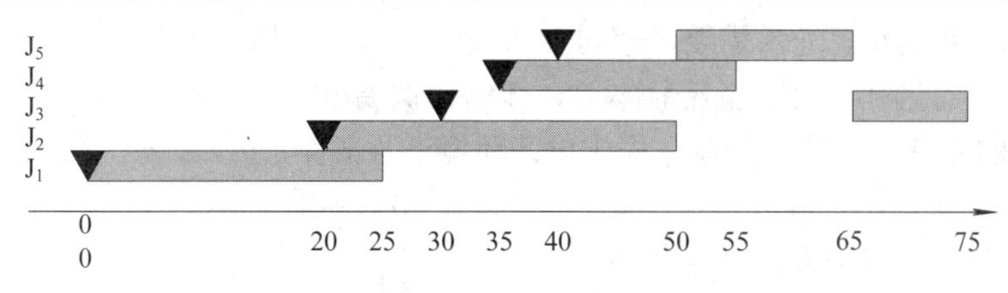

图 1-6　一个可能的调度

开始时，系统中没有任何作业在运行，当 J_1 就绪时，由于它满足约束条件，因此调度器允许其进入计算机系统，这时剩余的内存和打印机资源为<85KB, 2>；当运行到 10:20 时，J_2 就绪请求进入，这时剩余的资源仍然允许它进入，这样 J_1 和 J_2 就开始并发运行，这时剩余的资源为<25KB, 1>；当运行到 10:25 时，J_1 已经结束，因此它释放占用的内存和打印机资源，这时剩余资源为<40KB, 3>；在 10:30 时，J_3 就绪请求进入，但是由于其内存需求得不到满足，因此不能进入系统；按照这样的方式依次编排剩余作业的运行次序，就得到了一个可行的调度。图 1-6 给出的这个可行调度是 $J_1 \rightarrow J_2 \rightarrow J_4 \rightarrow J_5 \rightarrow J_3$。

值得注意的是：可行的调度可能不止一种，图 1-6 仅给出了其中的一种，可能还存在其他可行调度。另外，当多个作业被载入内存并发执行时，由于处理器只有一个，因此还需要按照特定的调度策略，在并发执行的多个作业之间实施调度。比如，在图 1-6 例子中，10:20～10:25 期间，J_1 和 J_2 并发运行，调度器可以采用分时调度策略来调度 J_1 和 J_2 的执行，从宏观的角度来看，它们好像是同时运行的。本例忽略了并发调度对作业执行时间的影响。实际上，由于并发调度的影响，作业的实际运行时间会大于估计运行时间。

总之，采用多道程序设计后，减小了处理器时间的浪费。对计算型作业，由于 I/O 操作较少，处理器浪费的时间很少；而对于 I/O 型作业，例如商业数据处理，I/O 时间通常占到 80%～90%，采用多道程序设计效果明显。如果在主存中存放足够多的作业，可使 CPU 的利用率接近 100%。

1.2.4　多道程序设计的实现

实现多道程序设计的核心是妥善解决计算资源的共享和保护问题。具体来说，必须首先解决以下三个问题：

(1) 存储保护和地址重定位。在多道程序设计环境下，内存中的多道程序与操作系统一起共享同一内存空间，因此必须提供必要的保护手段，防止应用程序对操作系统所占内存区域的侵犯，以及各道程序之间的相互侵犯，特别是当某道程序出错时，不致影响其他程序。

在多道程序运行的环境中，原有程序不断结束退出，新程序不断进入，内存占用状态不断发生变化，因此一个程序员事先无法预知他所写的程序在内存中的确切位置，这就要求程序指令和数据的内存地址延迟到装载时，甚至运行时才被确定下来，而且不能影响程序的执行结果。这就是程序的“地址重定位”问题。这一问题的解决，需要从编译器、加载器和内存管理等多个方面来着手。

(2) 处理机管理和调度。多道程序共享同一个处理器，于是就存在处理器分配问题(或作业调度问题)。为了更好地进行作业调度，需要解决可调度作业集和调度策略这样两个问题。所谓可调度作业集，是指在作业集合中划分出需要被调度的作业子集，以避免不必要的调度开销；调度策略是指当要调度多个作业时，如何选择一个优化调度的问题。认定一

个作业是否需要被调度，通常需要考察作业所处的状态。作业的基本状态有三种，即运行、阻塞和就绪，只有当作业处于就绪状态时，才需要被调度。

(3) 资源的共享和保护。在多道程序设计环境下，文件、I/O 设备等系统资源为多道程序所共享。一般来说，资源共享会引发四个问题：并发控制问题、多路复用(Multiplexing)和调度问题、访问控制问题以及执行效率问题。

对于一段时间内只能被一个作业独占的系统资源(如打印机、纸带读入机和文件等)，必须通过并发控制机制，把多个作业对独占资源的争夺完全隔离开来；对于共享的系统资源(如磁盘机)，操作系统必须通过多路复用和调度机制，有效地协调多个作业的资源访问请求，使得每个请求都能在可接受的性能范围内得到满足；当多个作业访问文件或资源时，必须对它们进行保护，确保只有授权用户才能访问特定的文件或资源，这就是资源的访问控制(Access control)问题；效率问题是指在综合考虑前面三个问题的前提下，如何提升系统的整体性能的问题。性能指标(处理时间、内存占用大小、吞吐量等)的选择不同，采取的方法和策略也不同。值得注意的是，这四个问题之间有时是相互冲突的，因此在寻求各自的解决方案时，需要考虑其他问题，并在它们之间权衡和妥协。

1.2.5 分时系统

在个人计算机已经得到普及的今天，人们通常使用专用的个人计算机或工作站完成交互式计算任务。但是在 20 世纪 60 年代，由于当时的计算机非常庞大而且昂贵，因此不可能由一个用户独占，而是多用户共享计算机资源。分时系统就是为了解决多用户共享计算机而出现的一类操作系统。

分时系统的基本思想是对处理器资源进行时分复用(Time sharing)。在时间域上，将处理器分为若干时隙(Time slice)，在每个时隙上，处理器为一个用户服务，如果时隙划分得足够小，从宏观来看，处理器就同时为多个用户提供交互计算服务。与批处理多道程序设计的相同点是，它们都使用了时分复用的基本思想，但是分时系统与批处理多道程序设计的主要目标和指令来源有所不同，如表 1-1 所示。

表 1-1 批处理多道程序设计和分时系统的比较

	批处理多道程序设计	分时系统
主要目标	充分使用处理器	实现多用户交互计算，并减少响应时间
指令源	作业控制语言命令	多个用户从终端键入的命令

在分时系统中，如果 n 个用户同时请求服务，若不计操作系统开销，每个用户平均只能得到计算机有效速度的 $1/n$。但是由于人的响应时间相对较慢，所以一个设计良好的系统，其响应时间能够满足人们的交互式需要。这样，从每个用户来看，好像整个计算机都为自己一个人所用，这就是由分时系统为每个用户建立的虚拟计算机映像(Image)。

第一个分时操作系统是由麻省理工学院开发的兼容分时系统(CTSS，Compatible Time Sharing System)，源于多路存取计算机项目，该系统最初是在 1961 年为 IBM 709 开发的，后来移植到 IBM 7094 中。

与后来的系统相比，CTSS 是相当原始的。该系统运行在一台内存为 32000 个 36 位字的计算机上，常驻监控程序占用了 5000 个字的空间。当控制权被分配给一个交互用户时，该用户的程序和数据被载入到剩下的 27 000 个字的内存空间中。程序通常在第 5000 个字单元处开始被载入，这简化了监控程序的内存管理。系统时钟每隔 0.2 s 产生一个中断，每当中断发生时，操作系统恢复控制权，并将处理器分配给另一位用户。因此，在固定的时间间隔内，当前用户被剥夺，另一个用户被载入。为了以后便于恢复，保留老的用户程序状态，在新的用户程序和数据被读入之前，老的用户程序和数据被写出到磁盘。随后，当获得下一次机会时，老的用户程序代码和数据被恢复到内存中。

为减小磁盘开销，只有当新来的程序需要覆盖某一部分用户存储空间时，该部分存储空间才被写出。这个原理如图 1-7 所示。假设有 4 个交互用户，其存储器需求如下：

JOB_1:　15000

JOB_2:　20000

JOB_3:　5000

JOB_4:　10000

最初，监控程序载入 JOB_1 并把控制权转交给它，这时内存布局如图 1-7(a)所示。下一个时隙，监控程序决定把控制权交给 JOB_2，由于 JOB_2 比 JOB_1 需要更多的存储空间，JOB_1 必须先被写出到磁盘中，然后载入 JOB_2，如图 1-7(b)所示。接下来，JOB_3 被载入并运行，但是由于 JOB_3 比 JOB_2 占用的内存小，JOB_2 的一部分仍然留在存储器中，以减少写磁盘的时间，如图 1-7(c)所示。稍后，监控程序决定把控制权交回 JOB_1，当 JOB_1 载入存储器时，JOB_3 以及 JOB_2 的一部分将被写出，如图 1-7(d)所示。当载入 JOB_4 时，JOB_1 的一部分和 JOB_2 的一部分仍然保留在存储器中，如图 1-7(e)所示。此时，如果 JOB_1 或 JOB_2 被激活，则只需要载入一部分。在这个例子中是 JOB_2 接着运行，这就要求 JOB_4 和 JOB_1 留在存储器中的那一部分被写出，然后读入 JOB_2 的其余部分，如图 1-7(f)所示。

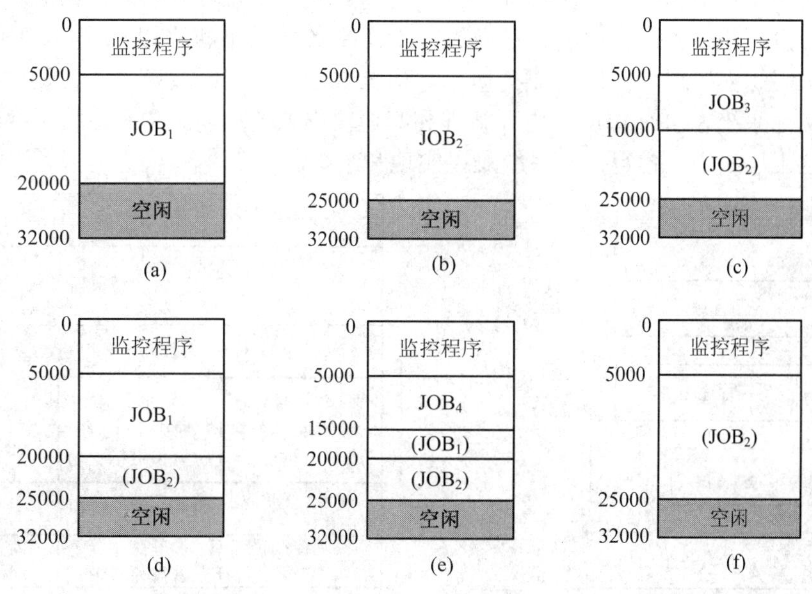

图 1-7　CTSS 操作系统

尽管 CTSS 是一种原始的方法，但它仍然是可用的。由于一个作业经常被载入到存储器中相同的单元，因而在载入时不需要重定位技术，省去了运行时指令和数据的逻辑地址

到物理地址的转换。这个技术仅仅写出必需的内容，可以减少磁盘活动。在IBM7094上运行时，CTSS最多可支持32个用户。

1.3　操作系统的体系结构

现代操作系统是最复杂的软件系统之一，为了保证操作系统能够正确地工作，而且便于扩展和维护，在设计和开发操作系统时必须预先定义良好的体系结构。操作系统的体系结构是由一组良定义的组件(Component)以及它们之间的连接方式组成的。组件是系统中具有良定义的输入/输出接口，并完成特定功能的软件模块。下面介绍主流操作系统所采用的体系结构，并分析它们的优缺点。

1.3.1　简单结构

许多早期的实验性操作系统在设计之初没有预见到未来的发展和扩展，因此大多采用未经仔细设计的小型、简单的结构，而且在设计时通常受到当时硬件资源的限制。随着这些操作系统的商用化，其规模变得越来越大，其结构上的限制变得越来越突出。MS-DOS操作系统就是这样的一个例子。

MS-DOS是在20世纪90年代由微软公司为IBM系列兼容个人计算机开发出的一个磁盘操作系统。其最初的系统非常小，通常能够保存在软磁盘上。MS-DOS操作系统采用了层次化结构，如图1-8所示，但是每个层次的接口和功能并没有被很好地划分。例如，应用程序能够直接访问基本I/O设备驱动，向显示器和磁盘写入数据。这种设计上的自由度使得MS-DOS很容易受到错误或有害程序的攻击，当用户程序失效时，容易导致整个系统崩溃。

另一个例子是最初的UNIX操作系统，它由内核和系统程序两部分构成。内核进一步分为一系列接口和设备驱动程序，它们随着UNIX的发展不断增加和扩充。UNIX也采用层次结构来组织内核组件，如图1-9所示。内核位于系统调用接口之下、硬件接口之上。内核提供文件系统、CPU调度、内存管理和其他操作系统功能。总之，大量的功能模块集中在内核这个层次中，使得操作系统难以实现和维护。

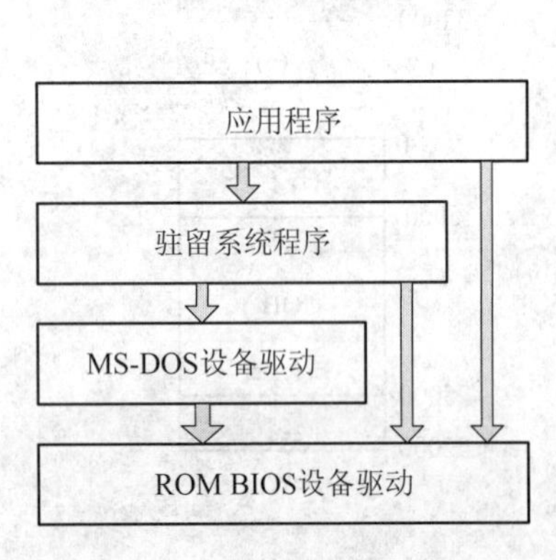

图1-8　MS-DOS层次化结构

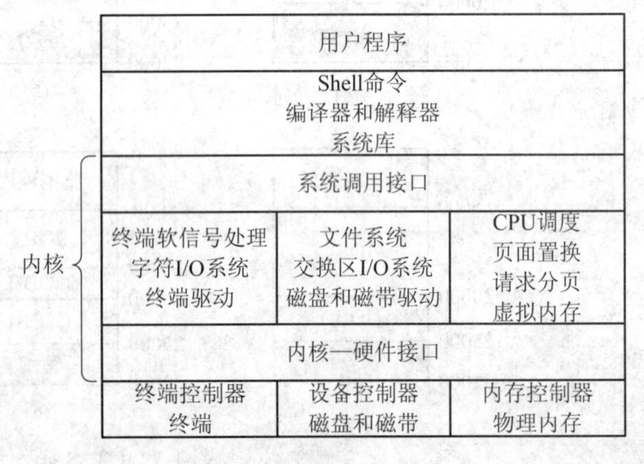

图1-9　UNIX系统结构

1.3.2 层次化结构

总体来说，MS-DOS 和 UNIX 操作系统都采用了层次化结构，但是层次化程度并不彻底。一个理想的层次化操作系统结构如图 1-10 所示。

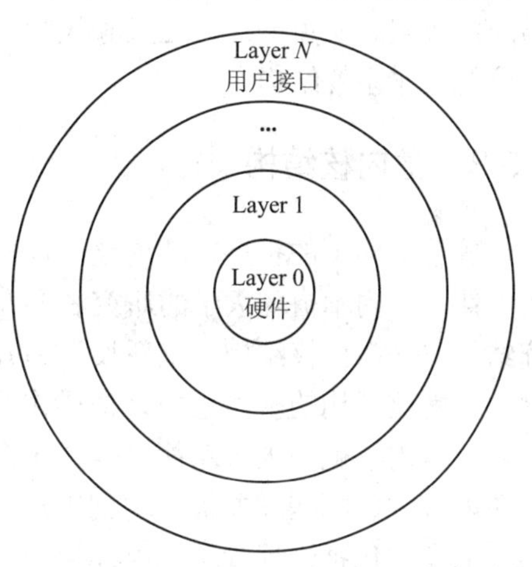

图 1-10 理想的层次化操作系统结构

理想的层次化结构具有以下优点：

(1) 操作系统对计算机硬件以及使用这些硬件的应用程序施加了更严格的控制。应用程序不能直接访问计算机硬件，必须通过若干层次逐层访问，在每个层次中都施加了检查和限制措施，防止错误或恶意程序对系统的负面影响。

(2) 充分利用了信息隐藏(Information hiding)基本原理。每个层次只需要利用紧邻的下一层所提供的接口和信息，不需要了解系统的全部信息。信息隐藏所带来的益处是多方面的：对用户程序设计而言，只需要了解用户接口的使用知识就可以编写出期望的程序，不必了解计算机内部具体细节，大大简化了程序设计的复杂度；对于操作系统测试和验证而言，层次化结构能够降低测试和验证的复杂度。当测试和验证 Layer 1 时，由于 Layer 1 只使用了 Layer 0 硬件(而硬件总是假定为正确的)，因此不必考虑其他层次。当 Layer 1 验证完毕后，就可以假定它是正确的，在此基础之上就可以继续验证 Layer 2，依次进行下去。当验证某个层次时，如果出现了错误，那么就可以把错误圈定在该层次中，因为该层以下的层次已经通过验证是正确的。

(3) 便于更改和维护操作系统内部工作方式，有利于创建模块化操作系统。每个层次在实现时，只用到较低层次提供的接口，只需要知道接口的规范(Specification)，而不必了解这些接口的具体实现方式。只要保持某个层次的外部接口说明不变，对接口的设计和变更就不会影响其上的其他层次，从而提高了层次的独立性和模块化程度。

设计和实现理想层次化结构的主要困难在于合理地划分和定义各个层次。通常采用“使用与被使用关系”作为层次划分的依据：被使用的接口、数据结构和信息等被划分在较低的层次中，而使用这些接口、数据结构和信息的实体通常被划分在较高层次中。但实际上，由于很多使用与被使用关系紧密地耦合在一起，难以对它们做出明确的层次划分。

比如，磁盘交换(Swap in and out)驱动程序通常位于 CPU 调度程序之上，因为在磁盘交换过程中需要等待 I/O 操作完成，这时需要调用调度程序，使得 CPU 被重新调度；但另一方面，在一个大型系统中，CPU 调度程序可能需要交换一个进程空间，即把一个进程空间从磁盘换入到内存，或从内存换出到磁盘，这种情况下，CPU 调度程序又要调用磁盘交换驱动程序，即要求磁盘交换驱动程序位于 CPU 调度程序的下方。简单地说，磁盘交换驱动程序和 CPU 调度程序并不是简单的调用与被调用关系，而是紧密地耦合在一起，难以明确划分。

层次结构存在的主要问题是程序执行效率问题。从层次结构可以看出，当一个用户程序调用一个系统调用时，该系统调用逐层调用下一层的服务。在每一层，调用参数可能需

要发生变更，数据可能需要传递，每个层次都为上个层次的调用添加了额外的信息，进而增加了额外的开销，因此层次化调用所花费的时间往往比非层次化调用更多。层次化结构存在的这一问题，促使人们思考如何设计出层次较少、功能较多、能够充分利用模块化代码的优势同时避免层次化定义和执行效率问题的操作系统。微内核结构就是一种满足这些要求的操作系统结构。

1.3.3 微内核结构

随着 UNIX 的扩展，其内核的规模越来越大，变得难以维护。因此，在 20 世纪 80 年代中期，卡内基梅隆大学的研究者们在 UNIX 操作系统的基础上，采用了一种新型操作系统结构——微内核结构，重新设计和开发了一个名为 Mach 的操作系统。

微内核结构的基本思想是把操作系统内核中不必要的组件，从内核空间移动到用户空间，这样内核就被大大精简，变成了微小内核。尽管人们还没有对哪些构件和服务应当保留在内核中、哪些需要被移动到用户空间达成一致，但是普遍认为微内核应当提供一个最小功能集，包括进程管理、内存管理和通信机制。

微内核的主要功能是为用户程序和运行在用户空间的各种各样的系统服务程序，提供消息通信机制(Message passing)。比如，一个用户程序需要访问一个文件时，它不是直接与文件服务交互，而是通过微内核提供的消息传递机制，间接与文件服务交互。这样有利于实现用户程序与文件服务之间的解耦。

微内核结构的主要优点是易于实现操作系统的扩展：

(1) 所有的新服务被添加到用户空间，对内核不产生影响。

(2) 由于内核较小，当需要修改内核时，其改变也相应较少。

(3) 服务之间通过消息通信机制间接交互，因此服务之间的关联较为松散，有利于实现服务的更新和维护。

(4) 微内核系统更易于移植。

(5) 微内核系统提供了更高的安全性和可靠性。由于每个服务都是以一个用户态进程的形式运行的，如果一个服务失效，不会影响操作系统内核的运行。

采用微内核结构的操作系统主要有 Tru64 UNIX、QNX 和 Minix 3 等。Tru64 UNIX 建立在 Mach 内核基础上，能够为用户提供 UNIX 接口。Mach 内核把 UNIX 系统调用转化为对应服务(运行在用户空间)的消息发送。QNX 是一个实时操作系统，其内核只提供消息传递和进程调度服务以及处理底层的网络通信和硬件中断。QNX 的所有其他功能都以进程的形式提供，全部运行在内核空间之外。图 1-11 是 Minix 3 的微内核结构。

微内核系统的主要问题是执行效率问题。在简单和层次化结构的系统中，服务通过系统调用来获取，只需要进行两次模式切换(用户态→内核态，内核态→用户态)；在微内核系统中，通过向一个服务器发送一个消息请求服务，然后通过接收来自服务器的另一个消息来获取结果。如果驱动器以进程的形式来实现，那么当一个服务器访问驱动器时，还需要一个进程间的上下文切换(Context switch)。另外，当向服务器传递和从服务器接收数据时，还存在拷贝数据的开销。而对于简单结构的系统来说，内核可以直接访问用户缓冲区中的数据。以上这些因素都使微内核系统的执行效率下降了。

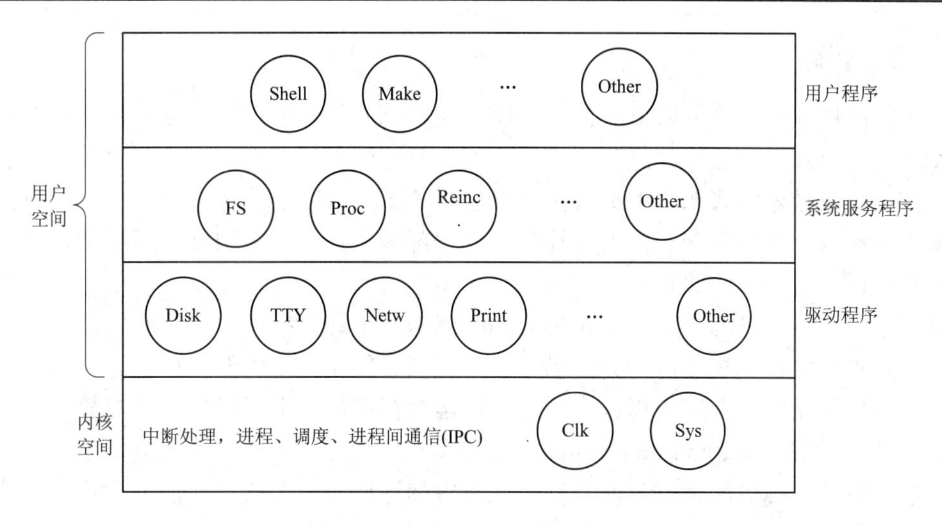

图 1-11　Minix 3 操作系统结构

1.3.4　模块结构

现代的 UNIX 版本，如 Solaris、Linux 和 Mac OS X 等普遍采用模块结构。模块结构的内核包括一组核心组件，而且内核能够在启动时或运行时动态链接其他服务。图 1-12 是 Solaris 操作系统的结构。“Solaris 内核”是核心模块，其余模块都是动态可加载的。这种设计的基本思想是：由内核提供核心服务，其他特定服务功能以动态模块的形式提供。比如，可以把特定硬件的驱动程序添加到内核中，而把支持不同文件系统的模块以可加载模块的形式添加到系统中。

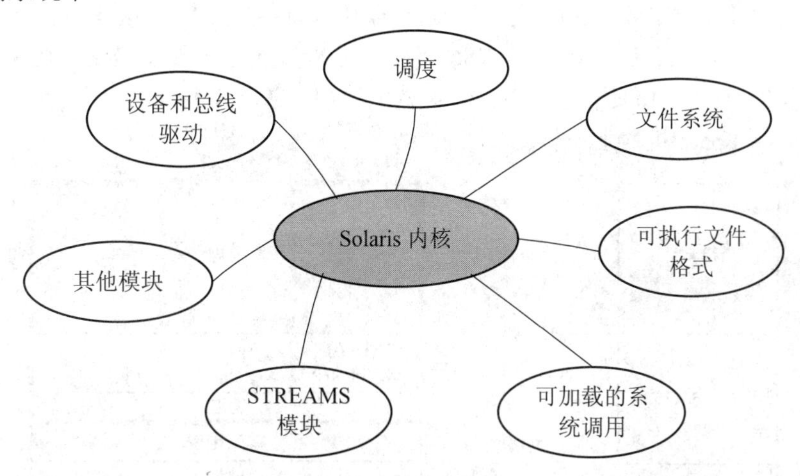

图 1-12　Solaris 可加载模块

从整个结构来看，模块结构具备层次化结构和微内核结构的双重优点。模块结构的内核和每个模块都具有明确的定义和受保护的接口，在这一点上与层次化结构是相似的，但是它比层次化结构更灵活，允许一个模块可以调用任意其他模块；内核只具有加载其他模块以及与其他模块进行通信的基本功能和知识，在这一点上与微内核结构是相似的，但是它比微内核结构更有效，因为模块之间不需要通过调用消息传递来进行通信。

1.3.5 虚拟机

虚拟机的概念和技术可以追溯到20世纪60年代，它起源于分时系统CTSS和IBM的CP/CMS 系列系统，但是在这之后一直没有得到足够的重视，直到近些年随着计算机虚拟化技术和云计算技术的兴起，虚拟机技术又获得了新生。在现代操作系统中，虚拟机已经成为操作系统或由操作系统支持的计算环境的一部分，因此在介绍操作系统结构时，有必要对虚拟机进行较为全面的介绍。

简单地说，虚拟机(VM，Virtual Machine)就是一个计算机硬件系统的软件实现，它能够模拟和仿真特定计算机硬件，并提供一套与底层硬件完全相同的接口，这样运行在物理计算机上的操作系统以及应用程序也同样可以运行在虚拟机上。虚拟机是对整个计算机硬件系统的虚拟化(Hardware virtualization)，它为完整地执行一个操作系统提供了一个系统化平台。构造系统虚拟机的目的有两个：一是在实际硬件还没有得到之前就运行和测试应用程序；二是在一台计算机上运行虚拟机的多个实例，仿真多个计算环境，以提高计算资源的使用效率。

虚拟机可以直接对硬件层虚拟化，也可以对操作系统层虚拟化。图1-13是一个对硬件层虚拟化的虚拟机结构。图左半部分是没有采用虚拟机的结构。操作系统内核与底层硬件紧密耦合。对于给定的硬件，一次只能运行一个操作系统内核。尽管有些硬件架构可以支持多种操作系统内核(如X86可以支持Windows，也可以支持Linux)，但是也只能重新启动切换，不能同时运行多个内核实例。图右半部分是采用了虚拟机的结构。硬件层之上是虚拟化层次，即虚拟机，它是对底层硬件的完全仿真和模拟。在虚拟化层次之上，可以运行多个虚拟机实例VM1、VM2和VM3。每个虚拟机提供了一个独立的硬件仿真环境，就像一台真实的计算机一样，其上可以运行不同的操作系统内核，即使这些内核原本要求不同的硬件架构。比如，假设底层硬件是X86架构，而Solaris系统要求Sparc硬件架构。虚拟化层可以在X86架构上仿真和模拟Sparc架构的接口，这样Solaris就可以运行在VM2上，就像运行在一台Sparc机器上一样。

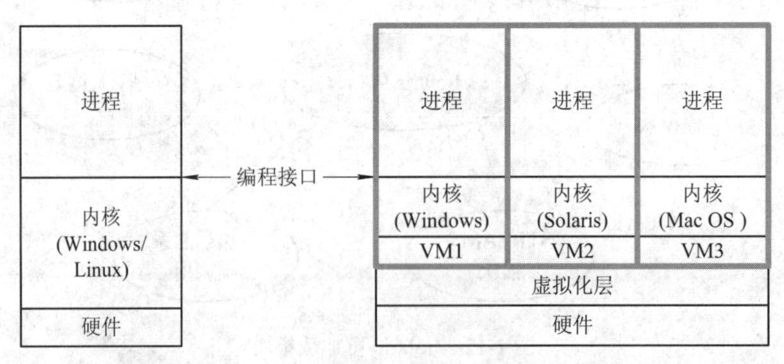

图1-13　一个对硬件层虚拟机化的虚拟机结构

虚拟机也可以建立在宿主操作系统之上，对操作系统层虚拟化。比如，VMware把X86架构抽象为相互隔离的虚拟机。VMware运行在诸如Windows或Linux等宿主操作系统上，并且允许宿主操作系统同时运行多个不同的客户操作系统(Guest operating system)，每个客户操作系统都是一个虚拟机，如图1-14所示。

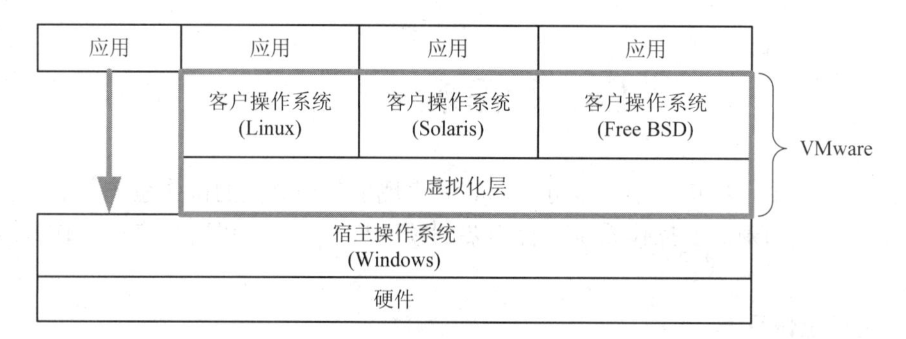

图 1-14　VMware 的结构

VMware 运行在 Windows 宿主操作系统上，提供三个虚拟机实例，分别支持 Linux、Solaris 和 Free BSD 三个客户操作系统。这样原先运行在这些操作系统之上的应用程序就可以分别运行在相应的客户操作系统上。总体来看，在一台机器上可以同时运行 4 个操作系统，成为一个支持异质计算环境的平台。

使用虚拟机的好处是：

(1) 每个虚拟机都与其他虚拟机完全隔离，对各种系统资源提供一个完全的保护。

(2) 多个虚拟机实例共享相同的硬件，并且同时运行几个不同的执行环境(即操作系统)，构造了一个异质计算平台，提高了计算资源的使用效率。

(3) 虚拟机为操作系统研究和开发提供了一个理想的载体。如果直接在硬件上对操作系统进行开发、修改和测试，那么每次测试时都必须重新加载和启动操作系统。采用虚拟机可以很好地解决这个问题。开发人员不用在物理计算机上开发，而是在虚拟机上开发和测试，这样就不用频繁停止和启动计算机，在本机上就可以观察到测试结果。

(4) 计算资源的虚拟化是云计算模式的关键技术。云计算模式要求在数据中心对各种计算资源进行统一管理，每个客户准备计算时，需要向云端发起任务请求，计算任务实际上是在云端完成的，这就要求云端必须要为每个客户建立一个虚拟计算环境，并且保证每个虚拟环境的隔离性和安全性。

知识扩展

语言虚拟机

根据虚拟机模拟和仿真实际计算机的程度，可以将其分为两类：系统虚拟机(System VM)和进程虚拟机(Process VM)。上面所述的虚拟机实际上是系统虚拟机。

进程虚拟机也称为语言虚拟机、应用虚拟机或运行时环境(MRE，Managed Runtime Environment)，它就像一个普通应用程序一样，运行在一个宿主操作系统上，支持一个进程的运行。这种虚拟机通常与一个或多个程序设计语言紧密绑定，其目的是提高程序的可移植性和灵活性。进程虚拟机的一个关键特性是，运行在其中的程序被严格地限制在由虚拟机所提供的资源和抽象上，不能突破虚拟机环境，这就使得通过虚拟机来保障系统安全性成为可能。

典型的语言虚拟机有支持 Java 语言的 JVM(Java VM)、支持 .NET 框架的公共语言运行时(CLR，Common Language Runtime)和支持 Android 应用的 Dalvik 虚拟机。

1.4 操作系统大观

操作系统的发展已经历了半个多世纪，其间出现了各种类型的操作系统，而且目前仍处于发展之中。本节对这些操作系统进行简要回顾，从中大概可以看出未来操作系统的发展趋势。

1. 大型机操作系统

在个人电脑广泛普及的今天，大型机仍然活跃在高端 Web 服务器、大型事务处理和大型科学计算等领域，在工程实践和社会生活中发挥着重要作用。大型机与个人计算机的主要差别在 I/O 处理能力上。大型机操作系统主要用于面向多个作业的并发处理。系统主要提供三类服务：批处理、事务处理和分时处理。批处理系统主要处理那些不需要用户交互的周期性作业，如保险公司的索赔处理、连锁商店的销售报告处理等；事务处理系统主要处理大量小的请求，如银行的支票处理或航班预定处理等，每个事务量都很小，但是系统必须每秒处理成百上千个这样的业务；分时系统允许多个远程用户同时在计算机上运行作业，如在大型数据库上的查询。大型机操作系统的典型代表是 OS/390(OS/360 的后继版本)，但是大型机操作系统正在逐渐被 Linux 这类 UNIX 的变体所替代。

2. 服务器操作系统

服务器可以是处理能力很强的个人计算机、工作站，甚至大型机。服务器操作系统通过网络同时为多个用户提供诸如打印服务、文件服务和 Web 服务等多种服务。互联网服务商通常运行着多台服务器，用来保存 Web 页面、页面缓存和页面镜像，以支持大量用户的访问请求。典型的服务器操作系统有 Solaris、Free BSD、Linux 和 Windows Server 200x。

3. 多处理器操作系统

多处理器系统是指包含两个或多个功能相近的处理器，处理器之间彼此可以交换数据，所有处理器共享内存、I/O 设备、控制器及外部设备的计算机系统。多处理器系统需要由专门的操作系统来管理，在处理器和程序之间实现作业、任务、程序、数组及其元素各级的全面并行。多处理器操作系统通常采用配有通信、连接和一致性等专门功能的服务器操作系统来实现。

4. 个人计算机操作系统

现代个人计算机操作系统都支持多道程序处理，它们的主要功能是为单个用户提供良好的支持。常见的个人计算机操作系统有 Linux、Windows Vista 和 Macintosh 等。

5. 手持计算机操作系统

手持计算机主要是指 PDA(Personal Digital Assistant，个人数字助理)、PAD 以及各种智能手机等便于手持和携带的小型计算机。尽管这些计算机的体量很小，但是运行在其上的操作系统却正在变得越来越复杂，它们具有处理移动电话、数码照相以及运行第三方应用的能力。与个人计算机相比，手持计算机没有大容量、可变化的磁盘，也没有复杂多样的 I/O 接口。

6. 嵌入式操作系统

嵌入式系统(Embedded system)是一种完全嵌入在控制器内部，为特定应用而设计的专用计算机系统。嵌入式操作系统通常作为整个设备的一部分而存在，其主要功能是控制设备的物理过程、实现人与设备之间的交互，以及处理各种各样的信号和信息。比如，汽车、微波炉、电视机、移动电话和MP3播放器等设备中都包含嵌入式操作系统。一般来说，嵌入式操作系统应当具有专用性、可靠性、实时性和易裁剪性等特点。典型的嵌入式操作系统有QNX和VxWorks等。

7. 传感器节点操作系统

无线传感器网络是由许多在空间上分布的传感器节点组成的一种计算机网络，这些节点通过无线通信技术相互联络和协作，监控不同位置的物理或环境状况。无线传感器网络最初起源于战场检测等军事应用，目前在建筑物周边保护、国土边界保卫、森林火灾探测等领域获得了广泛的应用。每个传感器节点携带的电能非常有限，且必须长时间工作在无人值守的户外环境中，而这些环境条件通常比较恶劣，因此其网络必须足够健壮，在个别节点失效的情况下，还能够正常或降级使用。

每个传感器节点是一个配有CPU、RAM、ROM以及一个或多个环境传感器的微小型计算机，节点上运行一个小型操作系统。这个操作系统通常是事件驱动的，可以响应外部事件，或者基于内部时钟进行周期性测量。由于节点的RAM很小，携带的电能有限，因此要求操作系统必须设计得非常精简。TinyOS是一个用于传感器节点的典型操作系统。

8. 实时操作系统

一些应用，特别是工业过程控制系统，对作业或处理的时间性能指标有严格要求，我们把这类信息系统或控制系统称为“实时系统”(Real-time system)。比如，在汽车装配线上，我们要求焊接机器人的焊接操作必须严格地在规定的时间内执行，如果焊接得太早或太晚，都会损坏汽车。

实时系统可以分为硬实时系统(Hard real-time system)和软实时系统(Soft real-time system)。硬实时系统要求某操作必须在规定的时刻发生或在规定的时限内完成，否则将会造成损害，甚至导致灾难性后果。常见的硬实时系统有工业过程控制和飞行控制系统等。软实时系统在一定范围内可以接受偶尔违反最终时限的情况发生，而且违反时限不会造成任何永久性的损害。多媒体系统、桌面操作系统都可以认为是软实时系统，只要响应能够在人类可容忍的时间范围内完成，都是可接受的。

为了支持实时系统的应用，实时操作系统的结构和功能必须“最小化”，以减少由于内部结构的复杂性和冗余功能所引起的操作系统执行开销。实时操作系统的核心是调度算法和调度策略。比如，通常采用可抢占的调度策略保证关键任务的时间要求优先得到满足。典型的实时操作系统有e-Cos、VxWorks等。

9. 智能卡操作系统

智能卡是一种包含一块CPU芯片的信用卡，它有非常严格的运行能耗和存储空间的限制。有些智能卡只具有单项功能，诸如电子支付，有些智能卡则可在同一卡中实现多项功能。Java Card是一种典型的智能卡操作系统，定义了一个智能卡上的计算环境，该环境包括一个Java Card虚拟机(JCVM)、一个良定义的运行库和Java Card API规范。由于JCVM

屏蔽了不同智能卡的硬件差异，所以相同的Java Card Applet(小程序)可以运行于不同的智能卡上，提高了Java Card小程序的可移植性。Java Card最显著的特征是能够提供较高的数据隔离性和安全性。

10．云计算操作系统

“云计算”(Cloud computing)又称为“按需计算”(On-demand computing)，是近年来出现的一种新型计算模式，它基于互联网架构，为分布在互联网上的计算机或其他设备(如手机、PDA等)提供共享、泛在和按需访问的计算资源，这些资源包括网络资源、服务器资源、存储资源、应用程序和服务资源等。云计算服务通常由第三方数据中心(Data center)来提供，能够为用户和企业提供各种数据存储和数据处理服务，减少企业在计算资源架构和资源维护等方面的成本。

为了支持云计算模式，需要云操作系统的参与。“云计算操作系统”这个概念现在还不成熟，但是就目前来说，人们普遍认为，云计算操作系统是提供云计算服务的数据中心的整体管理运营系统，即构架于服务器、海量存储介质、网络等基础硬件资源和单机操作系统、中间件、数据库等基础软件之上的综合管理系统。按照这样的看法，云计算操作系统所管理与控制的硬件和软件的范围是非常广泛的，被管对象的异质性、异构性和巨大的数量都为云计算操作系统的设计和开发带来了巨大的挑战。目前，已经出现了一些云计算操作系统，比如VMware云操作系统、Google云操作系统和华为云操作系统等。

习　题

1．结合操作系统大观，试述人们对不同操作系统有哪些不同维度的需求。(提示：这些需求无非是方便性、有效性、可扩展性、安全性、可靠性、实时性等，但不同操作系统的偏重点有所不同。)

2．“虚拟机”与“计算环境”的概念是什么关系？试从虚拟机的角度谈谈操作系统如何为用户或进程提供隔离的计算环境。

3．比较多道程序设计批处理系统与分时系统的异同。

4．简述微内核结构是如何实现内核的精简化、小型化的？如何实现应用程序与系统服务之间的解耦合？

5．设在内存中有三道程序A、B和C，均处于就绪态，并按A>B>C的优先次序运行，其内部计算和I/O操作的时间如下：

程序	计算/ms	I/O/ms	计算/ms
A	30	40	10
B	60	30	10
C	20	40	20

(1) 试画出按多道程序运行的时间关系图(调度程序的执行时间忽略不计)，完成这三道程序共需花费多少时间？比单道运行节省多少时间？(提示：假定每个程序有独立的I/O

通道。)

(2) 以程序 A 为例，写出其生命过程中状态变化的序列。

(3) 若处理器调度程序每次进行调度的时间为 1 ms，试画出在考虑操作系统调度时间的情况下的时间关系图。

6．假设有一台多道程序的计算机，每个作业有相同的特征。在一个计算周期 T 中，一个作业有一半时间花费在 I/O 上，另一半用于处理器的活动。每个作业共运行 N 个周期。假设使用简单的时间片轮转调度，并且 I/O 操作可以与处理器操作同时运行。定义以下各量：

时间周期 = 完成任务的实际时间

吞吐量 = 每个时间周期 T 内平均完成的作业数目

处理器利用率 = 处理器活跃(不是处于等待)的时间百分比

当周期 T 分别按以下方式分布时，

(1) 前一半用于 I/O，后一半用于处理器；

(2) 前 1/4 和后 1/4 用于 I/O，中间部分用于处理器。

对 1 个、2 个和 4 个同时发生的作业，请计算时间周期、吞吐量和处理器利用率等量。

7．在用户程序通过系统调用读/写磁盘文件时，需要指明读/写的文件、数据缓冲区的指针以及读/写的字节数，然后控制转移给操作系统，它调用相关的驱动程序。假设驱动程序启动磁盘并且直到中断发生时才终止。在从磁盘读文件时，一般情况下调用者会阻塞，等待读取的数据到来。在向磁盘写数据时调用者是否需要阻塞，一直等到数据写入磁盘为止？

第二章　操作系统的硬件基础

从第一章知道，操作系统是计算机硬件和软件资源的管理者，同时，操作系统作为一种基础软件，又是计算机资源的使用者。要学习和理解操作系统的工作原理，我们首先需要了解支撑操作系统工作的硬件结构和基本机制。

本章简要介绍计算机系统的硬件结构，主要目的是为后续操作系统内容的介绍提供必要的硬件知识准备。当然，对于已经学习过微机原理或计算机体系结构的读者来说，这部分内容可以跳过，但是本章为看待计算机硬件结构提供了一个新的视角——从软件程序的角度来解释和描述硬件结构的功能，因此对于已经具备计算机硬件知识的学生来说，仍然具有参考价值。

本章学习内容和基本要求如下：

➢ 了解计算机硬件结构的构成部分以及各部分之间的互连关系，了解程序执行过程中的数据流和控制流在硬件结构上的传播演进过程。

➢ 了解内存、CPU、I/O 模块及系统总线的内部结构和工作原理，特别注意区分相关概念。

➢ 重点掌握指令循环、异常、异常的分类和异常处理的概念，明确它们在计算机程序执行过程中的基础性作用。

➢ 重点掌握处理器的两种运行模式和模式切换，明确它们在保障计算机安全、提高计算机的可用性方面的重要作用。

2.1　计算机硬件结构

计算机由五类基本模块组成，即处理器、内存、I/O 模块(输入/输出模块)、系统总线和时钟模块。

(1) 处理器是唯一具有处理功能的单元；

(2) 内存模块充当外部存储设备与处理器之间交换数据的高速缓存(Cache)，通常用来存放用户程序和数据，并驻留操作系统内核；

(3) I/O 模块用来管理和控制外部设备，如磁盘、键盘、显示器等，并充当外部设备与处理器之间交互的中介；

(4) 系统总线是以上三类模块的连接方式，实现它们之间控制、状态和数据信息的交换；

(5) 时钟模块用来产生时钟脉冲，同步和协调以上四类模块之间的交互。

每类模块内部的结构以及它们之间的连接和信息交换方式都非常复杂，超出了本书的范围。这里我们从程序员的角度出发，给出一种抽象地看待计算机硬件结构的方式。我们把每个部件抽象为一个“灰箱”(Grey box)，把部件之间的信息交换抽象为控制流和数据流，如图 2-1 所示。(“灰箱”是指介于“白箱”与“黑箱”之间的一种系统抽象。“白箱”是对系统所有内部细节和内部工作流程的描述，而“黑箱”屏蔽了系统的所有内部结构和内部工作细节，把系统行为抽象为它与外部环境交互的方式。“灰箱”是对系统内部结构和内部工作方式的部分抽象，具有一定的内部细节，但又有足够的抽象。)

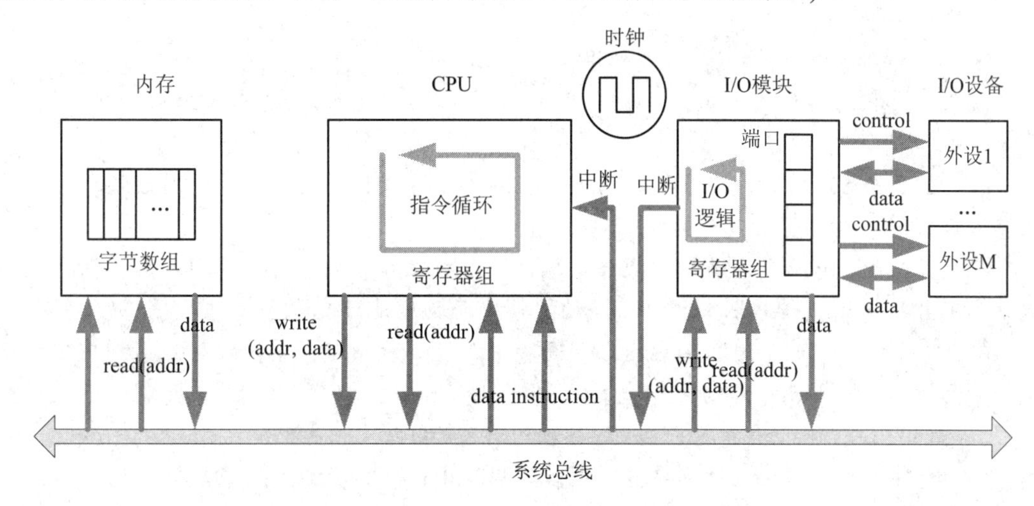

图 2-1　计算机的典型结构

(1) 内存可以被抽象为一个字节数组，里面存放数据或指令。内存通过总线，接收来自 CPU 的 read 和 write 控制命令，并进行数据读、写。如果接收的是 read 命令，内存读出数据后，通过总线把数据发送给 CPU。

(2) CPU 是计算机系统中唯一具有处理能力的部件，它可以被抽象为一个用硬件实现的、开机后能够自动执行的程序。该程序能够从内存中读取指令和数据，解释并执行指令，这一过程可以被抽象为指令循环；寄存器组可以看作程序变量的抽象；CPU 通过总线向内存或 I/O 模块发送控制命令 read 和 write，并接收来自内存或 I/O 模块的数据。

(3) I/O 模块可以被看作一个专门用于处理 CPU 与外设之间信息交互的独立处理单元，因此它具有自己的 I/O 处理逻辑和寄存器组。I/O 模块具有两套接口，一套面向 CPU，从 CPU 接收 read 和 write 命令，并将从外设中读取的数据发送给 CPU；另一套接口面向一个或多个外部设备。“端口”是用户程序用来标识和访问外部设备的抽象，I/O 模块通过端口来标识和访问对应的外设。另外，I/O 模块还向 CPU 发送中断信号，报告外部设备的状态，CPU 必须接收这些中断，并在指令循环中处理。

以下各部分，分别就每个部件的内部结构和工作过程进行抽象而又不失细节的描述。

2.1.1　内存

内存是易失性存储介质，其中存储的数据随着计算机的掉电而消失。从用户角度看，内存中存储操作系统内核以及应用程序的指令和数据。从系统角度看，内存实际上充当高

速的处理器与相对低速的外部设备之间的缓存(Cache)，以提高系统整体运行效率。

大多数计算机使用字节(Byte)(8 位)作为内存的最小访问单元，每个字节有一个唯一的物理地址。内存可以被抽象为字节的一维数组，首字节的地址从 0 开始，顺序编址。内存中所有 M 个字节的物理地址构成了一个集合{0, 1, 2, …, M−1}，称为“物理地址空间”。显然，使用物理地址访问内存是最自然的方式。早期的个人计算机、数字信号处理器、嵌入式微控制器以及克雷超级计算机等，一直使用物理地址方式访问内存。

知识扩展

虚 拟 地 址

现代计算机通常使用“虚拟地址”的方式访问内存。虚拟地址与物理地址的区别和联系如下：

(1) 物理地址是对内存中字节的物理位置的编址方式，而虚拟地址是对应用程序中的指令和数据的相对位置的编址方式。

(2) 虚拟地址是逻辑地址，是操作系统为了进程管理、内存管理而引入的，因此虚拟地址离不开编译器、链接器和操作系统的支持，而物理地址独立于操作系统。

(3) 内存物理地址空间、磁盘地址空间和 I/O 设备地址空间都可以被映射到虚拟地址空间，于是，虚拟地址空间就为程序提供了一个统一的存储空间映像，便于程序通过一致的方式访问内存、磁盘和特定的 I/O 设备。

(4) 虚拟地址到物理地址需要进行地址转换(Address translation)，这种转换通常使用处理器芯片中一个专门的部件 MMU(内存管理单元)来完成。MMU 把虚拟地址转换为物理地址，如图 2-2 所示。有关地址转换的原理和过程，将在内存管理章节进一步展开。

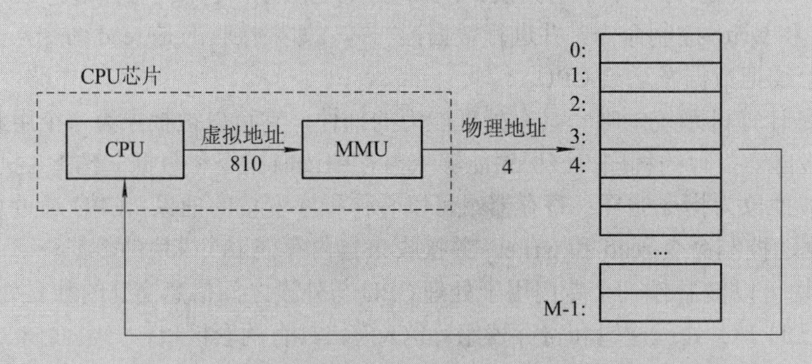

图 2-2　虚拟地址到物理地址的转换

字节是内存访问的最小单元。由若干个确定数目的连续字节所构成的存储区块(Chunk)称为“字”(Word)。字的大小通常用它包含的字节数或位数来表示。常见的字大小为 4 字节(32 位)或 8 字节(64 位)，它是计算机系统的一个重要参数。通常，一个整数值或指针值用一个字的大小来表示，因此如果一个计算机系统的字大小是 32 位，那么一个整数值或指针值(即地址值)也就用 32 位(即 4 个字节)来表示。

高级语言中的数据类型决定了数据的存储方式和操作方式。不同数据类型所占的字节数依赖于计算机硬件架构和编译器。表 2-1 是 C 语言部分数据类型的数据所占的字节数。

表 2-1　C 语言数据类型所占字节数

数据类型	32 位计算机	64 位计算机
char	1	1
short int	2	2
int	4	4
long int	4	8
long long int	8	8
char*	4	8
float	4	4
double	8	8

要表示一个 double 类型的数据，64 位的机器只需要用一个字就可以表示，而 32 位机器需要两个字才能表示。

在几乎所有计算机中，多字节数据对象都用连续的字节序列来存储。这样就带来两个问题：一是多字节数据对象的地址怎样确定；二是多个字节的顺序如何规定。对于第一个问题，通常用最小的字节地址作为多字节数据对象的地址。例如，一个字占据了 4 个字节，这些字节的地址分别为 0x100、0x101、0x102 和 0x103，那么这个字的地址就是 0x100。再如，一个 int 型的变量 x，如果其地址是 0x100，那么 x 的值将被存储在地址分别为 0x100、0x101、0x102 和 0x103 的 4 个字节中。

对于第二个问题，涉及多字节数据对象的大端(Big endian)和小端(Little endian)问题。所谓大端，是指多字节数据对象中，最高阶字节(Most significant)位于最低地址，最低阶字节(Least significant)位于最高地址；小端正好相反，最高阶字节位于最高地址，而最低阶字节位于最低地址。例如，对于十六进制数 0x1234567，最高阶字节是 0x01，最低阶字节是 0x67。如果用这两种不同方式来存储该值，那么字节顺序正好相反，如图 2-3 所示。

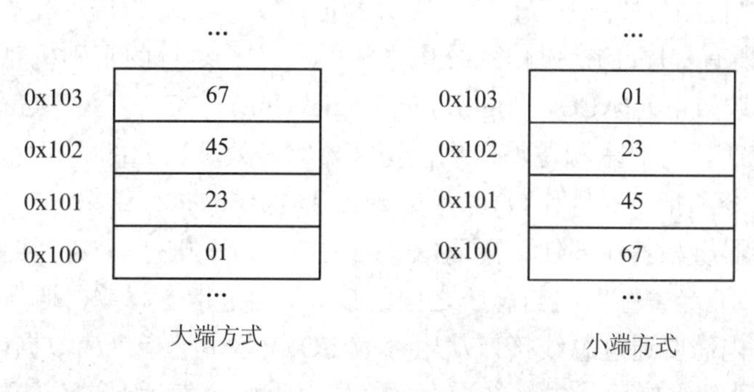

图 2-3　大端和小端

因此，为了正确读/写多字节数据对象的值，我们需要了解不同计算机的字节顺序。大多数 Intel 兼容的计算机采用小端字节顺序，而大多数 IBM 和 SUN 的计算机采用大端字节顺序，而许多新出的微处理器可以对大端和小端方式进行设置。

知识扩展

哪种情况下需要考虑字节顺序？

对于大多数程序员而言，计算机的字节顺序是不可见的。编译器会根据不同计算机所采用的字节顺序把源程序编译成相应的机器码，而计算机在执行时，又会按照同样的字节顺序对数据进行解释，因此无论计算机采用哪种方式，程序运行结果都是正确的。但是在如下三种情况下，需要考虑计算机的字节顺序：

(1) 当在不同计算机之间进行网络数据传输时。发送端和接收端的计算机所采用的字节顺序可能不同，如果不考虑它们的字节顺序，就可能导致接收数据的字节顺序与发送数据的字节顺序正好相反。

(2) 当阅读和审查程序的二进制目标码时。二进制目标码是字节序列的文本，目标码中的整数值也是通过字节序列来表示的，因此要获取正确的整数值，需要考虑字节顺序是大端还是小端。例如，这样一条二进制代码：

```
80483bd:    01  05  64  94  04  08          add  %eax, 0x8049464
```

表示一条加法指令，表示将寄存器%eax 中的值加到地址为 0x8049464 的值上。二进制指令中的后 4 个字节表示一个整数地址值 0x8049464，显然这是按照小端方式存储的结果。

(3) 在对程序的数据类型进行造型(重新解释)时。例如，我们需要把整数类型的数据解释成字符串类型，并打印输出。显然，不同计算机表示整数的字节顺序不同，打印出的字符串顺序也会不同。

2.1.2　处理器

中央处理器单元(CPU)是唯一具有处理能力的模块。如前所述，处理器可以被抽象为一个由硬件实现的“程序”，“程序”的处理逻辑就是指令循环，“程序”的变量就是寄存器组。指令循环是支撑所有程序(包括操作系统程序和用户程序)运行的基础机制。

CPU 由算术逻辑单元(ALU，Algorithm Logic Unit)、控制单元、寄存器组和总线接口等部分组成。ALU 执行算术和逻辑操作，寄存器组是处理器内部的存储单元，为 ALU 提供操作数(包括指令和指令的操作数)，并存储 ALU 操作的执行结果。控制单元用来协调和控制 ALU、寄存器组和其他部件，实现指令的读取、指令执行以及异常处理等整个指令循环过程。总线接口充当寄存器组与总线之间的接口。由于指令和数据通常保存在内存或 I/O 设备中，CPU 首先需要通过总线接口从内存或 I/O 设备中把指令或数据读取到寄存器中，然后进行处理。处理完毕后，先将结果存放在寄存器中，然后通过总线接口将数据写入内存或 I/O 模块。

对于程序员而言，操纵 CPU 的方式只能是为 CPU 提供待执行的指令序列，而每条指令的执行以及这些指令的顺序执行过程都在 CPU 内部完成，程序员无法控制。程序员在为

CPU 提供指令的过程中，需要通过 CPU 中的寄存器来存储指令的操作数和操作结果。

寄存器可以分为两类：

(1) 用户可见的寄存器(User-visible registers)：程序员或编译程序可以读、写的寄存器。通过优化使用这些寄存器，可以最大限度地减少对主存的访问，提高程序执行效率。

(2) 控制和状态寄存器(Control and status registers)：处理器中的控制单元使用这些寄存器控制处理器的操作，或操作系统程序、其他特权程序用于控制程序的执行。

值得注意的是，上述分类并没有清晰的界限。比如，程序计数寄存器 PC 在 X86 体系下是用户可见的寄存器，但在其他很多处理器中，PC 是控制和状态寄存器。表 2-2 是对这些寄存器的一些说明。

表 2-2　寄　存　器

<table>
<tr><td rowspan="3">用户可见的寄存器</td><td>通用寄存器
(General purpose)</td><td>用户程序和特权程序都可以使用的寄存器，这些寄存器可用于存放数据和地址</td></tr>
<tr><td>数据寄存器</td><td>用来存放数据的寄存器</td></tr>
<tr><td>地址寄存器</td><td>存放特定编址(寻址)模式下的地址，主要存放这样几类地址：
(1) 段指针：在段式编址的计算机中，用段寄存器保存段的起始地址(或称“基址”)。
(2) 索引：存放索引地址。
(3) 栈指针寄存器：存放指向栈顶的指针，即栈顶的地址。有了这个专门用来存放栈指针的寄存器，一些栈操作，如 pop、push 等就不需要显式包含栈操作数了，这样就简化了栈的指令结构</td></tr>
<tr><td>用户可见的寄存器</td><td>条件码寄存器
(Condition Code)</td><td>条件码是由处理器在执行当前算术或逻辑操作之后，根据操作结果，所设置的一组标记位，用于指示算术或逻辑运算结果的符号、零、进位、相等或溢出等。
条件码通常包括：
(1) 符号位(Sign)：标记算术操作结果的正负号。
(2) 零位(Zero)：当结果是零时，设置该位。
(3) 进位标记(Carry)：标记加法运算是否产生进位，或减法运算是否产生借位。通常用于多字算术操作。
(4) 相等(Equal)：如果逻辑比较运算的结果是相等，则设置该位。
(5) 溢出(Overflow)：指示是否产生算术溢出。
可以使用条件码进行条件分支判断。
值得注意的是，条件码通常被存放在某个控制寄存器(如程序状态字寄存器 PSW)中，由处理器硬件设置，程序员或编译器只能读条件码，但不能设置，否则就会出现安全性问题</td></tr>
</table>

续表

控制和状态寄存器	用来控制处理器的操作，在大多数处理器中，绝大多数控制和状态寄存器对程序员不可见，但是一些寄存器对于执行于特权模式下的机器指令是可见的	
	程序计数器(PC)	保存将要被取出的指令的内存地址
	指令寄存器(IR)	保存最近被取出的指令
	内存地址寄存器(MAR)	保存内存中一个位置的地址
	内存缓冲寄存器(MBR)	保存将被写入内存，或刚从内存中读出的一个字大小的数据。 注意：并非所有处理器都具有专门的 MAR 和 MBR 寄存器，如果没有，某个等价的缓冲机制将被用来代替 MAR 和 MBR 的功能，用于处理器与系统总线之间传递数据和地址时的缓冲
	I/O 地址寄存器(I/O AR)	输入/输出地址寄存器
	I/O 缓冲寄存器(I/O BR)	输入/输出缓冲寄存器
	程序状态字寄存器(PSW, Program Status Word)	程序状态字寄存器通常包括条件码和下面的标记位： (1) 中断使能和去使能标记(Interrupt enable/disenable)：用来使能或去使能中断。 (2) 执行模式标记：指示处理器运行于特权(Supervisor)模式还是用户模式。某些特权指令只能在特权模式下执行，特定的内存区域只能在特权模式下访问

除了上述寄存器之外，有些处理器在设计寄存器时，还考虑到了对操作系统的支持。比如在某些处理器中，有专门的寄存器保存指向进程控制块的指针；某些处理器中用中断向量寄存器保存中断向量；在支持虚拟内存的处理器中，用页表指针寄存器保存页表指针。

以 IA32(Intel Architecture 32-bit)处理器架构为例，寄存器包括：

(1) 8 个通用程序寄存器，分别是 %eax、%ebx、%ecx、%edx、%esp、%ebp、%esi、%edi，每个寄存器的大小都是 32 位，即一个字的大小，其中 %esp 和 %ebp 寄存器专门用来保存程序栈的栈顶和栈底地址。

(2) PC：程序计数器。

(3) CC：条件码寄存器，其中包括 CF(Carry Flag)、ZF(Zero Flag)、SF(Sign Flag)和 OF(Overflow Flag)四个标志位。

(4) Stat：程序状态寄存器，指示整个程序执行的模式(即宏状态)，包括正常运行模式和某种异常处理模式。比如，当一条指令企图读取一个非法内存区域时，某种异常就会发生，这时，程序的运行就从正常模式切换到异常模式，并在异常模式下进行异常处理。

(5) PSW：CC 和 Stat 寄存器合在一起，就是上面所说的程序状态字寄存器 PSW。

2.1.3　I/O 模块

I/O 模块是计算机控制和管理外部 I/O 设备的基本单元，一个 I/O 模块可以控制和管理一个或多个外部设备。处理器与外部设备的控制数据和交换通过 I/O 模块来完成。I/O 设备的种类很多，操作方式也多种多样，但是通过 I/O 模块可以简化计算机与外部设备的连接和操作方式。

我们把 I/O 模块与一个外部设备相连的接口称为一个“端口”(Port)，并给每个端口赋予一个唯一的地址。例如，一个 I/O 模块控制 M 个外部设备，它就具有 M 个端口，用 0, 1, 2, …, M–1 作为这些端口的地址。I/O 模块的结构如图 2-4 所示。

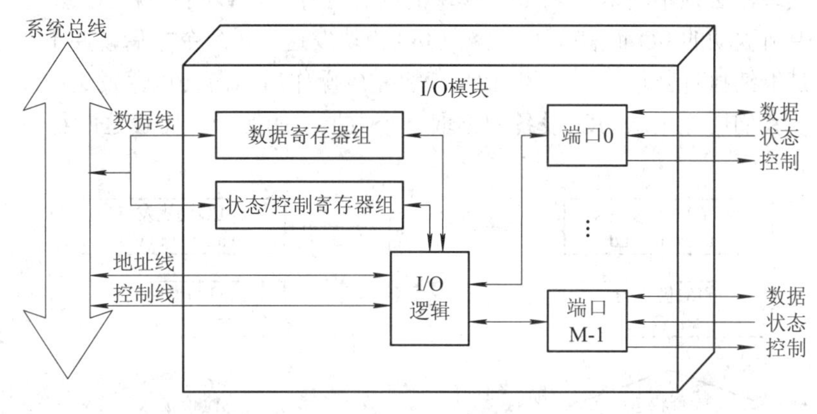

图 2-4　I/O 模块的结构

I/O 模块一侧与系统总线相连，另一侧通过端口与一个或多个外部设备相连。处理器与外部设备之间的交换数据被缓冲在一个或多个数据寄存器中；状态寄存器用于提供外部设备的当前状态信息，而一个状态寄存器也可能充当控制寄存器，接收来自处理器的详细控制信息；I/O 逻辑通过一组控制线与处理器进行交互，处理器通过控制线向 I/O 模块发送控制命令，而一些控制线也可能被 I/O 模块所用，如用于总线仲裁和状态信号等；地址线用于识别和产生与之关联的外部设备的地址。一个端口与一个外部设备相连，不同的端口逻辑屏蔽了不同外部设备的时钟、格式和电磁特性等细节。

可以看出，I/O 模块屏蔽了不同外部设备的细节，使得处理器能够以一种简单、一致的读、写命令的方式访问外部设备。同时，I/O 模块也为处理器对外部设备的控制留有足够的细节，如磁带机的回卷操作等。

知识扩展

I/O 通道、I/O 处理机、I/O 控制器和设备控制器的概念区分

I/O 模块是计算机中用于管控外部设备的模块的统称。有时，还会见到一些类似的概念，如 I/O 通道、I/O 处理机、I/O 控制器和设备控制器等，这里对它们作一区分。

我们把那些能够承担大部分 I/O 处理任务，并为处理器提供较高抽象层次接口的 I/O 模块称为“I/O 通道”(I/O channel)或“I/O 处理机”(I/O processor)；而把那些 I/O 功能简单而且需要处理器对其进行详细控制的 I/O 模块称为“I/O 控制器”(I/O controller)或“设备控制器”(Device controller)。I/O 控制器通常用于微型机，而 I/O 通道通常用于大型机。在下面的讨论中，我们对此不加区分，统称 I/O 模块。

处理器访问 I/O 模块有三种方式：可编程 I/O(Programmed I/O)、中断驱动的 I/O(Interrupt-driven I/O)和直接内存访问(DMA，Direct Memory Access)。本节主要介绍前两

种方式，DMA 留到 I/O 管理章节再介绍。无论哪种方式，处理器都需要执行 I/O 指令(I/O Instruction)向 I/O 模块发送 I/O 命令。

当处理器执行一个程序，遇到一条与 I/O 相关的指令时，处理器通过向特定的 I/O 模块发送 I/O 命令来请求执行这条指令。I/O 模块执行请求的动作，执行完毕后设置 I/O 状态寄存器中的特定位。对于可编程 I/O 方式，I/O 模块不需要进一步通知处理器 I/O 动作已经完成，因此处理器必须不断地检测 I/O 模块的状态寄存器，直到发现 I/O 操作已经完成为止；而对于中断驱动的 I/O 而言，处理器向 I/O 模块发送 I/O 命令之后，并不等待 I/O 操作的完成，而是继续执行其他指令。当 I/O 模块完成操作后，向处理器发送中断，通知 I/O 操作已完成。我们用一个从 I/O 设备中读取一个数据块的例子，比较这两种方式的不同，如图 2-5 所示。

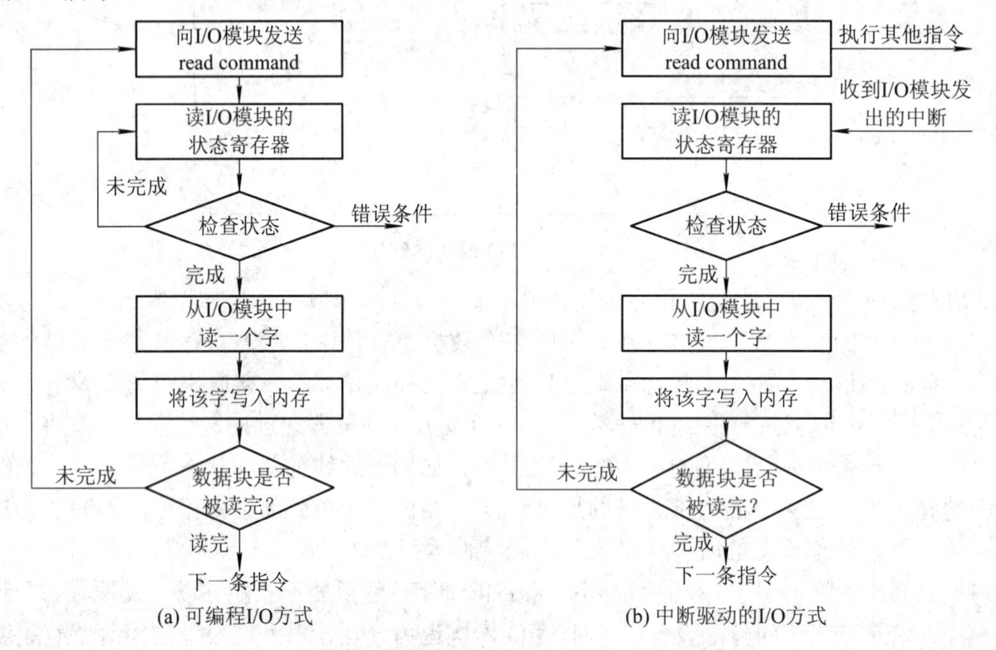

图 2-5　可编程 I/O 和中断驱动的 I/O

对于可编程 I/O 方式，处理器需要从外设中读取一个数据块并放入内存。读取数据的方式是：处理器向 I/O 模块发送读命令 read command，并且一次只能读一个字，因此读取整个数据块需要重复发送多次读命令。对于读入的每一个字，处理器必须保持状态检测循环，直到断定该字已经在 I/O 模块的数据寄存器中准备就绪。可见，如果读取的数据块较大，由于外部设备的读取速度较慢，那么处理器将做很多无用的忙等，浪费了宝贵的处理器资源。

而中断驱动的 I/O 方式，处理器发送 I/O 命令后，并不忙等，而是执行其他有用的指令。当 I/O 模块从外设读取一个字后，向处理器发送中断信号。处理器收到中断信号后，转而执行中断处理过程，在该过程中读取 I/O 模块的状态寄存器。如果数据就绪，则从 I/O 模块的数据寄存器中读取该字。可见，中断驱动的 I/O 节约了处理器循环检测 I/O 模块状态寄存器的环节，因此处理器的利用率得到提高。但是这两种方式都存在一个问题：每次从外部设备读入一个字到内存中，都必须经过处理器，如果读取的数据块较大，那么处理器参与数据交换的周期就较长，其利用率仍然不高。DMA 方式克服了这样的不足，处理器通过向 DMA 控制器发送相关 I/O 命令，让外部设备与内存直接进行数据交换，处理器可以转而执行其他有用指令。当整块数据交换完毕后，DMA 控制器向处理器发送中断信号，告知数据交换已经完成。可见，对于较大数据块的交换，DMA 方式更有效。

2.1.4　系统总线

前面，我们把三个单元(内存、处理器和 I/O 模块)当做“灰箱”，分别介绍了它们的内部结构和工作方式。现在我们把它们看做“黑箱”，着重考察它们的外部接口和连接方式，如图 2-6 所示。

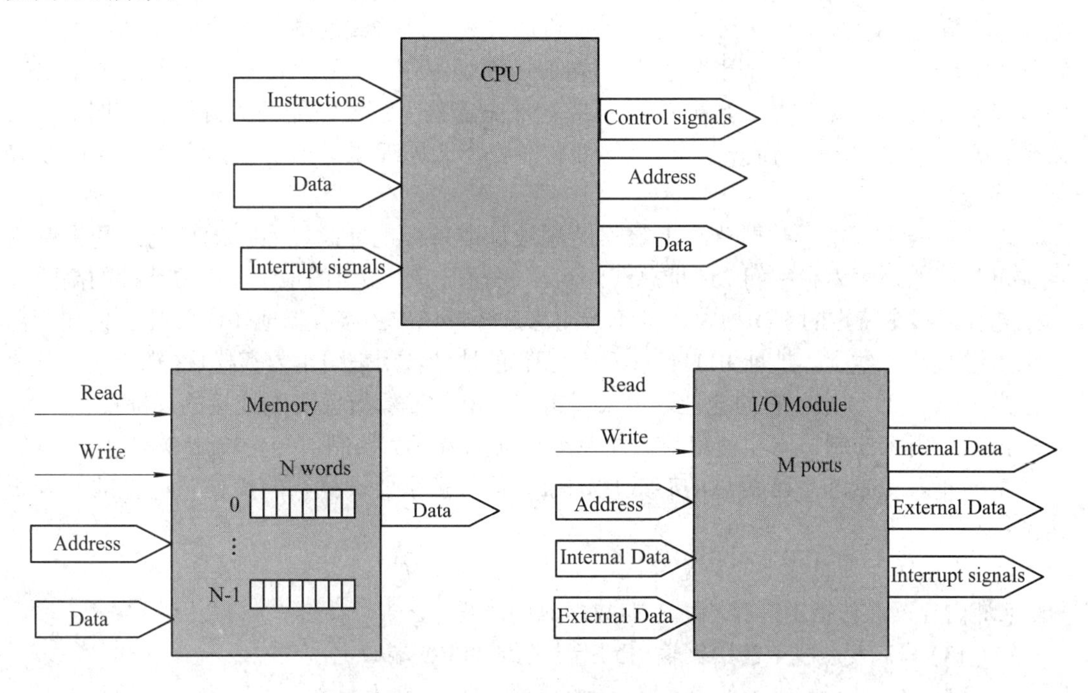

图 2-6　三个基本模块接口图

处理器是计算机中唯一的处理单元，通过控制信号向内存和 I/O 模块发送读取和写入信号，并指出读取或写入的地址，对于写入信号，处理器还必须指出拟写入的数据；对于 I/O 模块，数据信号分为内部数据和外部数据，前者是 I/O 模块与处理器之间的交换数据，后者是 I/O 模块与外部设备间的交换数据。另外，I/O 模块还必须向处理器发出中断信号，通知处理器 I/O 命令已经完成或某错误条件发生；对于处理器，它按照内部处理逻辑，即指令循环，从内存中读出指令，解释并执行该指令，如果这些指令还涉及对内存和 I/O 模块的访问，那么处理器还必须向它们发送控制信号和地址信号；另外，处理器也必须接收来自 I/O 模块的中断信号。

三个基本单元通过总线结构来连接。总线是两个或多个设备之间的连接方式和通信路径。总线的最主要特性是共享性，即被多个设备所共享。因此，一个设备发送的信号可以被总线上的所有设备收到，但是，如果两个设备在同一时间周期内发送信号，那么

这些信号将会发生冲突，变成“脏数据”，因此任一时间周期内，只允许一个设备发送成功。

通常，一条总线包括多条通信路径，即通信导线，每条导线能够传输代表二进制数字1和0的物理信号。一个二进制数的序列可以用一条导线在连续时间周期内依次传输，也可以用多条导线在同一时间周期内传输。例如，一个8位数据，既可以用一条导线在连续的8个周期内传输完毕，也可以用8条导线在同一周期内传输完毕。

系统总线通常包括50到上百条导线，每条线都具有特定的含义和功能。尽管有多种不同的总线设计，我们总可以把总线中的导线按照功能分为数据线、地址线和控制线。除此之外，还有为总线上的模块供电的导线。

数据线提供系统模块间交换数据的路径，我们把这些导线统称为“数据总线”。数据总线通常包括32、64、128条或更多数目的导线，这些线的数目称为数据总线的“带宽”。由于一条线一个时间周期内只能传递一位二进制数，因此带宽实际上决定了一次最多能够传递的数据位数。数据总线的带宽是决定整个系统性能的关键因素。例如，如果数据总线是32位宽，而一条指令是64位长，那么处理器必须访问内存两次才能读取这条指令。

地址总线用来指示数据总线上数据的源地址或目标地址。显然，地址总线的带宽决定了可访问的最大内存空间。地址总线还可用来输出I/O端口的地址，通常地址的高阶位用来选择总线上特定的I/O模块，低阶位用来选择模块中的寄存器或I/O端口。例如，在一个8位地址总线上，地址01111111和低于它的地址，用来引用内存模块(模块0)中的地址，而10000000和高于它的地址，用来引用与一个I/O模块(模块1)连接的外部设备。

控制线用来控制访问和使用数据线及地址线的方式。控制信号传输命令和时间信息。时间信号指示数据和地址信息的有效性，命令信号指示要被执行的操作。典型的控制线包括：

(1) 内存写：使总线上的数据写入指定地址的内存位置。

(2) 内存读：使指定内存地址上的数据放到总线上。

(3) I/O写：使总线上的数据输出到指定地址的I/O端口上。

(4) I/O读：使指定地址的I/O端口上的数据放到总线上。

(5) 传输应答(Transfer ACK)：指示数据已经被接收或已经放到总线上。

(6) 总线请求：指示一个模块需要获得总线控制。

(7) 总线授权：指示正在请求总线的模块已经被授予总线控制权。

(8) 中断请求：指示一个中断信号已经来临，正在等待处理。

(9) 中断应答：指示正在等待处理的中断信号已经被识别。

(10) 时钟：用来同步操作。

(11) 重置(Reset)：初始化所有总线上的模块。

总线操作过程如下：

(1) 如果一个模块希望发送数据到另一个模块，它必须做两件事：

① 获得总线的使用权；

② 通过总线传输数据。

(2) 如果一个模块希望从另一个模块请求数据，它必须：

① 获取总线的使用权；

② 该模块通过合适的控制线和地址线向那个模块发送请求；

③ 该模块必须等待那个模块发送数据。

【例 2-1】 假设一个微处理器产生一个 16 位的地址(例如程序计数器和地址寄存器都是 16 位)并且具有一个 16 位的数据总线。

(1) 如果连接到一个 16 位存储器上，处理器能够直接访问的最大存储器地址空间为多少？

(2) 如果连接到一个 8 位存储器上，处理器能够直接访问的最大存储器地址空间为多少？

(3) 处理器访问一个独立的 I/O 空间需要哪些结构特征？

(4) 如果输入指令和输出指令可以表示 8 位端口号，这个微处理器可以支持多少个 8 位 I/O 端口？

解 (1) 能够直接访问的最大存储器地址空间为 $2^{16} = 64$ KB。

(2) 由于处理器的地址总线是 16 位，因此能够直接访问的最大存储器地址空间仍然为 64 KB。唯一的区别是，对于 8 位存储器，一次只能传输一个字节，而对于 16 位存储器，一次可传输两个字节。

(3) 所谓独立的 I/O 空间(Isolated I/O)，是指对 I/O 端口的地址独立编码，不占用内存地址空间。这种情况下，为了区分地址总线上的地址是内存地址还是 I/O 端口地址，需要在控制总线上配备 I/O input 和 I/O output 命令线，并且需要在指令集中增加专门用于 I/O 输入/输出操作的指令。另一种对 I/O 端口编址的方式是内存映射 I/O(Memory mapped I/O)，把 I/O 地址空间与内存地址空间一起编址，并把特定的地址段分配给 I/O。通过 MMU 单元进行内存地址和 I/O 地址的区分，不需要在控制总线上增加额外的命令线。这样做的优点是对 I/O 端口的访问就像对内存地址的访问一样，不需要增加特定于 I/O 访问的指令集；缺点是占用了宝贵的内存地址空间。

(4) 由于端口号是用 8 位编址的，所以可以支持 $2^8 = 256$ 个端口。

2.2　指　　令

2.2.1　指令集

指令集是由处理器为程序员提供的一组基本指令的集合，处理器能够识别并执行指令集中的每一条指令。任何高级语言程序都必须被翻译成基本指令的序列，才能被处理器最终执行。

每一条指令由操作码(Opcode)和一个或多个操作数(Operand)组成，写作

op R1, R2, …

其中 op 为操作码，R1，R2，…为操作数。操作数分为源操作数和目的操作数，源操作数为指令提供待加工的源数据，目的操作数为指令执行的结果提供存放位置。一条指令用二进制(或十六进制)串来编码。有些指令集的所有指令编码的长度都是固定的，如 ARM 指令

集，每条指令用 4 个字节来编码；而有些指令集的指令编码是变长的，如 IA32 指令编码的长度是 1～15 字节长度。

操作数有三种寻址(编址)方式：

(1) 立即数(Immediate)；

(2) 寄存器寻址；

(3) 内存寻址。

源操作数可以采用三种寻址方式中的任一种方式，而目的操作数只能采用寄存器寻址或内存寻址。我们用表 2-3 进一步说明这三种寻址方式。

表 2-3　三种寻址方式

寻址方式	形式	操作数的值	说　明
立即数	$Imm	Imm	操作数本身就是操作数的值
寄存器寻址	Ea	R[Ea]	Ea 是寄存器的标识符，R[Ea]表示 Ea 中的内容
内存寻址	Imm	Mb[Imm]	直接内存寻址。M_b[Imm]表示以 Imm 为内存起始地址的 b 个字节的值
	(Ea)	Mb[R[Ea]]	间接内存寻址。操作数是寄存器 Ea 中的值所指示的内存位置上 b 个字节的值
	Imm(Eb)	Mb[Imm+R[Eb]]	寄存器 Eb 中存放基址，Imm 是给定的偏移量，则 Imm(Eb)表示“基址 + 偏移量”内存寻址方式
	(Eb,Ei)	Mb[R[Eb]+R[Ei]]	寄存器 Eb 中存放基址，Ei 中存放索引，则(Eb,Ei)表示“基址 + 索引”内存寻址方式
	Imm(Eb,Ei)	Mb[Imm+ R[Eb]+R[Ei]]	表示“基址 + 索引 + 偏移量”内存寻址方式

每条指令不仅需要说明操作数的寻址方式，还需要说明操作数的字节大小。为此，几乎每条指令的操作码都有三个变种，分别针对操作数的大小为 1 字节、2 字节和 4 字节。比如，数据移动指令 mov 分别有 movb、movw 和 movl 三个变种。movb 指令的操作数大小为 1 个字节，movw 指令的操作数大小为 2 个字节，movl 指令的操作数大小为 4 个字节。

在书写指令时，指令操作码的变种应该与操作数的字节大小相匹配。比如，指令

```
movl 0x0405, %eax;
```

源操作数采用直接内存寻址方式，目的操作数采用寄存器寻址方式，操作数大小都是 4 字节。因此，源操作数是以字节地址 0x0405 开始的 4 个字节中的数据，即字节地址 0x0405、0x0406、0x0407 和 0x0408 中的数据。当然，这时还需要考虑多字节数据的大端和小端存储，才能得到正确的源操作数。目的寄存器必须选用 32 位寄存器。如果选用 8 位或 16 位寄存器，将不能完整地容纳 4 字节数据。为了简化起见，在下面的讨论中，我们忽略指令的具体变种，一般情况下均是指 4 字节操作数。

指令的种类很多，这里我们仅给出常用的一些指令，如表 2-4 所示。注意，这里的指令并不局限于哪种具体的处理器，而是具有一定的普遍性。

表 2-4　常用指令集

分类	指令	后　效	描　述
数据移动指令	mov　S, D	D←S	把 S 中的数据移动到 D 中
	push　S	R[%esp] ← R[%esp] – 4; M[R[%esp]] ← S	压栈指令。首先把栈指针下移一个字(即 4 个字节)，然后将数据 S 压栈。 (注：① 栈的增长方向是地址减小的方向，因此要减 4；② 由于专门使用寄存器 %esp 保存栈顶，因此 push 操作中不需要出现表示栈顶的操作数)
	pop　D	D←M[R[%esp]]; R[%esp] ←R[%esp]+4	出栈指令。先把栈顶的数据移动到 D 中，然后栈顶指针上移一个字(即 4 个字节)
算术和逻辑运算指令	lea　S, D	D←&S	将 S 的有效地址移动到 D 中。D 必须是一个寄存器
	add　S, D	D←D+S	加
	sub　S, D	D←D–S	减
	imul　S, D	D←D*S	乘
	or　S, D	D←D | S	或
	and　S, D	D←D&S	与
仅改变条件码的指令	cmp　S2,S1	S1-S2	比较操作。首先做减法运算 S1–S2，然后根据执行结果，设置相应条件码。 • 如果 S1 和 S2 相等，那么 ZF 设为 1 • 其他标志位可用来判断操作数的大小关系
	test　S2, S1	S2 & S1	测试操作
访问条件码的操作	sete D	D←ZF	将 ZF 放入 D 中
	setne D	D←~ZF	将 ~ZF 放入 D 中
	sets D	D←SF	将 SF 放入 D 中
	setns D	D←~SF	将 ~SF 放入 D 中
无条件跳转指令	jmp Label		直接跳转指令。直接跳转到 Label 所标记的代码位置
	jmp *Operand		间接跳转指令。使用 Operand 中的值作为跳转目标
条件跳转指令	je Label		当 ZF 为 1 时，跳转到 Label 位置
	jne Label		当 ~ZF 为 1，即 ZF 为 0 时，跳转到 Label 位置
	js Label		当 SF 为 1 时，跳转到 Label 位置
	jns Label		当 ~SF 为 1，即 SF 为 0 时，跳转到 Label 位置

注意：

(1) 表 2-4 中的算术和逻辑指令(除了 lea 之外)执行之后，不仅改变了目的操作数的内

容，还会设置条件码。而 CMP 和 TEST 操作没有目的操作数，因此虽然它们执行了减法和逻辑操作，但是它们执行的后效仅仅是改变条件码寄存器的内容而已。

(2) 程序不能直接读取条件码，必须使用 set 指令组把条件码读入到目的操作数中，从而获得条件码。set 指令组根据条件码的组合把目标操作数的低字节设置为 0 或 1，如果目标操作数的大小超过 1 个字节，那么所有高位用 0 补齐。

【例 2-2】 说明下面数据移动指令的含义。

(1) mov $0x4050, %eax;

源操作数是立即数寻址，目的操作数是寄存器寻址。其含义是将数 0x4050 移动到寄存器 %eax 中，即执行完成后，%eax 中的值为 0x4050。

(2) mov %ebp, %esp;

源和目的操作数都是寄存器寻址。其含义是将栈底指针赋给栈顶指针，即将栈清空。

(3) mov (%edi, %ecx), %eax;

源操作数是内存寻址，目的操作数是寄存器寻址。其含义是将内存位置 R[%edi] + R[%ecx]上的值放入寄存器 %eax。

【例 2-3】 假定寄存器 %eax 中的值是 x。写出下列指令执行后%edx 中的值。

```
lea    6(%eax), %edx;
```

%edx 中的值为 x+6。

【例 2-4】 跳转指令。

(1) jmp *%eax;

使用%eax 中的值作为跳转目标。

(2) jmp *(%eax);

使用内存中的值作为跳转目标，该内存的地址保存在 %eax 中。

【例 2-5】 C 语言条件分支语句的翻译。使用条件码和跳转语句，可以实现高级语言的条件分支语句。

	C 代码		等价 goto 语句版本
1	int absdiff(int x, int y){	1	int gotodiff(int x, int y){
2	if(x < y)	2	int result;
3	return y-x;	3	if(x >= y)
4	else	4	goto　x_ge_y;
5	return x-y;	5	result = y-x;
6	}	6	goto done;
		7	x_ge_y:
		8	result = x-y;
		9	done:
		10	return result;
		11	}

翻译成的汇编代码：

```
      ----x at %ebp+8, y at %ebp+12
1         mov 8(%ebp), %edx          --Get x
2         mov 12(%ebp), %eax         --Get y
3         cmp %eax, %edx             --Compare x:y
4         jge .L2                    --if x≥y goto x_ge_y
5         sub %edx, %eax             --Compute result = y-x
6         jmp .L3                    --Goto done
7     .L2:                           --x_ge_y:
8         sub %eax, %edx             --Computer result = x-y
9         mov %edx, %eax             --Set result as return value
10    .L3:                           --done: Begin completion code
```

2.2.2　过程调用

过程调用包括三个活动：

(1) 传递两类数据：传递过程调用的参数和传递返回值。

(2) 传递控制：将程序执行流从主程序传递到过程，或从过程传递到主程序。

(3) 内存空间的分配和释放：当进入过程时，必须为过程的局部变量分配内存空间；当退出过程时，必须释放这些内存空间。

使用栈数据结构支持过程调用。使用栈传递过程参数、存储返回信息、保存寄存器的值以便之后进行恢复，以及为局部变量分配存储空间。图 2-7 是一个栈的结构。

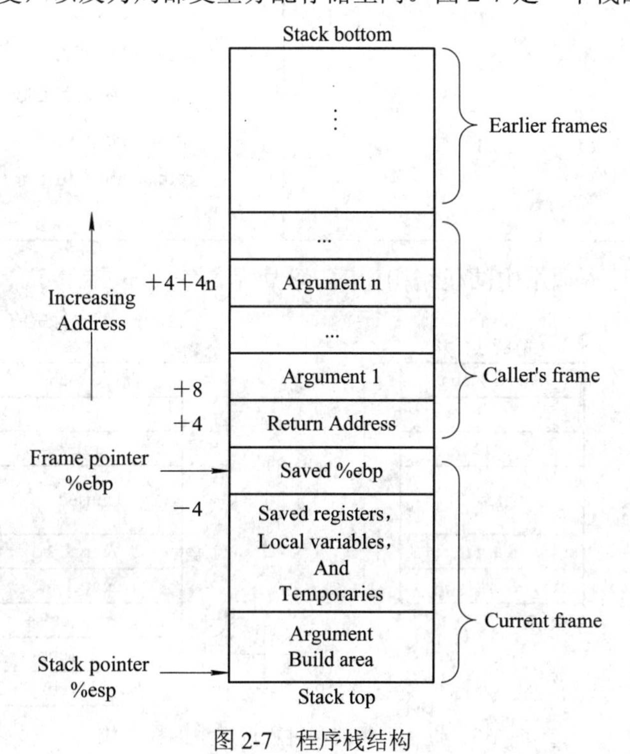

图 2-7　程序栈结构

栈结构用两个指针，即栈底指针(Frame pointer)和栈顶指针(Stack pointer)来限定，它们分别用寄存器 %ebp 和 %esp 来保存。由于过程调用具有层次性，因此过程调用对应的栈不断叠加。由于寄存器 %ebp 保存的是当前过程的栈底指针，因此需要把上一层过程调用的栈底指针压到当前的栈中，以便当前调用结束时，能够恢复上一层过程调用的栈底指针；而当前调用的栈底与上一层调用的栈顶是相邻的，当把当前栈清空时，上一层调用的栈顶指针自然就得到了。

大多数计算机只提供传递控制的简单指令，而数据(即参数)的传递以及局部变量空间的分配和释放则是通过对程序栈的操作来完成的。与过程调用的控制传递相关的指令如表 2-5 所示。

表 2-5　与过程调用的控制传递相关的指令

指　　令	后　　效
call Label	(1) 将返回地址压入 Caller 的程序栈； (2) 将控制流传递到 Label 标记处，即过程调用的入口处
call *Operand	与 call Label 类似，控制流被转移到 Operand 中的值所指示的入口地址
leave	由调用返回准备栈结构
ret	(1) 弹出返回地址； (2) 从过程调用返回

【例 2-6】 下面的过程调用 swap_add 将指针 xp 和 gp 所指示的值进行交换，并返回两个值之和。

```
int   swap_add(int *xp, int *yp){
        int x=*xp;
        int y=*yp;
        *xp=y;
        *yp=x;
        return x+y;
}
```

```
int caller( ){
    int arg1=534;
    int arg2=1057;
    int sum=swap_add(&arg1, &arg2);
    int diff=arg1-arg2;
    return sum*diff;
}
```

过程调用前和过程调用中的栈结构如图 2-8 所示。

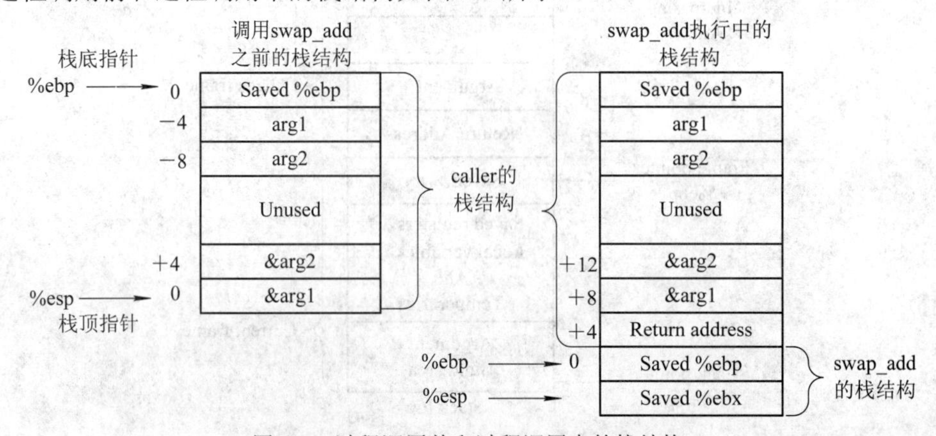

图 2-8　过程调用前和过程调用中的栈结构

图 2-8 左半部分为 caller( )在调用 swap_add( )之前的栈结构。调用 swap_add( )之前，需要先将参数&arg1 和&arg2 入栈，然后调用 call swap_add 将控制流转移到 swap_add( )过程内部；在 swap_add( )过程体中，首先将在栈中保存原%ebp，然后保存一些寄存器的值，接着为过程内的局部变量分配空间，并进行相关计算。这一过程可用下面一段简化的汇编代码来说明。

caller:		swap_add:	
lea -8(%ebp), %eax	--取出 arg1 的地址到%eax 中	push %ebp	--把原%ebp 值入栈
mov %eax, 4(%esp)	--将%eax 中的地址放入栈	mov %esp, %ebp	--设置新的栈底地址
lea -4(%ebp), %eax	--取出 arg2 的地址到%eax 中	push %ebx	--保存有关寄存器值
mov %eax, (%esp)	--将%eax 中的地址放入栈	…	--为局部变量分配空间
call swap_add	--调用 swap_add( )		--其他计算等等

2.2.3　CISC 和 RISC

根据处理器所采用的指令集可以把处理器或计算机分为两类：复杂指令集计算机(CISC，Complex Instruction Set Computer)和精简指令集计算机(RISC，Reduced Instruction Set Computer)。

为了缩短软件开发的周期，降低开发成本，在计算机上普遍采用高级语言编写的程序，而且从发展趋势来看，语言的抽象程度还在不断提升。这些高级程序设计语言的出现，一方面可以让程序员忽略具体细节，用更加简洁的方式描述算法，并且自然地支持结构化和面向对象设计方法。然而，另一方面也带来了所谓的“语义鸿沟”问题，即高级程序设计语言所支持的高层操作与处理器能够提供的基本操作之间的差异越来越大，从而出现了这样一些现象，如程序执行效率下降、机器码程序的体量增大以及编译器越来越复杂等。为了解决这一问题，在处理器设计方面出现了两条不同的设计路线，从而发展为 CISC 和 RISC 两种不同的指令集架构。

一条路线是，让处理器的指令集向高级语言靠近，即提供复杂指令集。其主要的特征是：处理器提供较大的指令集，较多的寻址模式，用硬件实现各种高级语言的语句等，其目的是简化编译器的编写，提高程序的执行效率以及为更复杂的高级语言提供硬件支持。

另一条路线与此正好相反，不是让指令集架构变得更复杂，而是提供精简指令集。在对高级语言程序编译成的机器程序的执行特征和模式进行了研究之后，得出了这样的结论：对高级语言程序提供支持的最佳途径，不是让指令集架构向高级语言靠近，而是应当对高级语言程序中最耗费时间的部分进行充分优化。这就为精简指令集的提出提供了理论依据。

RISC 架构的三个主要特征是：

(1) 采用较多的寄存器，或使用编译器优化寄存器的使用；

(2) 优化的指令流水线设计；

(3) 提供精简的指令集。

我们通过表 2-6 详细对比这两种架构的特点。

表 2-6 CISC 和 RISC 对比

CISC	RISC
指令数目多	指令数目较少，通常不超过 100 条
一些指令的执行时间较长。这些指令包括从内存中一个位置拷贝一整块数据到另一个位置；拷贝多个寄存器到内存中或从内存拷贝到多个寄存器	没有长时间执行的指令。一些早期 RISC 机器中甚至没有整数乘法运算指令，而是通过编译器将乘法实现为一系列加法指令
指令编码的长度是可变的。IA32 指令的编码长度是 1～15 个字节	指令编码的长度固定。通常所有的指令长度为 4 字节
操作数具有多种寻址方式。IA32 指令中，操作数内存寻址用多种不同的偏移量的组合进行寻址，这些偏移量包括基址、索引和增量因子等	简单寻址方式，通常只用基址和偏移量进行寻址
算术和逻辑操作可以被作用到寄存器操作数和内存操作数	算术和逻辑操作只能被作用到寄存器操作数。只能在指令 load 和 store 中引用内存。load 指令将内存中的数据读入寄存器；store 指令将寄存器写入内存。这一规定被称为 load/store 架构
具有条件码。算术和逻辑指令不仅会改变目的操作数的状态，还会改变条件码标志位的状态。使用条件码实现条件分支测试	没有条件码，而是采用显式的测试指令进行条件测试，并将测试结果保存到通用寄存器中
使用栈来保存过程调用中的参数、返回地址等信息	使用寄存器来保存过程调用中的参数、返回地址等信息。一些过程调用可以因此避免内存访问。通常，处理器拥有较多(最多 32 个)寄存器
采用 CISC 架构的计算机有 X86、VAX 等	采用 RISC 架构的计算机有 SPARC (Sun Microsystems)、PowerPC (IBM and Motorola)、Alpha(Digital Equipment Corporation)、ARM 等

2.3 指令循环和异常处理

2.3.1 指令循环

处理器是计算机中的主动部件，其主要功能是执行程序。程序是指令的序列，通常以文件的形式保存在磁盘、Flash 等 I/O 设备中。在执行程序时，它必须被加载到内存中，以提高读取效率。在下面的讨论中，我们假定程序已经被保存在内存中。

处理器执行一条机器指令的过程可以用指令循环来描述。指令循环分为取指阶段、解码阶段和执行阶段。

(1) 取指阶段。处理器以 PC(程序计数寄存器)中的值所指示的内存地址为起始地址，取出指令编码。如果指令编码为固定长度，则取出这个长度的指令编码；如果指令编码为可变长度，则先取出操作码，再根据操作码判断操作数的个数、字节大小以及指令长度，并依次取出操作数，然后计算下一条指令的起始地址。

(2) 解码阶段。根据指令操作数的寻址方式和字节大小，计算操作数的值。

(3) 执行阶段。执行该指令，并根据指令的后效将计算结果写入寄存器或内存位置，然后将 PC 设置为下一条指令的起始地址。

以上过程按顺序一直重复执行，直到计算机停机(halt)，如图 2-9 所示。停机的原因有这样几个：计算机掉电、程序执行中发生了某种不可恢复的错误，或者程序指令主动终止了程序执行。

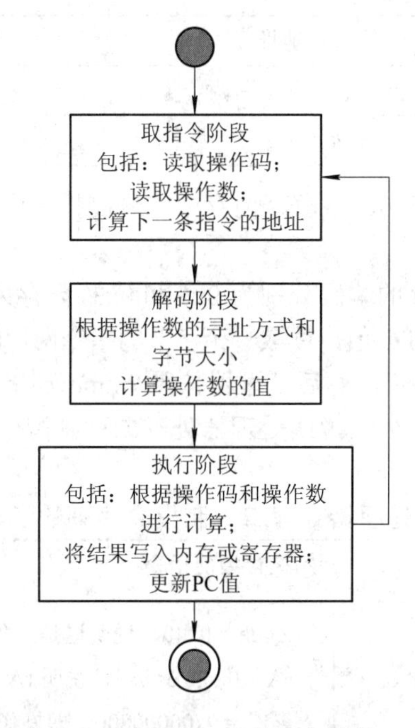

图 2-9　简单指令循环

下面我们以 IA32 中的一条数据移动指令和 halt 指令为例来说明指令循环过程。

【例 2-7】 数据移动指令的格式为 rmmove rA, D(rB)，将寄存器 rA 中的值 move 到内存位置 D(rB)。D(rB)表示“基址 + 偏移量”式的内存寻址方式，基址存放在寄存器 rB 中，D 是一个立即数，表示偏移量。该指令编码使用 6 个字节，其中操作码占用一个字节，三个操作数占用剩下的 5 个字节；halt 指令编码只占一个字节，编码为 0x00，没有操作数，如表 2-7 所示。

表 2-7　数据移动指令编码字节分配

字节	操作码		1		2	3	4	5
rmmov rA, D(rB)	4	0	rA	rB	D			
halt	0	0						

数据移动指令的执行过程如表 2-8 所示。

表 2-8　rmmove 指令的执行阶段

阶段	rmmov rA, D(rB)	说　明
取指	icode←M_1[PC] rA:rB←M_1[PC+1] valC←M_4[PC+2] valP ← PC+6	以 PC 值为内存起始地址取出一个字节，获得操作码 icode 以(PC 值 + 1)为内存起始地址取出一个字节，获得寄存器标识符 以(PC 值 + 2)为内存起始地址取出 4 个字节，获得立即数 D 的值 计算下一条指令的起始地址
解码	valA ← R[rA] valB ← R[rB]	根据寻址方式，获得寄存器 rA 和 rB 中的内容
执行	valE ← valB+valC	计算内存地址
	M_4[valE] ← valA	回写内存
	PC ← valP	更新 PC 的值

【例 2-8】 设当前 PC = 0x100，试解释内存中二进制指令序列

0x100:　40630008000000

的含义。假定寄存器%esi 和%ebx 的编码分别为 0x6 和 0x3，内存采用小端存储多字节数据。

解　首先，处理器根据当前 PC 值，读取一个字节的指令操作码，得到 icode = M_1[PC] = 0x40，说明这是一个 rmmove 指令，然后处理器按照 rmmove 指令的格式依次读取若干操作数，并解码和执行。我们用表 2-9 说明处理器处理二进制指令序列的步骤，并与表 2-8 中的步骤作一对比。

表 2-9　处理器处理二进制指令序列的步骤

开始执行当前指令		
取指	icode ← M_1[PC] rA:rB ← M_1[PC+1] valC ← M_4[PC+2] valP ← PC+6	icode = 0x40，说明这是一条 rmmove 指令 rA = 0x6, rB=0x3，说明 rA 寄存器是%esi，rB 是%ebx valC = 0x00000800，即操作数 D = 0x800 valP = 0x106 计算下一条指令的 PC 值
解码	valA ← R[rA] valB ← R[rB]	valA = R[%esi] valB = R[%ebx]
执行	valE ← valB+valC	valE = valB+0x800
	M_4[valE] ← valA	按小端方式将值 valA 以字(4 个字节)的方式写入以 valE 起始的内存位置
	PC ← valP	PC=0x106
开始执行下一条指令		
取指	icode ← M_1[PC]	Icode = 0x00，说明这是一条 halt 指令
解码		
执行		终止程序

可以看出，上述二进制指令序列实际上对应这样一个指令序列：

```
0x100: rmove %esi, 0x800(%ebx)
0x106: halt
```

上例告诉我们，当已知一个程序的二进制指令编码时，我们就可以根据指令编码规则，反汇编出程序的汇编代码，但是要由汇编代码得到源程序通常是非常困难的，这是目前程序逆向工程研究的内容之一。

2.3.2　异常和带有异常处理的指令循环

上面所述的指令循环没有考虑到异常(Exception)的发生。异常是一个事件(Event)，而一个事件是处理器或其他设备的状态的一种变化。异常可能由时钟或外部设备触发，我们把这类异常称为“外部异常”；也可能由正在处理的指令触发，比如算术运算指令出现浮点溢出，我们把这类异常称为“内部异常”。异常通常具有较高优先级，应当优先得到处理。当异常发生时，处理器正常的指令循环就要被打断，转而先执行异常处理流程，处理完毕后，有可能再返回到原来的程序继续执行。

考虑到异常处理之后，正常的指令循环就变为如图 2-10 所示的指令循环。

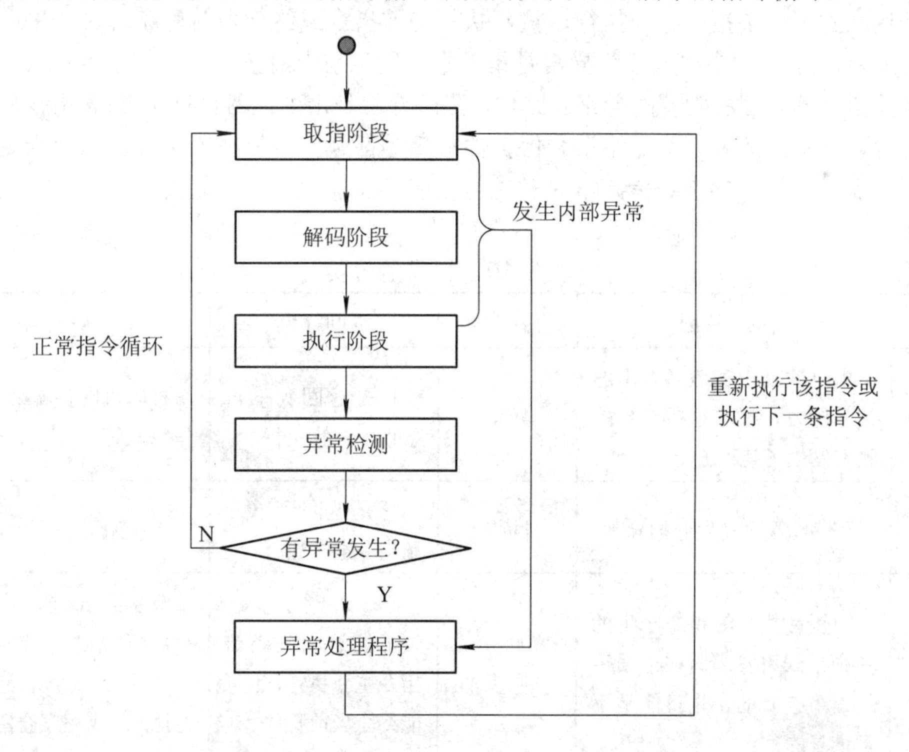

图 2-10　带异常处理的指令循环

当处理器在取指、解码和执行一条指令过程中出现内部异常时，处理器的内部逻辑能够判断异常类型，并把处理器状态回滚到该指令执行前的正确状态，然后保存现场，转而执行相应的异常处理程序，执行完毕后，根据异常类别，判断是否继续向下执行、

重新执行当前指令，或终止当前程序。对于外部异常，处理器在每执行完一条指令时，都会检查是否有外部异常发生，假如没有发生异常，那么它会接着执行下一个取指、解码和执行周期；如果有外部异常发生，那么处理器先执行异常处理程序，然后继续向下执行。

指令循环是处理器向上层系统程序和应用程序提供的基本机制，是计算机执行所有程序的基础。当计算机上电时，处理器就会主动地执行该指令循环，直到停机为止。任何应用程序，包括操作系统的执行，最终都是依靠指令循环来实现的。但是从另一方面来看，指令循环毕竟是计算机最基本的处理流程，当处理比较复杂的应用(如多道程序处理)时，使用起来并不方便，于是就需要在指令循环的基础上，引入更加贴近应用的概念结构，提升使用的抽象程度和便利程度。下一章将要介绍的进程概念就是对程序执行流的抽象，进程的执行以及进程之间的切换，最终仍然依靠指令循环来执行。

2.3.3 异常的分类

异常可以分为四类：中断(Interrupt)、陷阱(Trap)、故障(Fault)和终止(Abort)，如表 2-10 所示。

表 2-10 中的“返回行为”是指当异常处理结束之后，继续处理的行为选择，这些选择包括：返回到下一条指令继续执行、重新执行当前指令或终止当前程序。具体采取哪种行为，取决于异常的类别。“同步”异常是指异常的发生与当前正在执行的指令相关，或者说是由当前指令的处理所触发的异常。比如，陷阱异常是由处理器执行了 int n 指令后所主动触发的异常；页面故障、除零错误和保护性故障等都是由于处理器执行了当前指令而引起的异常。而“异步”异常是指异常的发生与当前正在执行的指令无关，是由外部设备所引发的。

表 2-10　异常的分类

类别	发生的原因	同步/异步	返回行为	举　例
中断	由时钟或 I/O 设备发出的信号触发，表明这些设备的状态发生了某种改变	异步	总是返回到下一条指令继续执行	打印机准备就绪；打印操作完成等
陷阱	程序指令主动发起的异常	同步	总是返回到下一条指令继续执行	系统调用；断点(Breakpoint)
故障	由正在执行的指令产生的各种错误引发。这些错误可能是可恢复的，也可能是不可恢复的	同步	可能返回到当前指令重新执行，也可能终止当前程序	算术溢出；除零错误；缺页故障；保护性故障等。如程序引用一个未定义的内存区域，或程序企图向只读文本段写入数据
致命故障	由不可恢复的致命错误引发，通常由硬件错误引发	同步	终止当前程序	硬件错误，如 DRAM 或 SRAM 极性错误等

系统中每一类异常被赋予一个唯一的非负整数，称为“异常号”。异常号中的一部分

是由处理器的设计者分配的，如除零异常、页面故障、保护性故障、断点和算术溢出等。剩下的异常号由操作系统内核的设计者来分配，例如系统调用和外部 I/O 设备发出的信号等。

每类异常都有相应的异常处理程序。所有异常处理程序的入口地址都保存在称为“异常向量表”(或“异常跳转表”)的内存结构中。当处理器检测到一个异常事件发生，并判断出异常号 k 时，就会计算出 k 号异常的异常向量表的条目地址，从中得到相应异常处理程序的入口地址，并跳转到该程序继续执行，如图 2-11 所示。

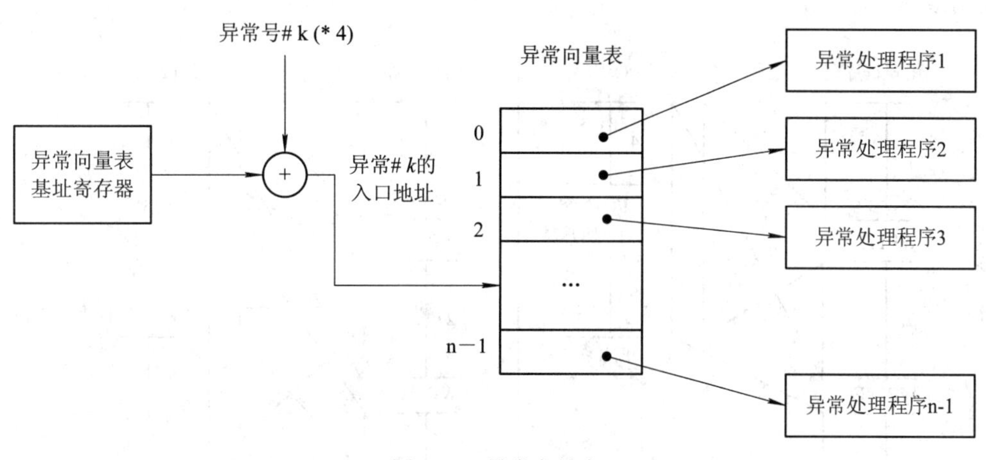

图 2-11　异常向量表

2.3.4　异常处理

1．中断处理

中断实际上是处理器与外部设备进行交互的一种方式。外部设备何时就绪、外部设备的处理任务何时完成、外部设备的状态何时出现变化等信息，对于处理器而言是异步的、不可预知的，因此需要一种外部设备主动通知处理器的机制，中断就是计算机中充当这种通知机制的方式。使用中断，可以实现处理器与外部设备的并行工作，提高处理器的使用效率。

以 I/O 中断为例。一个应用程序需要通过 WRITE 系统调用向 I/O 设备中写入数据，如图 2-12 所示。标记为 1、2、3 的代码是用户程序的一部分，由处理器执行；而标记为 4、5 的代码是 I/O 程序的一部分，通常由操作系统提供，也是由处理器执行；而 I/O 命令(I/O command)通常由处理器向 I/O 模块发出，指示 I/O 模块准备就绪或执行读/写操作，而具体的 I/O 操作，则由 I/O 模块控制 I/O 设备来完成，处理器不需要参与。

在不使用中断机制的情况下，如图 2-12(a)所示，处理器向 I/O 模块发出 I/O 命令，指示它与连接的外部设备进行交互，以执行 I/O 任务。在 I/O 模块控制外部设备执行写操作的过程中，处理器不断检测 I/O 模块的状态，判断写操作是否处理完成，换句话说，处理器必须等待 I/O 任务的完成。由于外部设备的执行速度远远低于处理器的执行速度，因此造成处理器周期的极大浪费，使得整个系统的执行效率下降。

采用中断机制可以提高系统的执行效率，如图 2-12(b)所示。处理器发送 I/O 命令后，

并不等待写操作的完成，而是继续执行用户程序的代码。当写操作完成时，I/O 模块向处理器发出中断信号，处理器收到该信号后，暂停正在执行的用户程序(图中用黑色圆点表示中断点)，转而执行中断处理程序(Interrupt handler)，在该程序中执行有关写操作的判断，如判断写操作是否成功执行，如果没有成功执行，出现了什么错误等等，然后执行代码段 5。执行完毕后，处理器转而继续执行用户程序的下一条指令。显然，使用中断机制后，处理器不必等待 I/O 操作的完成，而是继续执行用户程序，只有当 I/O 操作完成后，才转而执行相关 I/O 程序，因此在一定程度上实现了处理器与 I/O 操作的并发处理，提高了处理器的使用效率。

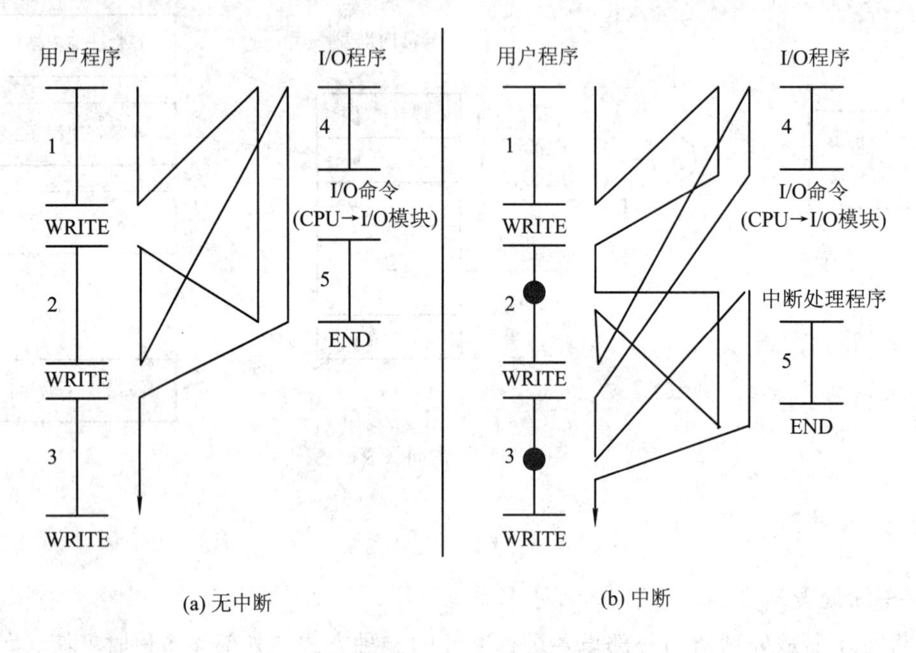

图 2-12　I/O 中断

2. 陷阱异常

陷阱是一类由特定指令故意引发的异常，这类指令称为“陷阱指令”(Trap instruction)。在 IA32 架构上，陷阱指令是 int n，也称为“软件中断”指令，其中 n 是异常号。这类指令是处理器为支持操作系统的系统调用、软件调试等而提供的。当处理器执行陷阱指令后，产生陷阱异常，处理器转而执行陷阱处理(Trap handler)程序，执行完毕后，返回到该陷阱指令的下一条指令继续执行。

3. 故障和终止异常

故障异常是由指令执行过程中产生的各种错误条件所引发的异常。当故障发生时，处理器转而执行故障处理(Fault handler)程序。如果故障处理程序能够纠正错误条件，那么控制流转向产生该故障的指令，重新执行它；如果不能纠正错误条件，那么控制流转向终止处理(Abort handler)程序，结束产生故障的用户程序。

终止异常通常是由不可恢复的致命硬件故障引发的异常。当终止异常产生时，处理器控制流转向终止处理程序，结束产生终止异常的用户程序。

通过图 2-13 可比较这四类异常的返回行为的异同。

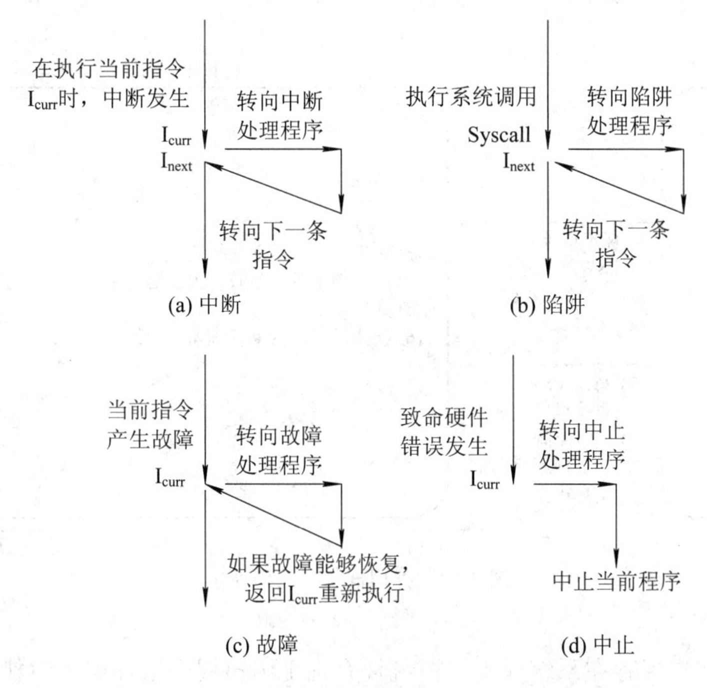

图 2-13　四类异常的返回行为的异同

2.4　处理器的运行模式和模式切换

异常处理过程不仅涉及控制流的转换，而且还伴随着处理器运行模式的切换。处理器一般具有两种宏状态或运行模式：用户模式(User mode)和特权模式(Privileged mode)。用户程序通常运行在用户模式下，不能直接访问受保护的系统资源，也不能改变处理器的运行模式；而系统软件(如操作系统内核、一些具有特权的操作系统任务等)、异常处理程序等运行在特权模式下，可以访问系统的所有资源，而且能够自由切换系统的运行模式。

区分处理器两种模式的目的是保护系统资源，避免越权访问，提高系统的安全性。操作系统内核通常运行在特权模式下，拥有对计算机所有资源的访问权限，并且能够自由切换处理器的运行模式，便于实施对计算机软硬件资源的管理。而用户程序运行在用户模式下，不允许执行特权指令(如某些 I/O 指令)，对系统所属的数据、地址空间以及硬件等的访问也是被严格限制的，防止了恶意程序对关键资源的有意或无意的使用和破坏。值得注意的是，不同处理器架构对于特权模式可以进行不同的细分，比如 Intel X86 体系结构的处理器定义了 4 个级别的权限(称为 Ring)，Windows 系统使用了 Ring0(即特权模式)和 Ring3(即用户模式)。Windows 只使用 2 个级别的权限的原因是为了和一些其他硬件系统兼容，这些硬件系统只有 2 个级别的权限，如 Compaq Alpha 和 Silicon Graphics MIPS 等。ARM 处理器将特权模式进一步细分为 6 种。

由于控制流从用户程序转入异常处理程序，因此与过程调用类似，需要对寄存器状态进行保存，保存该状态的结构是系统栈(System Stack)。图 2-14 给出了控制流在用户程序和异常处理程序之间切换时，伴随的处理器运行模式的切换以及寄存器状态的保存和恢复。

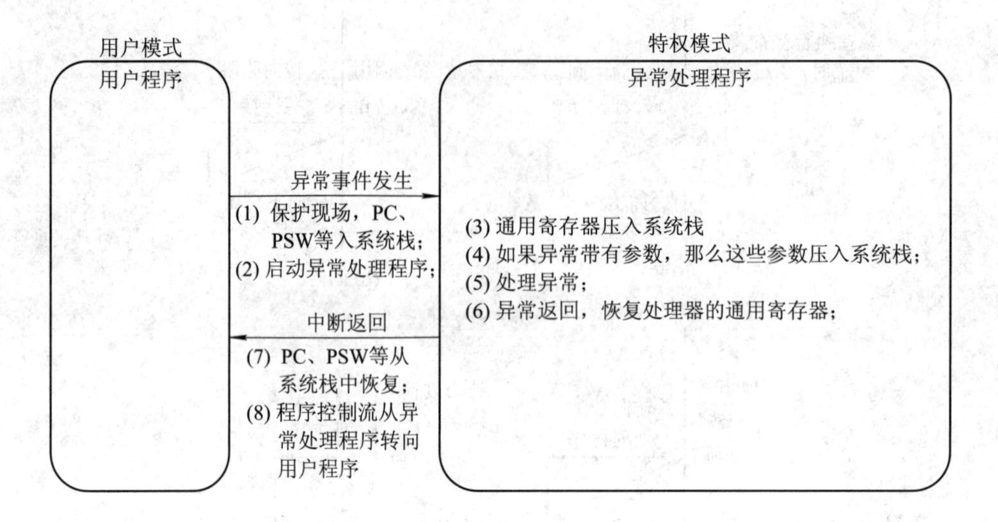

图 2-14　处理器状态的切换

注意：

(1) 寄存器状态保存在系统栈中。系统栈有别于用户程序过程调用中使用的用户栈，它是专门为处理器或操作系统分配的内存数据结构，禁止用户程序访问，提高了系统的安全程度。

(2) 用户编写异常处理程序的边界问题。异常处理过程以及伴随的模式切换过程是由处理器(或操作系统)为支持用户程序的执行所提供的一种机制，因此用户不必编写有关异常事件检查、模式切换、寄存器状态保存和恢复以及返回等相关代码，这些功能由处理器(或操作系统)来实现。

(3) 为了从一个中断返回，中断服务程序执行一个 IRET 指令，这个指令使得所有保存在系统栈中的值被恢复，控制流转向用户程序，继续从断点处向下执行。

习　题

1. 简述计算机的四个主要组成部分，并论述这些部分之间的互连关系。以一个简单程序 Helloworld 为例，说明程序运行过程中数据流和控制流在硬件结构上的传播演进过程。

2. 程序访问 I/O 有哪几种方式？试比较这些方式的优劣。

3. 什么是指令循环？简述指令循环在软件执行中的基础性作用。

4. 程序员在编写程序时，总是基于一定的平台，这些平台包括程序设计语言、各种 API 调用和运行时系统。如果从程序的角度来看待计算机裸机，我们也可以把一台裸机看成一个编程平台，那么这个平台为程序员提供了哪些编程机制呢？

(提示：高级语言程序中的语句、变量、各种数据结构以及运行时系统分别对应计算机硬件结构中的哪些部分？)

5. 假设有一个 32 位的微处理器，其 32 位的指令由两部分组成：第一个字节包含操作码，其余部分为一个直接操作数或一个操作数地址。

(1) 最大直接寻址的能力为多少(以字节为单位)？

(2) 如果微处理器总线具有下面的情况，请分析对系统速度的影响：

① 一个 32 位地址总线和一个 16 位数据总线；

② 一个 16 位地址总线和一个 16 位数据总线。

(3) 程序计数器和指令寄存器分别需要多少位？

6. 一个 32 位的微处理器，它有一个 16 位的外部数据总线，并由一个 8 MHz 的输入时钟驱动。假设这个微处理器有一个总线周期，其最大持续时间为 4 个输入时钟周期。该微处理器可以支持的最大传送速率为多少？外部数据总线增加到 21 位，或者外部时钟频率加倍，哪种措施可以更好地提高处理器性能？(提示：确定每个总线周期能够传送的字节数。)

7. 一台计算机包括高速缓存、内存和一个磁盘。存取一个在高速缓存中的字需要 15 ns；如果要存取的字在内存中而不在高速缓存中，那么把它载入高速缓存需要 45 ns，然后重新开始存取；如果该字不在内存中，需要 10 ms 把它从磁盘中取出，复制到高速缓存中需要 45 ns，然后重新开始存取。假设高速缓存的命中率为 0.8，内存的命中率为 0.7，则该系统中存取一个字的平均存取时间是多少？

8. 一个简单的计算机系统包含一个 I/O 模块，用以控制一台简单的键盘/打印机电传打字设备。CPU 中包含下列寄存器，这些寄存器直接连接在系统总线上：

INPR：输入寄存器，8 位；

OUTR：输出寄存器，8 位；

FGI：输入标记，1 位；

FGO：输出标记，1 位；

IEN：中断允许寄存器，1 位。

I/O 模块控制从打字机中输入击键，并输出到打印机中。打字机可以把一个字母或数字符号编码成一个 8 位数字，也可以把一个 8 位数字编码成一个字母或数字符号。当 8 位字从打字机进入输入寄存器时，输入标记被置位；当打印一个字时，输出标记被置位。在不使用中断和使用中断两种方式下，试描述 CPU 如何使用这些寄存器实现与打字机间的输入和输出？

第三章 进程管理

进程管理是操作系统的核心，也是这门课程学习的关键内容。本章内容的重点是理解和掌握进程的概念，可以从多个角度看待进程，比如可以把进程看做操作系统分配资源的单位，在这个意义上，进程把计算机系统的各种资源，包括处理器、内存、文件、I/O 设备等紧密地联系起来。

当然，也可以把进程看作执行一个程序的环境或上下文。在这个意义上，进程的概念又与先修课程，如程序设计、编译原理等内容连贯起来，成为程序设计和软件开发活动中不可回避、必须掌握的最基本概念之一。总之，学好本章内容对于学好这门课程，更好地理解和开发程序具有重要意义。

本章学习内容和基本要求如下：

➢ 进程的概念。重点掌握进程的结构，即进程的组成部分，初步理解进程虚拟地址空间的概念；重点掌握进程控制块中相关属性及其含义。

➢ 进程的行为模型。采用状态迁移图来刻画进程的行为；理解和掌握进程状态图中每个状态的含义，能够解释触发每个状态迁移的事件和必须满足的条件。

➢ 进程的生命周期控制。重点掌握进程创建和进程切换过程中的一系列步骤；明确进程切换和进程状态转换的关系、进程切换与模式转换的关系，以及过程调用与系统调用的区别。

➢ 建立调度的基本概念，了解 FCFS 和轮转法等基本调度策略，能够分析它们的优缺点。

➢ 重点掌握线程的概念，明确它与进程概念的区别和联系；了解线程的两种实现方式以及它们的优缺点。

3.1 进程的概念和结构

3.1.1 程序并发执行的基本需求

首先回顾一下第一章介绍的操作系统发展历史。

(1) 在简单批处理操作系统中，作业是串行执行的，即一个作业一旦开始执行，就独占计算机系统的所有资源，直到运行结束之后，下一个作业才能运行。

(2) 在多道程序设计批处理系统中，多个作业可以被载入内存，而且从宏观上看，多个作业并行执行，它们共享处理器、内存、I/O 设备等计算机资源。其主要设计目标是让处理器、I/O 设备和存储设备的使用效率达到最高。

(3) 在分时系统中，为支持多用户交互，处理器在时间维度上被划分为若干时隙，在每一时隙期间，一个用户完全占有计算机处理器、内存等资源。由于每个时隙很短，因此从宏观上看，计算机仍然可以同时为多个用户服务，提高计算机与用户交互的效率。

程序或作业的并发执行是现代操作系统的一个基本特征。并发执行的多个程序必须满足以下几个需求才能称得上是有意义的并发执行，而实现这些需求单纯依靠处理器的指令循环是不够的，必须采用特定的软件，即操作系统来有效地管理程序的并发执行。

(1) 资源共享的需求。要实现多个程序的并发执行，它们必须能够共享处理器、内存以及 I/O 设备等计算机资源。如何共享这些资源，本质上是资源的最优调度问题，而这个问题的解决必须依靠复杂的调度算法来完成。

(2) 相互隔离的需求。尽管多个程序并发执行，但是在逻辑上各个程序应当是相互独立的，即一个程序的执行结果不受其他程序执行的影响。例如，当我们想在计算机上运行一个程序时，我们通常不知道当前计算机上在运行什么样的程序，也不知道计算机采用什么方法对程序进行调度。但是，无论在何种情况下，我们都要求计算机能够正确执行所提交的程序，不受其他任何程序的干扰。这一需求也可以称为“虚拟性”需求：当一个程序与其他程序并发执行时，它的执行结果不依赖于其他程序的执行，就好像它独占整个计算机资源一样。

(3) 通信和同步的需求。有时，程序之间不完全是相互隔离的，而是存在依赖关系，即需要进行通信或同步。为此，需要对这些程序的执行时机进行正确、精密的控制，否则就会导致信息丢失、读取过时信息、同步错误等问题。

这三个需求之间是相互联系的。正是由于资源共享的需求，才引起了隔离性的需求。换句话说，如果没有资源共享，每个程序独占整个计算机资源，那么它们之间自然就是相互隔离的，当然就不存在隔离性的需求；隔离性需求与通信和同步的需求并不矛盾，前者是对那些逻辑上本身就相互无关的程序而言的，而后者是对那些逻辑上本来就存在相互关联和相互依赖的程序而言的。

3.1.2　进程的概念

进程是对一个计算任务的抽象和封装，使每个计算任务更好地实现隔离性、资源共享性和同步的需求。进程是操作系统的基本概念，Multics 系统的设计者在 20 世纪 60 年代首次使用“进程”(Process)这个术语来描述系统和用户的程序活动，而 IBM 的 CTSS/360 系统使用了另一个术语“任务”(Task)，两者的意义是相同的。

有关进程的说法很多，归纳起来，可以这样理解进程的概念：

(1) 进程是计算机程序在处理器上执行时所发生的活动，即进程是程序的一次执行活动。

(2) 进程是对一个计算任务的抽象和封装，它是由一个执行流、一个数据集和相关系统资源所组成的一个活动单元。

(3) 进程是程序执行的一个实例，是动态的概念，而程序是行为的一个规则，通常以文件的形式存在，是静态的概念。一个计算机可以同时运行一个程序的多个进程。

(4) 进程之间共享计算机资源，并在逻辑上相互独立，或者通过同步机制相互协调，共同完成一项计算任务。

为了更好地说明进程的概念，下面从进程的结构和行为两个方面进行说明。

3.1.3　进程的结构

进程是程序执行的一个实例。一个程序的执行不仅依赖于该程序本身，而且还需要一个运行环境，即上下文，而进程就是描述这个上下文的一个概念。每一个程序运行在一个进程上下文中。进程上下文包括五个部分：用户程序、用户数据、系统栈、进程控制块(PCB)和共享区域，各部分的说明如表 3-1 所示。

表 3-1　进程的组成部分

组成部分	私有/共享	说　明
用户程序	私有	将被执行的程序，这部分通常是只读的，不可更改
用户数据	私有	包括程序数据、用户堆栈区和可修改的程序。这部分内容是可以更改的
系统栈	私有或共享	每个进程有一个或多个系统栈。栈用于保存参数、过程调用地址和系统调用地址
进程控制块	私有	操作系统控制进程所需要的各种数据信息
共享区域	共享	用于多个进程共享操作系统代码、共享库、共享内存等

用户数据是与用户程序相关联的数据单元。比如程序中的全局变量和 static 变量等存放在用户数据区，而局部变量、过程调用的参数、返回值、返回地址等通常存储在用户栈区，程序运行过程中动态分配的内存存储在用户堆区。随着程序的运行，用户数据的状态不断发生变化；系统栈用于用户程序调用系统调用时，保存调用参数、返回值和返回地址；共享区域用于一个进程与其他进程共享代码、数据和内存。

进程的这些部分必须被映射到物理内存中，才能让程序运行起来。采用虚拟内存管理的操作系统不是把这些组成部分直接映射到物理内存，而是首先把它们映射到进程虚拟地址空间，然后通过内存管理机制，把进程虚拟地址空间映射到物理内存地址空间。这里我们暂时忽略内存管理机制，先介绍进程的组成部分如何被映射到虚拟地址空间。我们把进程组成部分在虚拟地址空间中的分布称为进程虚拟地址空间布局，或进程映像(Image)。

所谓虚拟地址空间，就是连续字节地址的集合。虚拟地址空间的大小取决于系统的字长。对于一个 32 位系统，使用 32 位编码一个字节地址，因此进程虚拟空间为$\{0, 1, 2, \cdots, 2^{32}-1\}$，空间的大小为 2^{32}，即 4 GB。所谓进程虚拟地址空间布局，是指把进程组成部分映射到虚拟地址空间上的方式，或者说，在进程虚拟地址空间中，按照一定的规则，为进程的各组成部分分配地址区域的方式。

不同操作系统的进程虚拟地址空间布局通常是不同的。比如，图 3-1 是 Linux 32 位系统的进程地址空间布局。

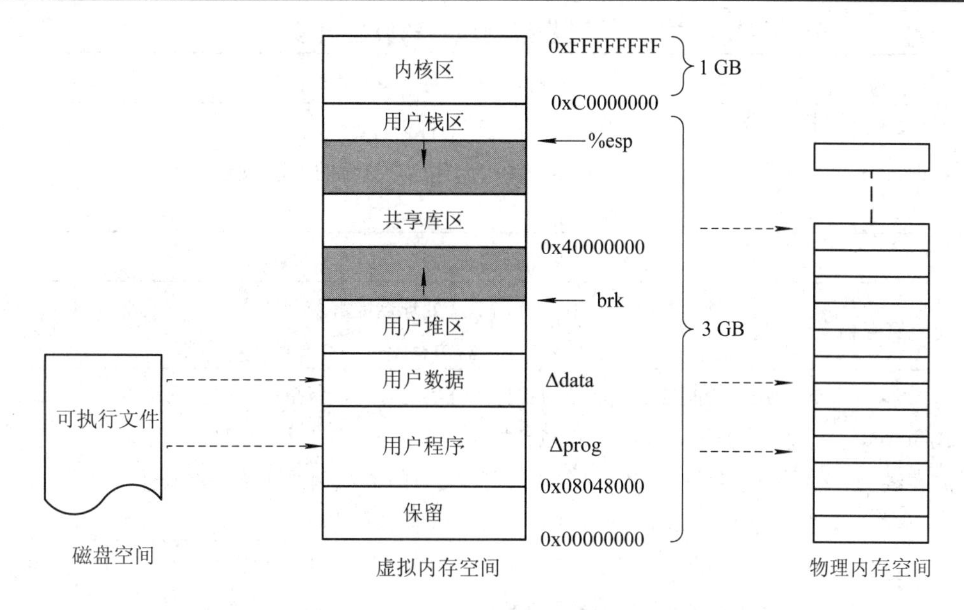

图 3-1　Linux 32 位系统的进程地址空间布局

32 位 Linux 系统的虚拟地址空间大小是 4 GB。当用户源程序被编译、链接形成目标码之后，用户程序和用户数据部分的大小就已经确定下来，即用户程序和用户数据在地址空间中所占的区域大小就被确定下来。用户程序总是从地址 0x08048000 开始编址，接着的是用户数据区。用户堆区紧邻用户数据区，并向高地址方向增长。用户栈区从地址 0xBFFFFFFF 向低地址方向增长。堆区和栈区的大小随着程序的运行不断变化。操作系统内核占据进程地址空间的最高 1 GB 字节。系统栈和进程控制块由操作系统来管理，因此它们分布在内核区。

值得注意的是，每个进程的用户程序都是从虚拟地址 0x08048000 开始分布的，那么多个进程占据的内存会不会发生冲突呢？不会。这里的地址空间是指进程的虚拟地址空间，并不是物理内存地址空间。在后面的内存管理章节，我们可以看到不同进程的虚拟地址空间实际上被内存管理机制映射到不同的物理内存地址空间，因此不会造成冲突。

另外，从图 3-1 中还可以看出，进程的用户程序和用户数据实际上来自可执行目标文件。当创建进程时，需要把这两个组成部分从可执行文件中映射到虚拟地址空间中，即建立可执行文件中用户程序和用户数据与进程虚拟地址空间分布之间的关系。

总的来说，建立进程的结构需要两级映射：可执行目标文件到进程虚拟地址空间的映射和进程虚拟地址空间到物理内存空间的映射。这两级映射都是通过虚拟内存管理机制来完成的，有关它的详细内容，将在内存管理章节展开。

3.1.4　进程控制块

操作系统需要有关每个进程的大量信息，这些信息保存在进程控制块中。进程控制块实际上是一个描述进程元信息的数据结构，由操作系统来分配和管理，并保存在内核中。表 3-2 罗列了操作系统所需要的进程信息的简单分类，了解这些信息之后，大致就可以明白操作系统是如何对进程进行管理的了。

表 3-2 进程控制块中的典型信息

进程标识信息	
标识符	• PID(Process ID)：一个进程的标识符。 • PPID(Parent Process ID)：创建这个进程的进程(父进程)标识符。 • UID(User ID)：用户标识符
处理器状态信息	
用户可见寄存器	用户可见寄存器是用户模式下，处理器能够访问的寄存器。通常有 8～32 个此类寄存器，而在一些 RISC 处理器中有超过 100 个此类寄存器
控制和状态寄存器	用于控制处理器操作的各种处理器寄存器，包括： • 程序计数器 PC：包含将要读取的下一条指令的地址。 • 条件码：最近的算术或逻辑运算的结果(例如符号、零、进位、等于、溢出)。 • 状态信息：包括中断允许/禁止标志、处理器异常模式
栈指针	每个进程有一个或多个与之关联的栈。栈用于保存参数和过程调用或系统调用的地址，栈指针指向栈顶或栈底
进程控制信息	
调度和状态信息	这是操作系统执行其调度功能所需要的信息，典型的信息项包括： • 进程状态：如就绪态、运行态、阻塞态等。 • 优先级：描述进程调度优先级的一个或多个域。在某些系统中，需要多个值(例如默认、当前、最高许可)。 • 调度相关信息：这取决于所使用的调度算法。例如进程等待的时间总量和进程在上一次运行时执行的时间总量。 • 事件：进程在继续执行前需要等待的事件标识
数据结构	进程控制块还需要一些数据结构用于维护进程间的关系。比如，系统中的所有用户进程通常被组织为一个链表，等待某一事件的多个进程通常被组织为一个队列。为了维护这些关系，进程控制块中通常需要包含指向其他进程的指针。另外，为了表示进程间的父子关系，也需要特定的数据结构
进程间通信	与两个独立进程间的通信相关联的各种标记、信号和信息
进程特权	进程特权信息描述了一个进程对资源的访问能力。UNIX 通常使用有效用户 ID、有效组 ID 和附加用户组 ID 来描述一个进程的特权
存储管理	包括指向该进程虚拟内存空间的段表和页表的指针
资源的所有权和使用情况	进程控制的资源可以表示成诸如一个打开的文件，还可能包括处理器或其他资源的使用历史；调度器需要这些信息

可以把进程控制块中保存的信息分为三类：

(1) 进程标识信息；

(2) 处理器状态信息；

(3) 进程控制信息。

进程控制块包含了操作系统所需要的关于进程的所有信息，是操作系统中最重要的数据结构。操作系统中的每个模块，包括那些涉及调度、资源分配、中断处理、性能监控和分析的模块，都可能读取和修改它们。因此可以说，进程控制块的集合定义了操作系统的状态。

3.2 进程的状态

进程作为一个活动体，具有从产生到消亡的生命周期。在生命周期中经历了各个阶段，每个阶段称为进程的一个状态。为了对进程进行有效的管理，操作系统必须考虑进程所处的状态。进程的状态信息保存在进程的进程控制块中(见表 3-2)。

通常采用状态机模型(State machine)来描述进程的状态以及状态之间的迁移关系。一个状态机实际上是一个由节点集合 Node 和边集合 Edge 构成的有向图<Node, Edge>，其中 Node 被解释为状态集，Edge 被解释为状态迁移的集合。通常认为，当进程处于某个状态时，需要持续一定的时间，而状态间的迁移过程不需要花费时间。一个状态迁移可以表示为一个五元组：

<state, event [guard]/action, state'>

其含义是：当进程处于状态 state 时，如果事件 event 发生，而且卫士条件 guard 成立，那么进程将做动作 action，之后迁移到末状态 state'。学习和理解进程的状态机模型，关键是理解状态间的迁移关系，尤其是事件和卫士条件的含义。

本节先介绍进程的五状态模型，进而扩展到七状态模型。在模型的扩展过程中，引入了新的状态和新的迁移，这说明进程管理的策略也变得愈加复杂。在学习本节内容时，需要重点关注状态迁移中的事件和卫士条件部分。

3.2.1 五状态模型

五状态模型把进程的生命周期划分为五个状态(阶段)，其中运行态、阻塞态和就绪态是三个基本状态。五状态模型如图 3-2 所示。

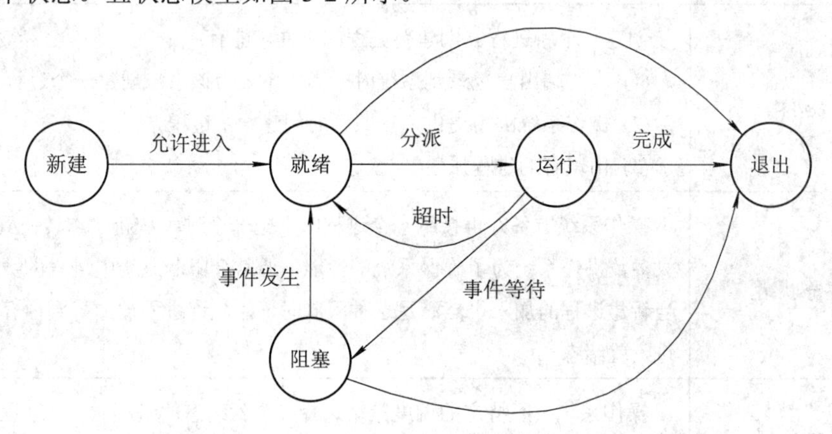

图 3-2　五状态模型

(1) 运行态(Running)：进程正在被处理器执行的状态。如果计算机只有一个处理器，那么一次最多只有一个进程处于运行状态。

(2) 阻塞态(Blocked)：或称为“等待态”(Waiting)，一个进程正在等待某个事件发生的状态，这个事件可能是I/O设备就绪、I/O控制器的读或写操作已经完成等。比如，当一个进程向I/O控制器发送了一个读命令之后，就处于阻塞态，等待读命令完成这一事件的发生。显然，如果一个进程处于阻塞态，那么它是没有必要被调度的，直到它等待的事件发生。

(3) 就绪态(Ready)：一个作业已经具备被调度执行的条件，正在排队等待调度的状态。显然，调度只能发生在那些处于就绪态的进程中。

在多道程序设计环境下，可能有多个进程都处于就绪态，那么调度程序需要按照某种调度策略，譬如按照进程的优先级，选择一个优先级最高的就绪态进程投入运行，于是该进程的状态就由就绪态转入运行态。处于运行态的进程当等待某一事件发生时，便进入阻塞态；处于阻塞态的进程，当所等待的事件发生后，就进入了就绪状态，以便由调度程序重新调度。

此外，为了描述进程的创建和消亡过程，还需要认定“新建”状态和“退出”状态。

(1) 新建：当一个进程刚被创建时，操作系统还没有将它加入到可执行进程组中的状态。处于新建状态的进程，通常进程控制块已经创建，但是其程序和数据还没有被加载到内存中。

(2) 退出：一个进程因为某种原因从可执行进程组中被释放出来的状态。注意，退出状态不等于进程被操作系统删除的状态。退出仅意味着进程不再被执行，但是与进程相关的表和其他信息仍然在操作系统中，这给辅助程序或支持程序提供了提取所需信息的时间，一旦这些程序提取了所需信息，操作系统就不再保留任何与该进程相关的数据，该进程将从系统中被删除。

表3-3是五状态模型的状态迁移说明，尤其需要注意触发状态迁移的事件。

表3-3　五状态模型的状态迁移说明

状态迁移	说　明
空→新建	创建一个新进程。创建新进程的事件可能有： (1) 当终端用户登录到系统时，操作系统为该用户创建一个进程。 (2) 操作系统因为提供一项服务而创建一个进程。 (3) 由现有的进程派生
新建→就绪	操作系统准备好再接纳一个进程时，把一个进程从新建态转换到就绪态。大多数操作系统为了确保系统的性能，通常会限制系统中进程的数量。因此当新建进程的加入仍然满足这种限制时，才允许进程被加载到内存中，从而进入就绪态
就绪→运行	操作系统按照特定的调度策略选择一个就绪态的进程时，该进程就进入运行态

续表

状态迁移	说　明
运行→退出	导致进程退出的事件有： • 正常完成。进程自行执行一个指令(如 halt)或系统调用(如 exit)，表示它已经结束运行。 • 超过时限。进程运行时间超过规定的时限。时限的计量方法有多种类型，比如可以采用进程总的运行时间、花费在执行上的时间，或者对于交互进程，从上一次用户输入到当前时刻的总时间等。 • 无可用内存。系统无法满足进程需要的内存空间。 • 发生越界、保护错误、算术错误等，或执行无效指令、特权指令、数据误用等时。 • 进程等待某一事件发生的时间超出了规定的最大值。 • I/O 失败时。在输入或输出期间发生错误，如找不到文件、在超过规定的最多努力次数后，仍然读/写失败(如遇到磁带上的一个坏区时)或者操作无效(如从行式打印机中读)。 • 操作员或操作系统终止进程(例如，如果存在死锁)。 • 父进程终止。当一个父进程终止时，操作系统可能会自动终止该进程的所有后代进程。 • 父进程请求。父进程通常具有终止其任何后代进程的权利
运行→就绪	• 正在执行的进程达到了“允许不中断执行”的最大时限。 • 高优先级进程抢占了该进程。 • 进程自愿释放对处理器的控制，如执行 sleep( )
运行→阻塞	通常，进程请求了操作系统的一个服务或调用之后进入阻塞状态： • 进程可能请求操作系统的一个服务，但操作系统无法立即予以服务。 • 请求了一个无法立即得到的资源，如文件或虚拟内存中的共享区域。 • 需要进行某种初始化工作，如 I/O 操作，而且只有当该初始化工作完成后才能继续执行。 • 当进程相互通信，一个进程等待另一个进程提供输入时，或等待来自另一个进程的信息时
阻塞→就绪	当所等待的事件发生时，由阻塞态迁移到就绪态
就绪→退出 阻塞→退出	在某些系统中， • 父进程可以在任何时刻终止一个子进程。 • 如果一个父进程终止，与该父进程相关的所有子进程都将终止

值得注意的是，五状态模型描述的是一个进程的状态以及状态迁移情况，而多道操作系统通常包括多个进程，在某一时刻，每个进程可能处于不同的状态，这些进程的状态组合就构成了整个系统的状态。

【例 3-1】 设系统中有三个进程 P_1、P_2 和 P_3。某一时刻，每个进程可能处于上述五个

状态之一，我们用<s_1, s_2, s_3>表示由这三个进程所构成的系统的状态，其中 s_i 表示进程 P_i (i = 1，2，3)的状态。如果这些进程相互独立，对于单处理器系统，可能存在多少个系统状态？对于双处理器系统，可能的系统状态又有多少个？

解　整个系统由三个独立运行的进程构成：

$$Sys = P_1 \| P_2 \| P_3$$

系统的状态就是每个进程状态的组合。因此系统状态可能有 $5^3 = 125$ 个。对于单处理器系统，任一时刻最多只能有一个进程处于运行状态，因此可能的状态有 125 – 4 = 121 个。但是对于双处理器系统，任一时刻可以有两个进程同时处于运行态，因此系统的可能状态有 124 个。

如果以系统中进程的个数 n 作为度量系统规模的变量，那么系统状态的数目将是 n 的指数函数。当系统中进程的数目增多时，系统状态的数目将以指数级快速增长，而且增长的速度要远快于进程数目的增长速度，我们把这一问题称为“状态空间状态爆炸”问题。由这一问题所引发的系统测试和验证问题是计算机科学面临的基本难题之一。

五状态模型在操作系统中是通过进程队列来实现的。为了管理系统中的多个进程，设计了两个队列：就绪队列和阻塞队列。操作系统只能在就绪队列中选择需要调度的进程；当进程阻塞时，将被加入到阻塞队列；当某事件发生时，操作系统在阻塞队列中寻找正在等待该事件的进程，如能找到，将其从阻塞队列加入到就绪队列，等待调度。由于阻塞队列中的进程所等待的事件可能有所不同，为了提高效率，通常可以设计多个阻塞队列，每个阻塞队列等待一个事件。这样当一个事件发生时，等待这个事件的阻塞队列中的所有进程都将被加入到就绪队列。五状态模型的实现如图 3-3 所示。

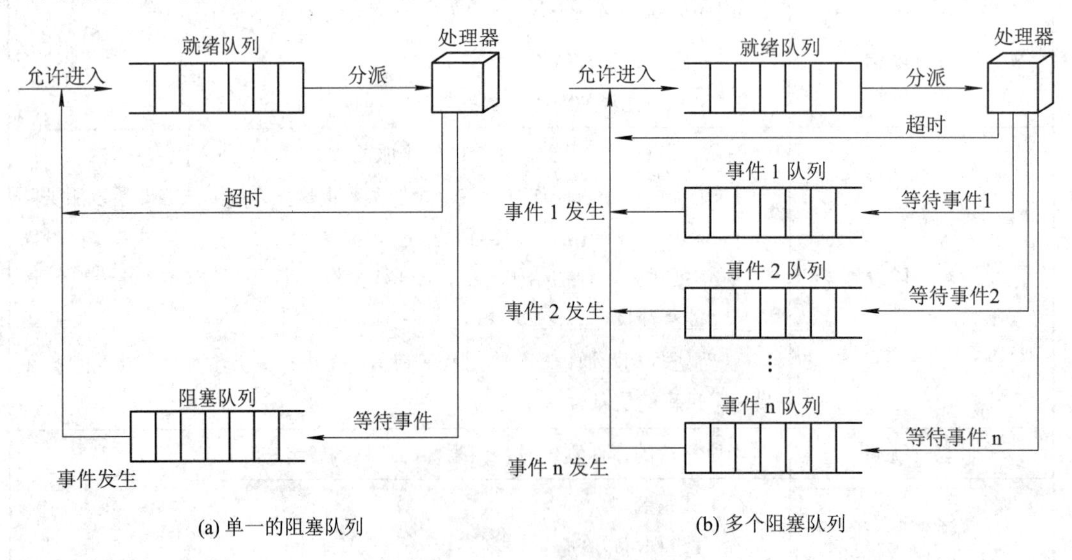

图 3-3　五状态模型的实现

3.2.2　七状态模型

认定进程的状态取决于操作系统的具体进程管理策略。管理策略越复杂，进程的状态也就越多，状态迁移也就越复杂。在很多操作系统中，除了认定上述五个基本状态外，还认定了一个“挂起”(Suspended)状态。本节对挂起状态进行讨论，并把五状态模型扩展为七状态模型。

1. 挂起状态

在五状态模型中，当一个进程被允许进入，该进程就被完全载入内存，所有进程必须驻留在内存中。由于 I/O 活动的计算速度比处理器的运算速度慢很多，因此所有进程都处于阻塞状态的情况比较常见。这种情况下，由于这些进程占用了大量内存，使得新进程的进入请求无法得到满足。

为了解决这个问题，很多操作系统采取了“交换”(Swapping)策略，即当内存中没有处于就绪态的进程时，操作系统就把处于阻塞态的进程从内存中换出到磁盘中，并加入到“挂起队列”，释放该进程占据的内存空间，然后取出挂起队列中的另一个进程，或者接受一个新近创建的进程，将其纳入内存。

当一个进程被交换到磁盘中时，我们把它的状态称为“挂起”状态。使用挂起状态可以区分进程是在内存中还是在磁盘中。挂起状态与原来的就绪和阻塞状态一经组合，就出现了四种可能的状态：

(1) 就绪态：进程在内存中并可以执行。

(2) 阻塞态：进程在内存中并等待一个事件。

(3) 阻塞挂起：进程在外存中并等待一个事件。

(4) 就绪挂起：进程在外存中，但是只要被载入内存就可以被调度执行。

于是，原来的五状态模型就被扩展为七状态模型，如图 3-4 所示。

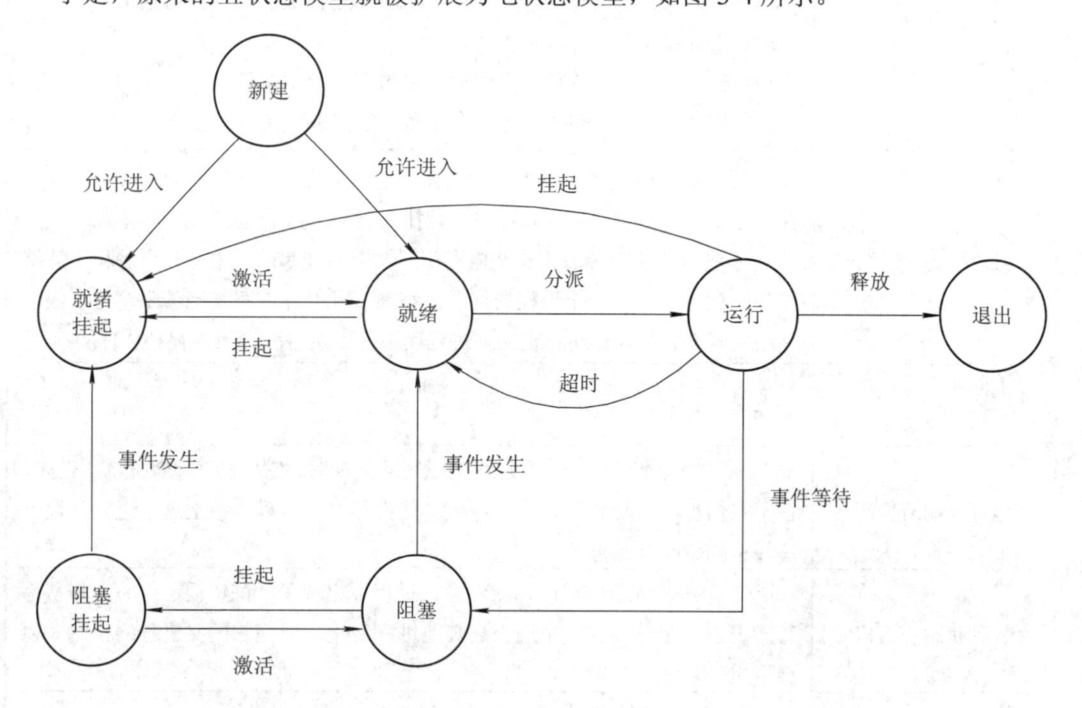

图 3-4　七状态模型

七状态模型的状态迁移说明如表 3-4 所示。

表 3-4　七状态模型的状态迁移说明

状态迁移	说　明
新建→就绪挂起	(1) 当内存中没有足够的空间分配给新进程时； (2) 操作系统为了维护大量未阻塞的进程，通常推迟创建进程以减少操作系统的开销，并在适当的时候才执行进程创建任务。 在这两种情况下，都把一个新建进程放入就绪挂起队列
新建→就绪	当新建进程的加入满足操作系统对内存、性能的各种限制时，允许进程被加载到内存中，从而进入就绪态
就绪挂起→就绪	(1) 如果内存中没有就绪态进程，操作系统需要调入一个就绪挂起态进程到内存中； (2) 当处于就绪挂起态的进程比处于就绪态的任何进程的优先级高时
就绪→就绪挂起	通常，操作系统更倾向于挂起阻塞态进程而不是就绪态进程，因为就绪态进程可以立即执行，而阻塞态进程占用了内存但不能执行，但在以下两种情况下，需挂起就绪态进程： (1) 如果释放内存以得到足够空间的唯一方法是挂起一个就绪态进程时； (2) 如果操作系统确信高优先级的阻塞态进程很快将会就绪，那么它可能挂起一个低优先级的就绪态进程，而不是高优先级的阻塞态进程
阻塞→阻塞挂起	(1) 如果没有就绪进程，则至少一个阻塞进程被换出，为新建进程或就绪挂起进程让出空间； (2) 操作系统为了维护基本的性能要求而需要更多的内存空间时，即使有可用的就绪态进程，也需要把一个或多个阻塞进程换出内存
阻塞挂起→阻塞	该迁移在设计中比较少见，因为如果一个进程正在等待一个事件，并且不在内存中，那么把它调入内存就没有什么意义。但需考虑到下面情况： 一个进程终止，释放了一些内存空间，阻塞挂起队列中有一个进程比就绪挂起队列中的任何一个进程的优先级都高，并且操作系统确信阻塞进程的事件很快就会发生，这时，把阻塞进程而不是就绪进程调入内存是合理的
阻塞挂起→就绪挂起	等待的事件发生时
运行→就绪挂起	通常，当分配给一个运行进程的时间片到期时，它将转换到就绪态。但是，在某些情况下，操作系统为了释放一些内存，也可以直接把这个进程从运行态转换到就绪挂起态
各种状态→退出	当一个进程运行完成时，或者运行过程中出现了一些错误条件时，将从运行态退出。另外，当一个进程被其他进程终止，或当它的父进程终止时，也会退出
其他状态迁移	与五状态模型的状态迁移相同，见表 3-3

2. 导致进程挂起的原因

导致进程进入挂起状态的一个原因是为了释放更多的内存空间，以便调入一个就绪挂起状态的进程，或者增加分配给其他就绪态进程的内存。除了这一原因之外，还有一些原因使得操作系统有必要挂起一个进程。表 3-5 总结了导致进程被挂起的原因。

表 3-5　导致进程挂起的原因

事　件	说　明
交换	操作系统需要释放足够的内存空间，以调入并执行处于就绪状态的进程
其他 OS 原因	操作系统可能挂起后台进程或工具程序进程，或者被怀疑导致问题的进程
交互式用户请求	为了调试或者与一个资源的使用进行连接，用户可能需要挂起一个程序的执行
定时	一个进程可能会周期性地执行(如记账或系统监视进程)，大多数情况下是空闲的，则在它两次使用之间应该被换出，即在等待下一个时间间隔时被挂起
父进程请求	有时，父进程可能会挂起后代进程的执行，以检查或修改挂起的进程，或者协调不同后代进程之间的行为

3.3　进 程 控 制

前面介绍了进程的状态以及导致状态迁移的一系列事件和条件，本节介绍操作系统如何管理进程生命周期中的一系列活动，包括进程创建、进程切换和进程退出。

3.3.1　进程的创建和退出

操作系统创建一个进程需要经历如下步骤：

(1) 为新进程分配一个唯一的进程标识符 pid，在主进程表中增加一个新表项，每个表项对应一个进程。

(2) 给进程各组成部分分配地址空间。操作系统必须知道私有用户地址空间(程序和数据部分)和用户栈需要的空间大小。这可以根据进程的类型使用默认值，也可以在创建进程时根据用户请求设置。如果一个进程由另一个进程派生，则父进程可以把所需的值作为进程创建请求的一部分传递给操作系统。如果任何现有的地址空间被这个新进程共享，则必须建立正确的连接。最后必须给进程控制块分配空间。

(3) 初始化进程控制块。进程标识符部分包括进程 ID 和其他相关的 ID，如父进程的 ID 等；除了程序计数器(被置为程序入口点)和系统栈指针(用来定义进程栈边界)之外，处理器状态信息部分的大多数条目通常初始化为 0；进程控制信息部分的初始化基于标准默认值和为该进程所请求的属性。例如，进程状态在典型情况下被初始化为就绪或就绪挂起状态；除非显式地请求更高的优先级，否则优先级的默认值为最低的优先级；除非显式地请求或从父进程处继承，否则进程最初不拥有任何资源(I/O 设备、文件)。

(4) 设置正确的连接。例如，如果操作系统把每个调度队列都保存成链表，则新进程必须放置在就绪或就绪挂起链表中。

(5) 创建或扩充其他数据结构。例如，操作系统可能为每个进程保存着一个记账文件，可用于编制账单/或进程性能评估。

进程退出的步骤：

(1) 根据退出进程 ID 号，从主进程表中找到它的 PCB。

(2) 将该进程拥有的资源归还给父进程或操作系统。

(3) 若该进程拥有子进程，则先退出它的所有子进程，以防它们脱离控制。

(4) 将进程出队，释放它的 PCB。

3.3.2 进程切换

进程切换是指操作系统打断一个正在运行的进程，把处理器指派给另一个进程，让其拥有处理器资源并开始或继续执行的过程。注意，进程切换不同于进程状态转换。进程切换过程中一定伴随着多个进程的状态转换，而状态转换仅仅是进程切换中的一个活动，除此之外，还有一些其他必要活动。

比如，当一个正在运行的进程 P1 的时间片到期时，操作系统需要把 P1 切换出去，让就绪的进程 P2 占有处理器继续运行。在这一进程切换过程中，需要进行状态转换，即

P1：Run→Ready，P2：Ready→Run

除此之外，还需要一些诸如这样的活动：把处理器的状态信息保存在 P1 的进程控制块中，以便下次执行时恢复处理器状态；把 P1 加入就绪队列；把 P2 从就绪队列中移出；把处理器状态从 P2 的进程控制块中恢复出来。另外，可能还有一些记账和统计信息需要记录等。

一般的，进程切换应包括如下活动：

(1) 把处理器状态信息，包括程序计数器和其他寄存器，保存在进程控制块中。

(2) 更新当前处于运行态进程的进程控制块，包括将进程的状态改变到另一状态(就绪态、阻塞态或退出态)。还必须更新其他相关域，包括离开运行态的原因和记账信息。

(3) 将进程的进程控制块移到相应的队列。

(4) 选择另一个进程执行。究竟选择哪个就绪的进程执行，取决于操作系统所采用的调度算法。

(5) 更新所选择进程的进程控制块，包括将进程的状态变为运行态。

(6) 更新内存管理的数据结构，这取决于如何管理地址转换，这方面内容将在内存管理章节介绍。

(7) 使用被选择的进程最近一次切换出运行态时的上下文，恢复处理器状态。

处理器通常具有用户模式和内核模式(特权模式)两种宏运行状态。模式切换是处理器在用户模式和内核模式之间进行的切换。一个进程在运行过程中需要使用处理器，那么在进程执行过程中会不会伴随模式切换？进程切换与模式切换之间的关系是什么？

在采用虚拟内存管理的操作系统中，每个进程都是一个逻辑上独立的单元。每个进程的结构中既包括用户程序部分，也包括内核程序部分(见图 3-1)。用户程序需要使用内核提供的调用和服务才能完成特定的计算任务。

(1) 当处理器执行进程的用户程序部分时，处于用户模式。

(2) 当处理器执行进程的内核程序或访问内核资源时，处于内核模式。

(3) 当用户程序调用内核提供的服务时，处理器发生“用户模式→内核模式”的切换。

(4) 当内核服务结束，返回用户程序时，处理器发生“内核模式→用户模式”的切换，

如图 3-5 所示。

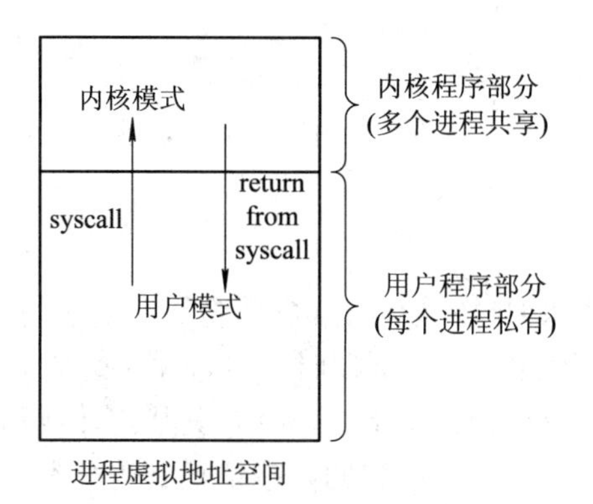

图 3-5 进程上下文中的模式切换

在进程上下文中进行模式切换的好处有：

(1) 用户程序运行在用户模式下，不能执行特权指令，对系统资源的访问也受到严格限制，因此有利于保护系统资源，避免越权访问，提高系统的安全性。

(2) 内核程序和用户程序被封装在进程上下文中，从用户程序执行内核程序时，或者从内核程序返回用户程序时，只需要进行模式切换，不必进行进程切换，因此减小了系统开销。

(3) 内核程序运行在内核模式下，可以直接访问用户程序和数据，因此减少了用户程序与内核程序之间的参数传递，提高了进程执行效率。

在许多老的操作系统中，操作系统内核是在用户进程上下文之外执行的。当进程请求一个系统调用时，该进程的上下文必须被保存起来，然后将控制权交给内核。当系统调用返回时，要么恢复进程上下文，继续执行，要么调度和分派另一个进程。显然，这种情况下，模式切换过程中伴随着进程的切换。

在第一章所讲的微内核结构中，操作系统服务以用户态进程的形式运行，一个应用进程通过消息传递请求操作系统服务。当应用进程请求服务时，或者当服务完成返回应用程序时，都会引起进程的切换，但是由于用户进程和服务进程都处于用户模式，因此不会产生模式切换。图 3-6 是以上两种情况下，模式切换和进程切换的关系。

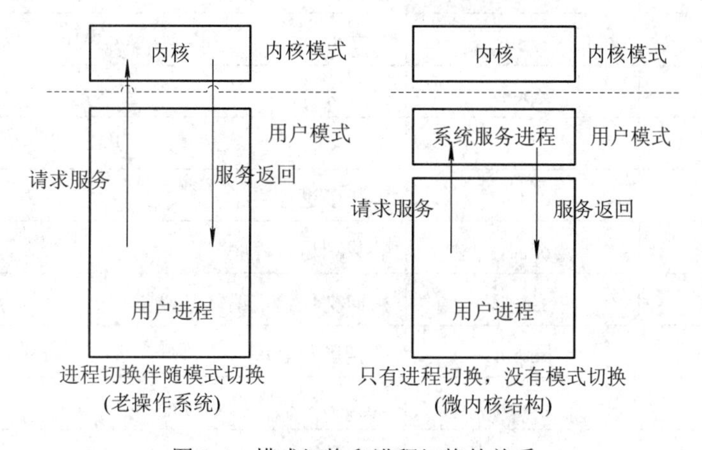

图 3-6 模式切换和进程切换的关系

3.3.3　进程切换的时机

异常事件的发生是操作系统获取处理器的控制权，实施进程切换的唯一时机。下面分析当四类异常发生时，操作系统所做的工作。

1．中断异常

中断是一类由外部部件，如时钟模块、I/O 设备等所引起的异步异常。

(1) 时钟中断：一个进程的时间片到期时，时钟模块会向处理器发出一个时钟中断，操作系统响应该中断，保存该进程的上下文，并将其状态转换到就绪态，然后从就绪队列中按照某种调度策略选择一个进程，将它的状态切换到运行态，然后恢复其上下文，使其拥有处理器开始(或继续)执行。

(2) I/O 中断：I/O 模块执行完 I/O 活动后，向处理器发送 I/O 中断事件。操作系统确定 I/O 中断事件的属性，并确定哪些进程正在等待该事件，然后把所有这些进程从阻塞态转换为就绪态(阻塞挂起态转换为就绪挂起态)。操作系统必须决定是继续执行当前处于运行态的进程，还是让具有高优先级的就绪态进程抢占这个进程。

2．陷阱异常

陷阱异常是一类由当前进程主动发起的同步异常。IA32 系统通过执行陷阱指令 int n 来主动发起陷阱异常，其中 n 是异常号。系统调用就是通过陷阱异常来实现的。表 3-6 是 Linux/IA32 的常见系统调用以及对应的异常号。例如，一个用户进程调用一个打开文件的统调用，这个调用使得控制流转移到操作系统内核中的一段代码上执行。这种情况下，会引起进程切换，用户进程被置为阻塞态。

表 3-6　Linux/IA32 的常见系统调用以及对应的异常号

异常号	名　字	描　　述
1	exit	终止进程
2	fork	创建新进程
3	read	读文件
4	write	写文件
5	open	打开文件
6	close	关闭文件
7	waitpid	等待子进程终止
11	execv	装载和运行程序
19	lseek	指向文件给定偏移量位置
20	getpid	得到进程 ID
27	alarm	设置信号提交警示时钟
29	pause	挂起一个进程直到信号到达

续表

异常号	名　字	描　　述
37	kill	向另一个进程发送信号
48	signal	安装信号处理程序
63	dup2	拷贝文件描述符
64	getppid	得到父进程 ID
65	getgrp	得到进程组
67	sigaction	安装便携信号处理程序
90	mmap	把内存页映射到文件
106	stat	得到文件信息

3．故障和致命故障异常

对于故障异常，操作系统确定故障或异常条件是否是致命的，如果是，则当前正在执行的进程将被转换到退出态，并发生进程切换；如果不是，操作系统的处理措施取决于故障的种类和操作系统的设计。其处理措施可能是试图恢复发生故障的进程，也可能是通知用户某故障已发生，由用户选择终止该进程或继续执行。

3.3.4　过程调用和系统调用的区别

从编写程序的角度看，过程调用和系统调用好像没有什么区别，都是主程序对子过程的调用，即控制流从主程序转向子过程。但是通过本章的学习，应当认识到过程调用与系统调用有着本质区别，主要表现在如下几方面：

(1) 过程调用主要是为了模块化程序设计的需要，将常用的、公共的程序部分封装为一个例程，方便用户的使用以及程序的维护；而系统调用是用户程序使用计算机资源和服务的一种方式。在设计系统调用时，除了考虑模块化的需求之外，更重要的是考虑到对计算机资源的保护。

(2) 过程调用的发生是通过指令的跳转来实现的；而系统调用是通过发起陷阱异常来实现的，系统调用的代码是由异常处理程序来执行的。

(3) 过程调用不会触发进程切换和进程状态转换，而系统调用可能会引起进程切换和状态转换。比如，有关 I/O 的系统调用通常会导致进程切换和状态转换。

(4) 一个进程调用一个过程时，处理器始终处于用户模式，不会发生模式切换；而用户进程调用一个系统调用时，处理器将从用户模式切换到内核模式；当系统调用返回时，处理器又从内核模式切换回用户模式。

3.4　UNIX 中的进程控制

本节以 UNIX 操作系统为例，学习如何通过 UNIX 提供的系统调用来对进程进行控制，

同时进一步了解进程控制的内部实现细节，加深对进程控制相关原理的理解。

3.4.1 获取进程 ID

获取当前进程 ID 和其父进程 ID：

```
#include <sys/types.h>
#include <unistd.h>

pid_t getpid(void);     //返回当前进程的 PID
pid_t getppid(void);    //返回当前进程的父进程(即创建调用进程的进程)的 PID
                                    Returns: PID of either the caller or the parent
```

getpid 和 getppid 系统调用返回类型为 pid_t 的一个整数值，该类型在 UNIX 系统中定义在文件 types.h 中，类型为 int。

3.4.2 创建和终止进程

一个进程创建一个子进程的系统调用是 fork( )：

```
#include <sys/types.h>
#include <unistd.h>
pid_t   fork(void);
                          Returns: 0 to child, PID of child to parent, -1 on error
```

调用 fork( )的进程将创建一个新的子进程，调用进程就成为该子进程的父进程。fork( )的一个特点是“调用一次，返回两次”：在调用进程(即父进程)中返回一次，在新创建的子进程中又返回一次。在父进程中，fork 返回子进程的 ID；在子进程中，fork 返回 0 值。由于子进程的 PID 总是非零的，因此返回值提供了一种明确的方式来判别程序正在执行父进程还是子进程的程序代码。

终止一个进程的系统调用是 exit( )。导致一个进程终止的原因有：

① 该进程收到了一个信号，这个信号的缺省动作是终止该进程；

② 进程执行完毕，从主程序中返回；

③ 调用了 exit 函数。

例如：

```
#include <stdlib.h>
void exit(int status);
                                    This function does not return
```

exit 函数终止调用它的进程，status 是一个描述进程退出方式的状态字(exit status)。另外一种设置退出状态字的方式是在 main 函数中用 return status 返回一个整数值。

新创建的子进程几乎与其父进程完全一样：子进程完全拷贝了其父进程虚拟地址空间的

用户部分，包括代码段、数据段、堆和用户栈等。子进程也完全拷贝了父进程所打开的所有文件描述字，这意味着，子进程可以对父进程在调用 fork 之前所打开的所有文件进行读/写操作。父子进程之间最显著的区别是它们分别拥有不同的 PID。值得注意的是：

(1) 地址空间的隔离性：尽管子进程的虚拟地址空间几乎完全拷贝了父进程的虚拟地址空间，但是它们的地址空间是完全隔离的，也就是说，子进程拥有父进程地址空间用户部分的另外一个副本，它们拥有各自独立的控制流，而且每个控制流在各自的用户地址空间中运行，对用户数据、栈和堆的任何操作不会发生相互干扰。

(2) 文件资源的共享性：对于父进程在 fork 调用之前打开的文件资源，子进程有权继承，也就是说，文件资源被父、子进程所共享。

图 3-7 是这两个调用的一个例子。

```
1
2       int main( )
3       {
4           pid_t pid;
5           int x=1;
6
7           pid=fork( );
8           if(pid==0){              /*Child*/
9               printf("child : x=%d\n", ++x);
10              exit(0);
11          }
12
13          /*Parent*/
14          printf("parent : x =%d\n", --x);
15          exit(0);
16      }
```

图 3-7 使用 fork 创建一个新进程

执行完程序后，其结果为

```
parent: x=0
child: x=2
```

注意：fork 调用执行之后，创建了子进程，而且父、子进程地址空间几乎是一致的。每个进程拥有相同的用户栈、相同的局部变量值、相同的堆、相同的全局变量值和相同的代码、相同的程序计数器。因此，在图 3.7 中，当子进程创建之后，局部变量 x 拥有两个副本，而且子进程复制了父进程的 x 状态，即 x=1。fork 返回给子进程 0 值，那么子进程将执行 pid==0 的 if 块，执行递增操作，并打印出 x 的状态值 2；而 fork 返回给父进程一个非零值，因此父进程执行另一个分支，对 x 递减，并打印 x 的状态值 0。由于 x 在父、子进程中各存在一个副本，因此对它们的操作不会相互干扰。

使用 fork 调用可以产生所谓的“进程图”，即父、子进程形成的一个层次化进程结构，

如图 3-8 所示。

```
1    int main( )
2    {
3        fork( );
4        fork( );
5        fork( );
6        printf("hello\n");
7        exit(0);
8    }
```

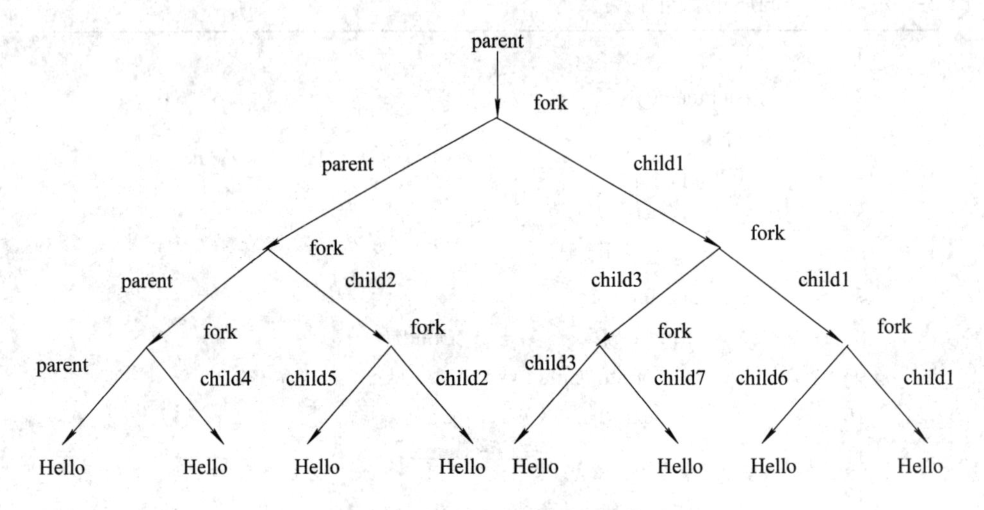

图 3-8　使用 fork 创建进程图程序

3.4.3　装载和运行程序

使用 fork 创建的子进程拥有和父进程几乎完全一致的进程映像，但是我们通常总是希望创建的子进程去执行其他更有意义的应用程序，也就是说将另外一个可执行程序装载到子进程的地址空间中，然后让子进程开始执行这个程序。系统调用族 exec 可完成这样的功能。注意，exec 族中包括多个功能类似、接口略有差异的系统调用，下面仅以 execve 为例来介绍。

装载和运行一个可执行文件的系统调用是：

```
#include <unistd.h>

int execve (const char *filename, const char *argv[ ], const char *envp[ ]);
                                        如果执行成功，不返回；如果出错，则返回-1
```

execve 装载并运行 filename 指定的可执行文件(完整路径名)，argv 是变量列表，envp 是环境变量列表。execve 只有当出错时，才返回调用进程，否则将一直执行下去，不会返回。因此，与 fork 不同，execve 是“调用一次但从不返回”。

execve 系统调用的内部执行过程是：

(1) 调用一个常驻内存的操作系统程序 loader。loader 先建立可执行目标文件的进程映像(见 3.1 节的图 3-1)，然后将可执行目标文件的程序和数据从磁盘拷贝到内存中。

(2) 通过跳转到程序的第一条指令，即入口点(entry point)执行启动代码(startup code)。启动代码中包含了调用 main 函数的代码，进而可以运行主程序。

这一过程称为可执行目标文件的加载和运行过程。值得注意的是，通过加载过程之后，调用 execve 的进程映像就被目标文件 filename 的进程映像所替换。另外，大家可能已注意到，在编写一个 C 程序时，main 的原型通常是：

```
int main (int argc, char **argv, char **envp);
```

或

```
int main (int argc, char *argv[ ], char *envp[ ]);
```

这里的三个输入参数 argc、argv 和 envp 需要在调用 main 时传入，而 execve 中的参数 argv 和 envp 将传递给 main 的对应参数，供 main 函数执行所用。

下面通过一个简单例子说明 execve 各个参数的含义，如图 3-9 所示。

```
1    #include <unistd.h>
2
3    main( )
4    {
5        char *argv[ ]={"ls", "-al", "/etc/passwd", NULL};
6        char* envp[ ]={"PATH=/bin", NULL};
7        execve("/bin/ls", argv, envp);
8    }
```

图 3-9 execve 的用法

第 7 行代码 execve 的第一个参数是 "/bin/ls"，它指出可执行目标文件的完整路径名，argv 指向一个以 NULL 结束的字符串数组：

```
argv[0] = "ls",
argv[1] = "-al",
argv[2] = "/etc/passwd",
argv[3] = NULL
```

其中，argv[0]是可执行目标文件名。envp 也指向一个以 NULL 结束的字符串数组，每个字符串形如"NAME=VALUE"，指出环境变量的值，这里，

```
envp[0] = "PATH=/bin",
envp[1] = NULL
```

该程序如果成功地执行了 execve，那么将会执行程序“/bin/ls -al /etc/passwd”，即列举文件(或目录)“/etc/passwd”的所有属性。执行结果与在 UNIX Shell 环境下输入如下命令的结果完全相同：

```
unix> ls -al /etc/passwd
```

通常 fork 和 execve 一起使用。父进程创建一个子进程，然后让子进程执行特定的应用程序。

3.5 进程调度策略

进程调度也称处理器调度，是指为了满足特定系统目标(如响应时间、吞吐率、处理器效率)，操作系统把进程分派到一个或多个处理器中执行的过程。如果执行进程的处理器只有一个，则称该调度为单处理器调度；如果执行进程的处理器有多个，则称该调度为多处理器调度。进程调度是操作系统的核心功能之一，通过调度算法来实现。

3.5.1 调度目标

调度问题实质上是一个最优化问题，即在给定的约束下，使系统的一个或多个目标函数值达到最大。系统的约束不同，采用的目标函数不同，那么采取的优化调度策略也就有所不同。一般来说，进程调度目标可以分为两类：面向用户的目标和面向系统的目标。

面向用户的目标与单个用户或进程所能感知到的系统行为相关。例如，在交互式系统中，通常选择响应时间作为目标。面向系统的目标重点关注系统层面的优化目标，如吞吐量、处理器利用率、公平性和负载均衡等。表 3-7 是几种重要的调度目标。值得注意的是，这些调度目标有时是相互冲突的，不可能同时使它们达到最优。例如，为了提供较好的响应时间，可能需要在进程间频繁切换，这就增加了系统开销，从而降低了吞吐量。因此，为了设计一个好的调度策略，通常需要在相互竞争的各种目标之间进行折中。

表 3-7 调度目标的选择

面 向 用 户	
周转时间	指一个进程从提交到完成之间的时间间隔，包括实际执行时间加上等待资源(包括处理器资源)的时间。对批处理作业，这是用户很关心的一个调度目标
响应时间	对一个交互进程，响应时间是指从提交一个请求到开始接收响应之间的时间间隔。通常进程在处理该请求的同时，就开始给用户产生一些输出，以缩短响应时间。以响应时间作为目标函数的调度策略应该在满足最低响应时间的情况下，使得可以交互的用户数目达到最大
最后期限	指进程完成的最后时间点
可预测性	是指无论系统的负载如何，用户总是希望响应时间或周转时间的变化不太大，总是被控制在一定范围内。为了达到该目标，需要在系统工作负载大范围抖动时发出信号或者需要系统处理不稳定性
面 向 系 统	
并发度	是指等待处理器执行的进程的个数
吞吐量	是指单位时间内完成的进程数目，它取决于进程的平均执行长度，也受调度策略的影响
处理器利用率	指处理器处于忙状态的时间比例。对昂贵的计算机系统来说，这是一个主要目标，但对单用户系统和实时系统来说，该目标并不太重要
公平性	是指在没有来自用户的指示或其他系统提供的指示时，进程应该被平等对待，没有一个进程会处于饥饿状态
资源平衡	是指调度策略将保持系统中所有资源处于繁忙状态，较少使用紧缺资源的进程应该受到照顾

3.5.2 进程调度

要调度一个进程，必须经历三个阶段：首先进程被允许进入计算机系统中，其次进程的结构需要被换入到物理内存，最后进程被分配到一个或多个处理器中执行。这三个阶段是进程调度的三个层次，每个层次需要考虑的调度目标有所不同，采取的调度策略也不同。

进程调度分为三个层次：

(1) 长程调度。创建一个新进程时，执行长程调度，它决定是否将该新建进程添加到当前活跃或挂起的进程集合中。

(2) 中程调度。中程调度是内存管理功能的一部分，它决定是否把一个进程的部分或全部虚拟地址空间换入内存(即把进程从挂起态变换到活跃态)，或者把一个进程从内存中换出到磁盘上(即把进程从活跃态变换到挂起态)。

(3) 短程调度。短程调度决定把处理器分派给哪个进程，即在活跃就绪进程队列中，如何选择一个进程去执行。

1. 长程调度

长程调度决定一个进程是否被允许进入到计算机系统中进行处理。一旦允许进入，则将进程加入到供短程调度程序使用的队列中等待调度。在某些系统中，一个新创建的进程开始时处于挂起状态，在这种情况下，它被添加到供中程调度程序使用的队列中等待调度。

长程调度需要考虑的主要调度目标是并发度。长程调度涉及两个决策：

(1) 决定何时能够接纳一个或多个进程。允许进入的进程越多，每个进程可以执行的时间比例就越小(即更多进程竞争同样数量的处理器时间)。因此，为了给当前的进程集合提供满意的服务，长程调度程序需要限制系统的并发度。当系统未达到允许的最大并发度阈值时，或者当一个进程终止时，调度程序可允许一个或多个进程进入系统。此外，如果处理器的空闲时间片超过一定的阈值，也可能会启动长程调度程序，接纳一个或多个进程。

(2) 决定接受哪个进程进入。该决策可以基于简单的先来先服务的策略，或者基于管理系统性能的策略，其使用的原则包括优先级、预计执行时间和 I/O 需求等。例如，调度程序可以把处理器密集型的(Processor-bound)进程和 I/O 密集型的(I/O-bound)进程混合起来进行调度，使资源达到均衡，提高系统整体效率。

2. 中程调度

与长程调度类似，中程调度同样也涉及两个问题：一是何时将一个进程加入(或退出)活跃进程的集合；二是将哪个(或哪些)进程加入或退出活跃进程的集合。中程调度取决于系统的并发度需求。中程调度与进程的内存管理紧密相关，因此我们将它放在内存管理章节介绍。

3. 短程调度

短程调度程序也称为分派程序(Dispatcher)，它精确地决定下一次执行哪一个进程，而且执行的频率高于长程调度和中程调度。

对于短程调度，同样必须考虑：何时执行短程调度程序和如何从就绪队列中选择一个进程去执行。执行短程调度的时机只有一个，就是异常发生时。异常事件可能是时钟中断、I/O 中断、系统调用、软件或硬件故障等，这些异常事件可能使进程的状态发生改变，从而导致阻塞队列、就绪队列发生变化，进而触发一次短程调度。

下面主要介绍短程调度程序如何从进程就绪队列中选择一个进程去执行，即短程调度的策略。

3.5.3 短程调度策略

表 3-8 罗列了几种常用的短程调度策略。选择函数(Selection function)确定在就绪进程中选择哪一个进程来执行。这个函数可以基于优先级、资源需求或者进程的执行特性。进程的执行特性主要由下面几个量来度量：

(1) w：到目前为止，进程在系统中等待的时间。

(2) e：到目前为止，进程已执行的时间。

(3) s：进程所需要的总服务时间。通常 s 由估计得到或由用户提供。

(4) T：周转时间。进程在系统中花费的总时间，即等待时间和服务时间的总和 $T=s+w$。

(5) T/s：归一化周转时间(Turnaround time)，即进程在系统中驻留的相对时间。使用这个量可以比较服务时间长短不同的进程的相对周转时间。

表 3-8　常用的短程调度策略

类别	选择函数	决策模式	吞吐量	响应时间	开销	对进程的影响	饥饿
FCFS	max[w]	非抢占	不强调	可能很高，特别是当进程的执行时间差别很大时	最小	对短时间进程(简称短进程)不利；对 I/O 密集型的进程不利	无
轮转	常数	抢占(在时间片用完时)	如果时间片小，吞吐量会很低	为短进程提供好的响应时间	最小	公平对待	无
SPN(最短进程优先)	min[s]	非抢占	高	为短进程提供好的响应时间	可能比较高	对长时间进程(简称长进程)不利	可能
SRT(最短剩余时间)	min[s-e]	抢占(在到达时)	高	提供好的响应时间	可能比较高	对长进程不利	可能
HRRN(最高响应比优先)	max[(w+s)/s]	非抢占的	高	提供好的响应时间	可能比较高	很好的平衡	无
反馈	(参见正文)	抢占(在时间片用完时)	不强调	不强调	可能比较高	可能对 I/O 密集型的进程有利	可能

决策模式(Decision mode)通常可分为以下两类：

(1) 非抢占式。在这种情况下，一旦进程处于运行状态，它就一直执行直到终止，或者因为等待 I/O 或请求某些操作系统服务而阻塞。也就是说，对于非抢占式调度策略，一个正在运行的进程不能被抢占，除非它终止，或者进入阻塞状态。

(2) 可抢占式。当前正在运行的进程可能被其他进程抢占，并转移到就绪状态。抢占发生的时机主要包括：一个新进程到达时；一个中断发生后把一个阻塞态的进程置为就绪状态时；或者基于周期性的时钟中断，如时间片到期时。

与非抢占策略相比，抢占策略可能会导致较大的开销，但是可能会对所有进程提供较好的服务，因为避免了任何一个进程长时间独占处理器。此外，通过使用有效的进程切换机制，以及提供比较大的内存，使得大部分进程都在内存中，可使抢占的代价相对比较低。

下面来分析表 3-8 中几种调度策略的特点。在分析时，我们采用归一化周转时间来度量一个进程的相对等待时间。归一化周转时间等于$(w + s)/s$，即周转时间$(w + s)$与服务时间 s 的比值，它描述了一个进程在系统中等待的时间相对于服务时间的比率。归一化周转时间越大，说明相对于服务时间而言，等待的时间就越长；归一化周转时间越小，说明相对于服务时间而言，等待的时间就越短。比如，对于服务时间分别是 100 ms 和 10 ms 的两个进程，假如它们在系统中的绝对等待时间都是 10 ms，但是归一化周转时间分别是 11/10 和 2，说明短进程的相对等待时间几乎是长进程的 2 倍。显然，采用归一化周转时间能够更好地说明一个进程等待时间的长短。

1. FCFS 策略

FCFS(先来先服务)也称为先进先出(FIFO)或严格排队方案。当一个进程就绪后，就被加入就绪队列。当前正在运行的进程停止执行后，选择就绪队列中存在时间最长的进程来运行。FCFS 策略采用非抢占方式，因此当一个短进程紧随一个长进程到达时，短进程必须等待较长时间；而一个长进程紧随一个短进程到达时，长进程等待的时间相对较短。因此 FCFS 策略对于长进程的执行更有利。

另外，FCFS 策略更有利于处理器密集型的进程。考虑一组进程，其中有一个进程是处理器密集型进程，即大多数时候都是占用处理器，还有许多 I/O 密集型进程，即大多数时候进行 I/O 操作。处理器密集型进程正在执行期间，I/O 密集型进程要么一直处于就绪队列，要么开始处于阻塞队列，后来由于 I/O 操作的完成，被转换到就绪态并加入到就绪队列。这时，就会造成大多数或所有 I/O 设备都空闲，即使它们还有工作要做；在当前正在运行的进程离开运行状态时，就绪的 I/O 密集型进程立刻通过运行态又阻塞在 I/O 操作上，如果处理器密集型的进程也被阻塞了，就会出现处理器空闲的状况。因此 FCFS 策略可能使 I/O 设备和处理器都没有得到充分使用。

2. 轮转策略

为了缓解 FCFS 策略对短作业不利的情况，一种简单的方法是采用基于时钟的抢占策略，这类方法中，最简单的是轮转算法。使用时钟产生周期性中断，当中断发生时，当前正在运行的进程被置于就绪态，然后基于 FCFS 策略从就绪队列中选择下一个进程运行。连续中断的时间间隔被称为时隙或时间片(Time slicing)，每个进程在被抢占前都给予一个时隙。

轮转策略最主要的设计问题是时隙的长度。如果时隙长度非常短，则对短进程比较有利，因为短进程将会花费较少数目的时隙执行完毕。但另一方面，时隙较短就会增加处理时钟中断、执行调度和分派程序的频率，处理器的开销会相应增加。因此，时隙大小的选择需要平衡各种因素，避免过短的时隙。一个有用的思想是时隙最好略大于一次典型的交互所需要的时间。如果小于这个时间，大多数进程都需要至少两个时隙才能完成。注意，当一个时隙比运行时间最长的进程还要长时，轮转策略就退化为 FCFS 策略。

轮转法在通用的分时系统或事务处理系统中非常有效。它的一个特点是：对于处理器密集型的进程更有利。通常，I/O 密集型的进程使用处理器的时间较短，通常使用不满一个时隙就由于 I/O 操作而阻塞，等待 I/O 操作的完成，然后加入就绪队列；而处理器密集型的进程在执行过程中通常使用一个完整的时隙，然后加入就绪队列。因此，处理器密集型的进程不公平地使用了大部分处理器时间，从而导致 I/O 密集型的进程性能下降。

3. 最短进程优先策略

最短进程优先(SPN，Shortest Process Next)策略是一个非抢占式的策略，其原则是选择预计处理时间最短的进程。因此，短进程将会越过长进程优先得到调度。显然，系统将会尽快执行那些较短的进程，从而使系统的吞吐量提高，短进程的响应时间将会较好，但是对长进程不利。

SPN 策略的一个难点是需要知道或至少需要估计每个进程所需要的处理器时间。这个时间通常是指在进程独占处理器的情况下，执行所需要的时间。这个时间通常需要根据历史数据进行预估。具体的预估算法就不再详细展开，这里仅对估算的思路作简单介绍。

在实际计算机系统中，一个进程通常会被多次运行，可以收集该进程每次运行的实际时间数据，从而得到一个时间序列 T_n，T_{n-1}，…，T_1，然后根据这 n 个实际运行时间值，预估下一次运行的预计值 S_{n+1}。最简单的方法是对 $T_i(i = n, n-1, \cdots, 1)$进行算术平均。然而，在典型情况下，我们希望给较近的运行时间较大的权值，因为它们能够更好地反映出将来的行为。关于如何为时间序列中的每个时间分配权重，一些文献中提出了一种指数平均法，权值随着时间越远呈指数级下降趋势。

SPN 策略的风险在于只要持续不断地提供更短的进程，长进程就有可能饥饿。另一方面，尽管 SPN 策略减小了对长进程的偏向，但是由于缺少抢占机制，它对分时系统或事务处理仍然不理想。设想当一个长进程正在运行时，一个到来的短进程并不能抢占它，只有当长进程退出或阻塞时，短进程才能被调度执行，因此在某些情况下，SPN 策略对短进程仍然是不利的。

4. 最短剩余时间策略

最短剩余时间(SRT，Shortest Remaining Time)策略是在 SPN 策略的基础上增加了抢占机制的策略。使用 SRT 策略，调度程序总是选择预期剩余时间最短的进程。当一个新进程加入到就绪队列时，它可能比当前正在运行的进程具有更短的剩余时间，因此只要新进程就绪，它就可能抢占当前正在运行的进程。和 SPN 策略一样，使用 SRT 策略时，调度程序在执行选择函数时，需要预估进程的服务时间，并且存在长进程发生饥饿的风险。

SRT 策略不像 FCFS 策略那样对长进程有利，也不像轮转法那样会产生额外的中断，从而减小了开销。另一方面，它必须记录过去的服务时间，从而增加了开销。从周转时间来看，SRT 策略比 SPN 策略有更好的性能，因为相对于一个正在运行的长作业，短作业可以立即被选择执行。

5. 最高响应比优先策略

最高响应比优先(HRRN，Highest Response Ratio Next)策略是非抢占式的，而且选择函数中需要使用进程的归一化周转时间 $R = (w + s)/s = w/s + 1$，或相对等待时间。该调度策略为：在当前进程完成或阻塞时，在就绪队列中选择相对等待时间最长的进程执行。对于短进程，由于服务时间 s 较小，因此 R 较大，使得短进程可以优先执行；对于长进程，随着等待时间 w 的增大，R 值也变大，从而在竞争中总能胜过短进程而得到调度。因而该策略能够对长、短进程进行很好的平衡。另外，虽然该策略是非抢占式的，但是不会产生 SPN 策略那种长进程占据处理器，而刚到来的短进程得不到调度的情况，因为该策略总是选择相对等待时间最长的进程，如果一个长进程等待的时间不够长，那么调度程序就不可能调度它；如果一个长进程正在运行，那么就说明该进程等待的时间已经足够长了，那么从响应时间和吞吐量考虑，让它继续运行下去也是合理的。

6. 反馈策略

如果没有关于各个进程运行长度的信息，那么 SPN、SRT 和 HRRN 都不能使用。这种情况下，我们可以利用进程已经运行的时间长度信息来进行合理的调度。反馈策略通过处罚运行较长的作业，使得处理器资源在进程间合理分配。

反馈策略基于抢占原则(按时间片)并且使用动态优先级机制。当一个进程第一次进入系统时，它被放置在请求队列 RQ0 中。当它第一次被抢占并返回到就绪状态时，它被放置在 RQ1 中。在随后的时间里，每当它被抢占时，它被降级到下一个优先级队列中。一个短进程很快就会执行完，不会在就绪队列中降很多级，而一个长进程会逐级下降。因此，新到的进程和短进程优先级高于老进程和长进程。在每个队列中，除了优先级最低的队列之外，都使用 FCFS 机制。一旦一个进程处于优先级最低的队列，它就不可能再降级，但是会重复地返回该队列，直到运行结束。因此，该队列可按轮转方式调度。

该简单方案存在的问题是，当频繁地有新进程进入系统，长进程可能会出现饥饿的情况。为补偿这一点，有两个方案可以选择。一个方案是，可以按照优先级队列改变抢占次数：从 RQ0 中调度的进程允许执行一个时间片，然后被抢占；从 RQ1 中调度的进程允许执行两个时间片才被抢占。一般而言，从 RQi 中调度的进程允许执行 2i 个时间片，然后才被抢占。另一个方案是，当一个进程在优先级最低的就绪队列中的等待时间超过一定的阈值后，把它提升到一个优先级较高的队列中。

【例 3-2】 试分析 SRT 策略为什么对长进程不利，而且可能使它们存在饥饿的风险。

解 SRT 策略采用 $\min[s-e]$ 作为选择函数，即在就绪队列中选择预计剩余时间最短的进程执行。当一个新进程加入到就绪队列时，它可能比当前正在运行的进程具有更短的剩余时间，因此，只要新进程就绪，它就可能抢占当前正在运行的进程。由于长进程的服务时间相对较长，因而剩余时间也相对较长，容易被短进程所抢占，因此该策略对长进程不利。如果不断有短进程就绪，那么长进程始终得不到调度，从而产生饥饿的风险。

【例 3-3】 设有 5 个进程 P1～P5，其到达时间和服务时间分别如下表所示：

进程	P1	P2	P3	P4	P5
到达时间	0	2	4	6	8
服务时间 s	3	6	4	5	2

试分析 FCFS 策略和轮转策略下，每个进程的周转时间、归一化周转时间以及平均周转时间。其中，轮转策略分为时隙长度 q 为 1 和 4 两种情况考虑。

解 按照上述的调度策略描述，得到 FCFS 策略和轮转策略下进程的相关执行时间：

进程	P1	P2	P3	P4	P5	平均值
到达时间	0	2	4	6	8	
服务时间 s	3	6	4	5	2	
FCFS						
完成时间	3	9	13	18	20	
周转时间	3	7	9	12	12	8.60
归一化周转时间	1.00	1.17	2.25	2.40	6.00	2.56
$q = 1$						
完成时间	4	18	17	20	15	
周转时间	4	16	13	14	7	10.80
归一化周转时间	1.33	2.67	3.25	2.80	3.50	2.71
$q = 4$						
完成时间	3	7	11	20	19	
周转时间	3	15	7	14	11	10.00
归一化周转时间	1.00	2.5	1.75	2.80	5.50	2.71

从例子可以看出，FCFS 策略对短进程不利。例如 P5 进程的服务时间只有 2，但是其等待时间就达到了 10，导致它的相对周转时间(即归一化周转时间)比较长。轮转调度策略相对公平，而且为短进程提供较短的响应时间。比如，进程 P5 在两种时隙情况下，周转时间都得到了改善。

3.6 线　程

前面的章节围绕进程的概念展开，讲述了进程的结构、行为以及进程的控制。在现代操作系统中，经常还会遇到一个与进程密切相关的概念——线程。本节主要讲述线程的概念以及与进程的区别和联系。

3.6.1 线程概念的引入

实际上，进程的概念包含两方面抽象：

(1) 环境和资源的抽象。进程为程序的执行提供了一个环境。程序执行需要的所有部件都被布局在进程虚拟地址空间中。另外，程序执行所需要的各种资源，如内存、打开文件和I/O设备等，通过进程控制块中的特定属性与进程关联起来。

(2) 程序执行流的抽象。进程中还包括一个处理器执行程序的流程。进程控制块中保存了处理器的状态信息、进程的调度状态信息等，操作系统使用这些信息来调度进程以及让处理器正确执行进程。

上述两方面抽象是独立的，有必要将它们分离开来单独进行考虑。把有关程序执行流方面的抽象从进程概念中分离出去，就形成了线程的概念，而进程的概念主要集中在环境和资源的抽象方面。做了这样的分离之后，线程就是对程序执行流的一个抽象，而进程是这个执行流所依赖的一个上下文。

引入了线程的概念之后，进程与运行在其上的线程之间的关系就不局限于1∶1。实际上，在一个进程中，可能有一个或多个线程，每个线程也具有特定的结构，如图3-10所示。

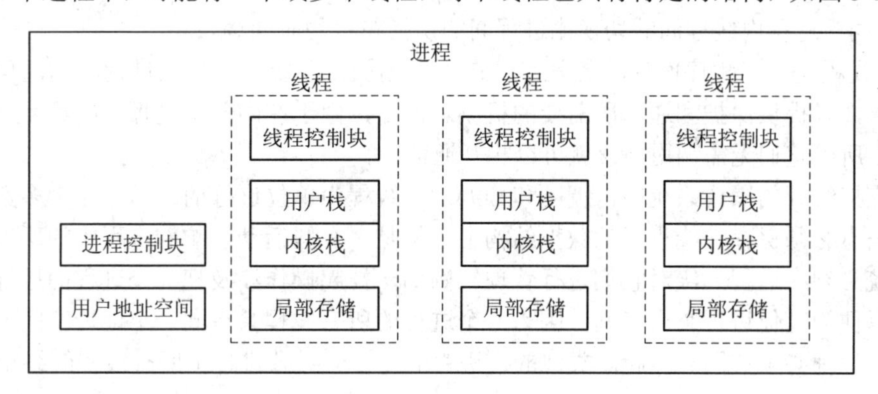

图3-10　多线程进程模型

线程的结构中包括如下信息：

(1) 线程控制块：与进程控制块类似，包含了描述线程属性的信息，如线程ID、线程的栈指针、程序计数器、条件码和通用寄存器的值等，以及线程的执行状态(运行、就绪等)。

(2) 线程执行栈：保存一个线程执行过程中的活动记录，包括用户栈和内核栈。其中用户栈用于保存过程调用的活动记录，内核栈用于保存系统调用的活动记录。执行栈对于每个线程来说都是私有的，因此不同线程的执行流不会发生相互干扰。

(3) 线程局部存储(TLS，Thread Local Storage)：某些操作系统为线程单独提供的私有空间，用于存储每个线程私有的全局变量，即一个线程内部的各个过程调用都能访问、但其他线程不能访问的变量。

注意：以上线程结构中，线程控制块和线程局部存储是线程的私有区域，其他线程不允许访问；而线程的栈区不受保护，一个线程如果获取了另一个线程栈区的指针，那么它可以读/写那个栈区的任意内容。尽管线程的栈区不受保护，我们仍然将它看做线程私有结构的一部分，因为通常情况下，线程的栈区被各自的线程所访问，并不建议一个线程访问另一个线程的栈区，只不过操作系统未对此加以限制罢了。

一个线程除了以上私有区域外，还与进程内的其他线程共享进程的用户地址空间，以及打开的文件和信号的集合。用户地址空间包括程序段、数据段、堆、共享库和共享数据

等，栈区与程序的执行相关，因此被分离到每个线程中的用户栈和内核栈中。每个进程的地址空间中仍然保留着进程控制块，其中保存进程的 ID 信息以及资源信息等。

由于同一进程中的多个线程共享进程的数据段，当其中的一个线程改变了数据段中的一个数据项时，其他线程能够观察到该数据项的变化。使用这一方式可以方便地实现线程间的通信。如果一个线程以读权限打开一个文件，那么同一个进程中的其他线程也能够从这个文件中读取数据。由于每个线程拥有独立的线程控制块和栈区，因此每个线程能够保存处理器的状态信息以及自身的运行状态、调度信息等，操作系统利用这些信息可以实现线程的调度和线程的交替执行。

在一个进程中创建多个线程具有以下优点：

(1) 在一个已有进程中创建一个线程比创建一个新进程所需的时间开销要少许多。Mach 开发者的研究表明，创建一个线程要比创建一个进程快 10 倍。

(2) 终止一个线程比终止一个进程花费的时间少。

(3) 同一进程内线程间的切换比进程间的切换花费的时间少。

(4) 线程提高了程序间通信的效率。在大多数操作系统中，独立进程间的通信需要内核的介入，以提供保护和通信所需要的机制。但是，由于在同一个进程中的线程共享内存和文件，所以它们无需调用内核就可以相互通信。

在支持线程的操作系统中，调度和分派是以线程为单位进行的。因此，大多数与执行相关的信息必须保存在线程级的数据结构中。但是，有些活动影响着进程中的所有线程，操作系统必须在进程一级对它们进行管理。例如，挂起操作涉及把一个进程的地址空间换出内存以便为其他进程腾出空间。因为一个进程的所有线程共享同一个地址空间，所以所有这些线程都必须被同时挂起。类似的，进程的终止会导致进程中所有线程的终止。

3.6.2　线程的实现

线程的实现方式分为两大类，即用户级线程(ULT，User Level Thread)和内核级线程(KLT，Kernel Level Thread)，后者又称为内核支持的线程或轻量级进程。

1. 用户级线程

所谓用户级线程，是指有关线程管理的所有工作都是由一个应用程序，即线程库来完成的，内核意识不到线程的存在，仍然以进程为调度和执行的单位。任何应用程序都可以使用线程库设计成多线程程序。线程库是用于用户级线程管理的一个例程包，它位于用户地址空间，包含创建和销毁线程的代码、在线程间传递消息和数据的代码、调度线程执行的代码以及保存和恢复线程上下文的代码。

默认情况下，应用程序从单线程开始，并在该线程中开始运行。该应用程序和它的线程被分配给一个由内核管理的进程，如图 3-11(a)所示。应用程序在运行过程中，可以调用线程库中的派生例程，派生一个在相同进程空间中运行的新线程。通过过程调用，控制权被传递给派生例程，该例程为新线程创建一个数据结构，然后使用某种调度算法，把控制权传递给该进程中一个处于就绪态的线程。当控制权被传递给线程库时，需要保存当前线程的上下文，当控制权从线程库传递给一个线程时，将恢复那个线程的上下文。上下文包括用户寄存器的内容、程序计数器和栈指针等。

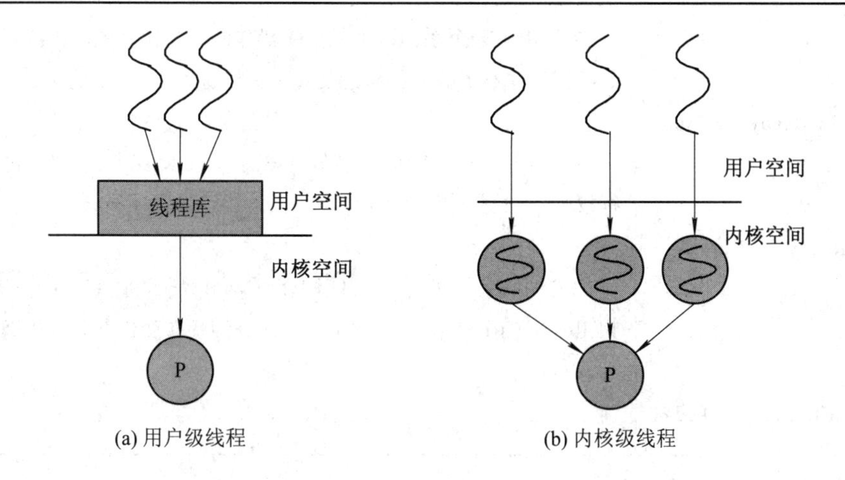

图 3-11　线程的实现方式

以上描述的所有活动都发生在用户空间中，并且发生在一个进程内部，内核并不知道这些活动。内核继续以进程为单位进行调度，并且给该进程指定一个运行状态(就绪态、运行态、阻塞态等)。但是，线程的状态与所在的进程的状态却有着密切的关系。线程库与进程中的线程分享操作系统分配给该进程的 CPU 资源，也就是说，线程库的管理活动和线程的运行都是在该进程处于运行状态时才能实施，而且作为一个用户层的程序，线程库也感知不到操作系统内核对该进程状态的任何改变。

每个用户级线程都具有就绪、运行和阻塞状态，而线程所在的进程是实际的调度单位，也具有就绪、运行和阻塞等状态，那么线程的状态和所在进程的状态之间必然会存在内在的关联。实际上，线程的状态以及状态迁移是由线程库控制和维护的，而进程的状态和状态迁移是由内核管理和维护的，线程库的所有管理活动只有在进程处于运行状态时才能进行，而且操作系统内核无法了解线程所处的状态，线程库也无法了解进程所处的状态，但是线程执行的某些操作会对进程的状态变化产生作用。简言之，线程调度与所在进程的调度是相互分离的。

【例 3-4】 假定进程 P 中有两个线程 T1 和 T2。开始时 P 处于运行态，T1 处于就绪态，T2 处于运行态，我们用元组<P:Run, T1:Ready, T2:Run>来表示开始时系统的状态。用下表来表示系统执行过程中发生的事件以及系统状态变化过程。

状态变化	发生的事件
<P:Run, T1:Run, T2:Ready>	开始时
↓	T1 的时间片到期时，T1:Run→Ready，T2:Ready→Run
<P:Run, T1:Ready, T2:Run>	
↓	进程 P 的时间片到期，P:Run→Ready，但是线程库无法知道 P 的状态变化，仍然认为 T2 处于 Run
<P:Ready, T1:Ready, T2:Run>	
↓	P 再次得到调度时，P:Ready→Run
<P:Run, T1:Ready, T2:Run>	

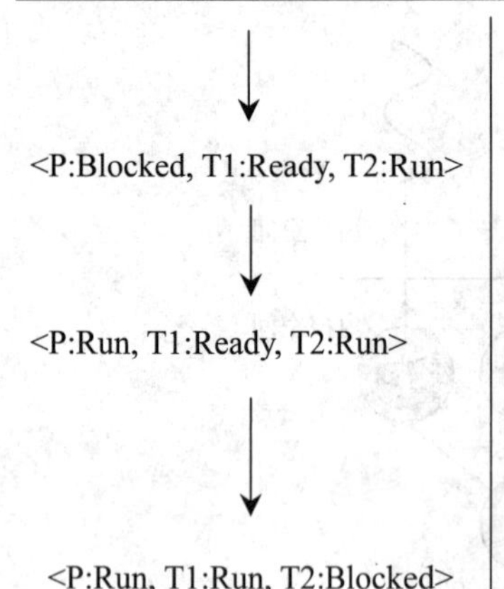

↓	T2 调用了一个系统调用或 I/O 操作时，操作系统内核会阻塞 P，但是线程库并不了解 P 的状态变化，仍然认为 T2 处于运行态
<P:Blocked, T1:Ready, T2:Run>	
↓	系统调用或 I/O 操作返回时，P:Blocked→Ready，直到 P 再次获得执行权时，T2 才能继续执行
<P:Run, T1:Ready, T2:Run>	
↓	T2 在执行中需要与 T1 同步时，线程库将 T2:Run→Blocked，T1:Ready→Run。由于 P 并不知道线程的状态变化，所以 P 仍然处于运行态
<P:Run, T1:Run, T2:Blocked>	

用户级线程的主要优点：

(1) 由于所有线程管理的例程和数据结构都在一个进程的地址空间内，因此一个进程中的线程切换不会引起进程切换，也不会引起模式切换，节省了系统开销。

(2) 线程调度与操作系统的调度是相互分离的，因此可以为应用程序量身定做调度算法而不必扰乱底层的操作系统调度程序。

(3) 用户级线程可以在任何操作系统中运行，不需要对底层内核进行修改以支持用户级线程。线程库是一组供所有应用程序共享的应用程序级别的函数库。

用户级线程存在以下两个明显的缺点：

(1) 在典型的操作系统中，许多系统调用都会引起阻塞。因此，当用户级线程执行一个系统调用时，将会阻塞它所在的进程，进而阻塞该进程内的所有线程。

(2) 用户级线程相当于实现了一个进程内的多道程序设计，但是操作系统意识不到这些线程的存在，这些线程只能共享操作系统分配给该进程的 CPU 资源。在一个进程内创建并执行多个线程并不会带来处理器资源的增多以及处理器使用效率的提高。

2．内核级线程

与用户级线程相反，管理内核级线程的所有工作都由内核来完成，应用程序部分没有进行线程管理的代码，只有一个到内核线程设施的应用程序编程接口，如图 3-11(b)所示。Windows 是采用这种方法的一个例子。

内核为进程及其内部的每个线程维护上下文信息。调度是由内核以线程为单位完成的。该方法克服了用户级线程的两个基本缺陷。首先，内核可以同时把同一个进程中的多个线程调度到多个处理器中；其次，如果进程中的一个线程被阻塞，内核可以调度同一进程中的其他就绪线程。内核级线程的主要缺点是：把控制从一个线程转换到同一进程的另一个线程时，需要在内核中进行转换，这大大提高了处理开销。

3.6.3　线程与进程的关系

线程概念的引入使得资源分配的单位和调度执行的单位发生了分离。线程的执行离不开进程地址空间，在一个进程地址空间中可以执行一个或多个线程。表 3-9 是不同操作系统中进程与线程之间的关系。

表 3-9 线程和进程之间的关系

线程：进程	描述	示例系统
1：1	一个进程中只有一个线程，或者说一个线程就是一个进程	传统的 UNIX
M：1	可以在一个进程中创建和执行多个线程，所有这些线程共享进程用户地址空间	Windows NT, Solaris, Linux, OS/2, MACH
1：M	一个线程可以从一个进程环境迁移到另一个进程环境	RS(Clouds), Emerald
M：N	结合了 M：1 和 1：M 情况	TRIX

上面的 1：M 和 M：N 关系意味着一个线程的执行需要用到多个进程地址空间中的代码和数据，或者说线程从一个进程环境移动到另一个进程环境，跨越了多个进程的边界。这一需求是有必要的，特别是在分布式系统中。比如，在分布式系统中，用户的活动可以被表示成一个线程。操作系统需要根据各种系统相关因素，如每个用户活动的资源访问需求、系统负载状况等，对用户活动进行动态部署，使得一个用户活动可能跨越进程，甚至计算机的边界。另外，线程的概念也为我们提供了一种新的划分模块的方式：可以把一个活动(即线程)作为一个程序模块来考虑。这样，作为程序模块的线程，就不必局限于一个进程地址空间内部，有可能需要执行多个进程中的程序和数据。

3.6.4 线程的控制

在进程空间中，执行 main 函数的线程称为“主线程”，主线程可以通过系统调用创建新线程。与进程类似，按照创建与被创建关系，形成了一棵线程树。当子线程终止后，父线程需要回收子线程的内存资源。

与进程控制一样，操作系统需要通过系统调用对线程的创建、终止、回收、数据共享以及线程同步进行控制。这里介绍 Posix 线程库中用于线程控制的几个主要调用。Posix 线程库是在 C 程序中控制线程的一个标准接口，1995 年被采用，并在大多数 UNIX 系统中得到实现。线程的控制主要包括创建线程、终止线程、回收已经终止的线程和分离(Detaching)线程。

1. 创建线程

```
#include <pthread.h>
typedef void *(func)(void *);


int pthread_create (pthread_t *tid, pthread_attr_t *attr, func *f, void *arg);
                                        Returns: 0 if OK, nonzero on error
```

pthread_create 函数创建一个新线程并在该新线程的上下文中运行线程例程 f (第 3 个参数)，并以 arg 作为 f 的输入参数；参数 attr 用来修改新创建线程的缺省属性，如果不需要修改，则用 NULL 作为输入参数。

当 pthread_create 返回时，参数 tid 包含新创建线程的 ID。一个线程可以通过调用

pthread_self 函数获取自身的线程 ID。

```
#include <pthread.h>
pthread_t    pthread_self(void);
                                        Returns: thread ID of caller
```

2. 终止线程

可以使用以下几种方式之一来终止一个线程：

(1) 隐式终止。当一个线程的父线程返回时，该线程隐式终止。

(2) 显式终止。当一个线程调用 pthread_exit 后，该线程显式终止。如果主线程调用了 pthread_exit，它必须等待其他线程终止，然后再终止主线程和整个进程，并返回值 thread_return。

```
#include <pthread.h>

void pthread_exit(void *thread_return);
                                        Returns: 0 if OK, nonzero on error
```

(3) 一个子线程调用了 exit 函数，该函数将终止整个进程以及与该进程关联的所有线程。

(4) 进程中的一个子线程可以通过调用 pthread_cancel 终止该进程中的其他子线程。

```
#include <pthread.h>
int pthread_cancel(pthread_t tid);
                                        Returns: 0 if OK, nonzero on error
```

3. 回收已经终止的线程

线程通过调用 pthread_join 等待其他线程终止。

```
#include <pthread.h>
int pthread_join(pthread_t tid, void**thread_return);
                                        Returns: 0 if OK, nonzero on error
```

调用 pthread_join 函数的线程将会阻塞，直到线程 tid 终止，然后回收 tid 线程所拥有的所有内存资源。

4. 分离线程

一个线程可以是可被其他线程回收的(joinable)或者是“分离的”(detached)。一个 joinable 线程可以被其他线程回收和杀死，它所占有的内存资源直到被回收时才被释放；而一个分离的线程不能被其他线程回收或杀死，当它终止时，它所占有的内存资源自动被操作系统释放。缺省情况下，被创建的线程都是 joinable。为了避免内存泄露，每个 joinable 线程应该要么是被其他线程显式回收，要么通过调用 pthread_detach 使它成为 detached 线程。

```
#include <pthread.h>
int pthread_detach(pthread_t tid);
                                        Returns: 0 if OK, nonzero on error
```

线程可以通过调用 pthread_detach(pthread_self( ))来分离自身。

在某些情况下，分离一个线程是非常必要的。比如，一个高性能的 Web 服务器每次收到一个来自 Web 浏览器的连接请求后，为该连接请求创建一个新线程。由于每个连接请求的处理都是相互独立的，因此服务器没有必要显式地等待每个线程终止并回收。这种情况下，每个线程在开始处理请求之前，应该先将自身分离，以便终止之后其内存资源可以被操作系统回收。

下面通过一个“Hello world”程序来了解这几个线程函数的用法，如图 3-12 所示。

```
1   void *thread(void *varg);
2
3   int main( )
4   {
5       pthread_t   tid;
6       pthread_create(&tid, NULL, thread, NULL);
7       pthread_join(tid, NULL);
8       exit(0);
9   }
10
11  void *thread(void *varg)        /*Thread routine*/
12  {
13      printf("Hello, world!\n");
14      return NULL;
15  }
```

图 3-12　多线程“Hello world！”程序

主线程创建一个新线程，新线程执行例程 thread(第 6 行)。之后进程空间中存在主线程和一个子线程，操作系统按照特定的调度算法对它们进行调度。父线程执行到 pthread_join 时(第 7 行)将会阻塞，直到子线程终止。主线程通过调用 exit(0)终止整个进程。

3.6.5　多线程程序中的变量

每个进程拥有各自独立的地址空间，一个进程禁止访问另一个进程的地址空间。因此，通过全局变量无法实现进程之间的通信。但是，一个进程中的多个线程共享进程的地址空

间，即共享进程的用户程序和用户数据部分。由于全局变量存储在用户数据区，因而多个线程能够共享这些全局变量，进而通过这些变量进行线程间的通信。

```
1   #include "csapp.h"
2   #define N 2
3   void *thread(void *vargp);
4
5   char **ptr;     /*Global variable*/
6
7   int main( )
8   {
9        int   i;
10       pthread_t tid;
11       char *msgs[N] = { "Hello from foo", "Hello from bar"};
12
13       ptr = msgs;
14       for (i = 0; i<N; i++)
15            pthread_create(&tid, NULL, thread, (void*)i);
16       pthread_exit(tid);
17  }//main
18
19  void *thread(void* vargp)
20  {
21      int myid = (int)vargp;
22      static int cnt = 0;
23      printf(" [%d]: %s (cnt = %d)\n", myid, ptr[myid], ++cnt);
24      return NULL;
25  }//thread
```

该例中出现了多线程程序中的三种变量：全局变量(第 5 行定义的 ptr)、局部变量(第 9～11 行定义的 i、tid 和 msgs，以及第 21 行定义的 myid)和局部静态变量(第 22 行定义的 cnt)。在编写程序时，必须注意这些变量的内存分配，要了解在程序运行时，该变量的实例是一个还是多个，或者说该变量是被多个线程所共享还是被一个线程所独占。

(1) 全局变量定义在所有例程之外，在程序加载时被分配在进程的数据段中，只有一个实例，能够被进程内的所有线程所共享。上述代码中，ptr 是一个全局变量，它的实例只有一个，能被主线程和两个子线程所共享。

(2) 局部变量的作用范围局限在一个例程之内，在运行时，它被分配在每个线程的栈区。当多个线程执行同一个例程时，每个线程的栈区内都有同一局部变量的各自的实例，因此局部变量在不同线程之间不会共享。例如，tid 是 main 函数的局部变量，因此它的实例被分配在执行 main 函数的线程(即主线程)的栈区，我们可以将这个实例记为 tid.m；myid

是 thread 例程的局部变量，由于两个线程都执行了 thread 例程，因此它的实例有两个，分别在线程 0 和线程 1 的栈区，我们可以将这些实例分别记为 myid.t0 和 myid.t1。

(3) 局部静态变量的作用范围限制在一个例程之内，但是在运行时，它的实例只有一个，即它能够被该例程的多次调用所共享。例如，上述代码中的变量 cnt 是局部静态变量，它的实例只有一个。首次调用 thread 例程时，cnt 被初始化为 0，之后的多次对 thread 的调用都对同一 cnt 的实例进行递增操作，因此 cnt 可以用来计数 thread 例程的调用次数。

另外，还要注意，数组 msgn[N]被分配在主线程的栈区，如果不在第 13 行将 msgs 赋值给 ptr，那么两个子线程就无法访问到该数组。通过 ptr 指针，两个子线程可以访问到主线程的栈区，尽管我们不建议这么做，但是由于线程的栈区未加保护，因此并不能防止其他线程访问一个线程的私有栈区。

对于共享变量，在编写程序时要特别注意，因为可能会出现多个线程对共享变量的读/写竞争，导致出现一些不期望的程序状态。有关多个进程或线程对共享变量的读/写竞争问题，以及相应的并发控制方法，将在第四章进行介绍。

习　题

1．什么是进程？进程与程序的关系是什么？

2．进程的结构包括哪些部分？进程控制块中包括哪些信息？

3．什么是系统调用？过程调用与系统调用的区别和联系是什么？

4．为什么处理器需要区分用户态和核心态两种运行模式？操作系统的相关程序是在哪种模式下执行的？

5．在什么时机下，执行操作系统的调度程序？抢占式调度和非抢占式调度的区别是什么？

6．分析用户级线程和内核级线程的优、缺点。

7．当中断或系统调用把控制转移给操作系统时，通常将内核堆栈和被中断进程的运行堆栈相分离，为什么？

8．进程切换和模式切换之间的关系是什么？

9．假设一个计算机有 A 个输入/输出设备和 B 个处理器，在任何时候内存最多容纳 C 个进程。假设 A<B<C，试问：

(1) 任一时刻，处于就绪态、运行态、阻塞态、就绪挂起态、阻塞挂起态的最大进程数目各是多少？

(2) 处在就绪态、运行态、阻塞态、就绪挂起态、阻塞挂起态的最小进程数目是多少？

10．在 UNIX 中进程是通过 fork( )系统调用创建的。fork( )系统调用创建了一个包含父子进程的进程树，其中父进程指向子进程。画出下面三个连续的 fork( )系统调用产生的进程树：

```
fork();    //A
fork();    //B
fork();    //C
```

用合适的 fork( )语句标出每个被创建的进程。

11. 假定我们为运行 I/O 密集型任务的计算机开发一个调度算法。为了保证 I/O 密集型任务能够快速得到处理，我们在进程五状态模型的基础上考虑两个 Ready 状态：Ready-CPU 状态(为 CPU 密集型进程)和 Ready-I/O(为 I/O 密集型进程)。系统中处于 Ready-I/O 状态的进程拥有最高权限访问 CPU，并且以 FCFS 方式执行。处于 Ready-CPU 状态的进程以轮转方式执行。当进程进入系统时，它们被分类为 CPU 密集型或 I/O 密集型。

(1) 讨论上面所述调度算法的优、缺点。

(2) 对进程五状态模型进行扩展，以反映上述进程状态迁移过程，并画出新的状态模型图。

12. 对于如下进程集合，试计算每个进程的周转时间和归一化周转时间。

进程	A	B	C	D	E
到达时间	0	1	3	9	12
服务时间 *s*	3	5	2	5	5

13. 5 个批处理作业同时到达计算中心。它们的估计运行时间分别为 150、90、30、60 和 120 s。它们的优先级分别为 6、3、7、9 和 4(值越小，优先级越高)。设一次作业上下文切换的平均时间为 2 s。对于下面每种调度算法，计算每个作业的周转时间和所有作业的平均周转时间。

(1) 时隙为 10 s 的轮转法。

(2) 基于优先级的不可抢占调度。

(3) FCFS 策略(按 150、90、30、60 和 120 的顺序执行)。

(4) 最短作业优先。

第四章　进程的并发和死锁

第三章介绍了进程的概念、属性、行为以及进程调度的各种策略。本章介绍进程的并发、并发控制机制、并发程序设计以及由进程并发所引起的死锁现象。操作系统为控制进程的并发提供了基本的控制机制，但是如何合理地运用这些机制以达到设计目标，却是由程序设计者来决定的，因此本章内容既涉及操作系统提供的基本机制，又与程序设计密切相关，故我们将它从进程管理中分离出来，独立成章。

本章学习内容和基本要求如下：

➢ 理解进程的交互方式以及并发控制问题。

➢ 通过分析典型并发设计问题，明确进程并发控制的两类基本问题，即互斥和同步问题；了解进程的交互方式，理解并发程序执行的竞争条件、开放性和不确定性等问题。

➢ 学习信号量、管程以及消息传递等常用并发控制机制，重点学习典型并发设计问题的设计模式。其中，分析和理解这些设计模式的正确性和无死锁性是难点。

➢ 学习死锁的定义、描述和产生的条件，掌握死锁预防、避免和检测的常用方法，了解银行家算法、死锁检测算法的工作过程，能够使用程序设计语言实现这些算法的基本流程。

4.1 并发问题

程序是指令的一个序列，通常以二进制文件的形式存在，而进程是程序的一次执行过程。程序执行通常用一个无限长的状态序列来描述：

$$s_0 \xrightarrow{\alpha_1} s_1 \xrightarrow{\alpha_2} \cdots \xrightarrow{\alpha_i} s_i \xrightarrow{\alpha_{i+1}} s_{i+1} \xrightarrow{\alpha_{i+2}} \cdots$$

其中，s_i表示程序状态，s_0是初始状态，α_i表示原子操作。$s_i \xrightarrow{\alpha_{i+1}} s_{i+1}$是一个状态迁移，表示在状态$s_i$下执行一个操作$\alpha_{i+1}$，将使程序终止于状态$s_{i+1}$。如果从基于状态的观点来看待一个程序的执行，那么程序的执行可以被描述成状态的序列，即$<s_0, s_1, \cdots, s_i, s_{i+1}, \cdots>$，从$s_i$到$s_{i+1}$的状态迁移称为一个执行步(Step)。如果从基于事件的观点来看待一个程序的执行，那么程序的执行可以被描述成原子操作的序列$<\alpha_1, \alpha_2, \cdots, \alpha_i, \alpha_{i+1}, \cdots>$。这两种描述方式是等价的。

为了明确表示程序状态与程序执行的操作之间的关系，我们用三元组

$$\{s = s_{\mathrm{i}}\}\alpha_{i+1}\{s = s_{i+1}\}$$

表示在状态s_i，执行操作α_{i+1}后，状态迁移到s_{i+1}，其中s表示状态变量，s_i称为前置条件，s_{i+1}称为后置条件。引入这样的表示之后，上面的程序执行序列就可以表示为

$$\{s = s_0\}\alpha_1\{s = s_1\}\alpha_2\{s = s_2\}\cdots\{s = s_i\}\alpha_{i+1}\{s = s_{i+1}\}\cdots$$

对于一个程序，如果程序执行的结果仅取决于初始状态 s_0，即初始状态确定后，程序的每一个执行步就被完全确定下来。我们把这样的程序称为确定性程序。

从前面学习过的多道程序设计以及进程的调度策略可知，当多个进程要在同一个处理器上运行时(或共享处理器时)，操作系统通过合理的调度策略和进程切换，使处理器“同时”执行多个进程，造成多个进程并发执行的“假象”。我们把多个进程可以在同一时间段内同时执行的现象称为程序的并发性。对于单处理器而言，这种并发性是“伪并发”，实际上是通过进程的交叉(或交叠)(Overlapped)执行来实现的。

比如，两个进程 A 和 B，A 顺序执行操作$<\alpha_1, \alpha_2, \alpha_3>$，B 顺序执行操作$<\beta_1, \beta_2, \beta_3>$。如果这两个进程在单处理器上并发执行，那么可能的执行序列就有很多种：

- 先执行 A，后执行 B，即 $<\alpha_1, \alpha_2, \alpha_3, \beta_1, \beta_2, \beta_3>$。
- 先执行 B，后执行 A，即 $<\beta_1, \beta_2, \beta_3, \alpha_1, \alpha_2, \alpha_3>$。
- 交叠执行，$<\alpha_1, \beta_1, \alpha_2, \beta_2, \alpha_3, \beta_3>$。
- 交叠执行，$<\beta_1, \alpha_1, \alpha_2, \beta_2, \beta_3, \alpha_3>$。

……

当多个进程并发执行时，会不会影响每个进程的执行结果呢？或者说，如何判断每个交叠执行的结果是正确的、一致的？我们分两种情况来考虑：

(1) 如果并发的进程是无关的，即每个进程分别在不同的变量集合上操作，那么一个进程的执行与其他进程的执行无关，这种情况下，任意交叠执行的结果都是一致的、正确的。

(2) 如果并发的进程是交互的，即它们共享某些变量，或者它们的某些操作之间具有特定的顺序关系约束，那么一个进程的执行可能影响其他进程的执行，使得某些交叠执行是一致的、正确的，而另一些交叠执行是错误的、不可接受的。

对于发生交互关系的并发进程，需要对并发进程的操作执行顺序加以合理的控制，否则会出现不正确的结果。我们把这一问题称为交互进程的并发控制问题。

进程之间交互的方式可以分为三类，如表 4-1 所示。

表 4-1 进程的交互方式

交互方式	特　点
进程之间的资源竞争	这些进程通常独立工作，不知道其他进程的存在，进程间没有任何信息交换，不会相互合作，但是它们通过使用相同的资源，从而发生相互作用。我们把进程间的这种交互关系称为资源竞争或竞争条件
进程之间通过共享对象合作	这些进程并不需要确切地知道对方进程的 ID，但它们通过共享某些对象，如 I/O 缓冲区，从而发生相互合作，比如生产者-消费者问题
进程之间相互通信	对于点对点通信，一个进程知道另一个进程的 ID，对于广播通信，接收进程通常知道发送进程的 ID。它们通过消息通信从而发生相互作用

(1) 进程之间的资源竞争。例如，两个无关的应用程序可能都企图访问同一个磁盘、文件或打印机。当一个进程运行得较快，首先获得了资源，那么其他进程就必须等待，直到资源被释放。因此，一个进程的执行时间可能会受到其他进程的影响。另外，每个进程都不影响它所使用的资源的状态，这类资源包括 I/O 设备、存储器、处理器时间和时钟等。

(2) 进程间通过共享对象合作。例如，多个进程可能访问一个共享变量、共享文件或数据库。一个进程可能使用并修改共享变量，虽然不能确切地知道其他进程的 ID，但却知道这些进程也可能访问同一个数据。与资源竞争不同的是，交互进程会影响共享对象的状态，并且通过这些状态对其他使用这一共享对象的进程发生作用或相互合作。这种交互方式需要解决的主要问题是维护共享数据的完整性。

例如，生产者和消费者是一对相互合作的进程，生产者将生产的产品放入一个缓冲区，消费者从该缓冲区中取出一个产品进行消费。显然，生产者不必知道具体的消费者是谁，消费者也不必知道具体的生产者是谁，它们之间通过缓冲区相互作用：当缓冲区满了的时候，生产者必须等待消费者消费一个产品；当缓冲区空了的时候，消费者必须等待生产者生产一个产品。显然，无论是生产者还是消费者，都对缓冲区的状态产生了影响，而且这种状态会影响到各自的行为。

(3) 进程之间相互通信。当进程之间通过通信进行合作时，发送进程和接收进程需要进行连接，通信提供了同步和协调各种活动的方法。一般情况下，通信可由各种类型的消息组成，发送消息的原语由程序设计语言或操作系统内核提供。我们通常所说的通信协议，实际上就是对多个通信进程之间的消息发送和接收的某种约定，通过这种约定，实现它们之间的信息交换和同步协作。

并发控制要处理互斥、同步以及死锁等问题。在下面的章节中，我们将逐一介绍这些问题以及解决方法。

4.2 进程的互斥

4.2.1 互斥问题

我们首先通过两个例子来引入进程互斥问题。

【例 4-1】 假设一个飞机订票系统有两个终端，在每个终端上分别运行订票业务进程 P1 和 P2：

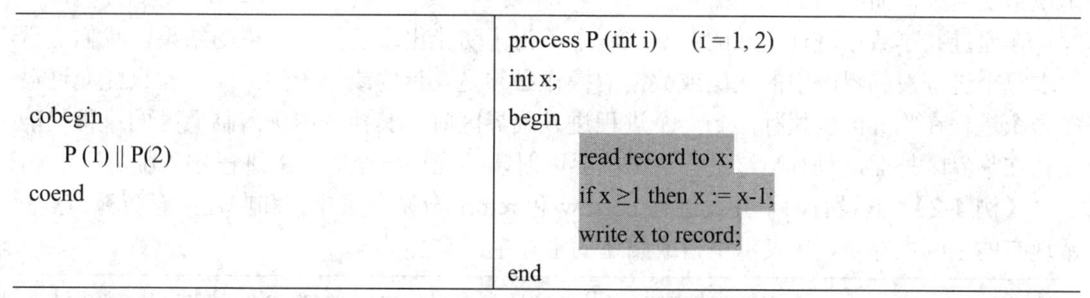

cobegin 　P (1) || P(2) coend	process P (int i)　　(i = 1, 2) int x; begin 　read record to x; 　if x ≥1 then x := x-1; 　write x to record; end

每个订票业务进程都做完全相同的操作：首先把数据库中的机票数余额记录 record 读出到局部变量 x 中，然后机票数减 1，得到剩余机票数，最后把剩余机票数写回到数据库中的 record 记录。两个进程并发执行，并且通过共享的票务数据库发生交互。如果对数据库的访问顺序不加控制，就可能得到错误的执行结果。

假定当前只剩余 1 张机票，由于 P1 和 P2 运行速率不同，无论其中哪一个订到票，结果都是可以接受的和正确的，但是如果 P1 和 P2 都订到了票，那么结果一定是错误的。当 P1 和 P2 并发交叠执行时，如果对它们的操作次序不加控制，那么就有可能出现错误的结

果。我们考察这样两个交叠执行序列：

序列 1	序列 2
{record = 1} P1::read record to x {x = 1} P1::x := x-1 {x = 0} P1::write x to record {record = 0} {P1 订到票} P2::read record to x {x = 0} P2::write x to record {record = 0} {P2 未订到票}	{record = 1} P1:: read record to x {x = 1} P2:: read record to x {x = 1} P1::x := x-1 {x = 0} P2::x := x-1 {x = 0} P1:: write x to record {record = 0} {P1 订到票} P2:: write x to record {record = 0} {P2 订到票}

序列 1 的结果是正确的，而序列 2 的结果是错误的、不可接受的。究其原因，是因为 P1 和 P2 对共享数据(这里是数据库中保存的机票余额记录 record)的不正确操作次序而引起的。实际上，对共享数据的读/写操作应当是原子的：当一个进程正在对共享数据进行操作时，任何其他进程对该共享数据状态的观察和变更都将引起数据状态的不一致。

比如，在上面的代码中，对共享变量 record 的操作是从 read record to x 开始，直到 write x to record 结束，我们把这样一段代码区域称为临界区(Critical region)，如上面代码中的阴影部分所示。如果 P1 正在执行临界区中的代码，则共享变量 record 处于正在被操作的中间状态。如果这时 P2 也对临界区中的代码进行操作，那么它对 record 的观察和更改就有可能出现错误结果，如序列 2。

在通过共享数据进行交互的并发进程中，为了防止出现这类不期望的结果，我们通常要求每个进程对临界区中的代码或数据的操作必须是互斥的或原子的，即一次只能允许最多一个进程在临界区内执行。当一个进程进入临界区时，其他企图进入临界区的进程只能等待在临界区外面，只有当该进程退出临界区时，才允许一个等待的进程进入临界区。

【例 4-2】 假设有两个并发进程 borrow 和 return 分别负责申请和归还主存资源。x 表示现有的空闲主存量，B 表示申请或归还的主存量：

cobegin
　borrow || return
coend
	process borrow(int B, int x)
	begin
	　if B>x then 等待主存资源;
	　x := x-B;
	　修改主存分配表;
	end;
		process return(int B, int x)
		begin
		　x := x+B;
		　释放等待主存资源者;
		　修改主存分配表;
		end;

这里，borrow 进程和 return 进程都需要访问共享变量 x，以获取和修改当前空闲主存

量，因此对 x 的读取以及修改的代码就构成了临界区，如上面代码中阴影部分所示。同样，如果对两个进程在临界区中的执行不进行互斥控制，那么有可能出现不期望的结果。

例如，假定当前的空闲主存量 x<B，borrow 进程执行比较操作 B>x 之后，被 return 进程所打断，然后 return 进程归还了全部内存。这时，由于 borrow 进程还未成为等待状态，因此，进程 return 的“释放等待主存资源者”的操作成为空操作。然后，当处理器又切换回 borrow 时，执行了“等待主存资源”的操作，从而使 borrow 进入等待资源释放状态，如下面的序列所示：

```
{B>x}
borrow::if B>x
{B>x}
return::x := x+B; 释放等待主存资源者; 修改主存分配表;
{ x>B }
borrow::等待主存资源
```

这时就出现了这样的矛盾状态：有足够的空闲主存量 x 可供分配，但是 borrow 进程仍然处于等待资源被释放的状态。究其原因，仍然是由于两个进程同时进入了临界区。为了防止多个进程同时进入临界区，需要实现多个进程之间的互斥。

通过上面两个例子，可以总结出互斥并发控制问题应满足的条件：

(1) 一次至多一个进程能够在临界区内。

(2) 一个在非临界区终止的进程不能影响其他进程。

(3) 一个进程留在临界区中的时间必须是有限的。

(4) 不能强迫一个进程无限地等待进入临界区。特别的，进入临界区的任一进程不能妨碍正等待进入的其他进程。

(5) 当没有进程在临界区中时，任何需要进入临界区的进程必须能够立即进入。

(6) 对相关进程的执行速度和处理器的数目没有任何要求和限制。

解决互斥问题有三类方法：第一类是软件方法，即不需要程序设计语言或操作系统提供任何支持来实施互斥，完全由并发执行的进程通过相互合作来实施互斥。这类方法会增加开销，并存在缺陷，或者说无法真正实现进程的互斥。但是，通过对这类方法的分析，可以更好地理解并发控制的复杂性。第二类方法是通过硬件的支持来实现互斥，涉及中断禁用、专用机器指令等。该类方法的优点是开销小，但是由于其依赖于硬件，因此抽象层次较低，通用性较差。第三类方法是在操作系统或程序设计语言层次，提供相应的支持。这是最常用的实现互斥的方法。下面我们依次介绍这些方法，重点是第三类方法。

4.2.2　解决互斥问题的软件方法

Dekker 算法和 Peterson 算法是解决互斥问题的两个重要算法。这两个算法都使用内存中的共享全局变量来标识每个进程是否在临界区中。当一个进程企图进入临界区时，首先通过共享全局变量来判断是否有其他进程正在临界区中，如果有，那么该进程处于忙等(循环等待)状态，否则可以进入。这两个算法的前提：一是多个进程可以访问内存中的同一共享变量；二是对该变量的访问(读或写)是原子的，即某一时刻对某一内存地址只能进行一次访问。

在给出 Dekker 算法之前，我们先看四个比较直观的算法，如图 4-1 所示，但是这些算法都存在各种各样的并发设计漏洞。

```
/*P0*/
…
while(turn != 0)    skip;
/*critical section*/
turn := 1;
…
```

```
/*P1*/
…
while(turn != 1)    skip;
/*critical section*/
turn := 0;
…
```

(a) 算法 1

```
/*P0*/
…
while(flag[1])    skip;
flag[0] := 1;
/*critical section*/
flag[0] := 0;
…
```

```
/*P1*/
…
while(flag[0])    skip;
flag[1] := 1;
/*critical section*/
flag[1] := 0;
…
```

(b) 算法 2

```
/*P0*/
…
flag[0] := 1;
while(flag[1])    skip;
/*critical section*/
flag[0] := 0;
…
```

```
/*P1*/
…
flag[1] := 1;
while(flag[0])    skip;
/*critical section*/
flag[1] := 0;
…
```

(c) 算法 3

```
/*P0*/
…
flag[0] := 1;
while(flag[1]) {
    flag[0] := 0;
    /*delay*/
    flag[0] := 1;
}
/*critical section*/
flag[0] := 0;
…
```

```
/*P1*/
…
flag[1] := 1;
while(flag[0]) {
    flag[1] := 0;
    /*delay*/
    flag[1] := 1;
}
/*critical section*/
flag[1] := 0;
…
```

(d) 算法 4

图 4-1　互斥算法

算法 1 使用一个共享全局变量 int turn := 0 来协调不同进程交替进入临界区。显然，该算法存在的问题是：第一，进程必须交替进入它们的临界区，也就是说，当 P0 从它的临界区退出之后，它不能再次进入，直到 P1 进入和退出它的临界区。显然这不符合“当没有进程在临界区中时，任何需要进入临界区的进程必须能够立即进入”这一条件。第二，如果一个进程无论在临界区内或在临界区外终止，另一个进程都将永久等待。

算法 1 构造的程序称为协同程序(Coroutine)。协同程序能够实现执行控制权的前后传递。这对信号处理是一种有用的结构技术，但不能充分支持并发处理。

算法 2 定义一个布尔数组 flag，flag[0] 标识 P0 的状态，flag[1] 标识 P1 的状态。每个进程可以检查但不能改变另一个进程的 flag。当一个进程要进入临界区时，它会周期性地检查另一个进程的 flag，直到其值为 0，这表明另一个进程不在临界区内。初始时，flag 的状态为 flag[2] = {0, 0}。

如果一个进程在临界区和 flag 修改代码之外终止，那么另一个进程不会受到影响。然而，如果一个进程在临界区内终止，或者在进入临界区之前设置 flag[i] = 1(i = 0, 1)之后终止，那么另一个进程就会永久地被挡在临界区之外而不能进入。

算法 2 实际上无法保证互斥。例如，有以下交叠序列：

```
{flag[0] = 0, flag[1]=0}
P0::test flag[1];
P1::test flag[0];
P0::flag[0] := 1;
P0::enter critical section;
{flag[0] = 1, flag[1] = 0}
P1::flag[1] := 1;
P1::enter critical section;
{flag[0] = 1, flag[1] = 1}
```

出现了 P0 和 P1 同时进入临界区的情况。产生这种情况的原因是，语句“while(flag[1]) skip;”和语句“flag[0] := 1;”之间有可能被打断，于是就会出现两个进程测试均成功的情况，使得它们都进入了临界区。

为了解决算法 2 先测试、后设置 flag 的缺陷，算法 3 将设置 flag 的代码移到测试代码之前，但是这样一来，会引起两个进程均无法进入临界区的问题。例如，有以下的交叠序列：

```
{flag[0] = 0, flag[1] = 0}
P0::flag[0] := 1;
P1::flag[1] := 1;
{flag[0] = 1, flag[1] = 1}
P0::while(flag[1]) skip;
{P0 等待进入}
P1::while(flag[0]) skip;
{P1 等待进入}
```

导致这一问题的原因仍然是无法保证对 flag 的读、写操作的原子性。

算法 3 中每一个进程设置它的状态时不知道另一个进程的状态。由于每个进程坚持进入临界区的权利，因此会造成僵局发生，使得它们没有机会回退到原来状态。为了解决这一问题，算法 4 采取了一种“谦让”的方法：每一个进程企图进入临界区时，首先设置它的 flag，当检测到其他进程在临界区时，它会谦让该进程，随时重设 flag，并为其他进程延迟请求。

下面我们来看算法 4 能否避免僵局。

当 P0 执行了 flag[0] := 1，P1 执行了 flag[1] := 1 之后，假定 P0 执行得较快，它首先进入 while 循环，设置 flag[0] := 0，然后进入延迟操作。这时，操作系统开始调度 P1，P1 测试 flag[0]失败，于是跳出 while 循环，进入临界区。这样看来，由于算法 4 采用了“谦让”方法，能够避免僵局的发生。但是会引起两个进程都很“谦让”，从而使二者都不能进入临界区的现象。例如，有交叠序列：

```
{flag[0] = 0, flag[1] = 0}
P0::flag[0] := 1;
P1::flag[1] := 1;
{flag[0] = 1, flag[1] = 1}
P0::test flag[1];
P1::test flag[0];
P0::flag[0] := 0;
P1::flag[1] := 0;
{flag[0] = 0, flag[1] = 0}
P0::delay;
P1::delay;
P0::flag[0] := 1;
P1::flag[1] := 1;
{flag[0] = 1, flag[1] = 1}
…
```

如果这样的模式不断重复，P0 和 P1 都不能退出 while 循环，从而出现都不能进入临界区的现象。我们把这样的状态称为“活锁”(Live Lock)。僵局发生在一组进程企图进入临界区，但没有一个能够成功时，而活锁有可能执行成功，但也有可能任何进程都不会进入临界区，这取决于进程的运行速率能否打破上述重复模式。

1．Dekker 算法

为了避免算法 4 中两个进程“相互谦让”，可能导致活锁的问题，采用算法 1 中的变量 turn 来标识进程有权进入它的临界区。做了这样改进的算法就是 Dekker 算法，如图 4-2 所示。

```
1     int flag[2];
2     int turn;
3
4     void P0( ){
5         while(1){
6             flag[0] := 1;
7             while(flag[1]){
8                 if (turn = 1){
9                     flag[0] := 0;
10                    while (turn = 1) skip;
11                    flag[0] := 1;
12                }
13            }
14        /*critical region*/
15        turn := 1;
16        flag[0] := 0;
17        }
18    }
19
20    void P1( ){
21        while(1){
22            flag[1] := 1;
23            while(flag[0]){
24                if (turn = 0){
25                    flag[1] := 0;
26                    while (turn = 0) skip;
27                    flag[1] := 1;
28                }
29            }
30        /*critical region*/
31        turn := 0;
32        flag[1] := 0;
33         }
34    }
35
36   void main ( ){
37     flag[0] := 0;
38     flag[1] := 0;
39     turn := 1;
40     parbegin(P0, P1);
41   }
```

图 4-2　Dekker 算法

我们从这样几个方面来分析一下Dekker算法的特性：无僵局；无活锁；无需交替进入临界区。在下面的分析中，我们假定初始状态为flag[0] = 0, flag[1] = 0, turn = 1。

(1) 无僵局。在初始状态下，考虑交叠序列：

```
{flag[0] = 0, flag[1] = 0, turn = 1}
P0::flag[0] := 1;
P1::flag[1] := 1;
{flag[0] = 1, flag[1] = 1, turn = 1}
```

P0和P1都进入第二层while循环，但是由于turn = 1，因此P0"谦让"P1，设置flag[0] := 0，并循环等待在第三层while循环上。这时P1的第二层while循环退出，于是P1进入临界区。当P1从临界区退出时，设置turn := 0和flag[1] := 0，于是P0从第三层while循环退出，进入其临界区。可见Dekker算法克服了算法3可能产生僵局的问题。

(2) 无活锁。由于变量turn的引入，当两个进程都企图进入临界区时，每次只有一个进程发生"谦让"，从而避免了算法4中的"相互谦让"问题，因此不会产生活锁。

(3) 无需交替进入临界区。变量turn的引入会不会发生算法1中的交替进入临界区的问题呢？注意，这里变量turn的引入标识的是相互"谦让"的次序，并不是进入临界区的次序，因此两个进程无需交替进入临界区。比如，在初始状态{flag[0] = 0，flag[1] = 0，turn = 1}时，当P1进入并退出临界区之后，状态变为{flag[0] = 0，flag[1] = 0，turn = 0}，当P1企图再次进入临界区时，仍然是允许的，因为第23行的while循环退出，允许P1直接进入临界区。

注意，以上对于Dekker算法的分析均是非形式化的，即没有考虑到所有可能的状态以及所有可能的进程交叠序列。实际上，并发程序正确性的分析和证明是非常复杂的，它是程序分析技术面临的重要挑战之一。模型检验技术(Model checking)、并发程序的形式语义以及定理证明技术等都是分析和验证并发程序正确性的有力方法，感兴趣的读者可以进一步阅读这方面的文献。

2. Peterson算法

Dekker算法解决了互斥问题，但是容易看到，算法过于复杂，其正确性很难证明。Peterson提出了一个简单且出色的算法。和以前一样，用全局数组flag标识每个进程是否处于临界区，用全局变量turn解决多个进程同时企图进入临界区时发生的冲突。其算法如图4-3所示。

1	int flag[2];
2	int turn;
3	void P0( ){
4	while(1){
5	flag[0] := 1;
6	turn := 1;
7	while(flag[1] && turn = 1) skip;
8	/*critical region*/

```
9        flag[0] := 0;
10       …
11       }
12     }
13     void P1( ){
14       while(1){
15       flag[1] := 1;
16       turn := 0;
17       while(flag[0] && turn = 0) skip;
18       /*critical region*/
19       flag[1] := 0;
20       …
21       }
22     }
23     void main( ){
24       flag[0] := 0;
25       flag[1] := 0;
26       parbegin(P0, P1);
27     }
```

图 4-3　两个进程的 Peterson 算法

同样，要证明 Peterson 算法的正确性也是较为困难的。下面我们证明该算法满足互斥并发控制的三个特性：

(1) 当没有进程在临界区时，任何需要进入临界区的进程必须能够进入；

(2) 任一时刻，最多只有一个进程在临界区内，即互斥特性能够得到保证；

(3) 进入临界区的任一进程不能妨碍正等待进入的其他进程。

证明

证明的难点在于，需要考虑到 7 行和 17 行 while 条件测试语句可能被另一个进程所中断，即一个进程对 flag 和 turn 变量的测试语句可能与另一个进程对这些变量的赋值语句发生任意交叠。因此需要证明，在任意交叠的情况下，这些特性均满足。

为了反映这种交叠性，我们把 while 测试语句理解成：首先用 test flag[i](i = 1, 2)原子语句对 flag 进行测试，然后用 test turn 原子语句对 turn 进行测试，如果两个测试均成功，则执行 skip 语句，如果其中一个测试不成功，则退出 while 循环，进入临界区。注意，每条 test 测试语句都是原子的，但两个 test 测试语句之间可能被另一个进程所打断。

(1) 要证明当没有进程在临界区时，任何试图进入临界区的进程必须能够进入，实际上就是要证明，当 P0 和 P1 都执行到 while 语句时，while 测试条件不可能都为真，否则 P0 和 P1 都会忙等在 while 循环上，使得它们都不能进入临界区。

P0 和 P1 执行到 while 语句时，P0::test flag[1] = 1 和 P1::test flag[0] = 1 一定成立。假定 P0 不能进入临界区，那么循环测试 P0::test turn = 1 将一直保持成立，也就是说，赋值语句 P1::turn := 0 必须发生在赋值语句 P0::turn := 1 之前，那么这就使得 P1::test turn = 0 不可能成立，从而使 P1 一定能够进入临界区。反之，假定 P1 不能进入临界区，同样可以得到 P0

一定能够进入临界区。

(2) 证明任一时刻，最多只有一个进程在临界区内。假定 P0 首先进入了临界区并且还没有退出。那么在 P0 进入临界区时，一定有条件 P0::test flag[1] = 1 不成功或者 P0::test turn = 1 不成功。

• P0::test flag[1] = 1 不成功：意味着测试语句 P0::test flag[1]一定发生在赋值语句 P1::flag[1] := 0 之后和 P1::flag[1] := 1 之前，而 P0::turn := 1 发生在 P0::test flag[1]之前，因此 P0::turn := 1 也一定发生在 P1::turn := 0 之前。因此当 P1 执行到 while 测试语句时，P1::test flag[0] = 1 一定成立，而且 P1::test turn = 0 一定成立，即 P1 忙等在 while 循环上，不能进入临界区。

• P0::test turn = 1 不成功：意味着 P1::turn := 0 发生在 P0::turn := 1 之后、P0::test turn 之前。因此当 P1 执行到 while 测试语句时，P1::test flag[0] = 1 一定成立，而且 P1::test turn = 0 也一定成立，即 P1 忙等在 while 循环上，不能进入临界区。

由以上两种情况可知，当 P0 首先进入临界区并且没有退出之前，如果 P1 试图进入临界区，P1 将被阻挡在 while 测试条件上。类似地可以得到，当 P1 首先进入临界区并且没有退出之前，如果 P0 试图进入临界区，P0 将被阻挡在 while 测试条件上。

(3) 证明进入临界区的任一进程不能妨碍正等待进入的其他进程。假定 P0 在临界区中，而 P1 忙等在 while 条件上试图进入临界区。当 P0 退出临界区后，会执行 P0::flag[0] := 0。如果 P1 能够得到操作系统的调度，将使条件 P1::test flag[0] = 1 不成立，从而退出 while 循环进入临界区。如果 P1 得不到调度，那么 P0 将会执行下一轮的 P0::flag[0] := 1; turn := 1，并最终忙等在 while 条件测试上。只要 P1 有机会得到调度，P1 的 while 测试条件都将不成功，从而让 P1 进入临界区。

4.2.3　解决互斥问题的硬件方法

1．中断禁用

在进程互斥问题中，如果能够保证一个进程进入临界区后，其执行是原子的，即不能被其他进程所中断，直到该进程退出临界区，那么自然就可以保证进程的互斥执行。这种能力可以通过系统内核启用或禁用中断来实现。一个进程可以通过下面的方法实现互斥：

```
while(1){
        …
        /*禁用中断*/;
        /*临界区*/;
        /*启用中断*/;
        …
}
```

该方法的代价非常高，处理器的执行效率将会明显降低。另外一个问题是，该方法不能用于多处理器结构中。当一个计算机系统包括多个处理器时，有可能有一个以上的进程在不同处理器上同时执行，这种情况下，禁用中断无法保证互斥。

2．专用机器指令

在 4.2.2 节算法 2 中，对 flag 的测试和置位操作分别用两条指令来完成，虽然测试操作和置位操作分别是原子的，但是测试、置位操作之间却有可能被另一个进程所中断，从而可能出现两个进程同时进入临界区的情况。如果对 flag 的测试和置位操作作为整体是原子的，不能被其他进程所中断，那么使用该算法能够正确地实现互斥。为了实现测试和置位操作的原子性，需要得到机器指令层面的支持。

常见的指令有“比较和交换”(compare&swap)指令和“交换”(exchange)指令，这些指令都是原子的，并且在一个指令周期内完成。这两个指令的定义如下：

```
int compare&swap(int *word, int testval, int newval){
    int oldval;
    oldval := *word;
    if(oldval = testval) *word = newval;
    return oldval;
}
```

```
void exchange(int register, int memory){
    int temp;
    temp := memory;
    memory := register;
    register := temp;
}
```

几乎所有处理器都支持这两条指令的某个版本，而且多数操作系统都利用该指令支持并发。图 4-4 是分别用这两条指令实现互斥的算法。

```
const int n := /*进程的个数*/;
int bolt;
void P(int i){
    while(1){
        while(compare&swap(bolt, 0, 1) – 1) skip;
        /*临界区*/
        bolt := 0;
        …
    }
}


main( ){
    bolt := 0;
    parbegin(P(1), P(2), …, P(n));
}
```

```
const int n := /*进程的个数*/;
int bolt;
void P(int i){
    int keyi := 1;
    while(1){
    do exchange(bolt, keyi)
        while(keyi != 0);
        /*临界区*/
        bolt := 0;
        …
    }
}
main( ){
    bolt := 0;
    parbegin(P(1), P(2), …, P(n));
}
```

图 4-4　使用硬件指令支持互斥的算法

由于 compare&swap 的执行是原子的，因此在状态 bolt = 0 时，一个进程被允许进入临界区，并且将 bolt 的状态置为 bolt = 1，在该状态下，任何其他企图进入临界区的进程忙等(busy waiting)或自旋等(spin waiting)在 while 语句上，直到 bolt 的状态变为 bolt = 0。对于使用 exchange 实现互斥的算法，分析是类似的。根据变量的初始化方式以及 exchange 算法，下面的表达式总是成立的：

$$bolt+\sum_{i=1}^{n}keyi=n$$

我们把这个在程序运行过程中始终保持成立的逻辑表达式称为“不变式”(Invariant)。初始状态时，bolt = 0，keyi = 1(i = 1，2，…，n)，不变式保持成立；当一个进程 Pi 进入临界区时，bolt = 1，而且该进程的 keyi = 0，而其他 n−1 个进程的 keyi = 1，因此不变式仍保持成立。

使用专门的机器指令实现互斥有以下优点：

(1) 适用于在单处理器或共享内存的多处理器上的任何数目的进程。

(2) 算法简单且易于证明。

(3) 可用于支持多个临界区，每个临界区可以用它自己的变量来标识。

但是，它也存在一些缺点：

(1) 使用了忙等待。因此，当一个进程在等待进入临界区时，它会继续消耗处理器时间。

(2) 可能发生饥饿现象。当一个进程离开临界区，并且有多个进程正在等待时，选择哪一个等待进程是任意的，因此，某些进程可能被无限期地拒绝进入。

(3) 可能发生死锁。考虑单处理器中的下列情况：进程 P1 执行专门指令并进入临界区，然后 P1 可能被中断并把处理器让渡给具有更高优先级的 P2。P2 在试图进入临界区前，需要执行专门指令，并忙等在循环上。由于 P2 的优先级高于 P1，其执行权不会被 P1 所抢占，因此 P1 永远不会得到调度执行进而退出临界区，而 P2 也将永远忙等在循环上，于是死锁就发生了。

4.2.4　信号量和 P、V 操作

除了软件方法和硬件方法之外，操作系统或程序设计语言提供了一组并发控制机制，支持进程的互斥和同步。由于其抽象层次高于硬件方法，因此通用性更强；另外，由于这些并发控制机制提供了支持进程并发的语义，避免了进程忙等所带来的处理器消耗，而且使用方法简单，去除了软件方法复杂的进程间交互和协作，便于证明程序的正确性。

操作系统提供的并发控制机制主要有信号量、管程、条件变量以及消息传递等。本节主要介绍信号量和 P、V 操作。

为了支持进程并发，我们希望并发控制机制满足下面三个需求：

(1) 能够让一个进程阻塞或等待(Waiting)在某个条件上。就目前所学的顺序程序设计语言而言，没有一条语句或一个机制能够让进程从运行态主动变为阻塞态。正是由于没有这一机制，前面的软件方法和硬件方法不得不采用忙等的设计方法让一个进程循环等待在一个条件上。然而忙等仍然是运行态，不仅要消耗处理器资源，而且高优先级的忙等进程还可能使低优先级的进程得不到调度，从而产生死锁现象。如果并发控制机制能够让一个进程阻塞在一个条件上，那么该进程就不会得到调度，从而也不会消耗处理器资源。

(2) 当一个进程所等待的条件发生变化时，该进程能够得到通知。这一需求和上一需求是成对出现的：如果一个或多个进程等待(阻塞)在某个条件上，当该条件发生变化时，必须有一个通知机制告诉被阻塞的进程，以便它能够解除阻塞，并继续得以执行。如果没

有通知机制，那么阻塞在一个条件上的进程将永远得不到执行。

(3) 能够被多个进程共享的条件变量。为了实现进程的互斥和同步，必须使用共享的条件变量来协调进程。一个进程内部定义的普通全局变量由于不能被其他进程共享，所以不能充当共享变量，这一变量必须由操作系统管理和维护。

1965 年，荷兰计算机科学家 Dijkstra 首次提出了一个由操作系统提供的并发控制机制——信号量(Semaphore)。信号量实际上是一个抽象数据类型，包括一个由操作系统管理和维护的整数变量 count、一个阻塞进程队列 queue，以及作用在信号量上的一组操作。这组操作包括 P 操作和 V 操作，其定义如下：

(1) P(s)操作：首先将信号量的值 s.count 递减。如果 s.count<0，则操作系统把调用 P(s)的进程置成阻塞态，并把它加入队列 s.queue 中；如果 s.count≥0，则 P(s)直接退出。

(2) V(s)操作：将信号量 s 的值 s.count 递增。若 s.count≤0，则在队列 s.queue 中选择并移出一个进程，把它从阻塞态变换为就绪态，并加入就绪队列，然后退出；若 s.count>0，则 V(s)直接退出。

P 操作和 V 操作可表示为如下两个过程：

```
struct semaphore{
    int count;    //count≥0
    queuetype queue;
};

Procedure P(semaphore s){
    s.count := s.count-1;
    if(s.count < 0) Wait(s);
}

Procedure V(semaphore s){
    s.count := s.count+1;
    if(s.count≤0) Release(s);
}
```

其中，Wait(s)和 Release(s)是由操作系统提供的两个原语。

(1) Wait(s)：操作系统把调用 P(s)的进程设置为阻塞态，并把它加入到信号量 s 的阻塞队列 s.queue 中，然后退出。

(2) Release(s)：操作系统从信号量 s 的阻塞队列 s.queue 中，按照某种策略挑选一个进程，把它从队列中移出，并把它从阻塞态变换为就绪态，加入就绪队列，然后退出。

(3) s.count 的初值可以是任意整数值。

为了方便起见，后面我们直接用 s 表示 s 的计数值 s.count。比如用 s≥0 表示 s.count≥0。

对信号量 s 以及 P、V 操作可以这样理解：信号量表示某种钥匙(或特权)，信号量的计数值表示钥匙的数目。P、V 操作分别表示拿走一把钥匙和归还一把钥匙。拿走一把钥匙时，钥匙的数量减 1，归还一把钥匙时，钥匙的数量加 1。当没有钥匙时，企图拿走钥匙的进程必须等待，这时 s 的计数值为负值，表示等待钥匙的进程的数目；当归还一把钥匙时，如

果发现有进程正在等钥匙(即 s≤0)，那么通知它有一把钥匙可以得到。

对于信号量，还需要注意如下几点：

(1) P、V 操作必须是原子的。

(2) 信号量 s 是由操作系统创建、管理和维护的一种系统资源，并通过唯一的 ID 进行管理和识别。当一个进程需要对信号量进行操作时，首先必须向操作系统申请获取该信号量。

(3) 调用 P 操作可能使调用进程阻塞在条件 s < 0 上。

(4) 调用一次 V 操作可能使阻塞在 s 上的一个进程被唤醒(或被通知)，从而进入就绪状态，但不一定能够马上得到调度执行，这取决于调度策略。

(5) 当存在多个进程阻塞在信号量上时，V 操作究竟该选择哪一个进程解除阻塞呢？这取决于操作系统的调度策略。可以按照先进先出策略，即被阻塞时间最久的进程最先从阻塞队列中释放。我们把采用这个策略定义的信号量称为强信号量(Strong semaphore)，强信号量能够保证公平性，因此不会产生进程饥饿现象；而没有规定进程从队列中移出顺序的信号量称为弱信号量(Weak semaphore)，弱信号量可能产生饥饿现象。

4.2.5 使用信号量解决互斥问题

图 4-5 给出了一种使用信号量解决互斥问题的方法。设有 n 个进程，用 P(i)(i = 1，2，…，n)来表示。每个进程进入临界区前执行 P 操作，退出临界区后执行 V 操作。

```
const int n := /*进程数*/;
semaphore s := 1;
void P(int i){
    while(1){
        P(s);
        /*临界区*/
        V(s);
        /*其他代码*/
    }
}

void main( ){
    parbegin (P(1), P(2), …, P(n));
}
```

图 4-5　使用 P、V 操作解决互斥问题

下面分析一下，上述算法能够实现多个进程对临界区的互斥访问。

初始时，信号量 s 的初值是 1，运行速度较快的一个进程(假设为 P(i))首先执行到 P(s)操作，使 s 的值从 1 变为 0，然后退出 P(s)操作，进入其临界区。假设这时，进程 P(j)被调度开始执行 P(s)操作，由于 s 的值为 0，于是 P(j)阻塞在条件 s < 0 上，操作系统只能再次调度执行 P(i)。当 P(i)在临界区中时，任何企图进入临界区的进程都将阻塞在信号量 s 上，

直到 P(i)退出临界区，执行 V(s)操作之后，唤醒一个阻塞进程，使其进入临界区。可见，任一时刻，最多只能有一个进程进入其临界区。

任何一个进程，在退出临界区前必须调用 V(s)操作。如有进程等待进入临界区，V(s)操作将唤醒阻塞队列中的一个进程，使其进入临界区，因而不会出现进程无限等待进入临界区的情况。值得注意的是，对于弱信号量，可能出现进程无限等待的情况，即饥饿现象。

当一个进程在非临界区终止时，不会影响其他进程。但是当一个进程在临界区中退出或终止时，如果设计不当，可能使其他进程无限阻塞在信号量上，得不到执行。比如下面预定飞机票的例子。

【例 4-3】 设一民航航班售票系统有 n 个售票处。每个售票处通过终端访问系统中的票务数据库。假定数据库中一些单元 x_k (k = 1, 2, …)分别存放航班现有票数。设 P1, P2, …, Pn 分别表示各售票处的处理进程，R1, R2, …, Rn 表示各进程执行时所用的工作单元。

用信号量实现进程间互斥的程序如下：

```
1    semaphore s := 1;
2    void main( ){
3        parbegin (P(1), P(2), …, P(n));
4    }
5
6    void P(int i){
7        while(1){
8          /*按旅客订票要求找到 xk */;
9          P(s);
10         Ri = xk;
11         if Ri ≥ 1 then {
12             Ri := Ri-1;
13             xk := Ri;
14             V(s);
15             /*输出一张票*/
16         }
17         else{
18             V(s);
19             /*输出“票已售完”*/
20         }
21     }
22   }
```

这里，票务数据库是被 n 个进程所共享的数据资源，因此对数据库的读、写操作就构成了每个进程的临界区(第 10～13 行代码)，在进入临界区前需要执行 P(s)操作，退出临界区后需要执行 V(s)操作。那么为什么在第 18 行还需要一个 V(s)操作呢？因为如果 Ri < 1，

在 else 块中不执行 V(s)操作，P(s)和 V(s)操作就不配对，那么阻塞在信号量上的进程就会无限等待下去。

这个例子说明，在进行互斥并发控制设计时，P(s)和 V(s)操作必须成对出现。如果进程在临界区中退出或终止，在退出或终止之前必须调用 V(s)操作，否则等待在信号量上的进程就得不到释放。

4.3 进程的同步

4.3.1 同步问题

同步是进程交互的另一种方式。在异步环境中，每个进程都以各自独立的、不可预知的速度运行，但是有时它们需要在某些确定的点上相互协调，或者说一个进程的某些操作与另一个进程的某些操作之间存在偏序关系，这就要求运行较快的进程在某些点上需要等待运行较慢的进程。同步问题实际上是进程间在某些条件上的等待问题，因此也称为“条件同步”问题。我们有时也把进程同步称为“握手”(Handshake)，这非常形象。当一只手伸出时，必须等待另一只手伸出。当两只手都伸出时，握手或同步就发生了。握手发生后，各自又以不同的速度继续运行，直到下一次握手。

在现实生活中，同步的例子无处不在。例如，在一辆公共汽车上，司机和售票员各司其职，独立工作。司机负责开车和到站停车；售票员负责售票和开、关车门。但两者需要在某些操作上密切配合、协调一致。当司机驾驶的车辆到站并把车辆停稳后，售票员才能打开车门，让乘客上、下车，然后关好车门，这时汽车司机才能继续开车行驶。

我们可以用偏序关系来解释同步现象。司机按照“正常行车→到站停车→开车→正常行车→…”的顺序执行，其中箭头“A→B”表示偏序关系，即操作 A 发生在操作 B 之前。同样，售票员按照“售票→开车门→关车门→售票→…”的顺序循环往复。同时，司机和售票员之间的某些操作之间还存在偏序关系，如“司机::到站停车→售票员::开车门”、“售票员::关车门→司机::开车”，如图 4-6 所示。

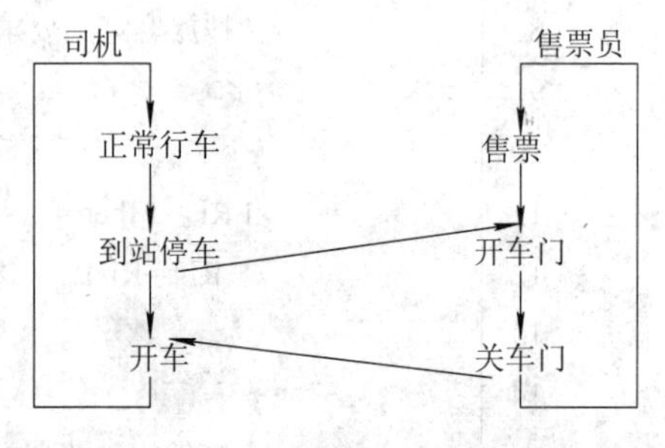

图 4-6　司机和售票员的同步

由于司机和售票员的运行速度不一致，售票员有可能先执行到“开车门”，但是由于“开车门”必须等待条件“到站停车”发生之后才能执行，所以售票员必须等待，直到司机执行完“到站停车”之后，才能执行“开车门”，这就是一次同步过程。这次同步发生之后，司机和售票员又按照各自的步调继续执行。当司机首先执行到“开车”时，必须等待条件售票员“关车门”发生之后，才能继续执行，于是又发生了一次同步。

司机和售票员中没有偏序关系的操作可以任意交叠。比如“司机::正常行车”与“售票员::售票”之间可以任意交叠。但是由于偏序关系的传递性，使得某些操作之间隐含地具有先后次序。比如，“司机::正常行车→司机::到站停车”，而“司机::到站停车→售票员::开车门”，因此“司机::正常行车→售票员::开车门”。

按照并发进程的交叠语义，满足进程内部偏序关系以及进程之间的同步关系的任意交叠序列都是正确的和可接受的。对于上述司机和售票员的例子，正确的执行序列可能有：

- <司机::正常行车，售票员::售票，司机::到站停车，售票员::开车门，售票员::关车门，司机::开车，售票员::售票，司机::正常行车，…>
- <售票员::售票，司机::正常行车，司机::到站停车，售票员::开车门，售票员::关车门，司机::开车，司机::正常行车，售票员::售票，…>

4.3.2　使用信号量解决同步问题

同步问题实际上就是让运行较快的进程在同步点上等待运行较慢的进程，而 P 操作能够让运行较快的进程等待(即阻塞)在同步点上，V 操作能够让运行较慢的进程通知运行较快的进程解除阻塞，于是使用 P、V 操作可以有效地解决同步问题。

【例 4-4】 使用信号量实现司机和售票员进程的同步。

实现司机和售票员同步的算法如图 4-7 所示。

```
semaphore BusStop := 0;
semaphore DoorClose := 0;

void main( ){
    parbegin (driver( ), seller( ));
}

    void driver( ){
    while(1){
        正常行车;
        到站停车;
        V(BusStop);              //signal bus stop
        P(DoorClose);            //wait for door close
        开车;
    }
}

void seller( ){
    while(1){
        售票;
        P(BusStop);          //wait for bus stop
        开车门;
        关车门;
        V(DoorClose);        //signal door close
    }
}
```

图 4-7　实现司机和售票员同步的算法

这个问题中有两个同步点，“售票员 :: 开车门”等待“司机 :: 到站停车”和“司机 :: 开车”等待“售票员 :: 关车门”。解决的方法是：在等待点之前加 P 操作，在被等点之后加 V 操作。如果有多个同步点，在不同的同步点上使用不同的信号量，且每个信号量的初值为 0。

下面分析一下同步过程。对于第一个同步点，如果售票员进程运行得较快，那么它将首先阻塞在 P(BusStop)操作上(BusStop 的状态为 -1)，直到司机进程执行 V(BusStop)操作之后(BusStop 的状态从 -1 变为 0)，售票员进程被唤醒；如果司机进程运行得较快，它将首先执行 V(BusStop)操作，使 BusStop 的状态从 0 变为 1。当售票员进程执行 P(BusStop)操作时，BusStop 的状态从 1 变为 0，并不阻塞，于是可以继续执行开车门动作。综合这两种情况，无论司机和售票员哪个进程执行的速度快，该方法总是使“司机 :: 到站停车”动作发生在“售票员 :: 开车门”动作之前，满足了同步的偏序要求。同样可以分析第二个同步点。

【例 4-5】 (1-bit buffer 问题)如图 4-8 所示，设有一个 1 位的缓冲区，每次只能放置一个产品。一个生产者不断生产产品并放入缓冲区，一个消费者不断从缓冲区中取出产品来消费。显然，由于缓冲区一次只能放置一个产品，于是限制了生产和消费的步调，即生产者生产一个产品后必须等待消费者消费之后才能进行下一轮生产，而消费者也必须等待生产者生产一个产品后才能消费。请用 P、V 操作实现这一同步过程。

图 4-8　1-bit buffer 问题

解　我们用 P 表示生产者的生产操作 produce( )，用 C 表示消费者的消费操作 consume( )。显然满足同步要求的正确操作序列只能是

$$< P, C, P, C, P, C, \cdots >，即 <P, C>^{+}$$

这里有两个同步点：Consumer 等待 Producer，Producer 等待 Consumer。因此需要两个信号量。实现这一同步过程的算法如图 4-9 所示。

```
1    int buffer;
2    semaphore empty := 1;        //表示缓冲区中空位的个数
3    semaphore full := 0;         //表示缓冲区中产品的个数
4
5    void main( ){
6        parbegin (Producer( ), Consumer( ));
7    }
8
9    void Producer( ){
10       while(1){
11           //produce a message m;
12           P(empty);
```

```
13              buffer := m;
14              V(full);
15          }
16      }
17
18      void Consumer( ){
19          while(1){
20              P(full);
21              m := buffer;
22              V(empty);
23              //consume message m
24          }
25      }
```

图 4-9　1-bit buffer 问题的算法

通过信号量 empty 实现了 Producer 等待 Consumer，通过信号量 full 实现了 Consumer 等待 Producer。

4.4　典型并发设计问题

在很多并发设计问题中，同时会涉及互斥和同步并发控制问题。本节将以典型的并发设计问题为例，介绍如何使用信号量实现较为复杂的并发控制。

4.4.1　生产者-消费者问题

前面介绍了一个最简单的生产者-消费者问题——1-bit buffer 问题，以这个问题为基础，我们首先把它改造为 1 个生产者-1 个消费者的 n-bit buffer 问题，然后再改造为多个生产者-多个消费者的 n-bit buffer 问题，依次分析它们的解决方法。

【例 4-6】 (1 个生产者-1 个消费者的 n-bit buffer 问题)如图 4-10 所示，设有一个 n 位的缓冲区，最多只能放置 n 个产品。一个生产者不断生产产品并放入缓冲区，一个消费者不断从缓冲区中取出产品来消费。由于缓冲区的容量有限，于是生产者和消费者的速度必须协调。请用信号量实现生产者和消费者的同步过程。

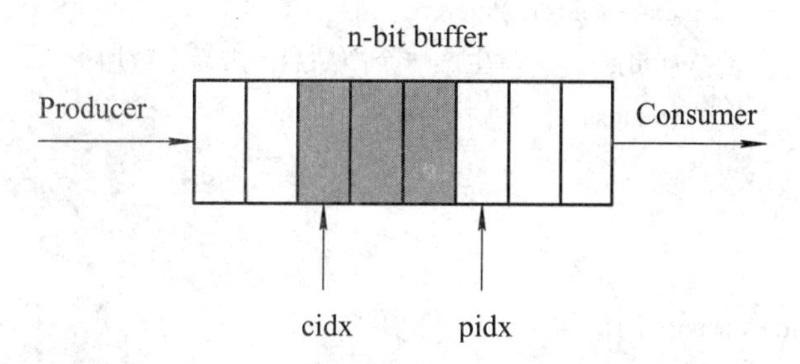

图 4-10　1 个生产者-1 个消费者的 n-bit buffer 问题

解　我们首先从并发执行序列的角度理解该问题。设 n = 3，简记生产操作和消费操作分别为 P 和 C，那么正确的并发交叠序列有很多种，比如<P, P, C, P, P, C, C>。那么请大家考虑序列<C, P, P, P, C, …>、<P, P, C, C, C, P, …>和<P, C, P, P, P, P, C, …>是否是正确的交叠序列呢？

序列<C, P, P, P, C, …>的错误在于没有生产就已经开始消费了；序列<P, P, C, C, C, P, …>的错误在于经过序列前缀<P, P, C, C, …>之后，缓冲区已经为空，不能再次进行消费了；序列<P, C, P, P, P, P, C, …>的错误在于连续的三个生产操作已经把缓冲区充满了，不可能再进行生产了。该问题中涉及互斥和同步并发控制问题：

(1) 生产者和消费者访问 buffer 时必须互斥。

(2) 当缓冲区为空时，消费者必须等待生产者；当缓冲区满时，生产者必须等待消费者。

为了实现互斥，需要一个初值为 1 的信号量 mutex；为了实现同步，需要两个信号量 empty 和 full，empty 表示缓冲区中空位的个数，初始值为 n；full 表示缓冲区中产品的个数，初始值为 0。当 empty = 0 时，生产者必须等待消费者；当 full = 0 时，消费者必须等待生产者。实现这一同步过程的算法如图 4-11 所示。

```
1     int buffer[n];
2     semaphore mutex := 1;
3     semaphore empty := n;   /*开始时空位个数为 n*/
4     semaphore full := 0;    /*开始时产品个数为 0*/
5
6     void main( ){
7         parbegin (Producer( ), Consumer( ));
8     }
9
10    void Producer( ){
11        int pidx := 0;        /*生产者操纵缓冲区的指标*/
12        while(1){
13            produce a product;
14            P(empty);         /*有空位才能放入缓冲区*/
15            P(mutex);
16            buffer[pidx] := product;
17            pidx := (pidx+1) mod n;
18            V(full);          /*生产一个产品后，产品个数加 1*/
19            V(mutex);
20            }
21    }
22
23    void Consumer( ){
24        int cidx := 0;        /*消费者操纵缓冲区的指标*/
```

```
25          int product;
26      while(1){
27          P(full);       /*有产品才能从缓冲区中消费*/
28          P(mutex);
29          product := buffer[cidx];
30          cidx := (cidx+1) mod n;
31          V(empty);      /*消费一个产品后，空位个数加 1*/
32          V(mutex);
33          consume product;
34      }
35  }
```

图 4-11　1 个生产者-1 个消费者的 n-bit buffer 问题的初步算法

缓冲区是公共资源，生产者和消费者对缓冲区的操作构成了临界区，即第 16、17 行和第 29、30 行。为了实现对临界区的互斥操作，按照前面介绍的解决互斥问题的设计模式，每个进程在进入临界区前执行 P(mutex)操作，在退出临界区后执行 V(mutex)操作。

当缓冲区中没有空位时，生产者需要等待消费者，按照前面介绍的解决同步问题的设计模式，在等待点之前加 P(empty)，在被等待点之后加 V(empty)，如第 14 行和第 31 行所示；当缓冲区中没有产品时，消费者需要等待生产者，按照同样的方法，在等待点之前加 P(full)，在被等待点之后加 V(full)，如第 27 行和第 18 行所示。

上述程序中需要注意这样几个问题：

(1) 由于只有一个生产者和一个消费者，它们用不同的指标对 buffer 进行操作，互不干扰，因此指标变量 pidx 和 cidx 可以被设计为 Producer( )和 Consumer( )的局部变量。

(2) P、V 操作的次序问题，即能不能把第 14、15 行和第 27、28 行的 P 操作的次序交换呢？从问题的实际意义来说，只有当缓冲区中有空位时，才有进入缓冲区的必要，因此将 P(empty)放在 P(mutex)之前是符合逻辑的。假如把第 14、15 行，第 27、28 行交换，即

```
...   ...
14    P(mutex);
15    P(empty);      /*有空位才能放入缓冲区*/
16    buffer[pidx] := product;
17    pidx := (pidx+1) mod n;
...   ...
27    P(mutex);
28    P(full);
29    product := buffer[cidx];
30    cidx := (cidx+1) mod n;
...   ...
```

那么有可能出现死锁现象。比如，当缓冲区中没有空位时，即 empty = 0 时，如果生产者首先通过 P(mutex)进入临界区，那么将阻塞在 P(empty)上。这时操作系统开始调度消费者，当它执行到第 27 行时，也将阻塞，于是死锁就发生了。这说明，在使用 P、V 操作实现进程同步时，特别要注意 P 操作的次序，而 V 操作的次序是无关紧要的。一般来说，用于互斥的信号量上的 P 操作总是在后执行。

(3) 第 17 行和第 30 行对缓冲区指标 pidx 和 cidx 的操作被放置在临界区内，由于只有 1 个生产者和 1 个消费者，它们各自对 pidx 和 cidx 进行操作，互不干扰，因此完全可以将它们放在各自的临界区外。

(4) 是否存在过度保护问题？对于上述程序可以进一步优化，去掉多余的并发控制结构。实际上，由于信号量 empty 和 full 已经控制了生产者和消费者的步调，不可能出现对 buffer 中同一单元的同时写入和读取的情况，因此可以去掉 buffer 上的互斥保护，即去掉信号量 mutex。也就是说，去掉互斥控制之后，有可能出现生产者和消费者同时对 buffer 的写入和读出，但是由于它们操作的缓冲区单元互不相同，因此不会出现冲突。

做了这样的优化后，1 个生产者-1 个消费者的 n-bit buffer 问题可以采用图 4-12 的算法解决。

```
1     int buffer[n];
2     semaphore empty := n;        /*开始时空位个数为 n*/
3     semaphore full := 0;         /*开始时产品个数为 0*/
4
5     void main( ){
6         parbegin (Producer( ), Consumer( ));
7     }
8
9     void Producer( ){
10        int pidx := 0;                   /*生产者操纵缓冲区的指标*/
11        while(1){
12            produce a product;
13            P(empty);            /*有空位才能放入缓冲区*/
14            buffer[pidx] := product;
15            pidx := (pidx+1) mod n;
16            V(full);             /*生产一个产品后，产品个数加 1*/
17        }
18    }
19
20    void Consumer( ){
21        int cidx := 0;           /*消费者操纵缓冲区的指标*/
22        int product;
23        while(1){
24            P(full);             /*有产品才能从缓冲区中消费*/
```

```
25              product := buffer[cidx];
26              cidx := (cidx+1) mod n;
27              V(empty);          /*消费一个产品后，空位个数加 1*/
28              consume product;
29          }
30      }
```

图 4-12　1 个生产者-1 个消费者的 n-bit buffer 问题的优化算法

【例 4-7】 (k 个生产者-m 个消费者的 n-bit buffer 问题)如图 4-13 所示，设有一个 n 位的缓冲区，最多只能放置 n 个产品。多个生产者不断生产产品并放入缓冲区，多个消费者不断从缓冲区中取出产品来消费。请用信号量实现生产者和消费者的同步过程。

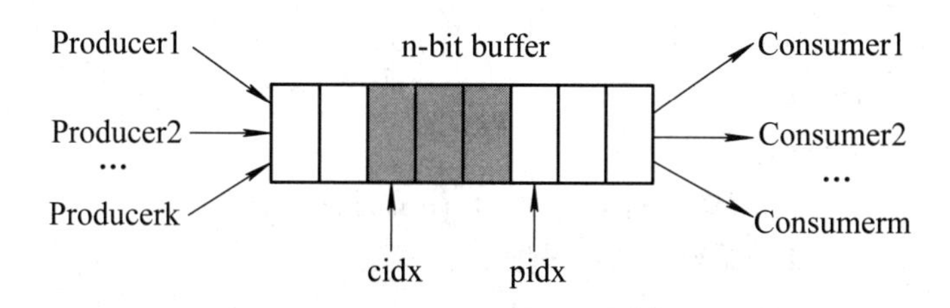

图 4-13　k 个生产者-m 个消费者的 n-bit buffer 问题

解　首先把这个问题与 1 个生产者-1 个消费者的问题相比较。由于多个生产者可以同时对 buffer 写入，因此对每个 buffer 单元的写入操作必须互斥，否则就会造成多个进程同时写入同一个单元的情况；同样，多个消费者从 buffer 中读取产品的操作也必须互斥，否则就会出现多个消费者读取了同一个产品进行消费的情况。

另外，buffer 的指标 pidx 必须能够为多个生产者共享。同样，指标 cidx 也必须能够为多个消费者共享。因此，pidx 和 cidx 必须是共享全局变量，对 pidx 和 cidx 的操作也必须是互斥的，否则就会出现多个生产者同时对 pidx 进行操作，或多个消费者同时对 cidx 进行操作的情形，造成干扰和混乱。

综合以上分析，对图 4-11 的算法略加改造，就得到 k 个生产者-m 个消费者的 n-bit buffer 问题的算法，如图 4-14 所示。

```
1       int buffer[n];
2       semaphore mutex := 1;
3       semaphore empty := n;          /*开始时空位个数为 n*/
4       semaphore full := 0;           /*开始时产品个数为 0*/
5       int pidx := 0, cidx := 0;
6
7       void main( ){
8           parbegin (Producer(1), …, Producer(k), Consumer(1), …, Consumer(m));
9       }
10
11      void Producer(int i){          /* i = 1, 2, …, k*/
```

```
12          while(1){
13                produce a product;
14                P(empty);                /*有空位才能放入缓冲区*/
15                P(mutex);
16                buffer[pidx] := product;
17                pidx := (pidx+1) mod n;
18                V(full);                 /*生产一个产品后，产品个数加 1*/
19                V(mutex);
20          }
21     }
22
23     void Consumer(int j){               /* j = 1, 2, …, m*/
24          int product;
25          while(1){
26                P(full);                 /*有产品才能从缓冲区中消费*/
27                P(mutex);
28                product := buffer[cidx];
29                cidx := (cidx+1) mod n;
30                V(empty);                /*消费一个产品后，空位个数加 1*/
31                V(mutex);
32                consume product;
33          }
34     }
```

图 4-14　k 个生产者-m 个消费者的 n-bit buffer 问题的算法

4.4.2　读者-写者问题

【例 4-8】 有一个被多个进程共享的数据区，这个数据区可以是一个文件、一块内存空间或者是一组寄存器。有一些进程(Reader)只读取这个数据区中的数据，一些进程(Writer)只向数据区中写数据。此外，还必须满足以下条件：

(1) 任意多个读者进程可以同时读这个文件。

(2) 一次只能有一个写者进程可以写文件。

(3) 如果一个写进程正在写文件，禁止任何进程读该文件。

解　我们首先比较一下该问题与生产者-消费者问题。能不能把写者看作生产者，把读者看作消费者呢？不能。因为读者进程可以同时读取文件，而消费者进程不能同时从 buffer 中读取。另外，生产者和消费者之间存在同步问题，而读者和写者之间几乎不存在同步问题，主要是互斥问题。如果把所有读者和所有写者对文件的访问互斥起来，那么施加的并发控制又太强，不满足读者可以同时读取文件的条件。因此，关键是要解决“选择性互斥”(Selective Mutual Exclusion)问题，即当存在一个读者进程正在读文件时，只互斥写进程；

当存在一个写者进程正在写文件时，互斥所有其他进程。

为了实现选择性互斥，设计一个初值为 0 的变量 nr，表示正在读取文件的读者进程的个数。当一个读者进程企图读取文件时，首先将计数 nr 递增，然后需要判断 nr 的值：

(1) 如果 nr > 1，表示已经有若干读者进程正在读取，于是该读者进程允许直接进入读取。

(2) 如果 nr = 1，说明这是第一个读者进程，但是可能有一个写者进程正在写入，因此读者需要与写者进行互斥。

解决读者-写者问题的算法如图 4-15 所示。

```
1    semaphore rw := 1;          /*读者与写者互斥，或者写者与写者互斥*/
2    semaphore mutex := 1;
3    int nr := 0;                /*readers' counter*/
4
5    void Reader(int i){         /* i = 1, 2, …, m*/
6        P(mutex);
7        nr++;
8        if(nr = 1) then P(rw);
9        V(mutex);
10       read file;
11       P(mutex);
12       nr--;
13       if(nr = 0) then V(rw);
14       V(mutcx);
15   }
16
17   void Writer(int j){         /* j = 1, 2, …, n*/
18        P(rw);
19        write file;
20        V(rw);
21   }
22
23   void main( ){
24        parbegin(Reader(1), …, Reader(m), Writer(1), …, Writer(n));
25   }
```

图 4-15　读者优先的读者-写者问题的算法

信号量 rw 用于读者-写者的互斥以及写者-写者互斥。当一个读者进程试图进入读取时，首先判断当前正在读取的读者进程的个数 nr，如果 nr > 1，它直接进入读取；如果 nr = 1，说明这是第一个读者，但可能有写者进程正在写入，于是需要执行 P(rw)与写者进程互斥(第 8 行)。当一个读者进程读取完毕退出后，需要将读者进程的个数减 1，如果是最后一

个读者进程，那么需要释放信号量 rw，允许写者进程进入(第 13 行)。

为什么还要引入信号量 mutex，并且在第 6、9、11、14 行实施 mutex 的 P、V 操作呢？这是由于 nr 是多个读者可以同时访问的全局变量，为了防止多个读者同时对 nr 进行操作，需要将它们作为临界区互斥起来。

举一个反例。假如没有第 6、9 行的 P、V 操作，那么有可能出现这种交叠序列：

```
{nr = 0}
Reader1::nr++;
{nr = 1}
Reader2::nr++;
{nr = 2}
Reader1::if(nr = 1);
Reader1::read file;
Writer1::P(rw);
Writer1::write file
```

于是就出现了读者和写者同时操作文件的情形，这显然是违背设计要求的。

容易证明图 4-15 的算法满足如下几个性质：

(1) 当 nr > 0 时，其他读者进程可以允许直接进入。

(2) 当 nr > 0 时，任何一个写者进程都不允许进入。

(3) 当一个写者进程进入并写入文件时，不允许任何读者进程和其他写者进程进入。

(4) 当一个读者进程等待进入时，其他试图进入的读者进程均需等待进入。

上述程序更偏向读者进程。只要有一个读者进程正在读取文件，其他读者进程可以不加控制地进入读取，使得等待进入的写者进程迟迟不能进入，必须等待所有读者进程都退出之后才能进入。我们把这种策略称为“读者优先”的读者-写者问题。但在实际问题中，往往希望写者优先，即当有读者进程在读取文件时，如果有写者进程请求写入，那么后来的读者进程必须被拒绝进入，待已经进入的读者完成读操作之后，立即让写者进入，只有无写者工作时，才让读者进入读取。

【例 4-9】 使用信号量实现写者优先的读者-写者问题。

解　该题的算法如图 4-16 所示。

理解这段程序的关键是要证明程序满足这样一条性质：当有 k ($1 \leqslant k \leqslant n$)个读者进程正在读取文件时，一个写者进程请求写入文件，那么它必须等待 k 个读者退出后才能进入，而且后续试图进入的读者进程必须等待，直到该写者进程退出。

下面简要证明这个性质。

当有 k 个读者进程正在读取文件时，两个信号量的状态为{mutext = 1 ∧ sn = n−k}。这时如果一个写者进程请求写入，它将执行第 14 行的 for 循环，经过 n−k 轮循环后，sn = 0，于是写者进程阻塞在第 n−k+1 轮循环的 P(sn)上，直到 k 个读者进程都执行完第 9 行的 V(sn)之后，第 14 行的循环才能退出，于是写者进程进入第 15 行代码执行文件写入。这时信号量的状态为{mutex = 0 ∧ sn = 0}。从写者进程执行第 13 行的 P(mutex)操作，一直到写入文件完毕这段时间内，所有试图进入的读者和写者进程均需等待，无法进入，直到第 16 行和第 17 行执行完毕，sn 的状态恢复为 n，mutex 得到释放为止，这时的信号量状态为{mutex = 1 ∧ sn = n }。此状态允许等待的读者或写者进程进入。

```
1     semaphore sn := n;        /*n 为读者进程的个数*/
2     semaphore mutex := 1;
3
4     void Reader(int i){
5         P(mutex);
6         P(sn);
7         V(mutex);                        /*{mutex = 1 ∧ 0≤sn < n}*/
8         read file;
9         V(sn);
10    }
11
12    void Writer(int j){
13          P(mutex);                      /*{mutex = 0}*/
14          for(i = 1, i ≤ n, i++) P(sn);    /*{mutex = 0 ∧ sn = 0}*/
15          write file;
16          for(i = 1, i ≤ n, i++) V(sn);
17          V(mutex);                      /*{mutex = 1 ∧ sn = n}*/
18    }
19
20    void main( ){
21          parbegin(Reader(1), …, Reader(m), Writer(1), …, Writer(n));
22    }
```

图 4-16　写者优先的读者-写者问题的算法

4.5　其他并发控制机制

除了前面介绍的信号量之外，操作系统和程序设计语言还提供了其他并发控制机制。本节主要介绍管程和消息传递这两种常用的并发控制机制。

4.5.1　管程

信号量为实施互斥和同步提供了一种最基本但功能强大且灵活的机制，但是使用信号量设计一个正确的程序仍然较为困难，其难点在于并发控制的结构化和模块化不理想。P、V 操作零散地分布在整个程序中，设计和分析程序较为困难，需要在整个程序范围内考虑 P、V 操作的设计以及它们给程序带来的影响。

更重要的一个原因是，互斥和同步是通过对进程实施并发设计来完成的，能够这样做的前提是，设计者能够先验地知道哪些进程需要访问互斥的资源、一个进程需要与哪些进程进行同步。只有获取了这样的知识之后，设计者才能对这些进程进行合理的并发设计。

然而很多情况下，当一个进程访问一个资源时，根本不可能知道，也没有必要知道访问该资源的其他进程的存在，即使知道其他进程的存在，由于它们是由不同用户编写的程序，也无权要求它们相互配合。这种情况下，一种可行的并发控制方式是把并发控制从进程一侧转移到资源一侧来实施，换句话说，并发控制由资源的调用接口来实施，进程在访问资源时不需要进行任何并发控制。

这样做的好处是：第一，每个进程在访问资源时都是独立的，不依赖于其他进程的存在和配合。第二，由于无需考虑并发控制，进程的设计得到了大大简化。第三，并发控制局限在资源调用接口中，因而程序具有较好的结构化和模块化。当程序出现并发错误时，排错范围被限定在资源调用接口中。第四，并发控制由资源调用接口来实现，因此资源可以被封装成程序库，供不同进程并发调用。

管程(Monitor)就是这样一种能够对资源进行封装，并在资源调用接口中实施并发控制的结构。管程的概念最早由 Hoare 提出，后来经过 Hansen、Lampson 以及 Redell 等人的改进和完善，成为一种重要的并发控制结构，在很多程序设计语言中都得到了实现，包括并发 Pascal、Modula-3 和 Java 等。

管程实际上是一个支持并发控制的抽象数据类型，它在抽象数据类型的基础上增加了并发控制机制。作为一个抽象数据类型，一个管程包含一组表示资源状态的变量和一组对资源进行操作的接口。一个进程只能通过调用管程中的接口来访问管程中的变量。

管程也提供了互斥和同步的并发控制机制：

(1) 互斥机制：管程能够保证，在任何时候，只有一个进程能够通过调用管程的接口而进入到该管程中执行，调用管程的任何其他进程都被阻塞，直到管程可用。这相当于，管程的每个接口操作都是互斥的、原子的和不可交叠的，管程中的变量不可能被多个进程同时操作。

(2) 同步机制：管程通过提供一个称为“条件变量”(Condition variable)的低层机制来支持进程同步。

1. 条件变量

条件变量实际上是一个抽象数据类型，可以像普通变量一样声明。比如用语句

```
cond c;
```

声明了一个条件变量 c，cond 为条件变量类型。条件变量 c 中包括一个进程队列，用来保存等待在 c 上的进程，这个队列对程序员来说是不可见的。

在条件变量上定义了一组操作，典型的操作有 wait、signal 和 signal_all 等。这些操作的说明如表 4-2 所示。

通常在两种情况下使用 signal_all 操作：一种是，如果有多个阻塞的进程都有必要被唤醒并继续执行下去；另一种是，执行 signal 的进程不知道哪一个阻塞的进程应该被唤醒并继续执行下去。值得注意的是，多个进程被唤醒并不意味着它们可以同时进入管程执行，

首先必须获得管程的互斥权才能进入，然后必须重新检查阻塞条件。

由于 wait 和 P 操作都能使一个进程阻塞、signal 和 V 操作都能唤醒一个进程，我们把它们做一对比，如表 4-3 所示。

表 4-2　条件变量上的操作

操作	说　明
wait(c)	一个进程通过执行 wait(c)使其状态从运行态变为阻塞态，并被放入 c 的等待队列中，直到其他进程进入管程，通过执行 signal 或 signal_all 来唤醒它。执行 wait(c)还能够使进程释放对管程的互斥权，否则其他进程就无法进入管程了
signal(c)	一个进程通过执行 signal(c)来唤醒阻塞在条件变量 c 上的一个进程。 如果 c 的阻塞队列非空，则在队列中按照某种策略选择一个进程，使其从阻塞态变为就绪态，并把它从阻塞队列中移到就绪队列中，等待调度。在得到调度之后，该进程必须等待再次获得管程的互斥访问权，才能进入管程；如果 c 的阻塞队列为空，那么 signal(c)的执行不会产生任何效果。 无论是否唤醒一个阻塞进程，执行 signal 的进程仍然拥有管程的互斥权，因此它会继续执行，直到退出管程
signal_all(c)	在条件变量上还可以定义一个广播信号操作 signal_all(c)，其含义是把阻塞在 c 上的所有进程都唤醒，即把 c 的阻塞队列中的所有进程都变为就绪态，并转移到就绪队列中。每一个被唤醒的进程只有在以后的某个时间获得管程的互斥权后，才能进入管程执行。同样，执行 signal_all 的进程仍然持有互斥权，继续执行

表 4-3　wait、signal 操作与 P、V 操作的异同

相同点	wait 和 P 操作都能使一个进程阻塞；signal 和 V 操作都能唤醒一个进程
不同点	(1) 如果没有进程阻塞在条件变量上，signal 不会产生任何后效；而无论有没有进程阻塞在信号量上，V 操作总是使信号量的值递增。 (2) wait 总是无条件阻塞一个进程，直到后来的一个 signal 被执行；而 P 操作只有在信号量≤0 时才阻塞一个进程。 (3) 执行 signal 的进程总是先于被 signal 所唤醒的进程执行。这是因为，一个进程执行 signal 后，仍然持有进入管程的互斥权，所以被 signal 所唤醒的进程即使得到调度，它仍需等待获取管程的互斥权，至少等到那个进程退出管程，释放互斥权为止

2．管程的应用

我们使用管程来解决前面的 n-bit buffer 问题和读者-写者问题。可以把管程和信号量两种解决方案进行对比。

【例 4-10】　使用管程实现 k 个生产者-m 一个消费者的 n-bit buffer 问题。

对于多个生产者和多个消费者的 n-bit buffer 问题，缓冲区是受保护的资源，任何时候，

最多只能允许一个进程进入。我们用管程封装缓冲区资源，并提供两个操作 put( )和 get( )，生产者进程通过调用 put( )向缓冲区中写入一个元素，消费者通过调用 get( )从缓冲区中读出一个元素，如图 4-17 所示。

```
1       /*首先定义一个管程*/
2       monitor BoundedBuffer{
3           int buf[n];
4           int in, out;
5           int count;
6           cond notempty, notfull;
7           void put(int x){
8               while(count = n) wait(notfull);
9               buf[in] := x;
10              in := (in+1) mod n;
11              count++;
12              signal(notempty);
13          }
14          void get(int x){
15               while(count = 0) wait(notempty);
16               x := buf[out];
17               out := (out+1) mod n;
18               count--;
19               signal(notfull);
20          }
21     {        /*管程初始化代码*/
22        in := 1;   out := 1;   count := 0;
23     }
24      }
25
26      /*生产者和消费者进程使用管程*/
27      void Producer(int i){              /* i = 1, 2, …, k*/
28          int x;
29          while(1){
30          /*produce an integer x*/
31          BoundedBuffer.put(x);
32          }
33      }
34
35      void Consumer(int j){              /* j = 1, 2, …, m*/
```

```
36        int x;
37        while(1){
38            BoundedBuffer.get(x);
39            /*consume x*/
40        }
41    }
42
43    void main( ){
44        parbegin(Producer(1), …, Producer(k), Consumer(1), …, Consumer(m));
45    }
```

图 4-17　用管程解决 n-bit buffer 问题的算法

首先定义一个名为 BoundedBuffer 的管程(第 2～24 行)。管程包括表示抽象资源的局部变量 buf[n]，以及缓冲区的下标 in、out 和缓冲区中元素的计数 count 等。为了实现进程同步，还需要定义两个条件变量 notempty 和 notfull。除此之外，管程内部还定义了 put、get 操作以及初始化操作(第 21～23 行)。初始化操作主要完成管程内局部变量的初始化。

生产者和消费者在使用缓冲区时，可以直接调用管程的 put 和 get 操作，不用做任何并发控制，如第 27～41 行所示。这是因为，① 管程能够保证任何情况下，最多只有一个进程通过 put 或 get 操作进入管程，也就是说，最多只有一个进程对管程内部局部变量进行操作；② put 和 get 操作的同步已经在操作内部得到了实现，如第 8～12 行、第 15～19 行代码所示。

通过这个例了，可以看到使用管程进行并发控制的好处：

(1) 并发控制集中在管程内部，因此提高了程序的模块化和结构化程度。

(2) 在设计应用进程时，由于不用考虑并发问题，因此其设计得以大大简化。

(3) 并发控制集中在管程内部，便于发现和排除并发错误。

(4) 使得并发环境下，程序库的正确执行得到了保障。线程安全和可重入的程序库，可以允许多个执行流进入程序库内部，但是对于一些共享的资源(缓冲区、文件、数据库等)或者不可重入的程序库，不允许多个执行流同时进入。管程为这类资源或程序库的正确使用提供了基础机制。

【例 4-11】 使用管程实现读者-写者问题。

解　这个问题中，数据库或者文件是共享资源，那么能不能设计一个管程封装共享资源呢？如果用管程把共享资源封装起来，那么多个读者就不能同时进入共享区读取，这显然有违问题的设计目标。因此，这里设计一个用于控制读者、写者进入的管程。

如果用 nr、nw 分别表示已经进入的读者和已经进入的写者的个数，那么可以得到这样的条件同步：

- Reader：当 $nw > 0$ 时，Reader 被阻塞；当 $nw = 0$ 时，Reader 被唤醒进入。
- Writer：当 $nr > 0 \lor nw > 0$ 时，Writer 被阻塞；当 $nr = 0 \land nw = 0$ 时，Writer 被唤醒进入。

在图 4-18 的算法中，我们就用条件变量来实现上述条件同步。

```
1     /*首先定义一个管程*/
2     monitor RW_Controller{
3         int nr;
4         int nw;
5         cond oktoread;            /* signaled when nw = 0*/
6         cond oktowrite;           /* signaled when nr = 0 ∧ nw = 0*/
7
8         void request_read( ){
9             while(nw > 0) wait(oktoread);
10            nr := nr+1;
11    }
12        void release_read( ){
13             nr := nr-1;
14             if(nr = 0) signal(oktowrite);
15        }
16        void request_write( ){
17             while(nr >0 or nw>0) wait(oktowrite);
18             nw := nw+1;
19        }
20        void release_write( ){
21             nw := nw-1;
22             signal(oktowrite);
23             signal_all(oktoread);
24        }
25        {
26             nr := 0;   nw := 0;
27        }
28  }
29
30    void Reader(int i){
31        RW_Controller.request_read( );
32        /*read*/
33        RW_Controller.release_read( );
34    }
35
36    void Writer(int j){
37        RW_Controller.request_write( );
```

```
38          /*write*/
39          RW_Controller.release_write( );
40      }
41
42      void main( ){
43          parbegin(Reader(1), …, Reader(m), Writer(1), …, Writer(n));
44      }
```

图 4-18　用管程实现读者优先的读者-写者问题

3．信号量与管程的关系

信号量与管程具有相同的表达能力。为了说明这一点，我们需要找到它们之间的互模拟关系，即用管程来实现一个信号量，然后用信号量来实现一个管程。

我们定义一个名为 Semaphore 的管程，它提供了两个操作 P( )和 V( )，分别模拟信号量上的 P、V 操作，如图 4-19 所示。

```
monitor Semaphore{
    int s;
    cond pos;
    void P( ){
        s--;
        if(s<0) wait(pos);
    }
    void V( ){
        s++;
        if(s≤0) signal(pos);
    }
    {
        s := 0;
    }
}
```

图 4-19　用管程模拟一个信号量

我们用管程 Semaphore 来模拟一个信号量 s，模拟关系(用“→”表示)为

Semaphore.s → s.count

Semaphore.pos → s.queue

Semaphore.P( ) → P(s)

Semaphore.V( ) → V(s)

我们再考虑如何用信号量来实现一个管程。一个管程实际上是一个增加了并发控制机制的抽象数据类型，因此可以首先定义一个抽象数据类型，然后用信号量在其中实现并发控制。如图 4-20 所示，图的左半部分是定义的一个管程，右半部分是用一个抽象数据类型

和信号量来模拟及实现该管程。

monitor mon	ADT mon'

<pre>monitor mon{
  /*局部变量*/
  cond cond;
 	
  void procedure( ){
     /*实现体
       …
     */
  }
  …
}</pre>
	<pre>ADT mon'{
	  /*局部变量*/
	  semaphore e := 1;
	  semaphore c := 0;
	  int nc := 0;
	
	  void entry( ){P(e);}
	  void exit( ){V(e);}
	
	  void procedure'( ){
	      entry( );
	      /*实现体*/
	      exit( );
	  }
	  …
	}</pre>

图 4-20　用信号量实现一个管程

为了实现管程接口操作的互斥需求，需要设计一个信号量 e，并且要求管程的每个操作在执行前必须先执行 P(e)以获取进入权，在退出之前必须最后执行 V(e)，以释放互斥权。采用一个信号量 c 来模拟管程中的一个条件变量 cond，cond 的队列用 c 的队列来模拟，并设队列中阻塞进程的个数为 nc。对于管程接口操作实现体中出现的 wait(cond)和 signal(cond)等操作，也必须用相应的代码来实现：

wait(cond)：nc := nc+1;V(e); P(c); P(e)

signal(cond)：if(nc > 0) {nc := nc-1;V(c);}

实际上，通过 wait 和 signal 的具体实现，可以更准确地知道它们的语义。

4.5.2　消息传递

前面所讲的信号量、管程等并发结构都基于共享变量，因此使用它们的并发程序只能运行在共享内存的处理器硬件结构上，对于分布式网络架构变得不再适用。网络架构中，处理器只能共享通信信道。即使在共享内存架构中，很多情况下也不适合采用共享变量的方式，因为每个进程通常代表不同的用户，它们各自具有不同的保护需求。

消息传递(Message passing)是另外一种用于进程并发控制的结构，主要适用于分布式网络环境下，但也可用于共享内存系统。值得注意的是，信号量和消息传递等并发控制机制，既可以看作同步机制，也可以看作进程的通信机制。信号量是一个共享变量，它在不同进程间传递控制信息，主要用于控制进程的互斥和同步；消息传递既可以用来传递控制信息，对分布在网络上的进程实施并发控制，也可以用来传递用户数据信息，实现进程间的通信，而且很多情况下，进程同步是进程正确通信的前提，没有正确的进程同步，就不可能有正确的进程通信。

消息传递过程中，信道(Channel)是进程间共享的唯一对象。信道是对物理通信网络的抽象。在分布式系统中，进程中的每一个变量都局限于该进程内部，只能被该进程所访问。由于变量不会遭受并发访问，因此不需要特别的互斥机制。另一方面，由于不存在共享变量，因此实现条件同步的方式也有所变化。

消息传递使用 send 和 receive 原语的形式来提供：

send(destination, message)

receive(source, message)

1. 消息传递的同步

两个进程间的消息传递隐含着某种同步信息：只有当一个进程发送消息之后，接收者才能接收消息，一个消息的发送总是先于该消息的接收。执行 send 和 receive 的进程有如表 4-4 所示的可能的同步方式。

表 4-4　send 和 receive 的同步方式

进　程	同　步	异　步
send	与 receive 同步，即发送进程被阻塞，直到该消息被 receive 进程接收到	发送消息之后，send 立即返回，不需要等待消息被接收
receive	与 send 同步，即只有接收到期望的消息，接收进程才继续执行，否则将一直阻塞，等待发送者发送消息	如果拟接收的消息没有发送，则继续执行，放弃接收的努力

根据发送者和接收者的同步特性，通常可以有三种组合，如表 4-5 所示，但任何一个特定的系统通常只能实现其中的一种或两种组合。

表 4-5　消息传递的同步方式

进　程	同 步 要 求
send 进程和 receive 进程都要求同步	send 与 receive 同步，而且 receive 与 send 同步，即发送者和接收者都被阻塞，直到完成消息投递
receive 与 send 同步，但 send 不需要同步	send 发送之后不需要等待接收者接收消息，而是继续向下执行；但是接收者必须阻塞，直到收到期望的消息为止
send 和 receive 都不需要同步	不要求任何一方等待

第一种方式对于同步要求最强，有时也称为“汇聚”(Rendezvous)，是远程过程调用(RPC)所采用的同步方式。当一个进程调用另一个进程(该进程可能位于同一台计算机中，也可能位于网络上的另一台计算机中)所提供的一项服务时，必须等到该服务得到响应并返回值时，调用过程才能结束，否则将一直等待下去。这种方式类似于进程内部的过程调用，因此称为远程过程调用。另外，现实生活中拨打电话的通信方式，实际上就是 caller 和 callee 之间这种同步方式的实例。

第二种方式最为常见，允许一个进程给各个目标进程尽快地发送一条或多条消息。这种同步方式可以被理解为：通信信道是长度无限的消息队列。一个进程通过 send 向一个信道队列的尾部添加一个消息，由于队列长度是无限的，因此执行 send 不会阻塞发送进程；另一个进程通过执行 receive 从信道中接收一个消息。当队列为空时，执行 receive 的进程

将会阻塞，否则位于信道头部的消息将被取出，并存放在接收进程的变量里。

我们可以把信道与信号量在一定程度上进行类比。如果把信道中消息的个数看作信号量的值，那么 send 相当于 V 操作，因为 send 会使信道中消息的个数加 1，而且不会阻塞调用进程；receive 相当于 P 操作，因为 receive 会使消息个数减 1，而且会阻塞在空队列上。

第三种方式对同步的要求最松散。常见的电子邮件通信可以被理解为这种通信方式，发送者和接收者都不要求等待对方。

2．消息传递的寻址

在 send 和 receive 原语中确定目标或源进程的方式分为两类：直接寻址和间接寻址。对于直接寻址，send 原语中包含目标进程的标识符，而 receive 原语有两种处理方式：一种是要求进程显式地指定源进程，因此接收进程必须事先知道希望得到来自哪个进程的消息，这种方式对于处理并发进程间的合作非常有效；另一种是不可能指定所期望的源进程，例如，打印机服务器进程将接收来自各个进程的打印请求，对这类应用使用隐式寻址更为有效。此时，receive 原语的 source 参数保存了接收操作执行后的返回值。

对于间接寻址，消息不是直接从发送者传递到接收者，而是发送到一个共享数据结构，该结构由临时保存消息的队列组成，称为“信箱”(mailbox)。因此，对两个通信进程，一个进程给合适的信箱发送消息，另一个从信箱中获得这些消息。

间接寻址通过解除发送者和接收者之间的耦合关系，在消息的使用上允许更大的灵活性，如图 4-21 所示。发送者和接收者之间的关系可以是 1∶1、n∶1、1∶n 或 n∶m。1∶1 的关系允许在两个进程间建立专用的通信链路，这可以把它们之间的交互隔离起来，避免其他进程的干扰；n∶1 的关系对于客户/服务器间的交互非常有用，服务器进程给许多客户进程提供服务，这时，信箱常常称为一个“端口”(port)；1∶n 的关系适用于一个发送者和多个接收者，对于在一组进程间广播一条消息非常有用；n∶m 的关系使得多个服务进程可以对多个客户进程提供服务。

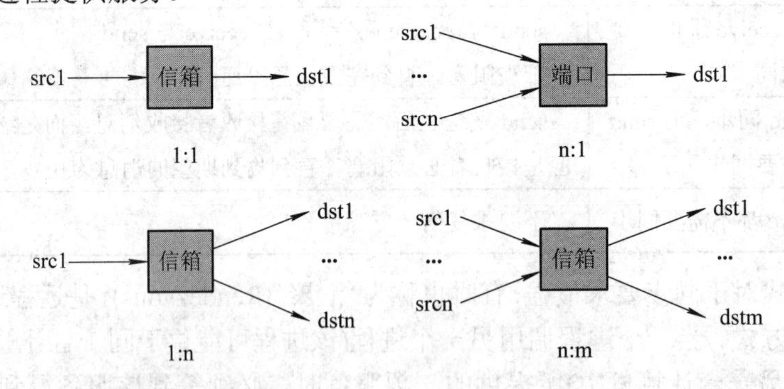

图 4-21　间接寻址

进程和信箱的关联可以是静态的，也可以是动态的。端口通常静态地关联到一个特定的进程上，即端口是被永久地创建并指定到该进程。1∶1 关系就是典型的静态和永久性关系。当有很多发送者时，发送者和信箱间的关联可以是动态的，为了实现动态关联，通常使用 disconnect 和 connect 原语。

另外一个问题是信箱的所有权问题。对于端口，它通常由接收者创建，并归接收进程所有。因此当一个进程撤销时，它的端口也随之销毁。对于通用的信箱，操作系统可能提供一个创建信箱服务，这样的信箱可以看作由创建它的进程所有，这种情况下，信箱也应该与进程一起终止；或者也可以看作由操作系统所有，这种情况下，销毁信箱需要一个显式命令。

3．消息的格式

消息的格式取决于消息传递的目的以及消息传递是运行在一台计算机上还是分布式系统中。消息可以是固定长度的，也可以是变长的。图 4-22 给出了一种操作系统支持可变长度消息的典型消息格式。

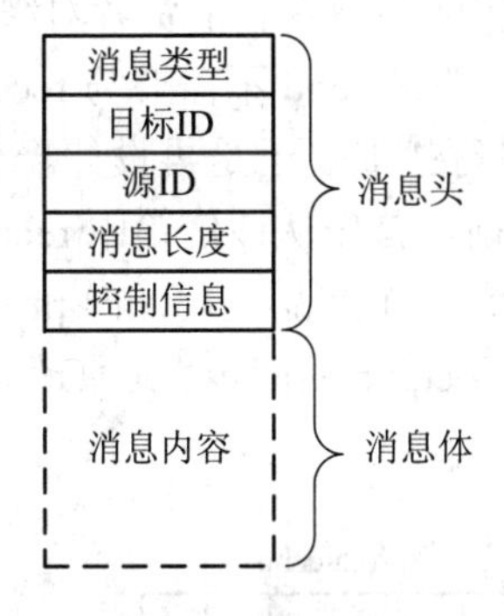

图 4-22　一般的消息格式

消息被划分成消息头和消息体两部分。消息头可以包含消息的源和目标的标识符、长度域和判定各种消息类型的类型域，还可能包含一些额外的控制信息，例如用于创建消息链表的指针域、记录源和目标之间传递的消息的数目、顺序和序号，以及消息的优先级等。

4. 使用消息传递实现进程互斥和同步

由于消息传递也提供了基本同步手段，因此使用它也可以实现进程互斥和同步。假定采用 send 不需要同步、receive 需要与 send 同步的方式，寻址方式采用间接寻址。根据前面的讨论，这时 send 相当于 V 操作、receive 相当于 P 操作，因此可以容易地写出多个进程互斥的算法，如图 4-23 所示。

```
const int n:=/*进程数*/;
void P(int i){
      message token;
      receive(box, token);
      /*临界区*/
      send(box, token);
}

void main( ){
      create mailbox(box);
      send(box, null);
      parbegin(P(1), P(2),...,P(n));
}
```

图 4-23　使用消息传递实现互斥

算法的结构与使用信号量实现互斥是类似的，用 receive 替换 P 操作的位置，用 send

替换 V 操作的位置，信箱用来代替信号量实现控制传递，消息相当于互斥权。开始时，向信箱中发送一个空消息 null，每个进程在进入临界区前必须能够从信箱中收到一个消息，如果信箱为空，则 receive 原语将会阻塞，直到信箱中消息非空。当进程从临界区退出时，必须向 box 中发送一个消息，以唤醒其他阻塞在信箱上的进程。

使用消息传递同样可以实现进程的同步，我们以 n-bit buffer 问题为例。可以把 n-bit buffer 看作一个容量为 n 的信箱 consumebox，生产者将产品打包为消息，通过 send 原语向该信箱发送；消费者通过 receive 原语从信箱中接收消息，从中解析出产品，进行消费。利用 send 和 receive 原语的原子性，实现生产者和消费者对缓冲区的互斥访问。

由于 receive 能够与 send 同步，但是 send 不需要与 receive 同步，因此需要对生产者向 consumebox 信箱发送消息的过程进行控制。于是再设计一个大小为 n 的信箱 producebox，存放控制消息。每次生产者生产之前，首先从该信箱中 receive 一个控制消息，如果该信箱为空，则生产者阻塞。消费者在消费一个产品之后，向 producebox 发送一个控制消息。通过这种方式，实际上实现了 send 与 receive 的同步。其原理如图 4-24 所示，其算法如图 4-25 所示。

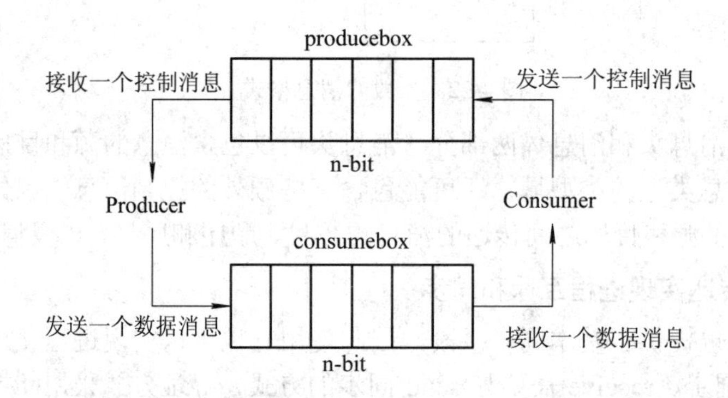

图 4-24　使用消息传递实现 n-bit buffer 问题的原理

```
1     const int capacity := /*缓冲区容量*/;
2     const int null := /*空消息*/;
3
4     void Producer( ){
5         message pmsg;
6         while(1){
7             receive(producebox, pmsg);
8             pmsg := produce( );
9             send(consumebox, pmsg);
10        }
11    }
12
13    void Consumer( ){
14        message cmsg;
```

```
15        receive(consumebox, cmsg);
16        consume(cmsg);
17        send(producebox, null);
18    }
19
20    void main( ){
21        create_mailbox(producebox);
22        create_mailbox(consumebox);
23        for(int i := 0; i<capacity;i++)
24            send(producebox, null);
25        parbegin(Producer( ), Consumer( ));
26    }
```

图 4-25　使用消息传递解决 n-bit buffer 问题的算法

这里消息传递有两重作用，一是传递数据消息，二是传递控制消息，实现生产者与消费者的同步。

4.6 死　　锁

死锁(Deadlock)是系统中多个进程并发执行时，由于资源占有和请求所引起的一种进程永远被阻塞的现象。通常认为死锁是由并发设计不当引起的，是设计过程中应当予以避免的一种负面现象。在验证一个并发程序的正确性时，无死锁(Deadlock freedom)通常是程序最基本的安全性需求之一。

本节首先通过几个实例来说明死锁现象及其原因，然后介绍死锁的描述，最后给出死锁发生的条件。

4.6.1 死锁的定义

死锁是由并发执行的进程对共享资源的占有和请求所造成的，因此在讨论死锁问题时，我们首先对资源的占有和请求方式，以及程序的特性作一定假设，在此基础上才能准确地理解死锁现象：

(1) 任意一个进程要求资源的最大数量不超过系统能提供的最大量。

(2) 如果一个进程在执行中所提出的资源要求能够得到满足，那么它一定能在有限的时间内结束。

(3) 一个资源在任何时刻最多只为一个进程所占有。

(4) 一个进程一次申请一个资源，且只在申请资源得不到满足时才处于等待状态。换言之，其他一些等待状态，如人工干预、等待外围设备传输结束等，在没有故障的条件下，可以在有限长的时间内结束，不会产生死锁。因此，这里不考虑这种等待。

(5) 一个进程结束时，释放它占有的全部资源。

(6) 系统具有有限个进程和资源。

一组进程处于死锁状态是指，该组中每一个进程都在等待被另一个进程所占有的、不能抢占的资源。

【例 4-12】 竞争资源产生死锁。

设系统有打印机、读卡机各一台，它们被进程 P 和 Q 共享。两个进程并发执行，它们按下列次序请求和释放资源：

进程 P：	进程 Q：
请求读卡机	请求打印机
请求打印机	请求读卡机
…	…
释放读卡机	释放读卡机
释放打印机	释放打印机

它们在执行时，相对速度无法预知，当出现如下这种资源请求序列时，就会发生死锁：

P::请求读卡机

{P 获得读卡机}

Q::请求打印机

{Q 获得打印机}

P::请求打印机

{P 阻塞，等待打印机被释放}

Q::请求读卡机

{Q 阻塞，等待读卡机被释放}

{deadlock}

【例 4-13】 P、V 操作使用不当产生死锁。

前面在讲述使用 P、V 操作解决各种并发问题时，已经提到由于 P、V 操作的次序安排不当有可能引起死锁问题。实际上，由于信号量初值设置得不合理，P、V 操作使用得不合理等很容易造成死锁现象。

设进程 P1 和 P2 共享两个资源 r1 和 r2。信号量 s1 和 s2 分别用来控制资源 r1 和 r2 的互斥访问。假定两个进程使用资源的方式如下：

进程 P1：	进程 P2：
P(s1);	P(s2);
P(s2);	P(s1);
使用 r1 和 r2	使用 r1 和 r2
V(s1);	V(s2);
V(s2);	V(s1);

如果 s1 和 s2 的初值设置不当，比如初值设为 0，那么 P1 和 P2 无论怎样执行，都一定会死锁；如果 s1 和 s2 的初值设置为 1，那么也有可能出现死锁。比如，当出现如下调度序列时：

{s1 = 1 ∧ s2 = 1}
P1::P(s1);
{s1 = 0 ∧ s2 = 1}
P2::P(s2);
{s1 = 0 ∧ s2 = 0}
P1::P(s2);
{P1 阻塞，等待 P2 释放 s2}
P2::P(s1);
{P2 阻塞，等待 P1 释放 s1}
{deadlock}

这个例子说明，死锁的发生可能是必然的，即无条件的，也可能是有条件的，即只有在某些情况下才会发生，这就给死锁的发现和检测带来了相当的困难。实际上，证明程序无死锁，或者发现死锁是一项非常困难的任务。

【例 4-14】 资源分配不当引起死锁。

若系统中有 m 个资源被 n 个进程共享，当每个进程都要求 k 个资源，而 $m < n \times k$ 时，即资源数小于进程所要求的总数时，如果分配不当就可能引起死锁。例如，当 $m = 5$，$n = 5$，$k = 2$ 时，首先为每个进程依次分配一个资源，这时资源已经分配完毕，于是每个进程都进入阻塞等待状态，死锁发生了。

假如改变资源分配策略，首先尽量满足一个或多个进程的资源需求，待它们运行完毕释放资源后，再把资源分配给其他进程，这样就有可能避免死锁发生。比如，首先把 5 个资源分配给 2 个进程，让它们都能够满足资源需求，并运行起来，待它们中的一个运行结束，释放占有的 2 个资源后，再把剩余的 3 个资源分配给第 3 个进程，按照这样的策略一直分配下去，完全可以避免死锁的发生。

【例 4-15】 对临时性资源的使用不加限制而引起的死锁。

在进程通信时使用的信件可以看作一种临时性资源，如果对信件的发送和接收不加限制，则可能引起死锁。比如，进程 P1 等待进程 P3 的信件 s3 到来后再向进程 P2 发送信件 s1；P2 又要等到 P1 的信件 s1 到来后再向 P3 发送信件 s2；而 P3 也要等待 P2 的信件 s2 到来后才能发出信件 s3。在这种情况下就形成了循环等待链，如图 4-26 所示，永远结束不了，产生死锁。

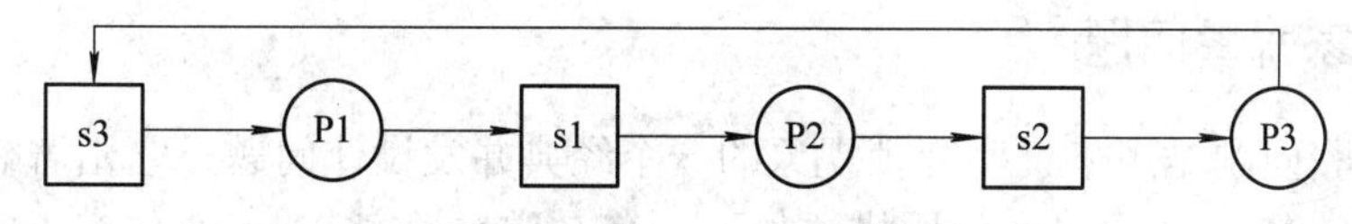

图 4-26　资源分配-请求图

综合上面的例子，可见死锁的产生不仅与系统拥有的资源数量有关，而且与资源的分配策略、进程对资源的使用要求以及并发进程的执行速率有关。在学习和理解死锁概念时，还应注意以下几点：

(1) 死锁是系统的一个状态而不是进程的状态。进程只具有就绪、运行和阻塞等基本状态，死锁状态与进程的阻塞状态有关，但不等同于阻塞状态。死锁是系统的一个状态，

是指系统中由于资源的占有与请求关系所形成的一种所有进程都无法继续进行下去的状态。换句话说，死锁状态与系统边界的认定相关。比如，有 3 个进程 P1、P2 和 P3，其中 P1 和 P2 形成了资源占有与请求循环关系，使得二者都不能运行下去。如果系统仅包含 P1 和 P2，那么这时系统处于死锁状态；假如系统还包括 P3，由于 P3 可以继续运行下去，那么就不能说系统处于死锁状态。

(2) 有时，系统中的进程能够运行(即处于运行态)，但仍然会发生死锁。比如，有些系统中采用加锁原语 LOCK(W)和解锁原语 UNLOCK(W)来实现进程的互斥：

```
LOCK(W)：do skip while(W = 1); W := 1;
UNLOCK(W)：W := 0;
```

进程在进入临界区之前执行 LOCK(W)，在退出临界区之后执行 UNLOCK(W)：

进程 P1：	进程 P2：
LOCK(W);	LOCK(W);
进入临界区;	进入临界区;
UNLOCK(W);	UNLOCK(W);

采用忙等的方法使一个进程停留在 LOCK 原语上，有可能造成死锁。比如，考虑这种情况：W 的初值为 0，P1 首先通过 LOCK(W)进入临界区，这时进程 P2 就绪，而且其优先级高于 P1，于是 P2 被调度执行，并忙等在 LOCK(W)上，等待 P1 退出临界区，释放 W。但是由于 P1 优先级较低，而且 P2 一直处于运行状态，使得 P1 始终得不到调度，于是死锁就发生了。在这个例子中，死锁发生时，P1 和 P2 分别处于“就绪”和“运行”状态，但是仍然无法进行下去。

试想一下，如果用 P、V 操作分别代替这里的 LOCK(W)和 UNLOCK(W)，这种情况下还会不会发生死锁呢？当 P1 进入临界区时，如果 P2 试图进入临界区，将会阻塞在 P 操作上，尽管其优先级较高，但由于处于阻塞状态，它不会得到调度，从而 P1 将会继续执行，直至释放信号量。显然，这种情况下不会发生死锁。这也可以看作 P、V 操作优于加锁和放锁操作的地方。

(3) 死锁的发生通常是有条件的。通常情况下，死锁只有在某些条件下才会发生，因此死锁的发现、再现和检测通常较为困难。

4.6.2　哲学家就餐问题

哲学家就餐问题是用来说明死锁现象的一个经典并发设计问题，它由著名的计算机科学家 Dijkstra 在 1971 年提出。问题描述如下：有 5 位哲学家 P1～P5 住在一座房子里，在他们面前有一张餐桌。每位哲学家的生活就是思考和吃饭。通过多年的思考，所有的哲学家一致同意最有助于他们思考的食物是意大利面。由于缺乏手工技能，每位哲学家需要两把叉子来吃意大利面。

哲学家就餐的布局情况如图 4-27 所示。一个圆桌上有一大碗面，5 个盘子，每位哲学家一个，还有 5 把叉子 f1～f5。每个想吃饭的哲学家将坐到桌子旁分配给他的位置上，使用盘子两侧的叉子，取面和吃面。现在要求设计一个算法，以允许哲学家吃饭。算法必须保证互斥(没有两位哲学家同时使用同一把叉子)，同时还要避免死锁和饥饿。

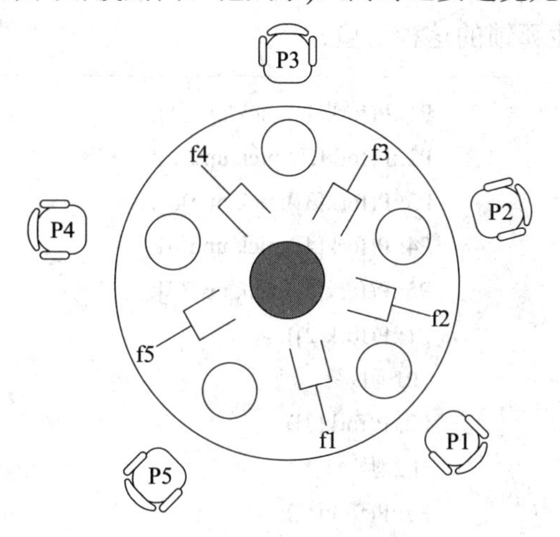

图 4-27　哲学家就餐的布局情况

图 4-28 给出了使用信号量的解决方案。每位哲学家首先拿起左边的叉子，然后拿起右边的叉子，然后吃饭。吃完之后，这两把叉子又被放回到桌子上。

```
semaphore fork[5] := {1};
int i;
void P (int i){
    think( );
    P(fork[i]);
    Pick up f[i];
    P(fork[(i+1) mod 5]);
    Pick up f[(i+1) mod 5];
    eat( );
    Put down f[i];
    Put down f[(i+1) mod 5]
    V(fork[i]);
    V(fork[(i+1) mod 5]);
}

void main( )
{
    parbegin(P(1), P(2), ..., P(5));
}
```

图 4-28　哲学家就餐问题的一种方案

这个解决方案会导致死锁，即如果所有的哲学家在同一时刻都感到饥饿，他们都坐下

来，都拿起左边的叉子，又都伸手拿右边的叉子，但都没有拿到，这时就会导致死锁。我们用交叠序列来说明发生死锁的这种情境：

```
P1::P(fork[1]);pick up f[1];
P2::P(fork[2]);pick up f[2];
P3::P(fork[3]);pick up f[3];
P4::P(fork[4]);pick up f[4];
P5::P(fork[5]);pick up f[5];
P1::P(fork[2]);
{P1 阻塞}
P2::P(fork[3]);
{P2 阻塞}
P3::P(fork[4]);
{P3 阻塞}
P4::P(fork[5]);
{P4 阻塞}
P5::P(fork[1]);
{P5 阻塞}
{系统死锁}
```

死锁发生的原因是系统资源总量与每个进程的资源需求之间的矛盾问题。系统中共有5个资源(即叉子)，共有5个进程(即哲学家)，每个进程需要2个资源，那么大家考虑这样两个问题(为了确保任何调度情况下都不会发生死锁)：

问题1：在进程数和每个进程所需资源数一定的情况下，系统需要提供最少多少个资源？

问题2：在系统资源总数和每个进程所需资源数一定的情况下，最多允许的进程个数为多少？

我们先来看问题1。共有5个进程，每个进程需要2个资源，那么如果能提供$5 \times 2 = 10$个资源，系统在任何调度下都不会发生死锁。但是这个资源数目并不是所需的最少资源数。实际上，只需要6个资源就可以保证任何情况下都不会发生死锁。把6个资源逐一分配给5个进程，这样还剩余1个资源。这时无论把剩余的资源分配给哪个进程，都可使这个进程的资源需求得到满足，从而使它运行下去，进而释放占有的资源。之后，释放的这些资源可以分配给其他进程，从而使它们继续运行下去。这样就打破了死锁的循环链条。

采用类似的分析可以回答问题2。在系统资源总数为5，每个进程需要2个资源的情况下，为了确保不发生死锁，最多允许的进程个数为4。一般的，有如下结论成立：

> 设系统中同类资源的个数为m，由n个进程互斥使用，每个进程对该类资源的最大需求量为k。为了保证在任何调度情况下，系统都不会发生死锁，那么m、n和k必须满足如下条件：
>
> $$n \times (k-1) + 1 \leqslant m$$

从以上分析可知，为了避免发生死锁，可以通过增加资源供给和减少进程个数两个途径来解决。下面给出一个通过限制哲学家就餐人数来避免死锁的方案。考虑增加一位服务

员，他只允许4位哲学家同时进入餐厅，由于最多只有4位哲学家就餐，根据前面的定理，系统在任何调度下都不可能发生死锁。图4-29是这个方案的算法。

```
semaphore fork[5] := {1};
semaphore room := 4;
int i;
void P(int i){
    think( );
    P(room);
    P(fork[i]);
    Pick up f[i];
    P(fork[(i+1) mod 5]);
    Pick up f[(i+1) mod 5];
    eat( );
    Put down f[i];
    Put down f[(i+1) mod 5]
    V(fork[i]);
    V(fork[(i+1) mod 5]);
    V(room);
}

void main( ){
    parbegin(P(1), P(2), …, P(5));
}
```

图4-29　无死锁的哲学家就餐问题的一种解决方案

4.6.3　死锁的描述

可以通过描述进程对资源的占有和请求关系来描述死锁。刻画进程与资源关系的有效工具是资源分配图(Resource Allocation Graph)。

资源分配图是一个有向图，描述了系统资源和进程的关系，每个资源和进程用节点来表示。资源节点中，一个圆点表示资源的一个实例。从进程节点指向资源节点的边表示进程请求该资源，但是还没有得到授权。从资源节点中的一个圆点到进程的边表示资源请求已经被授权，或者该资源已经被进程所占有，如图4-30所示。

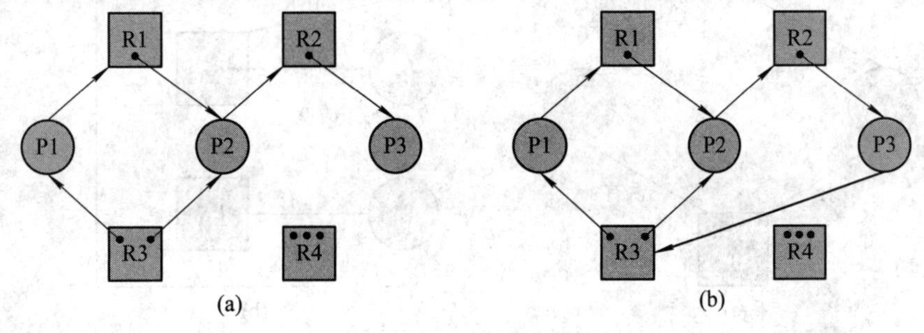

图4-30　资源分配图

如果资源分配图中不存在环路，那么系统一定无死锁；如果资源分配图中存在环路，那么系统可能发生死锁。比如，在图 4-30(b)的资源分配图中，存在两个最小环路，这时系统发生死锁。

P1→R1→P2→R2→P3→R3→P1

P2→R2→P3→R3→P2

但是存在环路不一定造成死锁。其主要原因，一是当环路中的资源类型还有足够的资源实例可供分配时，二是可能有其他进程不在环路上，这些进程的资源需求得到满足后，将继续执行，然后会释放资源，满足环路上的一个进程的资源需求，从而打破死锁僵局，如图 4-31 所示。图 4-31(a)和图 4-31(b)中都存在环路 P1→R2→P2→R1→P1，但是都不发生死锁。图 4-31(a)中，资源 R2 还有一个实例可供分配，于是 P1 的请求能够得到满足，因此 P1 可以运行下去，并最终释放资源 R1，打破环路僵局；图 4-31(b)中，进程 P3 不在环路上，而且它的资源需求已经得到满足，于是它可以执行下去，并释放资源 R2，这样 P1 的资源需求就可以得到满足，从而循环链条被打破。

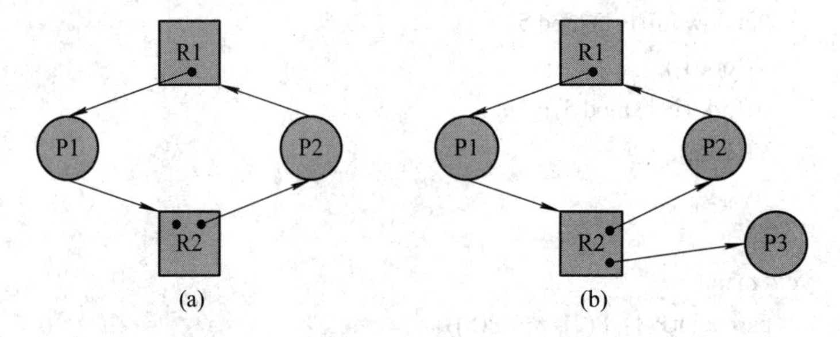

图 4-31　存在环路但不发生死锁的例子

总之，我们可以得到结论：资源分配图中存在环路是死锁的必要条件，即如果系统发生了死锁，那么资源分配图中一定存在环路，或者说，如果资源分配图中不存在环路，那么系统一定无死锁。但是如果资源分配图中存在环路，那么不能保证系统一定死锁。

使用资源分配图可以直观地描述死锁发生时进程和资源的占用-请求关系，便于人们分析死锁的发生及其成因。下面我们画出例 4-12、例 4-13 和例 4-14 死锁发生时的资源分配图，如图 4-32 所示。实际上，如果把例 4-13 中的信号量 s1 和 s2 看作两个资源，那么死锁时，它的资源分配图和例 4-12 的图是完全一样的，这说明两者的死锁机制是相同的。

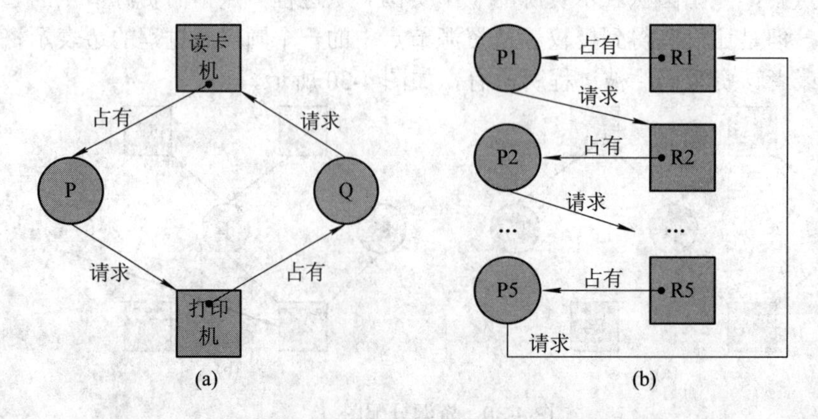

图 4-32　若干死锁实例的资源分配图

4.6.4　死锁的条件

死锁的发生有如下必要条件：

(1) 互斥。一个资源一次只能被一个进程所使用，如果有其他进程请求该资源，那么请求进程必须等待，直到该资源被释放。

(2) 占有且等待。一个进程请求资源得不到满足而等待时，不释放已占有的资源。

(3) 不可抢占。一个进程不能强行从另一个进程那里抢夺资源，即已被占有的资源，只能由占有进程自己来释放。

(4) 循环等待。在资源分配图中，存在一个循环等待链，其中每一个进程分别等待它的前一个进程所持有的资源。

这四个条件合在一起是死锁发生的必要条件，但并不充分，也就是说满足这些条件不一定会导致死锁。实际上，前三个条件为确保并发环境下结果的一致性和完整性是非常必要和合理的，只要设计得当，完全可以避免死锁的发生。第四个条件实际上是前三个条件的潜在结果，即假设前三个条件存在，可能发生一系列事件导致不可解的循环等待。条件 4 中循环等待之所以是不可解的，是因为前面三个条件的存在。因此，第四个条件与前三个条件之间不是完全独立的。

4.7　死锁的处理

死锁是一种不期望发生的状态，应当予以必要的处理。处理死锁的方法有三个层次：预防、避免和检测。

(1) 死锁预防(Deadlock prevention)：采用某种策略来消除条件 1 至条件 4 中的一个条件的出现，使得死锁的条件不再成立，从而保证死锁不会发生。

(2) 死锁避免(Deadlock avoidance)：允许前三个必要条件，但是基于当前的资源分配状态，选择接受或拒绝当前资源分配请求，确保系统状态不会到达死锁点。

(3) 死锁检测(Deadlock detection)：不限制资源访问或约束进程行为，只要有可能，尽量授予进程请求的资源。操作系统周期性地执行一个算法检测死锁发生，若发生死锁，则把系统状态恢复到死锁前某个一致或正确的状态上。

4.7.1　死锁预防

如前所述，只要能破坏死锁的四个必要条件之一，就能预防死锁。破坏第一个条件，使资源可同时访问而不是互斥使用，是个简单办法，但有很多资源往往不能同时访问，所以这种做法行不通。

为了消除不可抢占这一条件，可以采用几种方法。一种方法是，如果占有某些资源的一个进程进一步请求资源被拒绝时，则该进程必须释放它最初占有的资源，如果有必要，可再次请求这些资源和另外的资源。另一种方法是，如果一个进程请求一个当前被另一个进程占有的资源，则操作系统可以抢占另一个进程，要求它释放资源。该方法要求任意两个进程的优先级都不相同，而且只有在资源状态可以很容易地保存和恢复的情况下(就像处

理器一样)，这种方法才是实用的。

下面介绍两种比较实用的防止死锁的方法，它们能破坏第二个条件或第四个条件。

1．静态分配(预分配)

所谓静态分配，是指一个进程必须在执行前就申请到它所需的全部资源，并且直到它所要的资源都得到满足之后才开始执行。采用静态分配后，进程在执行中不再申请资源，因而不会出现占有了某些资源再等待另一些资源的情况，即破坏了第二个条件的出现。静态分配策略实现简单，因而被许多操作系统采用，例如 OS/360。

采用该方法可以预防例 4-12 中的死锁。例如，把进程 P 的逐次资源请求改为一次性请求，即要么一次全部得到这两个资源，要么一个都得不到。如果 P 运行得较快，首先得到这两个资源，那么 Q 就必须等待，直到 P 释放这两个资源。这样就不可能出现一个进程占有资源，并请求另外资源的状态，从而避免了死锁发生。

但是这个策略存在这样的问题：首先，一个进程可能被阻塞很长时间，以等待满足其所有的资源请求，而实际上，只要有一部分资源，它就可以继续执行；第二，分配给一个进程的资源可能有相当长的一段时间不会被使用，且在此期间，它们不能被其他进程使用，导致资源使用率较低；第三，有时一个进程可能事先不会知道它所需的所有资源。

2．顺序分配方法

循环等待条件可以通过定义申请资源的顺序来消除。该方法的基本思想是对系统的全部资源加以全局编号，然后规定进程申请资源时，必须按照编号的特定顺序来申请。进程只要按合法顺序申请资源，如果资源可以得到满足，那么进程就能运行，且不会产生死锁。

对于上面给出的例 4-12，如果我们把读卡机编号为#1，打印机编号为#2，而且规定每个进程只能按照资源的升序来申请，那么当进程 P 占有了读卡机，并申请打印机时，如果调度切换到进程 Q，Q 也只能先申请读卡机，再申请打印机，于是进程 Q 阻塞在读卡机资源上。这样就不会造成死锁。

再如，对于哲学家就餐问题，如果规定每个哲学家只能按照叉子 f1、f2、f3、f4 和 f5 的顺序申请资源，那么就会预防死锁的发生。因为，当哲学家 P5 申请资源时，必须先申请 f1 再申请 f5。当它申请 f1 时，由于 f1 已经被 P1 事先申请并占有，因此 P5 将会被阻塞。这样 P4 就可以顺利申请到 f5，从而继续运行下去，直至释放 f4 和 f5。当 f4 释放后，P3 就可以得到 f4 从而运行下去，直至释放 f3 和 f4。按照这样的做法，P2、P1 可以逐一运行下去，死锁的链条被逐一解锁。

资源顺序分配法的缺点是资源申请的顺序可能与实际使用资源的顺序不一致，所以有可能较长时间占有某些资源而不用，从而使得资源利用率变低。

4.7.2　死锁避免

死锁避免和死锁预防稍有差异。死锁预防是通过约束资源请求，防止四个条件中至少一个的发生，从而消除死锁的产生。而死锁避免则相反，它允许前三个必要条件，但通过对资源请求的允许或拒绝来确保系统不会到达死锁点。死锁避免比死锁预防允许更多的并发。在死锁避免中，是否允许当前的资源分配请求是通过判断该请求是否可能导致死锁状态来决定的。因此，死锁避免需要知道进程将来的资源请求情况。

一个死锁避免方法是银行家算法，最初是由 Dijkstra 在 1965 年提出的。Dijkstra 把系统比作一个银行家，它占有有限资金(资源)。银行家不可能满足所有借款人(进程)的最大需求量总和，但可以满足一部分借款人的借款需求。待这些人的借款归还后，又可把这笔资金借给他人。这样，当一借款人提出借款要求时，银行家就要进行计算，以决定是否借给他，看是否会造成银行家的资金被借光而使资金无法周转(死锁)。

考虑一个具有 n 个进程和 m 种不同类型资源的系统。为了描述系统的资源分配状态，需要引入如下几个向量和矩阵。

Resource = (R_1，R_2，…，R_m)	系统中每种资源的总量
Available = (V_1，V_2，…，V_m)	剩余的每种资源的总量。初始时 ***Available*** = ***Resource***
Claim = $\begin{bmatrix} C_{11} & C_{12} & \cdots & C_{1m} \\ C_{21} & C_{22} & \cdots & C_{2m} \\ \vdots & \vdots & & \vdots \\ C_{n1} & C_{n2} & \cdots & C_{nm} \end{bmatrix}$	进程最大资源需求矩阵。C_{ij} 表示进程 i 对资源 j 的最大需求。显然，必须满足 $C_{1j}+C_{2j}+\ldots+C_{nj} \leqslant R_j$
Allocate = $\begin{bmatrix} A_{11} & A_{12} & \cdots & A_{1m} \\ A_{21} & A_{22} & \cdots & A_{2m} \\ \vdots & \vdots & & \vdots \\ A_{n1} & A_{n2} & \cdots & A_{nm} \end{bmatrix}$	资源分配矩阵。A_{ij} 表示当前分配给进程 i 的资源 j 的数目。显然，对任意 i 和 j，必须有 $A_{ij} \leqslant C_{ij}$
Need = ***Claim*** - ***Allocate***	每个进程仍需请求的资源矩阵

系统的资源分配状态可以用上面定义的资源分配矩阵 ***Allocate*** 来描述。由于资源总量 ***Resouce*** 和最大资源需求矩阵 ***Claim*** 始终保持不变，所以可以通过 ***Allocate***、***Resource*** 和 ***Claim*** 计算出剩余资源向量 ***Available*** 和仍需请求的资源矩阵 ***Need***。

在一个状态下判断一个请求是否被接受的关键是判断该请求是否让系统处于安全状态。我们用下面的例子来说明如何判断安全状态。假设系统中有 4 个进程(P1、P2、P3 和 P4)和 3 类资源。设 ***Resource*** 和 ***Claim*** 为

$$\textbf{\textit{Resource}} = (9, 3, 6),\ \textbf{\textit{Claim}} = \begin{bmatrix} 3 & 2 & 2 \\ 6 & 1 & 3 \\ 3 & 1 & 4 \\ 4 & 2 & 2 \end{bmatrix}$$

其中每一行表示一个进程，每一列表示一类资源。

假设系统运行到一定阶段时，资源分配状态为

$$\text{State1：}\textbf{\textit{Allocate}} = \begin{bmatrix} 1 & 0 & 0 \\ 5 & 1 & 1 \\ 2 & 1 & 1 \\ 0 & 0 & 2 \end{bmatrix}\text{，则 }\textbf{\textit{Need}} = \begin{bmatrix} 2 & 2 & 2 \\ 1 & 0 & 2 \\ 1 & 0 & 3 \\ 4 & 2 & 0 \end{bmatrix}\text{，}\textbf{\textit{Available}} = (1, 1, 2)$$

由于 ***Need*** 中不存在一个零向量，说明每个进程的资源需求都没有得到满足。假设在此状态下，P2 请求一个 R_1 资源和一个 R_3 资源，即 ***Request*** = (1, 0, 1)。如果假定同意该请求，则资源分配状态变为

$$\text{State2：}\boldsymbol{Allocate}=\begin{bmatrix}1&0&0\\6&1&2\\2&1&1\\0&0&2\end{bmatrix}\text{，则 }\boldsymbol{Need}=\begin{bmatrix}2&2&2\\0&0&1\\1&0&3\\4&2&0\end{bmatrix}\text{，}\boldsymbol{Available}=(0,1,1)$$

那么这个状态是不是安全的呢？如果是安全的，则接受该请求；如果不是安全的，则拒绝该请求。那么下面就来考察 State2 是否安全，即考察从该状态出发，是否存在一个资源分配序列使系统中的所有进程资源需求都能满足，进而运转下去。

比如，我们可以将剩余的一个 R_3 资源分配给进程 P2，于是 P2 的所有资源需求都得到满足，可以运行下去，进而释放占有的所有资源，这时的状态为

$$\text{State3：}\boldsymbol{Allocate}=\begin{bmatrix}1&0&0\\-&-&-\\2&1&1\\0&0&2\end{bmatrix}\text{，则 }\boldsymbol{Need}=\begin{bmatrix}2&2&2\\-&-&-\\1&0&3\\4&2&0\end{bmatrix}\text{，}\boldsymbol{Available}=(6,2,3)$$

在此状态下，可以将剩余资源分配给任一个进程，比如 P1，可以满足它的资源需求，进而使它运行下去，最后释放所占资源。这时状态为

$$\textbf{State4：}\boldsymbol{Allocate}=\begin{bmatrix}-&-&-\\-&-&-\\2&1&1\\0&0&2\end{bmatrix}\text{，则 }\boldsymbol{Need}=\begin{bmatrix}-&-&-\\-&-&-\\1&0&3\\4&2&0\end{bmatrix}\text{，}\boldsymbol{Available}=(7,2,3)$$

剩余资源又可以满足 P3 或 P4 的资源需求，从而使整个系统可以运行下去，不会造成死锁。因此 State2 是一个安全状态，于是在 State1 下，P2 的请求 ***Request*** = (1, 0, 1)被接受。

再来看一个拒绝资源请求的情况。假如在 State1 下，P1 请求资源 ***Request*** = (1, 0, 1)，如果允许的话，资源分配状态将变为

$$\text{State2'：}\boldsymbol{Allocate}=\begin{bmatrix}2&0&1\\5&1&1\\2&1&1\\0&0&2\end{bmatrix}\text{，则 }\boldsymbol{Need}=\begin{bmatrix}1&2&1\\1&0&2\\1&0&3\\4&2&0\end{bmatrix}\text{，}\boldsymbol{Available}=(0,1,1)$$

这时，剩余的资源总数无法满足任何一个进程的资源需求，从而会产生死锁。于是 State2' 不是一个安全状态。那么 State1 下，P1 的资源请求 ***Request*** = (1, 0, 1)就被拒绝。

银行家算法的实现程序如下所示：

设 $\boldsymbol{Request_i}$ 是进程 Pi 的资源请求向量，$\boldsymbol{Request_i}[j] = k$ 表示进程 Pi 请求 k 个资源 j 的实例。在当前资源分配状态 ***Allocate*** 下，当进程 Pi 发出一个资源请求时，银行家算法的步骤如下：

(1) 如果 $\boldsymbol{Request_i} \leqslant \boldsymbol{Need_i}$，那么执行步骤(2)；否则，产生一个错误条件，因为进程的资源请求已经超过了它的资源需求总量。

(2) 如果 $\boldsymbol{Request_i} \leqslant \boldsymbol{Available}$，执行步骤(3)；否则，Pi 必须等待，因为目前剩余资源不能满足它的需求。

(3) 系统尝试接受该请求，并实施资源分配，那么资源分配状态改变为

$$\boldsymbol{Allocate_i} := \boldsymbol{Allocate_i} + \boldsymbol{Request_i}$$

$$\boldsymbol{Need_i} := \boldsymbol{Need_i} - \boldsymbol{Request_i}$$

$$\boldsymbol{Available} = \boldsymbol{Available} - \boldsymbol{Request_i}$$

判断新资源状态 ***Allocate*** 是否安全。如果新资源状态是安全的，则实际实施资源分配；如果新资源状态是不安全的，则 Pi 必须延迟请求，并且把系统状态恢复到原来状态上。

判断状态 ***Allocate*** 是否安全的算法：

(1) 设 $\boldsymbol{Work}[m]$和 $\boldsymbol{Finish}[n]$分别是长度为 m 和 n 的向量。开始时，

$\boldsymbol{Work} := \boldsymbol{Available}$，$\boldsymbol{Finish}[i] :=$ false，$i = 1, 2, \cdots, n$。

(2) 在 ***Need*** 矩阵中找一个 i，使得

$$\boldsymbol{Finish}[i] = \text{false} \wedge \boldsymbol{Need_i} \leqslant \boldsymbol{Work}$$

如果这样的 i 不存在，执行步骤(4)。

(3) $\boldsymbol{Work} := \boldsymbol{Work} + \boldsymbol{Allocate_i}$

$\boldsymbol{Finish}[i] :=$ true

返回步骤(2)。

(4) 如果对于所有的 $i = 1, 2, \cdots, n$，都有 $\boldsymbol{Finish}[i] =$ true，说明在状态 ***Allocate*** 下，存在一条资源分配序列，使系统运行完毕，则状态 ***Allocate*** 是安全状态；否则，***Allocate*** 状态是不安全状态。

(5) 如果在第(2)步中，存在多个 i 满足条件，无论选择哪一个都不会影响判断结果。换句话说，该算法在状态树上搜索时，选择的任意一条路径都会得到同样的结果，不需要回溯。

对于上述算法的步骤(5)，我们做如下说明。判断安全状态的算法实际上只要找到一条资源分配路径，使系统能够运行完毕即可。如果沿着状态树找到了一条这样的路径，那么算法即可终止，并返回“安全状态”的结果；如果沿着这条分配路径，系统发生了死锁，那么是否需要回溯搜索其他的路径呢？也就是说，是否存在其他不发生死锁的路径呢？步骤(5)告诉我们，如果一条路径判断结果是死锁的，那么其他可行的路径都必然是死锁的，因此没有必要回溯搜索。反过来，如果一条路径判断结果是安全的，那么其他所有可行路径的判断结果都将为安全的。显然，这是一个很好的性质，可以大大简化算法的复杂度。为了论证这一点，Dijkstra 在手稿《The Mathematics behind the Bank’s Algorithm》中，给出了一个非常简洁而优美的论证，感兴趣的读者可以研究一下。

对银行家算法的评价：银行家算法比起资源静态分配法，资源利用率提高了，又避免了死锁。但它有这样几个不足：第一，这种算法对资源分配过于保守，没有考虑到进程获

得资源后，虽然未达到其最大需求量，也可能把它释放；第二，算法计算量较大。每次申请都要经过计算以决定是否同意分配；第三，必须事先知道进程对资源的最大需求量，这往往是不实际的。

知识拓展

状态空间

根据进程占有资源的情况，可以把系统的状态分为“安全状态”集合 Safe 和“不安全状态”集合 Unsafe。这两个集合是互斥的，即 Safe∩Unsafe =∅。死锁状态是不安全状态，但是不安全状态不一定是死锁状态，即 Deadlock∈Unsafe。比如，在前面的例子中，当系统处于不安全状态时，系统仍然是活动的，剩余资源仍然可以满足一些进程的需求，使它们可以运行下去，直到剩余资源无法满足任一进程的资源需求时，才发生死锁。

从安全状态可以迁移到不安全状态，从不安全状态也可以迁移到安全状态。例如，上例中，状态 State2'是一个不安全状态，但是如果 P1 从这个状态开始，释放了 1 个 R_1 资源和 1 个 R_3 资源，那么系统又会返回到安全状态上来。因此，不安全状态不一定导致死锁。但是如果每个进程在运行中都不释放资源，直到运行结束，那么一旦进入不安全状态，一定会导致死锁。

如果系统始终运行在安全状态上，那么一定不会发生死锁。银行家算法就是根据这一论断来避免死锁的发生的。

我们用图 4-33 说明安全状态、不安全状态和死锁状态的关系。当每一个资源分配总是限定在安全状态上时，那么可以保证死锁状态是不可达的，也就是说这样的资源分配是最安全的。但这并不意味着，不安全状态空间上的资源分配一定会导致死锁。由于某些进程在运行中可能释放了一些资源，从而使它从不安全状态“拉回”到安全状态。这反过来也说明，上面的死锁避免策略过于保守，或者说，安全状态下的资源分配是避免死锁的充分但不必要条件。

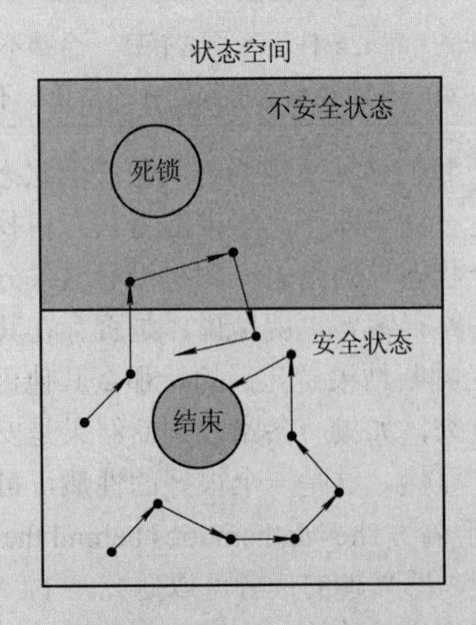

图 4-33　安全状态、不安全状态和死锁状态的关系

4.7.3　死锁检测

死锁检测的基本思想是，不限制资源访问请求或约束进程行为，只要有可能，请求的资源就被授予给进程。操作系统周期性地执行一个算法检测死锁是否发生。若检测到死锁，则设法加以解除。

1. 死锁检测算法

下面描述一个常见的死锁检测算法，它使用了上一节介绍的资源分配矩阵 ***Allocate***、未分配的资源向量 ***Available***，此外还需要定义一个资源请求矩阵 ***Request***，其中 $\boldsymbol{Request_{ij}}$ 表示进程 i 请求资源 j 的数量。算法的工作过程与前面的银行家算法有些类似，但是其目的是要检测当前状态是否会导致死锁。

死锁检测算法的步骤如下：

(1) 设 ***Work***[*m*]和 ***Finish***[*n*]分别是长度为 *m* 和 *n* 的向量。开始时，***Work*** := ***Available***，对于 $i = 1, 2, \cdots, n$，如果 $\boldsymbol{Allocate_i} \neq \mathbf{0}$，那么 ***Finish***[*i*] := false；否则 ***Finish***[*i*] := true。

(2) 在 ***Request*** 矩阵中找一个 *i*，使得

$$\boldsymbol{Finish}[i] = \text{false} \wedge \boldsymbol{Request_i} \leqslant \boldsymbol{Work}$$

如果找不到这样的 *i*，则执行步骤(4)。

(3) $\boldsymbol{Work} := \boldsymbol{Work} + \boldsymbol{Allocate_i}$

Finish[*i*] := true

返回步骤(2)。

(4) 如果存在某个 $i(1 \leqslant i \leqslant n)$，***Finish***[*i*] = false，说明剩余资源无法满足进程 Pi 的资源需求，那么系统状态是死锁的，而且 Pi 是死锁进程；否则，说明该状态不是死锁状态。

(5) 如果在第(2)步，存在多个 *i* 满足条件，无论选择哪一个都不会影响判断结果。

下面通过一个例子说明算法的工作过程。图 4-34 是前面介绍死锁的描述时，给出的两幅资源分配图。其中图 4-34(a)不会发生死锁，而图 4-34(b)会发生死锁。

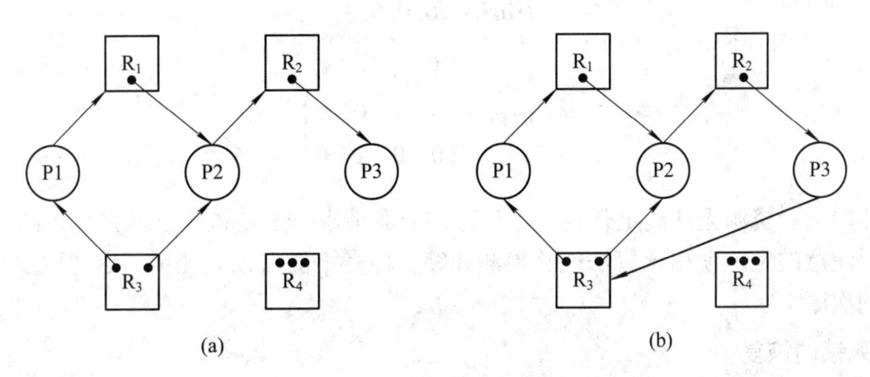

图 4-34　使用算法检测死锁状态

我们用上面的死锁检测算法来检测死锁状态，并把结果与图示法进行对比。设资源总数为 ***Resource*** = (1, 1, 2, 3)。我们首先用算法来分析图 4-34(a)的状态，算法工作过程中的状

态变化如下表所示：

	初始状态	State1	State2	State3
Allocate	$\begin{bmatrix}0&0&1&0\\1&0&1&0\\0&1&0&0\end{bmatrix}$	$\begin{bmatrix}0&0&1&0\\1&0&1&0\\-&-&-&-\end{bmatrix}$	$\begin{bmatrix}0&0&1&0\\-&-&-&-\\-&-&-&-\end{bmatrix}$	$\begin{bmatrix}-&-&-&-\\-&-&-&-\\-&-&-&-\end{bmatrix}$
Work	(0, 0, 0, 3)	(0, 1, 0, 3)	(1, 1, 1, 3)	(1, 1, 2, 3)
Request	$\begin{bmatrix}1&0&0&0\\0&1&0&0\\0&0&0&0\end{bmatrix}$	$\begin{bmatrix}1&0&0&0\\0&1&0&0\\0&0&0&0\end{bmatrix}$	$\begin{bmatrix}1&0&0&0\\0&1&0&0\\0&0&0&0\end{bmatrix}$	$\begin{bmatrix}1&0&0&0\\0&1&0&0\\0&0&0&0\end{bmatrix}$
Finish	Finish[i] = false, i = 1, 2, 3	Finish[3] = true Finish[i] = false, i = 1, 2	Finish[3] = true, Finish[2] = true, Finish[1] = false	Finish[i] = true, i = 1, 2, 3

按照算法步骤，初始状态时，发现剩余资源可以满足进程 P3 的需求，即 ***Request3***≤***Work***，于是把进程 P3 标记为“结束”，即 Finish[3] = true，并把 $\boldsymbol{Allocate}_3$ 加到 ***Work*** 上，得到状态 State1。在 State1 下，剩余资源可以满足进程 P2 的需求，即 ***Request2***≤***Work***，于是标记 P2，并把 $\boldsymbol{Allocate}_2$ 加到 ***Work*** 上，得到状态 State2。在此状态下，剩余资源可以满足 P1 的需求，于是 P1 得到标记，并释放资源。最终所有进程都得到标记，算法退出，说明图 4-34(a)所描述的状态不是死锁状态。

类似的，图 4-34(b)的状态为

$$\boldsymbol{Allocate}=\begin{bmatrix}0&0&1&0\\1&0&1&0\\0&1&0&0\end{bmatrix}$$

$$\boldsymbol{Work}=(0, 0, 0, 3)$$

$$\boldsymbol{Request}=\begin{bmatrix}1&0&0&0\\0&1&0&0\\0&0&1&0\end{bmatrix}$$

显然，剩余资源无法满足任何一个进程的资源请求，于是该状态就是死锁的。

值得注意的是，使用该算法能够检测死锁，但是不能保证无死锁，这要取决于将来同意请求的次序。

2. 死锁的恢复

一旦检测到死锁，就需要某种策略把系统恢复到死锁前的一个正确状态上。下面按复杂度递增的顺序列出可能的方法：

(1) 取消所有的死锁进程，这是操作系统最常用的方法。

(2) 把每个死锁进程回滚到前面定义的某些检查点(Checkpoint)，并且从这些检查点重新执行所有进程。这要求在系统中构造回滚和重启机制。该方法的风险是原来的死锁可能再次发生。但是，并发进程的不确定性通常能够保证不会发生这种情况。

(3) 连续取消死锁进程，直到不再存在死锁。选择取消进程的顺序基于某种最小代价原则。在每次取消后，必须重新调用检测算法，以测试是否仍存在死锁。

(4) 连续抢占资源，直到不再存在死锁。和前面取消进程的策略一样，需要使用一种基于代价的选择方法，并且需要在每次抢占后重新调用检测算法。一个资源被抢占的进程，必须回滚到获得这个资源之前的某一状态。

习　　题

1．用原语 LOCK 和 UNLOCK 能实现进程间互斥，但是用这种方法容易产生死锁，为什么?

2．什么叫临界区？对临界区的管理应满足哪些条件？

3. 若信号量 s 表示一种资源，那么 s 的值以及 s 上的 P、V 操作的直观含义是什么？(提示：资源分配图中资源节点表示资源类型，资源节点中的小圆点表示资源实例。如果把 s 看作资源类型，P 操作就是消耗一个资源实例，V 操作就是生产一个资源实例。)

4．当多个进程并发访问管程时，是否允许多个进程进入管理内部执行？

5．试分析消息传递原语的同步方式，说明每种同步方式的含义。

6. 何谓死锁？产生死锁的原因和必要条件是什么？为什么说死锁是与时间有关的一种错误？

7．对死锁问题的处理有哪些策略？每类策略的优缺点分别是什么？

8．怎样预防死锁发生？常用的方法有哪些？

9．在文献中经常提及的另一条支持互斥的原子机器指令是 test&set 指令，定义如下：

```
Boolean test&set (int i) {
    if (i = 0){
        i := 1;
        return true;
    }
    else return false;
}
```

使用 test&set 指令设计一个类似图 4-4 的互斥算法。

10．一些文献中是这样定义 P、V 操作的：

```
struct semaphore{
    int count;      /*要求 count ≥0*/
    queuetype queue;
};
```

```
Procedure P(semaphore s){
    while(s.count = 0) Wait(s);
    s.count := s.count-1;
}

Procedure V(semaphore s){
    s.count := s.count+1;
    if(#queue>0) Release(s);    /*#queue 表示 queue 中进程的数目*/
}
```

该定义与本书中的定义是一致的吗？这时，还有没有不变式 s≥0 成立？

11．设有 n 个进程共享一个临界区，对于如下两种情况：

(1) 每次只允许一个进程进入临界区；

(2) 最多允许 m 个进程(m<n)同时进入临界区。

试问：所采用的互斥信号量初值是否相同？信号量值的变化范围如何？

12．今有三个并发进程，如题 14 图所示，R 负责从输入设备读入信息并把信息放入缓冲区 Buffer1。M 从 Buffer1 中取出信息并加工，同时把加工的信息放入缓冲区 Buffer2。P 把 Buffer2 中的信息取出并打印输出。两个缓冲区的容量均为 K。试用 P、V 操作写出三个进程能正确工作的程序。

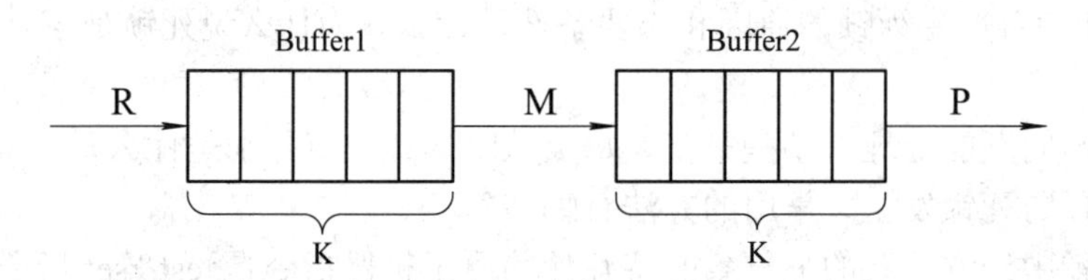

题 12 图

13．今有容量为 200 的循环缓冲区，为了管理它，设置两个指针 IN 和 OUT，分别指示能存入和取出的位置，请问：怎样用 IN 和 OUT 来表示缓冲区空或满？(提示：证明 IN = (OUT+count-1) mod n+1 成立，其中 n 为缓冲区大小，count 为缓冲区中产品的个数。)

14．设有两个优先级相同的进程 P1 和 P2，如题 16 图所示。令信号量 s1 和 s2 的初值为 0，x、y、z 的初值为 0。试问：P1、P2 并发运行结束后，x、y、z 的值分别是多少？

进程 P1	进程 P2
y := 1;	x := 1;
y := y+2;	x := x+1;
V(s1);	P(s1);
z := y+1;	x := x+y;
P(s2);	V(s2);
y := z+y;	z := x+z;

15．桌子上有一只盘子，每次只能放入一个水果。爸爸专向盘中放苹果，妈妈专向盘中放桔子，一个女儿专等吃盘中的苹果，一个儿子专等吃盘中的桔子。试用 P、V 操作和管程写出他们能够同步的程序。

16．在一盒子里，混装了数量相等的围棋白子和黑子。现在要用自动分拣系统把白子和黑子分开。该系统设有两个进程：P1 和 P2，其中 P1 将拣白子，P2 将拣黑子。规定每个进程每次只拣一子。当一个进程正在拣子时，不允许另一个进程同时去拣；当一个进程拣了一子后，必须让另一进程再去拣。试写出两个并发进程能正确执行的程序。

17．利用 P、V 操作，怎样才能保证进程 Pi 能按题 19 图的次序正确执行，其中 S 表示开始，F 表示结束。

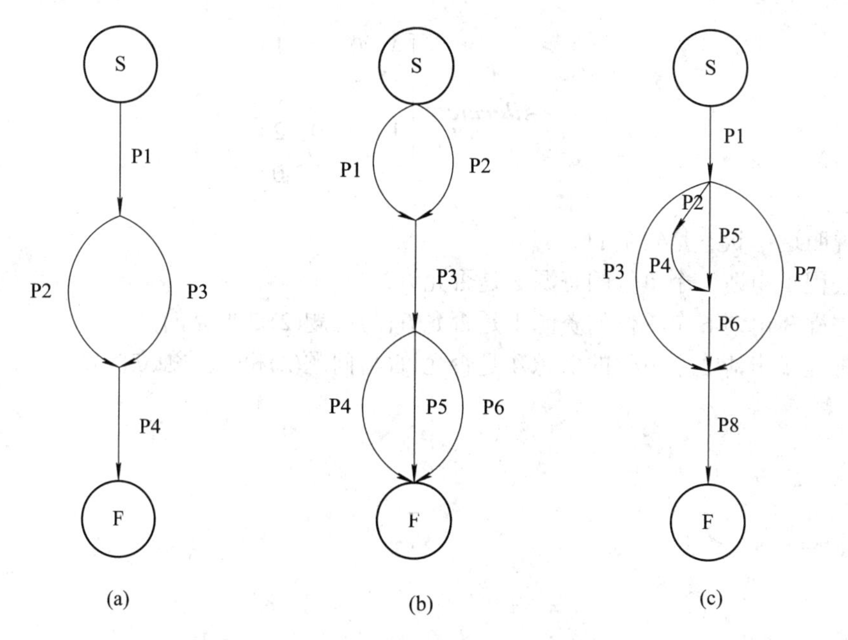

题 17 图

18．考虑下面三个并发进程以及资源需求：

进程 P0，只需要资源 R1 和 R3；

进程 P1，只需要资源 R2 和 R3；

进程 P2，只需要资源 R1 和 R3。

对于上面的资源需求，给出一个会导致死锁的分配顺序，并画出死锁发生时的资源分配图。

19．对于下面的资源分配状态，请用死锁检测算法检测该状态是否为死锁，并画出此状态时的资源分配图。如果是死锁状态，则找出图中的一条环路。

$$\boldsymbol{Allocate}=\begin{bmatrix}1&0&1&1&0\\1&1&0&0&0\\0&0&0&1&0\\0&0&0&0&0\end{bmatrix},\ \boldsymbol{Request}=\begin{bmatrix}0&1&0&0&1\\0&0&1&0&1\\0&0&0&0&1\\1&0&1&0&1\end{bmatrix},\ \boldsymbol{Available}=(0,0,0,0,1),$$

$$\boldsymbol{Resource}=(2,1,1,2,1)$$

20．假设在系统中有四个进程和四种类型的资源，系统使用银行家算法来避免死锁。最大资源需求矩阵为

$$\boldsymbol{Claim} = \begin{bmatrix} 4 & 4 & 2 & 1 \\ 4 & 3 & 1 & 1 \\ 13 & 5 & 2 & 7 \\ 6 & 1 & 1 & 1 \end{bmatrix}$$

系统中每一种类型的资源总量由向量 ***Resource*** = (16, 5, 2, 8)给出。当前的资源分配情况由下面的矩阵给出：

$$\boldsymbol{Allocate} = \begin{bmatrix} 4 & 0 & 0 & 1 \\ 1 & 2 & 1 & 0 \\ 1 & 1 & 0 & 2 \\ 3 & 1 & 1 & 0 \end{bmatrix}$$

(1) 说明这个状态是安全的。

(2) 进程 1 申请 1 个单位的资源 2 是否允许?

(3) 进程 3 申请 6 个单位的资源 1 是否允许(与问题(2)是独立的)?

(4) 进程 2 申请 2 个单位的资源 4 是否允许(与问题(2)和(3)是独立的)?

第五章　内 存 管 理

计算机要执行一个进程，首先必须把进程的结构加载到物理内存空间中。本章将要介绍的内存管理，就是围绕如何为一个进程分配物理内存空间这一核心问题而展开的。我们已经知道，进程是资源分配和管理的基本单位，因此内存管理也是以进程为单位的。如果从系统角度来看，内存管理本质上是一个最优化问题，不仅要考虑单个进程的内存需求，还要考虑整个系统对有限内存资源的需求，使得系统的一个或多个目标函数达到最优。

本章学习内容和基本要求如下：

➢ 明确内存管理的基本需求，即重定位、共享、保护以及存储器扩充的需求，了解早期操作系统的内存管理方法和存在的不足。

➢ 重点掌握分页式管理的基本原理、虚拟地址到物理地址的转换方法、缺页中断的处理流程，了解地址转换过程的硬件加速实现。

➢ 重点掌握分页管理的读取策略和置换策略，以及分页管理是如何支持可重定位、保护以及存储器扩充的。

➢ 掌握分段式管理的基本原理，重点学习实现段的动态链接和段共享的方法。

总之，本章将要介绍的内存管理与前面学习过的进程管理一起成为操作系统最重要的内容。在学习时需要加强与进程概念的联系，特别需要注意，当进程发生切换时，与进程相关联的内存空间是如何随之发生转换的。只有把片段的知识联系起来，才能形成对于操作系统工作过程的完整理解，最终达到深刻认识的目的。

5.1　内存管理的需求

5.1.1　基本需求

为了有效地把进程结构映射到物理内存空间，内存管理必须满足四个基本要求，即重定位、共享、保护以及存储器扩充。

(1) 重定位需求。重定位需求是指一个程序在不同的运行实例中，操作系统为它分配的物理内存空间可以不同，甚至在一个程序运行期间，它所占据的物理内存空间也可以上下浮动。该需求的提出基于以下两个原因：一是程序员在编写程序时通常无法确定，而且也没有必要确定程序所在的物理内存空间；二是当一个进程被换出、下一次又被换入时，如果要求必须换入到和换出前相同的内存区域，那么这将是一个很大的限制。为了避免这种限制，我们要求把进程重定位到内存的不同区域。

(2) 共享需求。共享需求有两方面含义：一是指在多道程序设计中，内存中将会驻留

多个进程，这些进程共享同一物理内存，为此需要对内存空间进行合理有效的划分，使得每个进程独占一定的内存区域，而且这些区域不相互冲突。二是指允许多个进程访问同一内存区域。例如，当多个进程需要调用 C 语言库函数时，如果每个进程都拥有 C 语言库的一个拷贝，那么将非常浪费宝贵的内存空间；如果让 C 语言库的一个副本为多个进程所共享，那么就会节约有限的内存资源。再如，合作完成同一任务的多个进程可能需要访问相同的数据结构(如信号量、信箱、共享内存等)。

(3) 保护需求。保护需求与共享需求是一个问题的两个方面。由于多个进程驻留在内存中，因此必须保护一个进程的内存空间不受其他进程有意或无意的干扰。通常，一个进程不能未经授权地访问另一个进程的内存单元。处理器在执行时必须终止这样的指令，或产生相应的异常。

可重定位需求增加了保护的难度。由于进程在内存中的位置是不可预知的，因而在编译时不可能通过检查绝对地址来进行保护，并且大多数程序设计语言允许在运行时进行地址的动态计算(例如，计算数组下标或数据结构中的指针等)，因此必须在运行时检查进程产生的所有内存访问，以确保它们只访问分配给的内存空间。

注意，内存保护必须由处理器(硬件)来实现，而不是由操作系统(软件)来实现。这是因为操作系统不能预测程序可能产生的所有内存访问；即使可以预测，提前审查每个进程中可能存在的非法内存访问也是非常费时的。因此，只能在指令访问内存时(比如，存取数据或跳转时)来判断这个内存访问是否非法。为实现这一点，处理器硬件必须具有这个能力。

(4) 存储器扩充需求。存储器扩充需求是指充分使用有限的内存空间，使它运行更多的进程，这些进程的内存需求总量可能已经超过了存储器所能提供的存储容量。显然，这种扩充不是通过增加物理内存的容量来实现，而是通过内存管理算法来实现的，是虚拟的扩充。该需求要求进程的结构一次不能全部载入内存，而是边运行边加载(On the fly)，而且当物理内存不足时，需要采用一定的交换策略，将部分进程换出以便为其他进程腾出足够的内存空间。

5.1.2　地址定位

所谓地址定位，是指为了执行一个程序，必须确定程序指令或数据所在物理内存地址的过程。在程序还没有加载之前，程序以文件的形式存在于磁盘空间中，程序中的指令和数据使用相对地址(或逻辑地址)来编址；当准备运行程序时，程序被加载到内存中，这时需要定位程序指令和数据的地址，即在物理内存中为指令和数据分配相应的位置。因此，地址定位过程就是逻辑地址到物理地址的变换过程。

在程序生命周期的时间轴上，我们总结一下程序地址定位发生的时态，如图 5-1 所示。

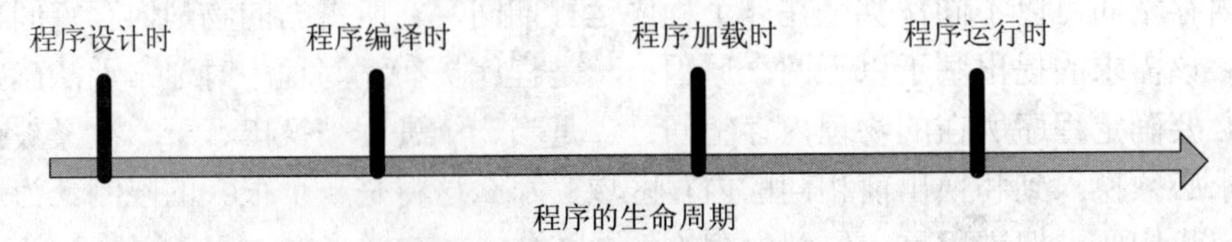

图 5-1　程序地址定位的时态

在程序设计时进行地址定位，要求程序员在写程序时就能将指令和数据的物理地址确定下来；编译时地址定位，是将地址定位的时间推迟到程序编译时，使用编译器把指令和数据的物理地址确定下来。显然，这两种方式需要在编写程序时或编译时预知程序执行时的内存环境，这对于大多数计算机系统来说几乎是不可能的。

高级语言程序大多采用程序加载时或运行时地址定位，但这并不意味着设计时和编译时地址定位没有意义，相反，在很多专用计算机系统(如简单嵌入式系统)或操作系统的底层程序中，通常需要在设计时或编译时将程序和数据安排在内存的特定位置，以适应或利用特定的计算机硬件结构。

程序加载时地址定位，也称为静态地址定位，是由加载器(Loader)在加载程序过程中将程序指令和数据的物理地址确定下来，如图 5-2 所示。

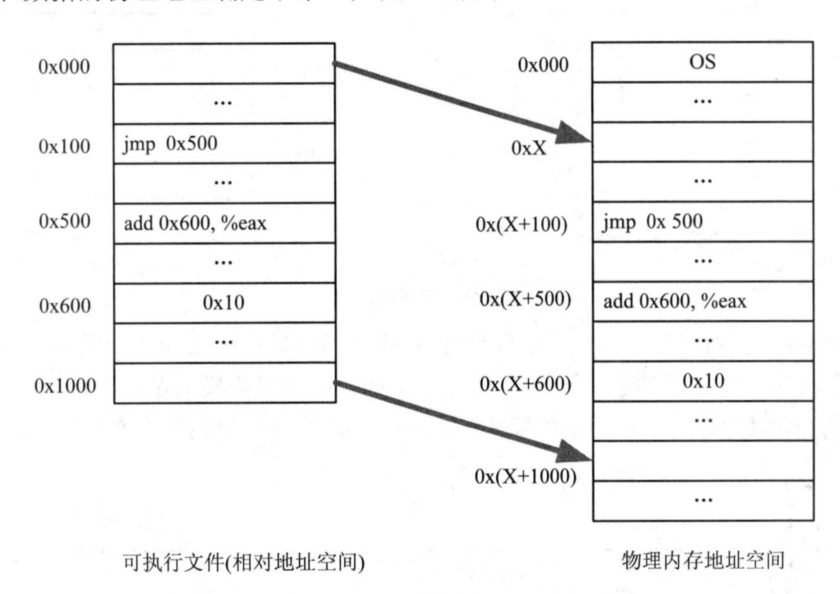

图 5-2　加载时地址定位

静态地址定位把可执行文件中相对地址 0x0000～0x1000 的一段程序映射到从 0xX 开始到 0x(X+1000)的一段物理地址。程序中指令的逻辑地址(LA)以及指令所引用的逻辑地址都在加载时被定位到物理地址(PA)，地址定位的算法为

$$PA = LA + X$$

其中 X 是加载的起始内存地址。

静态地址定位的优点是容易实现，无需硬件支持，它只要求程序本身是可重定位的，即对那些要修改的地址部分具有某种标识。早期的操作系统大多采用这种方法进行地址定位。其主要缺点是：

(1) 程序经地址定位之后，在程序运行过程中就不能再移动了，因而不能重新分配内存，不利于内存的有效利用。

(2) 程序在内存空间中只能连续分配，不能离散分布在内存的不同区域。

(3) 多个用户很难共享内存中的同一程序，如果多个进程要共享同一程序，则必须使用自己的副本。

程序运行时地址定位，也称为动态地址重定位，把地址定位从加载时推迟到运行时。

在加载时，仍然保持程序的相对地址不变，只有在访问一条指令或数据时，才计算它们的物理地址，如图 5-3 所示。

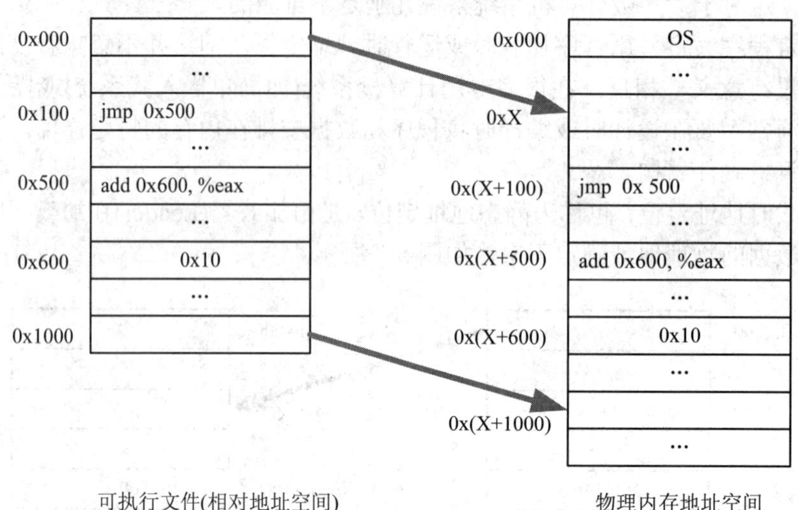

图 5-3　运行时地址定位

运行时地址定位使用一个硬件机构 MMU(内存管理单元)来实现，如图 5-4 所示。基址寄存器记录程序在内存中的起始地址，界限寄存器记录程序的最大逻辑地址(即程序的字节大小)。当程序被加载入内存或当该进程被换入时，必须设置这两个寄存器。

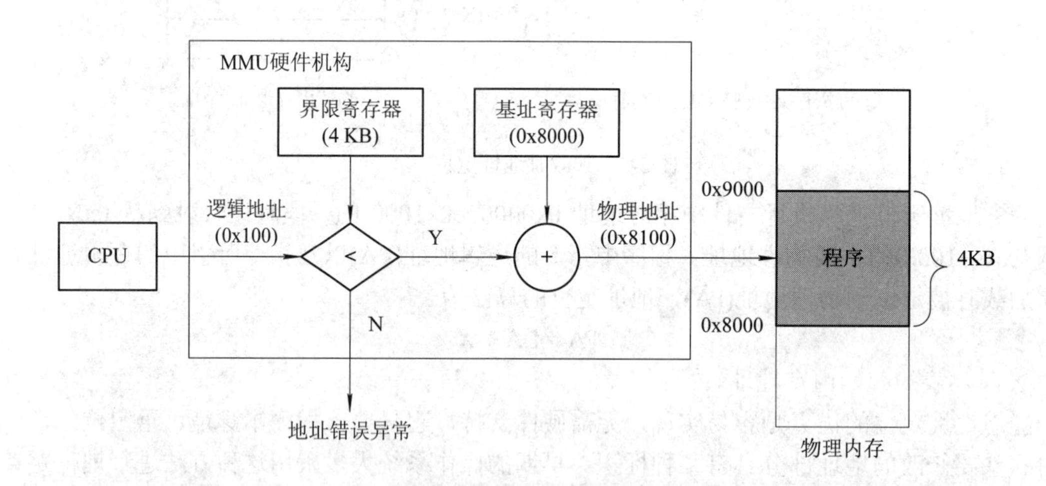

图 5-4　运行时地址映射的实现

在程序指令执行过程中会遇到逻辑地址，这些逻辑地址可能来自程序计数器 PC 的内容、跳转(jmp)或调用指令(call)中的指令地址，以及 load 和 store 指令中的数据地址等。逻辑地址被映射为物理地址的方法是：首先将逻辑地址与界限寄存器中的值相比较，判断逻辑地址是否越界，如果越界，则 MMU 硬件产生一个地址错误异常，操作系统必须以某种方式对该异常做出响应；如果不越界，则把逻辑地址与基址寄存器的内容相加产生一个物理地址。

简单地说，运行时地址定位的算法为

$$PA = LA + R[基址寄存器]\ 并且\ PA < R[界限寄存器]$$

其中“R[基址寄存器]”和“R[界限寄存器]”分别表示基址寄存器和界限寄存器的内容。

与静态地址定位相比，运行时地址定位的程序起始地址在加载后并不是一成不变的，而是可以上下浮动。动态地址定位的优点是：

(1) 用户程序在内存中的位置可以上下浮动，这有利于实现进程地址空间的换入和换出策略，也有利于内存的充分利用。

(2) 程序不必连续存放在内存中，可以分散在内存中的不同区域，这只需增加几对基址-界限寄存器，每对寄存器对应一个区域。

(3) 多个用户可以共享同一程序。

需要注意的是，动态地址定位发生在运行时，因此不可能由操作系统来完成地址定位(这是因为当用户进程正在占用 CPU 运行时，操作系统是不可能运行的)，只能由 CPU 的某个硬件机构来完成地址变换，这一结构就是图 5-4 中的 MMU。由于在运行时使用附加的硬件进行地址映射，因此处理器指令循环的一部分周期花费在了地址映射上，在一定程度上影响了程序的执行效率。

5.2 早期操作系统的内存管理

本节介绍早期操作系统中使用的一种内存管理方法——分区管理。尽管大部分现代操作系统已经不再使用这种方法，但它的基本原理和方法对于学习计算机系统仍具有很大启示。

5.2.1 固定分区管理

为了解决多道程序共享内存的问题，分区管理提出的解决方案是将内存划分为若干个区域，每个区域只能被一个进程所独占。为进程分配内存时，只要有一个大小合适的分区，就可以分配给它；如果所有分区都已经被分配，那么需要按照某种调度策略换出一个进程，为新进程让出空间。哪个进程被换出或换入内存是由中程调度(见第三章进程调度部分)来决定的。一个进程被换出内存，它的状态就由活跃态变为挂起态；被换入内存时，它的状态就由挂起态变为活跃态。一般情况下，总是将处于阻塞态的进程换出。

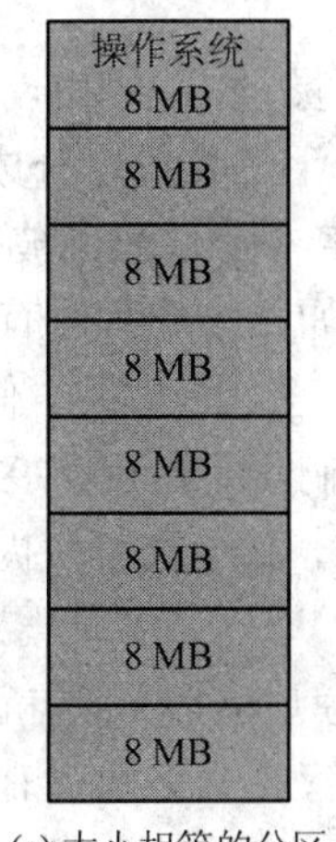

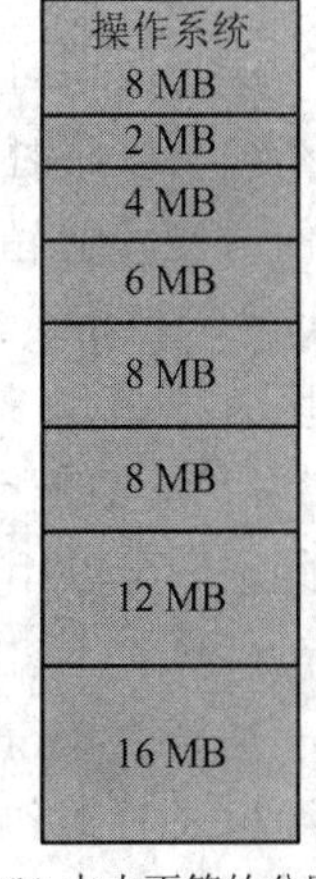

(a) 大小相等的分区　　(b) 大小不等的分区

图 5-5 固定分区

按照分区大小是否可变，把分区管理分为固定分区和可变分区。固定分区又分为两种：每个分区大小相等和分区大小不相等。图 5-5 显示了一个 64 MB 内存的固定分区方法。其中，操作系统占据了内存的某些固定部分，其余分区可供多个进程使用。

对于分区大小相等的固定分区方法，当为一个

进程分配内存时，只要进程所需要的内存小于或等于分区大小，就可以选择任意一个分区分配给进程。对于分区大小不相等的固定分区方法，如果有几个分区都可以满足进程的内存需求，那么需要选择一个合适的分区来分配。选择的方法主要有以下三种：

(1) 最小适配：在所有满足进程内存需求的分区中选择一个最小的分区来分配，即

$$\min \{x \mid x \geqslant R\}$$

其中 x 是分区的大小，R 是进程的内存需求大小。

(2) 首次适配：即按照某种顺序，找到的第一个满足进程内存需求的分区分配给该进程。

(3) 最大适配：在所有满足进程内存需求的分区中选择一个最大的分区来分配，即

$$\max \{x \mid x \geqslant R\}$$

固定分区方法的优点是分区的大小和数目固定，因此内存管理算法相对简单，只需要很小的操作系统软件和处理开销。但是它也存在以下缺点：

(1) 分区的数目在系统生成阶段就已经确定下来，它限制了系统中活跃进程的数目。

(2) 由于分区的大小是事先设置的，因而小进程不能有效地利用分区空间，容易产生分区内部空间碎片(Fragmentation)。在事先知道所有进程的内存需求的情况下，这种方法也许是合理的，但大多数情况下这种技术是非常低效的。

(3) 程序大小超过最大分区时，不能放到一个分区中。这种情况下，程序员必须使用覆盖技术(Overlaying)设计程序，使得任何时候只有一部分程序驻留在内存中，而且不影响程序执行。

5.2.2 覆盖技术

覆盖技术和后面将要介绍的分页技术(Paging)是为了解决进程所需要的内存大于计算机系统所能提供的内存而提出的两种解决方案。它们的基本思想都是利用了程序局部性原理，将进程的部分结构先载入内存，让进程运行起来。当进程在执行过程中用到某个模块，而这个模块还未被载入内存时，才把该模块加载进内存。这两种方法都实现了存储器扩充的目的。

覆盖技术对于程序员是不透明的，也就是覆盖是通过程序员编写代码来实现的。程序员在编写程序时，必须手工将程序分成若干块，然后编写一个小的辅助代码来管理这些模块何时应该驻留在内存，何时应该被替换掉。这个小的辅助代码就是所谓的覆盖管理器(Overlay manager)。比如，一个程序有主模块 main，它分别会调用模块 A 和模块 B，但是模块 A 和模块 B 之间不会相互调用。假定这三个模块的大小分别是 1024 字节、512 字节和 256 字节，在理论上它们需要占用 1792 个字节的内存。由于模块 A 和模块 B 相互不调用，因此它们可以相互覆盖，共享同一块内存区域，使得实际内存占用减小到 1536 字节，如图 5-6 所示。

当模块 main 调用模块 A 时，覆盖管理器保证将模块 A 从文件中读入内存；当模块 main 调用模块 B 时，则覆盖管理器将模块 B 从文件中读入到内存，由于这时模块 A 不会被使用，因此模块 B 可以载入到原来模块 A 所占用的内存空间。显然，除了覆盖管理器，整个程序运行只需要 1536 个字节，节省了不少内存空间。覆盖管理器本身往往很小，从数十字节到数百字节不等，一般都常驻内存。

事实上，程序往往不止两个模块，而模块之间的调用关系也比上面的例子复杂得多。在多个模块的情况下，程序员需要手工将模块按照它们之间的调用依赖关系组织成树状结构图。在这个树状结构图中，从任何一个模块到树的根(即 main 模块)模块叫做调用路径。当一个模块被调用时，整个调用路径上的模块都必须在内存中，这一点由程序员来保证。图 5-7 是一个复杂覆盖的例子。其中 main 调用模块 A 和模块 B，模块 A 又调用模块 C 和模块 D，模块 B 调用模块 E 和模块 F。

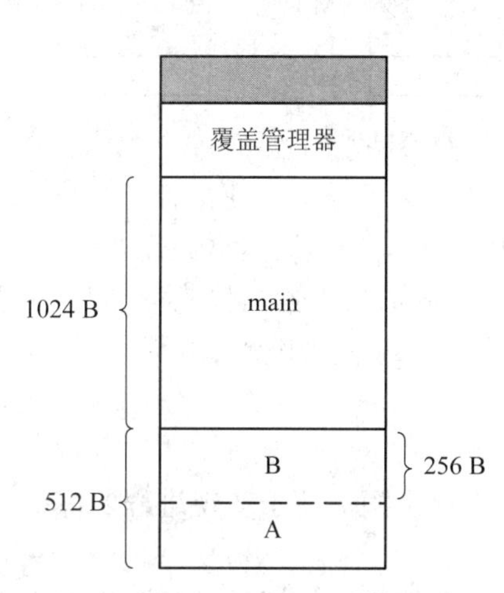

图 5-6 模块 A 和模块 B 相互覆盖

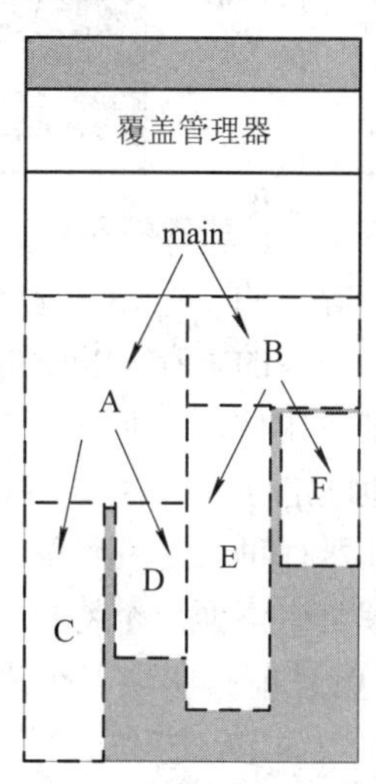

图 5-7 覆盖技术

值得注意的是，覆盖管理器必须保证：

(1) 如果一个模块在内存中，那么从该模块开始的整个调用路径上的模块都必须在内存中。比如当模块 C 被调用，那么模块 C、A、main 都必须被加载到内存中，否则当这个模块调用结束时，就不能正确地返回到调用模块。

(2) 分支树上的模块之间不能存在相互调用。如果分支树上的模块之间存在相互调用，那么就会破坏树状调用依赖关系。也就是说，当程序运行时，就需要将更多的模块加载到内存中，极端情况下，需要将所有模块都加载到内存中，那么这就失去了覆盖技术存在的前提。

5.2.3 可变分区管理

可变分区管理的分区长度和分区数目都是不固定的。当进程被载入内存时，系统会给它分配一块和它所需内存大小完全相等的内存空间。图 5-8 是一个可变分区的例子。开始时，64 MB 的内存中只有操作系统，被装入的前三个进程从操作系统结束处开始，分别占据了它们所需要的空间大小。假定第 4 个进程需要 8 MB 内存，这时剩下的 4 MB 内存不够分配，只能等待前 3 个进程中的一个退出或者被换出内存。如果内存中的进程都是阻塞的，那么就可以换出一个进程为进程 4 腾出空间。假定进程 2 被换出，那么进程 4 就可以被载入内存，但是会产生 6 MB 的内存碎片。在接下来的运行中，进程 1 退出，其内存空间被释放，这时进程 2 可以被换入内存，状态从挂起变为活跃。可以看到，这时的内存布局产生了 3 个内存碎片。可以想象，当内存中的进程数目很多时，经过较长运行时间之后，内存中的碎片变得很小、很多，使得它们难以再被分配。

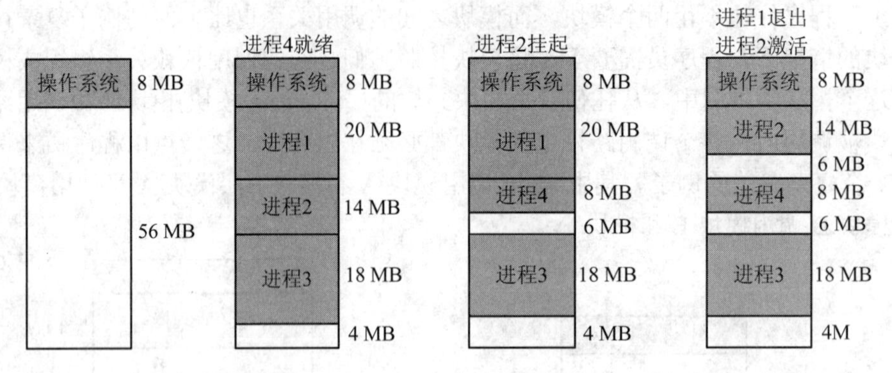

图 5-8　可变分区的效果

克服内存碎片的一个办法是将进程占据的内存上下浮动，使得若干细小、零散的碎片被整合成一整块大的内存，以便用于其他进程的分配，但是要这样做需要两个机制的支持：一是动态地址重定位，二是内存拷贝。在进程的生命周期内，其内存空间要上下浮动，如果采用静态地址定位，当程序和数据部分浮动之后，内存引用就会出现错位。另外，内存拷贝很浪费处理器时间，效率不高。

分区管理具有下面几个特点：

(1) 分区管理能够实现多个进程共享同一内存空间，便于实现进程的保护。另外，分区管理相对比较简单，容易实现。

(2) 一个进程的地址空间要么被全部交换到内存空间，要么被全部换出内存空间。使用分区管理无法实现真正意义上的存储器扩充。尽管可以通过将处于阻塞态的进程换出内存的方式腾出部分内存空间供其他进程所用，但是由于需要将整个进程的地址空间都加载到内存中，因此内存中活跃进程的数目仍然非常有限。

(3) 一个进程需要被映射到连续的内存区域。无论是静态还是动态地址定位，都以连续内存分配为前提。如果进程的不同部分被映射到离散的内存区域，那么逻辑地址变换和进程保护就将变得非常复杂。

5.2.4　伙伴系统(Buddy system)

固定分区方案限制了活动进程的数目，而且如果可用分区的大小与进程大小非常不匹配，则内存空间的利用率非常低。可变分区的维护较复杂，并且整理内存碎片需要额外开销。伙伴系统是二者的一种折中方案。

在伙伴系统中，可用内存块的大小为 2^K 字节，$L \leqslant K \leqslant U$，其中，$2^L$ 表示分配的最小块的大小，2^U 表示分配的最大块的大小。通常，2^U 是可供分配的整个内存的大小。

开始时，可用于分配的整个空间被看作一个大小为 2^U 的块。如果请求的大小 s 满足 $2^{U-1} < s \leqslant 2^U$，则分配整个空间。否则该块被分成两个大小相等的伙伴，大小均为 2^{U-1}。如果 $2^{U-2} < s \leqslant 2^{U-1}$，则分配两个伙伴中的任何一个；否则，其中的一个伙伴又被分成大小相等的两半。这个过程一直继续下去，直到产生大于或等于 s 的最小块，并分配给该请求。在任何时候，伙伴系统为所有大小为 2^i 的分区维护一个列表。一个分区可以通过对半分裂从(i+1)列表中移出，并在 i 列表中产生两个大小为 2^i 的伙伴。当 i 列表中的一对伙伴都变成未分配的块时，它们从该 i 列表中移出，合并成(i+1)列表中的一个块。从上面的描述可

以看出，内存分配过程实际上是一个内存分区不断折半的过程，因此很适合用二叉树来描述内存的分配和合并过程。

【例 5-1】 设内存大小为 1 MB，初始时未分配。第一个进程 A 需要 100 KB，第二个进程 B 需要 256 KB，第三个进程 C 需要 500 KB。这些进程按照 A、B、C 的顺序依次进入并退出系统。伙伴系统管理内存的过程如下：

(1) 将 1 MB 内存折半分成两个伙伴，直到产生一个 128 KB 的伙伴，分配给进程 A。这时伙伴系统的状态如图 5-9(a)所示。

(2) 为进程 B 分配 256 KB。这时由于恰好存在一个 256 KB 的空闲分区，于是直接分配给进程 B。按照类似的方法，可以为进程 C 分配内存。此时伙伴系统的状态如图 5-9(b)所示。

下面是内存的释放过程。

(3) 释放进程 A 的内存之后，两个均为 128 KB 的伙伴都变为空闲状态，于是它们就可以合并成一个 256 KB 的伙伴。由于进程 B 占据着另外一个伙伴，因此不能再继续合并了。此时伙伴系统的状态如图 5-9(c)所示。

(4) 进程 B 的退出释放了另一个 256 KB 的伙伴，于是这两个空闲伙伴又合并为一个 512 KB 的空闲伙伴；进程 C 的退出释放了另一个 512 KB 的伙伴，这两个伙伴又合并为 1 MB 的内存。至此，内存释放过程结束，如图 5-9(d)所示。

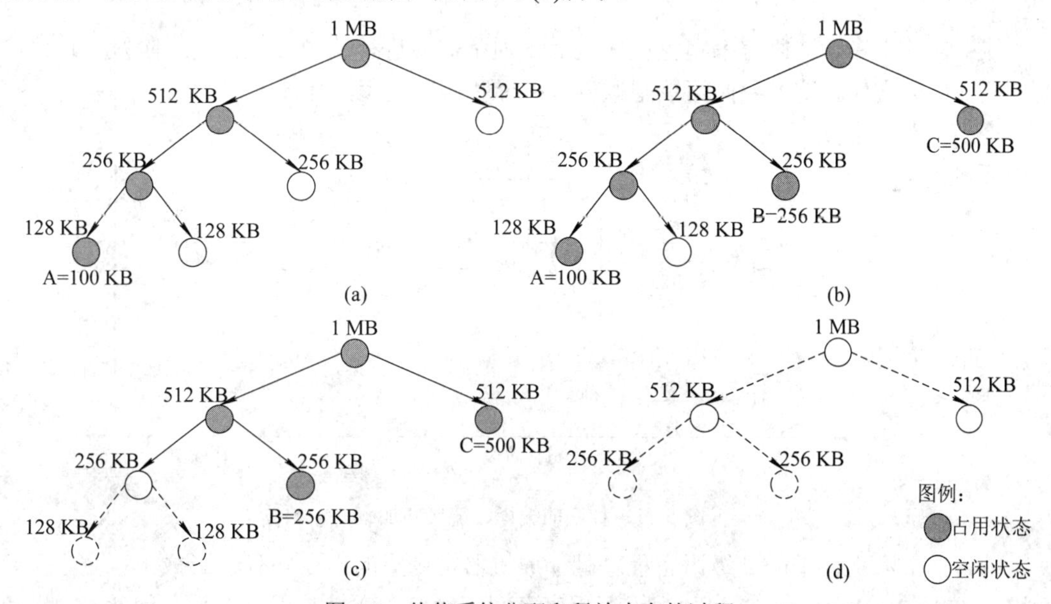

图 5-9　伙伴系统分配和释放内存的过程

伙伴系统是一个折中的方案，它克服了固定分区和可变分区方案的缺陷。伙伴系统在并行系统中有很多应用，它是为并行程序分配和释放内存的一种有效方法。UNIX 内核存储分配中也使用了一种改进的伙伴系统。在目前主流的操作系统中，使用分页和分段机制的虚拟内存管理技术更加先进。

5.3 虚 拟 内 存

当前操作系统普遍采用虚拟内存的概念。虚拟内存是对进程结构进行内存管理的一个

中间数据结构。基于虚拟内存的内存管理并不是直接将可执行目标文件映射到物理内存中，而是通过虚拟内存间接建立可执行目标文件与物理内存的映射关系，如图 5-10 所示。这样，可执行目标文件就与分配给它的物理内存空间相解耦，便于实现可执行目标文件在物理内存中的重定位、进程保护以及代码和数据共享等目标。本节将以虚拟内存概念为核心，介绍内存管理的基本原理和方法。在学习时，特别要注意虚拟内存与磁盘空间、虚拟内存与物理内存之间的映射关系。

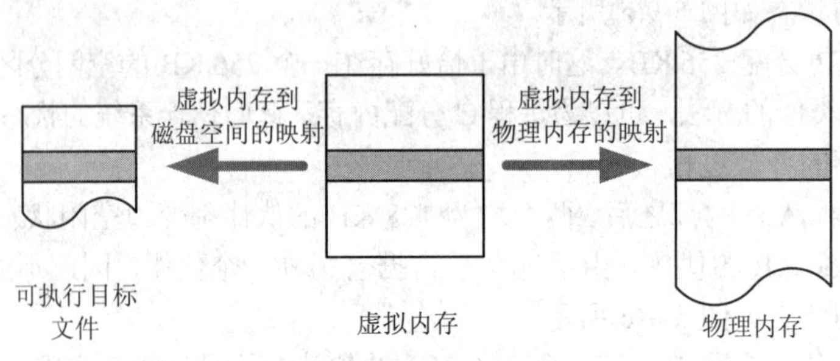

图 5-10　虚拟内存和两级映射

5.3.1　可执行目标文件

使用各种程序设计语言编写完程序之后，通常需要进行编译、链接两个阶段，最终产生可执行目标文件。这里我们简单回顾一下编译和链接过程，如图 5-11 所示。

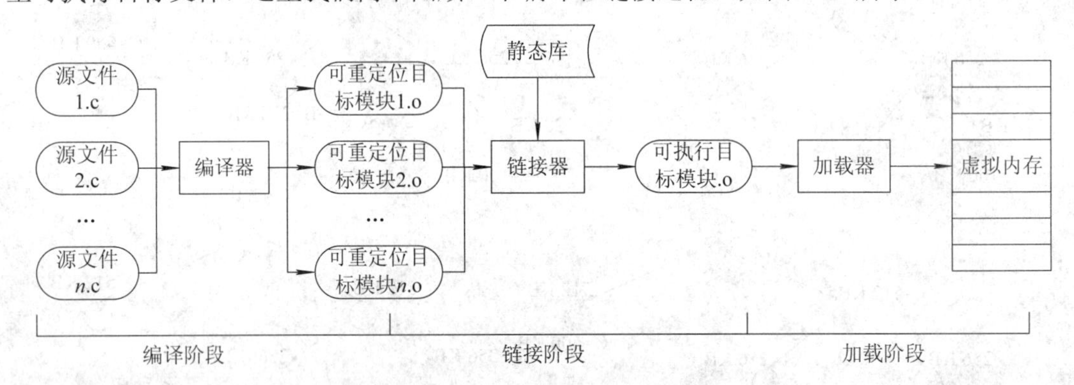

图 5-11　程序的编译、链接和加载

编译器把源文件中的高级语言程序翻译成机器指令集的指令序列，形成了可重定位目标模块(Relocatable object files)。由于源程序之间可能存在定义与引用关系，因此一个可重定位目标模块中的一些全局符号引用(包括全局变量引用、全局过程调用等)有可能找不到对应的定义，需要在接下来的链接阶段进行解析。链接器将各个可重定位目标模块以及它们所引用的静态库一起进行链接。链接分为两个阶段：第一阶段进行符号解析，即建立符号引用与符号定义之间的唯一关联；第二阶段进行重定位，首先将各个目标模块、静态库中的代码段和数据段等进行合并，形成新的代码段和数据段，并为这些段以及符号定义重新分配地址；然后重定位代码段和数据段中的符号引用。通过编译和链接阶段之后，所有符号引用都得到了解析和定位，形成了自含的可执行目标文件。(注意，这里我们暂时不考虑动态链接以及共享库。)

知识扩展

可执行文件的结构

Linux 操作系统下可执行文件是 ELF 格式，而 Windows 操作系统下可执行文件是 PE 格式。这里我们以 ELF 格式为例分析一下可执行文件的结构。一个典型的 ELF(Executable and Linkable Format)可执行目标文件由若干段(Segment)组成，如图 5-12 所示。

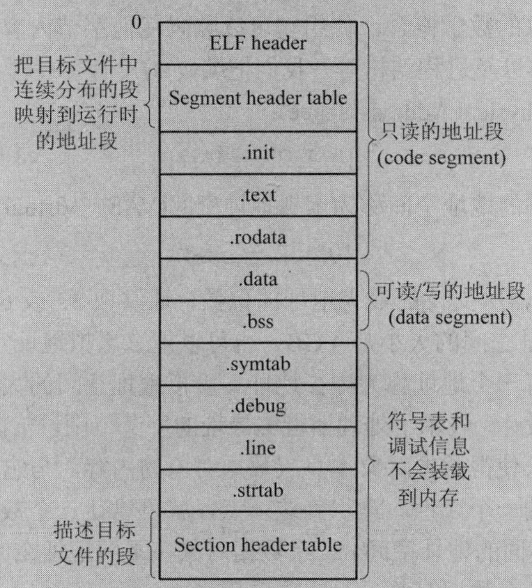

图 5-12 典型的 ELF 可执行目标文件结构

可执行目标文件的格式与可重定位目标文件的类似。ELF header 描述文件的整体结构，也指出了程序的入口点(Entry Point)，即程序运行时要执行的第一条指令的地址。我们从上向下分析各个段的含义：

- .init 段定义了一个称为_init 的小函数，它由程序初始化代码所调用。
- .text 段保存程序的指令序列，通常认为程序是只读的。
- .rodata 段是为只读数据分配的字节序列，并用初始值初始化了这些字节。
- .data 段是为已经初始化了的可读/写的数据(包括全局变量，static 局部变量，static 全局变量等)分配的字节序列，并用初始值初始化这些字节。
- .bss 段是为未初始化的可读/写变量分配的段，但是在可执行文件中并没有为该段分配字节空间，但是其大小在编译时可以被计算出来，当.bss 段被载入内存时，会在内存空间中为它分配这一大小的内存。
- 剩下的段依次是符号表段、调试段、行号段以及字符串段，在运行时它们不需要被加载到内存中。

ELF 可执行目标文件作为一个普通文件，其内容为字节的序列。为了表示和引用文件中每个字节的数据内容，需要给每个字节赋予一个地址。通常使用一个字节相对于文件的第一个字节的偏移量(Offset)作为该字节的地址。文件第一个字节的偏移量为 0，那么第 n 个字节的地址(即偏移量)就是 $n-1$。

5.3.2 虚拟地址空间

定义 1(地址空间) 地址空间是一个非负整数地址的有序集合：{0, 1, 2, …, N–1}。如果地址空间中的元素是连续的，那么我们称该地址空间为**线性地址空间**。在线性地址空间{0, 1, 2, …, N–1}中，N称为地址空间的大小。在后面的讨论中，我们总是假定地址空间为线性地址空间。

地址空间是一个抽象的数学概念，使用它可以编码任何字节内容，比如物理内存、处理器寻址范围、文件内容以及进程结构等。我们把编码M个字节的物理内存的地址空间称为物理地址空间(PAS，Physical Address Space)：

$$\{0, 1, 2, \cdots, M-1\}$$

而把编码处理器寻址范围的地址空间称为虚拟地址空间(VAS，Virtual Address Space)：

$$\{0, 1, 2, \cdots, N-1\}$$

其中$N = 2^n$，n表示处理器所支持的最大地址的位数，通常取 32 或 64。当$n = 32$时，$N = 2^{32} = 4$ GB，表明虚拟地址空间的大小是 4 GB，也可以把该虚拟地址空间称为 32 位地址空间。虚拟地址空间中的每一个地址称为虚拟地址。虚拟地址空间的大小取决于处理器以及计算机硬件体系结构的设计，表示了处理器能够寻址的字节范围，与物理内存的大小无关。

地址空间概念的引入使得数据对象本身或数据对象的内容，与它们的地址分离开来，地址可以看作数据对象的一个属性。意识到这一点，就可以让一个数据对象具有多个独立的地址，每个地址来自不同的地址空间。一个数据对象在不同地址空间中的地址可能不同，但是这些地址都指向同一个数据对象。

【例 5-2】 设一个可执行目标文件中代码段 .text 的地址范围是 0x10～0x100，把它加载到地址为 0x08048010～0x08048100 的物理内存中。这里的数据对象是 .text 段，它在文件地址空间中的地址(即偏移量，或相对地址)范围是 0x10～0x100，而在物理地址空间中的地址范围是 0x08048010～0x08048100。把 .text 从文件加载到内存的过程，可以看作把数据对象的地址从文件地址空间变换到物理地址空间的过程，如图 5-13 所示。

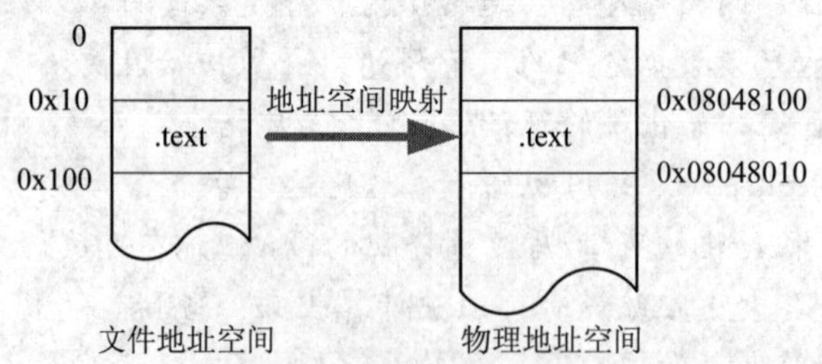

图 5-13　地址空间映射

5.3.3 虚拟内存

定义 2(虚拟内存) 虚拟内存(VM，Virtual Memory)是由N个连续的字节存储单元构成的一个数组，每个字节具有一个唯一的虚拟地址作为其索引，N是虚拟内存的大小。

虚拟内存与虚拟地址空间的关系是：虚拟内存在概念上是一个由连续字节存储单元构成的数组，而虚拟地址空间是虚拟内存中每一个字节的虚拟地址的集合；虚拟内存的大小和虚拟地址空间的大小是相同的。比如，对于一个 32 位计算机系统，其虚拟内存和虚拟地址空间的大小都是 4 GB。由于虚拟内存和虚拟地址空间具有一一对应关系，因此，在以后的讨论中，我们通常不区分虚拟地址空间和虚拟内存，让它们相互指代。

为了便于把虚拟内存映射到磁盘块和物理内存块，虚拟内存通常也被划分为固定大小的块，每一个这样的块被称为虚拟页面(VPs)(简称虚页)，页面的大小为 $P=2^p$ 字节。类似的，物理内存也被划分为 P 个字节大小的物理页面(PPs)，或简称实页或页框(Page frame)。通常虚拟页面的大小为 4 KB，即 $p=12$。

对于一个大小为 2^n 的虚拟内存，如果页面大小为 2^p，那么该虚拟内存就可以划分成 2^{n-p} 个页面，从 0 开始为每个页面编号，那么作了分页的虚拟内存就可以看成连续页面序列的集合{VP0,VP1,⋯, VP2^{n-p}-1}。

虚拟内存的引入，使得一个数据对象与它的实际存储区域相分离。该数据对象可能存在于磁盘中，也可能存在于内存中，无论它存在于哪里，我们总是可以用虚拟内存中的一个区域(即连续字节或虚拟页面)来引用这个数据对象本身，而实际的存储区域就成为该数据对象的存储属性。

由于数据对象实际上存储在磁盘或内存等存储介质中，因此需要建立虚拟内存与该数据对象的实际存储区域的映射关系：

(1) Allocate 映射：把虚拟内存映射到磁盘空间。该映射是一个部分函数，将虚拟内存中的一个页面映射到磁盘中的一个数据对象，该数据对象是一段连续字节的区段，这个区段可以是一个普通文件中的一个片段，也可以是磁盘中连续的磁盘块(或称为匿名文件，或 Paging file)。如果已经建立了 Allocate 映射，说明虚拟内存中的一些(或全部)虚页已经分配给了磁盘中的数据对象，这时我们也可以把对应的磁盘空间称为虚拟内存的备份区(Backing store)。

(2) Cache 映射：把虚拟内存映射到物理内存。它也是一个部分函数，将一个虚拟页面映射到唯一的一个物理页面。

通过虚拟内存以及这两个映射，间接建立了磁盘空间与物理内存空间之间的关系。当 Cache 映射发生变化时，说明一个数据对象从原来的物理页面移动到了另一个物理页面，从而实现了一个数据对象在内存中的上下浮动。

【例 5-3】 图 5-14 给出了一个虚拟内存与磁盘中的文件以及物理内存的映射关系。通过 Allocate 映射和 Cache 映射，间接建立磁盘空间与物理内存的关系。

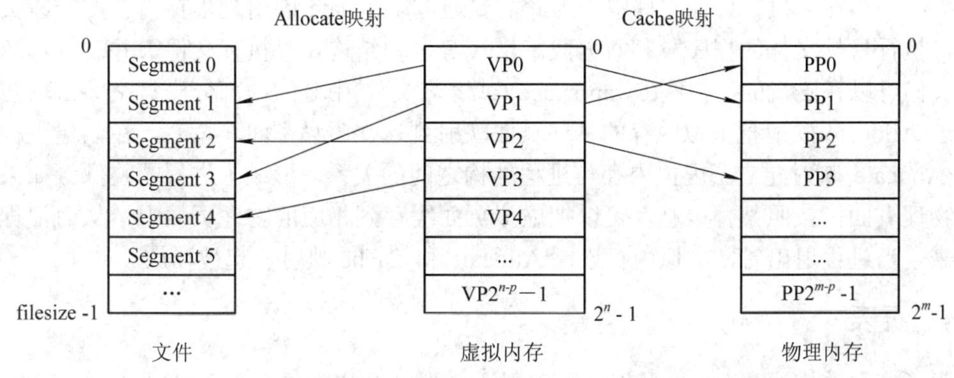

图 5-14　虚拟内存与磁盘数据对象、物理内存的映射关系

四个虚拟页面 VP0～VP3 分别与文件的四个片段 Segment 1、Segment 3、Segment 2 和 Segment 4 对应，其中 VP0 缓存在物理页面 PP1 中，VP1 缓存在 PP0 中，VP2 缓存在 PP3 中，而 VP3 暂时还没有加载到任何一个物理页面。通过虚拟页面 VP 0，Segment 1 被缓存(或被加载)在物理页面 PP1 中，我们把 PP1 称为 Segment 1 在内存中的缓存，把 Segment 1 称为 PP1 在磁盘中的备份。

从图 5-14 还可以看到，并非所有虚拟页面都必须与磁盘数据对象相对应，一个与磁盘对象相对应的虚拟页面也不一定与一个物理页面相对应。根据虚拟页面的映射情况，可以把虚拟页面分为三种状态，如表 5-1 所示。

表 5-1　虚拟页面的状态

页面状态	Allocate 映射	Cache 映射	说　明
Unallocated (未分配)	未建立	未建立	该虚页还没有分配给一个磁盘数据对象，因此不占用磁盘上的任何空间。如果程序访问该虚页中的指令或数据，那么就会出现非法(invalid)访问异常
Cached (已缓存状态)	已建立	已建立	该虚页已经分配给一个磁盘数据对象，而且已被缓存(或已加载)到一个物理页面中
Uncached (未缓存状态)	已建立	未建立	该虚页已经分配给一个磁盘数据对象，但该数据对象还没有被换入(swap in)到一个物理页面中，仍然位于磁盘中
--	未建立	已建立	该状态不存在

比如，在图 5-14 中，VP0、VP1 和 VP2 处于已缓存状态，说明已经把 Segment 1、Segment 3 和 Segment 2 换入到对应的物理页面中，VP3 处于未缓存状态，说明数据对象 Segment 4 还没有被换入物理页面。而虚拟页面 VP4～VP2^n-1 处于未分配状态，它们还没有分配给任何磁盘数据对象。

在第 3.1.3 节介绍进程结构时提到，用虚拟地址空间来布局进程的结构。实际上，我们使用虚拟内存来存储一个进程的结构，构成了进程的映像。

以 32 位 Linux 操作系统为例。一个用户进程的虚拟内存大小为 2^{32} = 4 GB，其中高 1 GB 留给操作系统内核使用，用户区从虚拟地址为 0x08048000 的字节开始存储。当一个进程创建时，首先建立虚拟内存，并把虚拟内存映射到(分配给)进程的各个结构。进程的程序区和数据区保存在可执行目标文件中，因此需要通过 Allocate 映射把虚拟内存的一些页面映射到可执行目标文件的程序段和数据段。堆栈等进程结构在可执行文件中并没有对应的部分，我们可以在磁盘的交换区(Swap space)(或匿名文件)中分配一部分磁盘空间给堆栈，然后通过 Allocate 映射把虚拟内存的一些页面映射到这些磁盘空间。总之，在创建进程时，通过 Allocate 映射建立了虚拟内存与进程结构之间的关系，形成了进程的映像。如果有空闲的物理页面，按照某种策略，可以把虚拟页面缓存到相应的物理页面中，从而使程序运行起来。当进程退出时，虚拟内存连同 Allocate 和 Cache 映射一起被释放。

5.3.4　页表

为了方便地描述 Allocate 和 Cache 映射，需要一个称为“页表”(PT，Page Table)的数据结构。页表是一个由页表项(PTEs，Page Table Entries)组成的数组。每个虚拟页面在页表中都对应一个页表项，如图 5-15 所示。就目前而言(以后根据应用需求，还会对页表项进行扩充)，每个页表项 PTE 包含一个 1 位标识位(Valid bit)和一个 *n* 位地址域。标识位和地址域一起指示虚拟页面当前的状态。

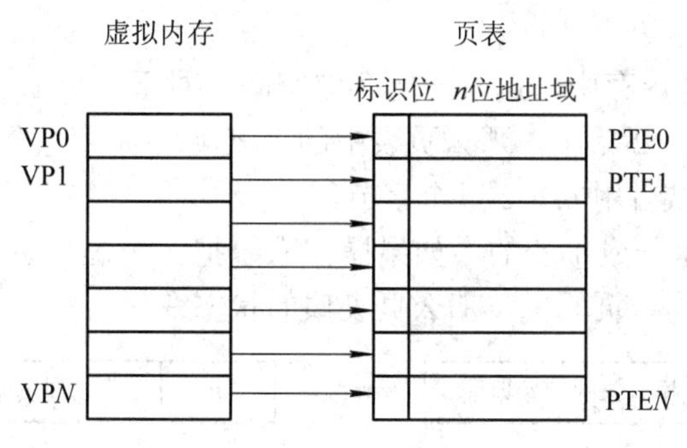

图 5-15　页表

对于一个虚拟页面 VP，设它对应的页表项为 PTE。我们用 valid-bit(PTE)表示 PTE 的标识位，用 address-field(PTE)表示 PTE 的地址域。

(1) 如果 PTE 的标识位为 1，即 valid-bit(PTE) = 1，说明该 VP 在内存中缓存，地址域 address-field(PTE)指示了缓存 VP 的物理页面的起始地址或物理页号。这时 VP 的状态为 Cached。

(2) 如果标识位没有设置，即 valid-bit(PTE) = 0，而且地址域为空，即 address-field(PTE) = null，则表示该 VP 没有被分配和缓存，即 VP 的状态为 Unallocated。

(3) 如果 valid-bit(PTE) = 0，而且地址域非空 address-field(PTE) != null，则表明 VP 已经被分配了磁盘中的一个数据对象，但没有缓存在内存中。这时，地址域表示对应的磁盘数据对象的起始地址或索引。这时 VP 的状态为 Uncached。

由此可见，通过页表项标识位与地址域的组合，实际上描述了虚拟内存的 Allocate 映射、Cache 映射，以及每个虚拟页面的状态。因此，通过考察页表，就可以了解当前物理内存缓存磁盘数据的状况。

【例 5-4】 图 5-16 是一个具有 8 个虚拟页面和 4 个物理页面的页表。

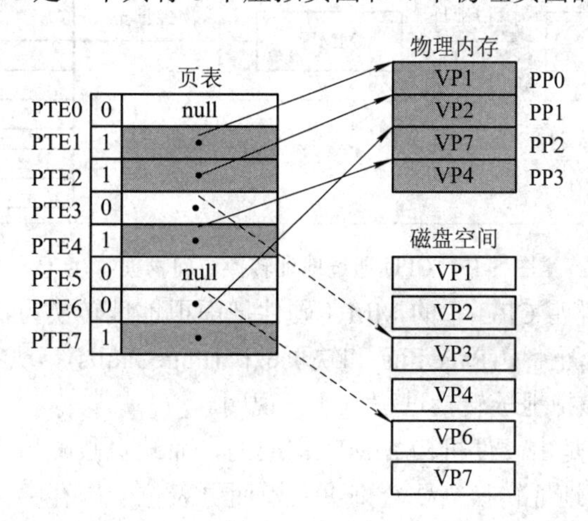

图 5-16　页表

8 个虚拟页面对应页表的 8 个页表项。每个页表项描述对应的虚拟页面的分配和缓存状态。从页表内容可以看出，两个虚拟页面(VP0 和 VP5)还没有被分配，两个虚拟页面(VP3 和 VP6)已经被分配，但是还没有缓存在物理页面中。剩下的四个虚拟页面(VP1、VP2、VP4 和 VP7)当前在物理页面中缓存。

关于页表还需要注意以下几点：

(1) 页表存储在物理内存中，占有一定存储空间。对于一个 n 位虚拟地址空间，虚拟内存中虚拟页面的个数为 2^{n-p} 个，那么页表中的页表项就有 2^{n-p} 个。如果一个页表项占用 m 个字节，那么页表总共占用 $m \times 2^{n-p}$ 个字节。

(2) 页表的状态不是一成不变的。如果操作系统把一个虚拟页面对应的磁盘数据对象换入(Swap in)到了某个物理页面中，那么页表项的状态变化为

如果操作系统把某个虚拟页面从物理页面中换出(Swap out)到一个磁盘空间，那么对应的页表项状态变化为

1	物理页面的起始地址	→	0	磁盘数据对象的起始地址

(3) 磁盘空间与物理内存之间的页面交换依赖于操作系统、MMU 中的地址转换硬件以及页表的共同作用。地址转换硬件每次把一个虚拟地址转换为物理地址时，都需要访问页表。操作系统负责维护页表的内容，并且负责磁盘和内存之间交换页面数据。

5.3.5　页面命中和缺页故障

在虚拟内存系统中，CPU 不是直接用物理地址来访问程序指令和数据，而是先用虚拟地址访问虚拟内存，然后通过硬件地址转换机构 MMU，把虚拟地址转换为物理地址，最后通过物理地址访问内存中的指令和数据。这个地址转换过程如图 5-17 所示。

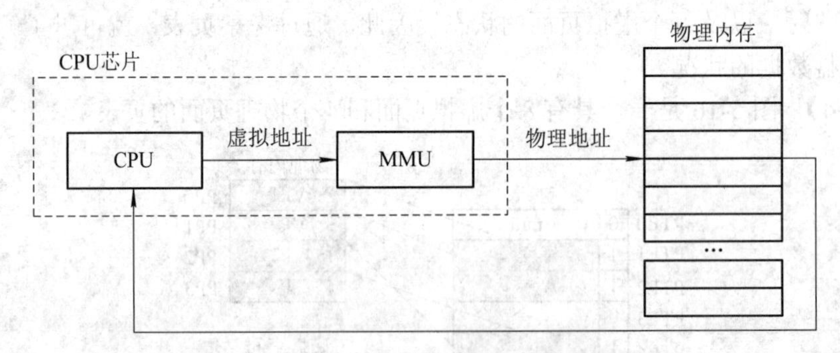

图 5-17　CPU 通过地址转换访问物理内存

我们用图 5-18 来说明 CPU 中的 MMU 硬件把虚拟地址转换为物理地址的过程，以及在该过程中所产生的页面命中(Page hits)和缺页故障(Page faults)等现象和相关处理。

我们对图 5-18 的虚拟地址转换过程作如下说明。

虚拟地址转换过程是由硬件机构 MMU 完成的，而缺页故障异常处理过程是由操作系统软件来完成的。由于地址转换需要查询页表，而页表位于内存中，因此需要额外的内存访问开销。为了尽可能缩短查表以及地址计算过程的时间，通常由硬件机构来完成查表和

地址计算，我们将在后面章节介绍地址转换的硬件实现。缺页故障异常处理例程是操作系统内核的一部分，页面在磁盘和内存之间的交换以及页表状态的更新都是由操作系统软件来完成的。

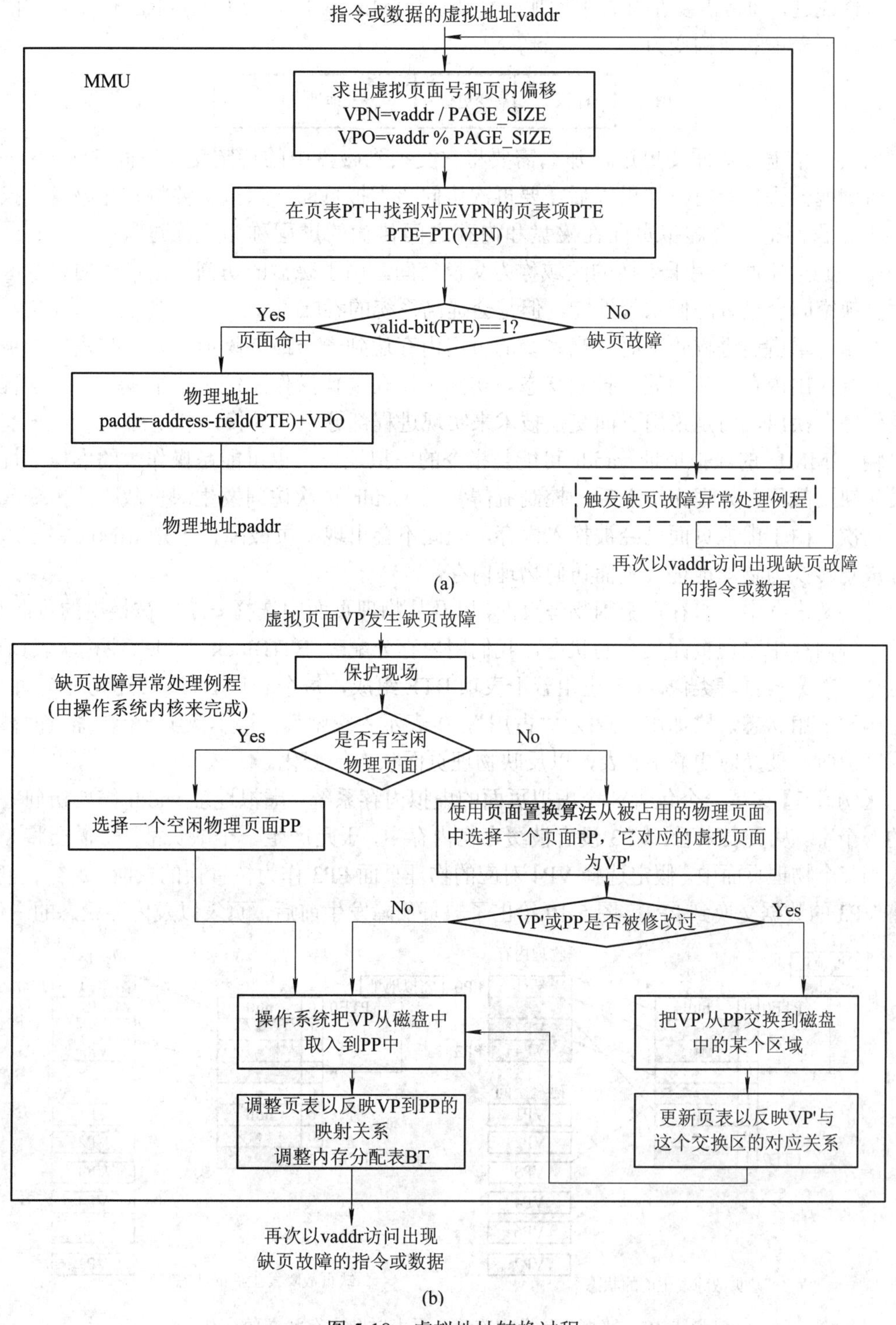

图 5-18　虚拟地址转换过程

当访问的虚拟页面没有被缓存时，MMU 将抛出缺页故障异常，操作系统软件响应这一异常，并进行相关处理，如图 5-18(b)所示。如果没有空闲的物理页面，那么就需要从被占用的物理页面中选择一个，并判断它是否被修改过。为了判断一个虚拟页面(或物理页面)是否被修改过，通常需要在页表中增加一个变更位(Modify bit，或 Dirty bit)，做了这样的扩充之后，页表项的结构变为

PTE	标识位	变更位	地址域

如果一个虚拟页面变更过，那么需要将它交换到磁盘中的特定交换空间(Swap space)中，否则就会丢失变更。如果以后需要再次访问该虚拟页面，那么又要将它从磁盘交换到内存中。我们把一个虚拟页面在磁盘和内存之间传输的过程称为交换过程(Swapping 或 Paging)，磁盘空间中用于交换的区域称为交换空间。由于磁盘的访问远远慢于内存，因此使用交换空间会显著降低系统性能，但是会提高系统的吞吐量。

在第三章讲述进程管理时，当系统的可用内存达到一个最低阈值时，一些进程会被选择并完全换出内存，从而处于挂起状态。实际上，在现代操作系统中，很少将一个进程地址空间完全换出，而是采用页面交换技术来实现进程部分空间的换入和换出。

输入 MMU 的虚拟地址 vaddr 可能是指令的虚拟地址，也可能是操作数的虚拟地址。当发生缺页故障并处理完毕之后，控制流需要以 vaddr 再次访问发生缺页故障的指令或数据。这次，由于虚拟页面已经被换入内存，因此不会出现缺页故障，于是 MMU 将该虚拟地址成功转换为物理地址，进而访问物理内存。

在判断内存中是否存在空闲物理页面，以及从物理页面中选择一个将被换出的页面时，需要了解内存中物理页面集合的状态，我们用内存分配表 BT(Block Table)(或称块表)来描述这个状态。与页表类似，BT 也由若干表项 BTE 组成，每个表项 BTE*i* 描述物理页面 PP*i* 的空闲和占用状态，比如用 1 表示“占用”，0 表示“空闲”。注意，当一个物理页面被占用或释放时，要及时更新 BT 表，以反映物理页面状态的变化。

【例 5-5】这是一个包含 8 个虚拟页面的虚拟内存系统。虚拟地址 vaddr 需要访问 VP3 中的一个字。从页表来看，VP3 没有被缓存在内存中，于是产生一个缺页故障，需要将 VP3 换入到某个物理页面中。假定选择 VP4 对应的物理页面 PP3 作为待置换的页面，那么我们需要将 VP3 的数据交换到 PP3。图 5-19 给出了缺页故障发生前后，页表以及内存状态的变化。

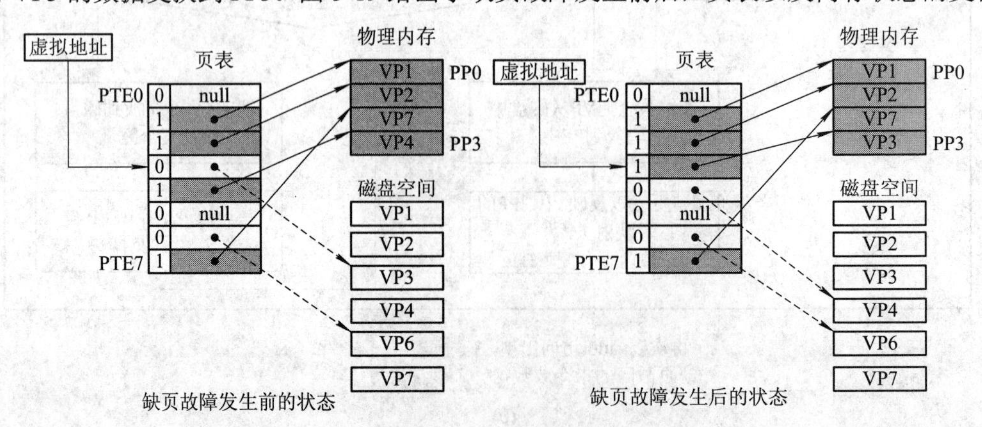

图 5-19　缺页故障发生前后，页表以及内存状态的变化

5.3.6　对内存管理需求的支持

本章一开始，我们就对内存管理提出了可重定位、共享、保护和可扩充等四个基本需求。虚拟内存的引入，可以使我们以一种非常一致、简洁和优雅的方式满足上面的需求。本节就来讨论虚拟内存是如何满足上述内存管理需求的。

1．对重定位的支持

可重定位需求要求进程的全部或部分结构能够在运行时上下浮动。如果直接使用物理地址来访问进程的结构，那么就会面临进程结构的物理地址不断变化的问题，增加了内存管理的难度。

虚拟内存将一个数据对象本身与它的存储空间分离开来。完全可以用虚拟地址空间对进程的结构进行一致的编排和布局，而且这种布局是统一的、稳定的，并不随着进程结构在物理内存中的上下浮动而发生变化。例如，Linux 中的每个进程都具有类似的虚拟内存映像格式，如图 5-20 所示。

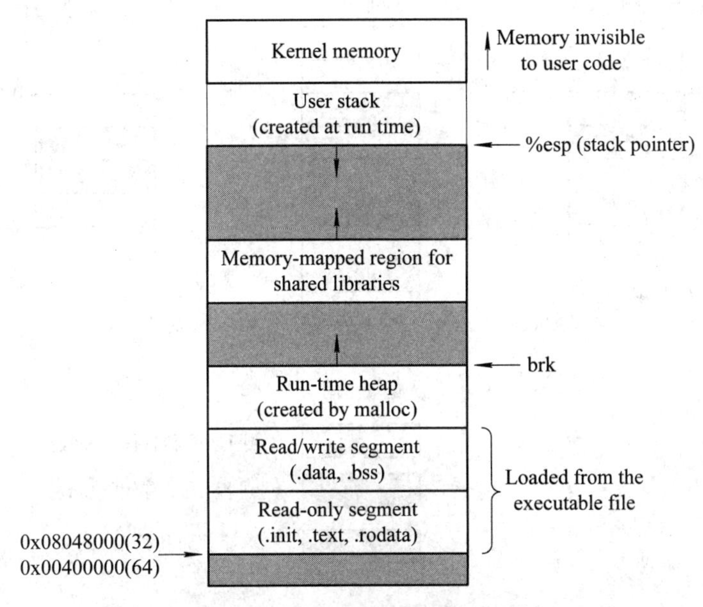

图 5-20　Linux 进程虚拟内存映像

代码段总是起始于虚拟地址 0x08048000(对于 32 位地址空间)或 0x00400000(对于 64 位地址空间)，数据段紧跟在代码段之后，栈占据了进程用户地址空间的最高地址部分，并且向下增长。这种一致的虚拟内存布局格式与这些部分在物理内存中的实际布局以及上下浮动无关。而且，使用虚拟地址访问指令和数据时，这些虚拟地址并不随着指令和数据在内存中的上下浮动而发生变化。

页表机制也有利于实现进程结构的重定位。通过页表中 PTE 地址域的状态变化，能够将同一个虚拟页面映射到不同的物理页面，实际上就实现了进程结构的重定位和上下浮动。另外，基于页表机制的虚拟地址转换过程实际上就是一种动态地址定位方法：CPU 使用虚拟地址访问一个数据对象，通过地址转换过程，将虚拟地址转化为物理地址。当数据对象发生浮动以后，页表项的状态也会发生相应的变化，使得物理地址始终能够准确地引用数

据对象。

2．对私有和共享的支持

一般来说，每个进程都有自己私有的代码、数据、堆、栈等结构，这些结构不能与其他进程共享。这种情况下，操作系统会为不同的进程创建不同的页表，并把不同进程的虚拟页面映射到不同的物理页面，以此来实现进程私有地址空间的隔离。

但在某些情况下，进程之间又需要共享代码和数据。比如，每个进程都需要调用相同的操作系统内核代码，每个 C 程序都会调用标准 C 库，如 printf。如果为每个进程拷贝一份内核和标准 C 库，放入进程的私有地址空间，那么将会占用大量的内存空间。这种情况下，操作系统通常会让多个进程共享这些代码的同一个拷贝。实现共享的方法是：操作系统首先把磁盘空间中的共享代码和数据映射到每个进程的虚拟内存中，然后通过每个进程各自的页表，把对应的虚拟页面映射到同一物理页面。图 5-21 给出了一个进程 i 和 j 共享代码和数据的例子。

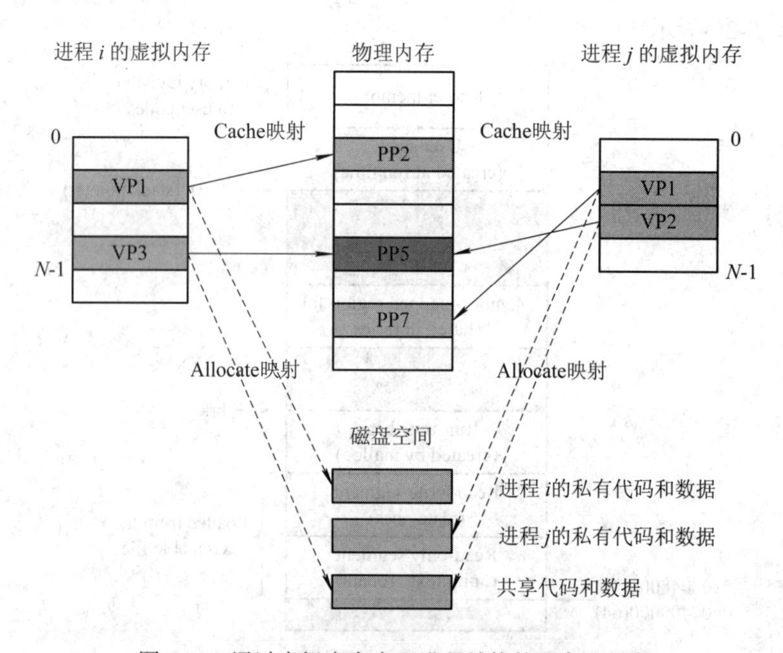

图 5-21　通过虚拟内存实现进程结构的隔离和共享

进程 i 和 j 分别拥有各自私有和共享的代码和数据。私有的部分分别通过 Cache 映射到不同的物理页面 PP2 和 PP7。对于共享的代码和数据，进程 i 和 j 先通过 Allocate 映射将其映射到各自的虚拟页面 VP3 和 VP2，然后通过 Cache 映射把 VP3 和 VP2 映射到同一物理页面 PP5。这样共享的代码和数据在物理内存中实际上只存在一个拷贝。

通过以上描述，可以看出，在单处理器情况下，进程之间的隔离性是这样实现的：每个进程都拥有一个页表，不同进程的页表把进程的虚拟内存空间映射到不同的物理内存空间。当处理器正在执行一个进程 i 时，它使用进程 i 的页表进行虚拟地址转换；而当处理器切换到另一个进程 j 时，它使用进程 j 的页表进程虚拟地址转换。由于不同进程的页表把进程的虚拟内存空间映射到不同的物理内存空间，因此进程 i 和 j 实际上是对不同的物理内存空间进行操作的，由此可以保证一个进程不会访问到另一个进程的地址空间。

当一个进程在用户模式下试图通过一个虚拟地址访问虚拟内存中的内核区域时，由于该虚拟地址已经超出了用户地址空间的范围，处理器在进行地址转换时，就会抛出一个地址越界异常，禁止继续访问。一个用户模式下的进程只能通过操作系统提供的系统调用进入内核模式，因此它的行为只能按照操作系统规定的行为运行，并不能“为所欲为”。通过这种方式，防止了一个进程有意或无意地入侵和破坏内核或其他进程的地址空间。

值得注意的是，对于共享的代码和数据，允许多个进程访问，但这并不意味着这些进程可以不加任何控制地访问共享地址空间。如果共享地址空间中的数据段是只读的或代码段是可重入(Reentrant code)的，那么多个进程可以任意方式访问数据段和代码段；反之，如果数据段是可读/写的或代码段是非可重入的，那么当多个进程访问共享代码和数据时，必须进行合理的并发控制，否则可能导致逻辑错误。

3．对离散内存分配的支持

前面讲述固定分区和可变分区管理时，都要求进程的结构被分配在连续的内存区域，这样一来，就会造成较多的内存碎片，浪费了宝贵的内存资源。当然，也可以将进程的分区上下浮动，把若干较小的碎片合并为较大的碎片以供其他进程使用，但是内存拷贝很浪费处理器时间。

虚拟内存分页机制允许我们把进程的结构分为连续的虚拟页面，并且通过页表，把这些连续的虚拟页面映射到离散的物理页面中，避免了进程结构在物理内存中的连续分配，从而解决了内存碎片问题。在分页管理中，物理内存分配以物理页面为单位，一个内存碎片的大小最大不会超过物理页面的大小，而且存在碎片的物理页面的个数通常很少，因此提高了内存的使用效率。

4．对内存保护的支持

任何操作系统都必须提供控制内存访问的方法。一个用户进程不允许改变它的只读代码段；不允许读或改变内核中的任何代码和数据结构；不允许读或写其他进程的私有内存。

如果把内存的访问控制直接作用在物理内存上，那么保护需求实现起来非常复杂。比如，在某个时刻，进程的代码段 .text 存储在内存中的一个区域 A，那么我们要求 A 的访问控制属性是只读的；由于重定位的存在，在下一个时刻，.text 可能被存储在另一个区域 B，而 A 区域可能被用于存储数据段 .data，这时 A 的访问控制又变为读和写。也就是说，由于重定位需求的存在，一块物理内存的访问控制属性会不断发生变化，因此对它进行保护也就比较困难。

虚拟内存的引入可以很好地解决内存保护问题：访问控制被作用在虚拟页面上而不是物理页面上。每个进程拥有独立的虚拟地址空间，很容易把不同进程的私有部分隔离开来。而且可以以一种自然的方式对地址转换机制进行扩展，以提供更细粒度的访问控制。CPU 每次产生一个虚拟地址时，地址转换硬件都要读取一个 PTE，因此可以通过对 PTE 增加一些额外的允许位(Permission bit)来施加访问控制，如图 5-22 所示。

在每个 PTE 中增加三个允许位。SUP 位指示进程是否必须在内核模式下才能访问该虚页。运行在内核模式下的进程可以访问任何页面，但是运行在用户模式下的进程只能访问 SUP 为 No 的页面。比如，如果进程 i 运行在用户模式下，那么它有权读 VP0，有权读/写 VP1，但无权访问 VP2。

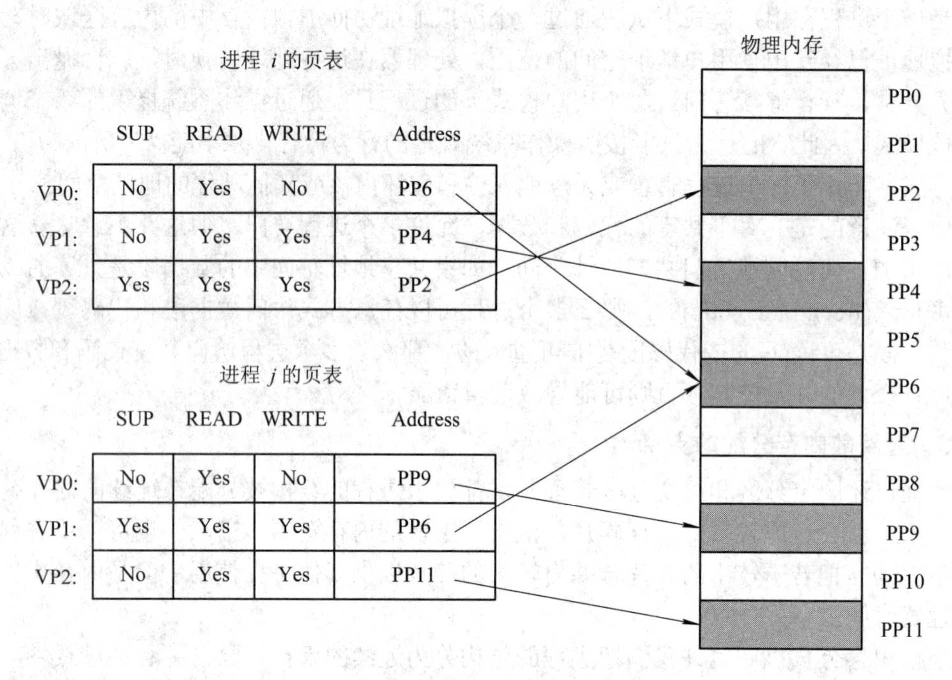

图 5-22 页面级内存访问控制

如果一条指令在访问虚拟页面时违反了这些权限，或者访问了一个未分配的页面，那么 CPU 就会触发一个保护异常(Protection fault)，控制流转移到内核中的异常处理例程。在 Windows 和 UNIX 中通常把这类保护异常统称为“段故障”(Segment fault)。

5. 对存储器扩充的支持

存储器扩充的需求是指在不增加物理内存的前提下，使用软件方法，让尽可能多的进程运行在有限的内存中。分区管理要求把进程的结构全部加载到内存中，因此不可能实现存储器的扩充。前面讲的覆盖技术和下一节将要讲的按需分页技术(On demand)都是实现存储器扩充的方法。

按需分页技术的基本思想是：在加载时，并不是把进程虚拟地址空间中的所有页面都缓存在物理页面中，而是访问到哪个页面时，才把这个页面缓存到物理页面中，换句话说，只把每个进程的部分虚拟页面缓存到物理内存中，这样就可以用有限的内存运行数量更多的进程。从用户来看，就好像存储器被扩充了一样。

5.3.7 地址转换的硬件实现和加速

前面 5.3.5 节已经讨论了虚拟地址转换的过程，但是在那里我们侧重于介绍地址转换的基本原理和步骤。在实际的计算机系统中，为了加快地址转换过程，通常使用特定的硬件，如 MMU，来完成这一过程，而且还采取了加速查询页表的方法。本节将探讨地址转换过程的硬件实现方法以及加速方法。

1. 地址转换的硬件实现

在开始介绍之前，我们先引入本节将要使用的一些符号，如表 5-2 所示。

表 5-2　地址转换过程中使用的符号

符　号	描　述
$N=2^n$	n 是虚拟地址的位数，N 是虚拟地址空间的大小
$M=2^m$	m 是物理地址的位数，M 是物理地址空间的大小
$P=2^p$	P 是页面大小(字节)
VPO	虚拟页面偏移量(字节)
VPN	虚拟页面号
PPO	物理页面偏移量(字节)
PPN	物理页面号

形式的，地址转换是一个从虚拟地址空间(VAS)到物理地址空间(PAS)的映射：

$$\text{MAP: VAS}\rightarrow\text{PAS}\cup\phi$$

该映射满足：

$$\text{MAP}(A)=\begin{cases}A'(\text{如果虚拟地址 } A \text{ 处的数据对象在物理地址 } A'\in\text{PAS 处})\\ \phi(\text{如果虚拟地址 } A \text{ 处的数据对象不在物理内存中})\end{cases}$$

图 5-23 给出了 MMU 硬件使用页表实现这个映射的方式。

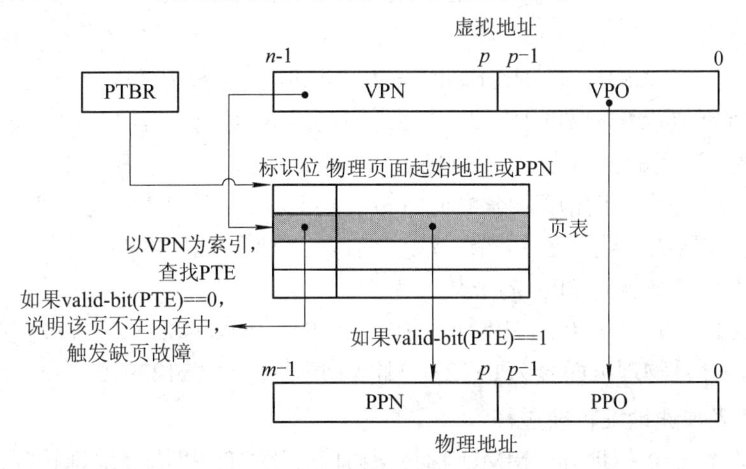

图 5-23　地址转换的硬件实现

CPU 中的一个称为“页表基址寄存器”(PTBR，Page Table Base Register)的控制寄存器指向当前页表在物理内存中的起始地址，即通过 PTBR，MMU 可以访问到当前进程的页表。

要把一个 n 位虚拟地址 vaddr 转换为物理地址 paddr，应该先求出 vaddr 的 VPO 和 VPN。在 5.3.5 节中，通过对页面大小求余和求商来得到 VPO 和 VPN，而二进制机器采用了更简单的方法得到 VPO 和 VPN：一个 n 位虚拟地址的低 p 位就是它的虚拟页面偏移量 VPO，剩余的高$(n-p)$位就是虚拟页面号 VPN。

MMU 使用 VPN 在页表中选择合适的 PTE。比如，VPN0 对应 PTE0，VPN1 对应 PTE 1，依此类推。如果该虚页在内存中，那么就可以从 PTE 中得到物理页面号 PPN，然后将 PPN 与 VPO 进行拼接，得到物理地址。注意，由于物理页面和虚拟页面的大小都是 P 字节，因此 VPO 和 PPO 是完全相同的。

我们用一个简单的数学公式来表示虚拟地址的转换过程。设 n 位虚拟地址 vaddr 可以

简记为 vaddr = <VPN，VPO>。在页面命中情况下，虚拟地址转换过程可以表示为公式

paddr = <address-field (PT(VPN))，VPO>

其中，PT(VPN)表示以 VPN 为索引，在页表 PT 中找到对应的页表项 PTE；address-field(PT(VPN))表示页表项 PT(VPN)的地址域，即物理页面地址或号。

【例5-6】给定一个32位虚拟地址空间和24位物理地址空间，如果页面大小为 $P = 4$ KB。

(1) 求 VPN、VPO、PPN 和 PPO 的位数。

(2) 求虚拟页面和物理页面的个数。

(3) 把虚拟地址 0x08048010 转化为物理地址，其中页表为

0x00000	.	···
0x00001	.	···
0x00002	.	···
		···
0x08047	.	···
0x08048	1	0x123
		···
0xFFFFE	.	···

解

(1) 页面大小 $P = 4\text{ KB} = 2^{12}\text{ B}$，因此 $p = 12$。VPN 的位数为 32−12 = 20 位；VPO 的位数为 12 位；PPO 的位数=VPO 的位数 =12 位，PPN 的位数为 24 − 12 = 12 位。

(2) 虚拟地址空间的大小为 $2^{32} = 4$ GB，一个页面的大小为 2^{12} B，因此虚拟页面的个数为 $2^{32}/2^{12}=2^{20}$ 个；从另一个角度，虚拟页面的个数实际上就是 VPN 的个数，一个 VPN 占用 20 位，因此 VPN 的个数就是 2^{20} 个。另外，有 2^{20} 个 VPN 就意味着页表有 2^{20} 个页表项。同理，物理页面的个数就是 PPN 的个数，为 2^{12} 个。

(3) 虚拟地址 0x08048010 的 VPO = 0x010，VPN = 0x08048。对应 VPN 的页表项指出，该页在内存中，并且物理页面号为 0x123，那么物理地址为 0x123010。

2．使用快表加速地址转换过程

CPU 每产生一个虚拟地址，MMU 就必须访问一次 PTE 以进行地址转换。由于页表在内存中，地址转换过程会带来额外的内存访问，将花费数十到数百个周期。为了加速地址转换过程，减小访问页表的开销，许多计算机系统在 MMU 中增加了一个称为“快表”(TLB，Translation Lookaside Buffer)的存储部件，用来缓存最近访问的部分页表项。

TLB 是一个高速访问的存储器，由若干行组成，每一行存储一个页表项。TLB 用来缓存最近访问到的部分页表项。给定一个虚拟页面号 VPN，如果对应的 PTE 在 TLB 中，那么称 TLB 命中；否则称 TLB 未命中。如果 TLB 命中，那么可以直接从 TLB 中读出 VPN 对应的 PTE；如果未命中，说明 VPN 对应的 PTE 不在 TLB 中高速缓存，那么不得不从内存的页表中获取 PTE，并将它加入 TLB 的某行，以便下一次访问时命中。

图 5-24(a)是 TLB 命中情况下的地址转换过程。这里的关键是，所有的地址转换步骤都在 MMU 内部完成，因此速度非常快。

① CPU 产生一个虚拟地址。

②、③ MMU 根据 VPN 从 TLB 中得到相应的 PTE。

④ MMU 把虚拟地址转换为物理地址，并发送到内存。

⑤ 内存返回请求的数据给 CPU。

当 TLB 未命中时，MMU 不得不从内存 中获取 PTE。新获取的 PTE 保存在 TLB 中，如果 TLB 中没有足够的行，那么有可能覆盖某个行，如图 5-24(b)所示。

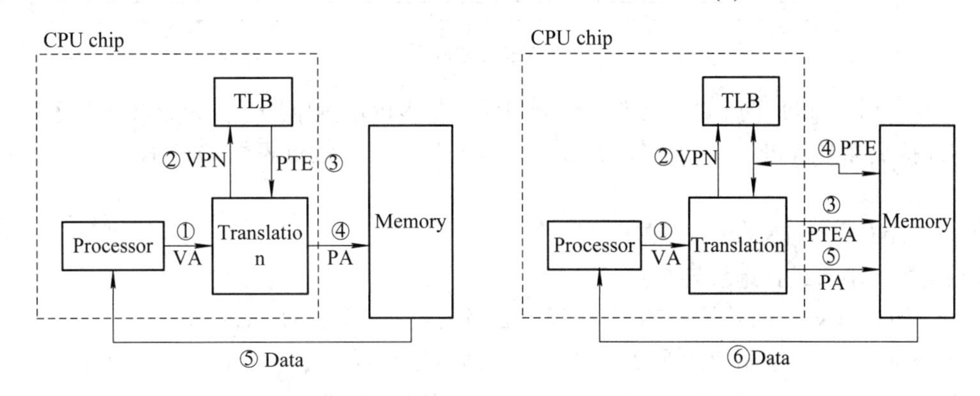

图 5-24 使用快表加速地址转换过程

值得注意的是，TLB 实际上是页表的部分缓存，其中保存了最近访问到的 PTE。那么就存在一个有效性问题，即 TLB 中保存的页表项，能否显著提高命中率？如果命中率不高，那么大部分情况下仍然需要从页表中获取相应的 PTE，这就失去了引入 TLB 的意义。在下一节将要介绍的程序局部性原理能够回答这个问题，它保证了 TLB 的有效性。

3. 多级页表

通常，我们采用多级页表来管理虚拟页面与物理页面的映射关系。比如对于 2 级页表，第 1 级页表包括若干页表项，每个页表项的地址域指向第 2 级页表的基地址。每个第 2 级页表的页表项的地址域指向物理页面的基地址。通常我们把第 1 级页表称为“页目录”，对应的页表项称为“页目录表项”(DTE，Directory Table Entry)，第 2 级页表仍然称为页表。

例如，对于一个 32 位地址空间，页面大小是 4 KB。如果让页目录拥有 1K 个 DTE，那么每个第 2 级页表应该拥有 1K 个 PTE。这样，2 级页表一共可以描述 1K × 1K 个虚拟页面的映射关系，如图 5-25 所示。

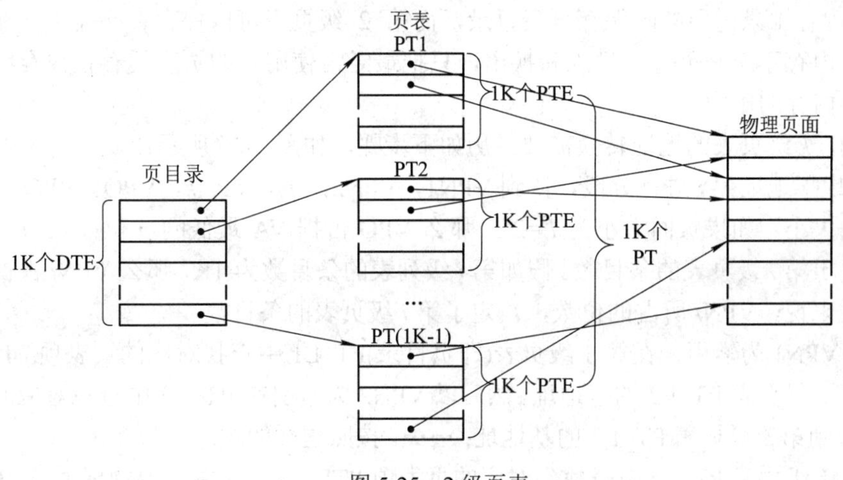

图 5-25 2 级页表

与 1 级页表类似，每一级页表的页表项数目与虚拟地址的分段划分是一一对应的。比如，对于图 5-25 所示的 2 级页表结构，它对应这样的虚拟地址划分：

DTN 10位	VPN 10位	VPO 12位

32位虚拟地址

其中，虚拟地址 vaddr 的低 12 位为虚拟页面偏移量 VPO，中间 10 位为第 2 级页表的表项号，即虚拟页面号 VPN，高 10 位为页目录表项号(或第 1 级页表号 DTN)。给定一个虚拟地址：

vaddr = <DTN, VPN, VPO>

可以通过如下步骤进行地址转换：

(1) 根据 DTN，在目录表 DT 中找到第 2 级页表的基址：DT(DTN)。

(2) 根据 VPN，在相应的第 2 级页表中找到对应的页表项：DT(DTN)(VPN)。

(3) 获取页表项 DT(DTN)(VPN)的地址域(即物理页面的基址)：

address-field (DT(DTN)(VPN))

(4) 然后将物理页面基址与 VPO 拼接，形成物理地址：

paddr = <address-field(DT(DTN)(VPN)), VPO>

【例 5-7】 对于图 5-25 所示的多级页表，计算存储该页表需要的内存空间，并与单级页表进行比较。

解　如果用单级页表，页表共有 $2^{32}/4K = 2^{20}$，即 1M(1 兆)个页表项。假设每个表项占用 4 B，那么单级页表占用 4 MB 的内存空间。如果使用 2 级页表，共需要(1K+1M)个页表项，即 2 级页表需要占用(1K+1M) × 4B 内存。

表面看来存储多级页表更浪费内存空间，实际上，多级页表可以从两方面减小内存的占用：

(1) 如果页目录表中的一个 DTE 为 null，则对应的第 2 级页表甚至没有保存的必要。对于一个典型的程序来说，4GB 大小的虚拟内存中，绝大部分页面都是未分配的，因此这一点可以显著地节约内存的使用。

(2) 在内存中只需要随时保存页表目录，而第 2 级页表可以保存在磁盘中，在需要的时候由虚拟内存系统来创建、换入和换出，只把最经常使用到的页表缓存在内存中，这可以大大减小内存的压力。

一般的，*k* 级页表的地址转换需要经历如下步骤，如图 5-26 所示：

(1) 把虚拟地址 VA 进行分段，得到 VPN1，VPN2，…，VPN*k*，VPO。VPO 的位数取决于页面的大小。如果页面大小为 $P=2^p$，那么 VPO 占据 VA 最低的 p 位；VPNi($1 \leqslant i \leqslant k$)的位数取决于第 i 级页表的条目数。假如第 i 级列表的条目数为 1K，那么 VPNi 占据 10 位。也可以反过来说，VPNi 所占的位数，决定了第 i 级页表的条目数。

(2) 以 VPN1 为索引，在第 1 级页表(即页目录)PT_L1 中查找对应的页表项 PTE_L1，从而得到第 2 级页表 PT_L2 的基地址；然后以 VPN2 为索引在 PT_L2 中查找对应的页表项 PTE_L2，得到第 3 级页表 PT_L3 的基地址；……。按照这样的顺序进行下去，直到以 VPN*k* 为索引在第 *k* 级页表 PT_L*k* 中查找到对应的页表项 PTE_L*k*，从中获得物理页号 PPN。

(3) 把 PPN 与 VPO 拼接，形成物理地址 PA。

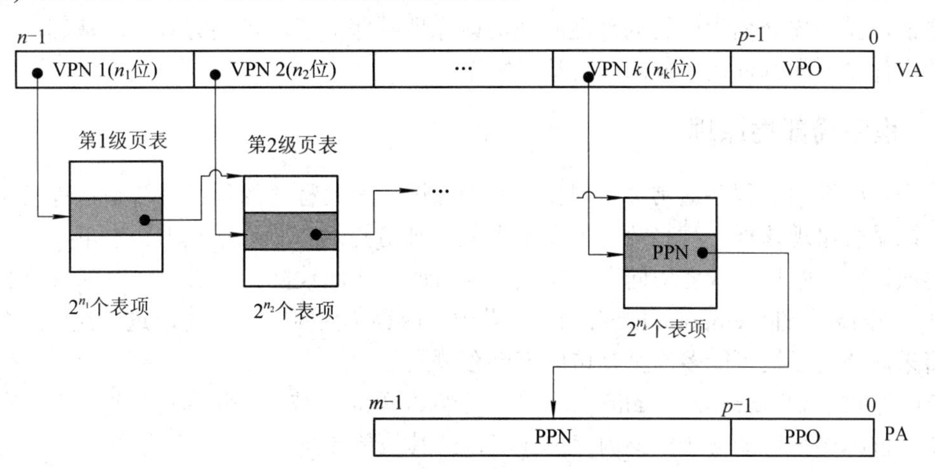

图 5-26　*k* 级页表的地址转换

5.4　分页式虚拟内存管理

现代所有重要的操作系统都基于虚拟内存实现内存管理。为了提高物理内存的使用效率，减少由于缺页故障、地址转换等带来的额外软硬件开销，在设计和实现内存管理时，通常需要考虑若干主要的设计因素和管理策略。表 5-3 列出了重要的内存管理策略。

表 5-3　重要的内存管理策略

策略	说　明
读取策略	用于决定何时将一个虚拟页面换入内存。常用的两种方法是： (1) 请求分页(Demand paging)：只有当访问到某虚页中的一个数据单元时才将该页换入内存。 (2) 预取分页(Prepaging)：预测以后将要访问到的虚拟页面，并提前将这些页面取入内存
驻留策略	决定一个进程的虚拟地址空间驻留在(被缓存在)哪些物理页面。对于分页管理来说，这个问题通常无关紧要，因为无论进程驻留在哪些物理页面，地址转换硬件和内存访问硬件都会以相同的效率访问到进程的数据
置换策略	当没有足够的空闲物理页面，需要把一个物理页面换出时，决定换出哪一个物理页面
驻留集管理	驻留集管理涉及两个问题： (1) 驻留集合大小：为每个活动进程分配多少物理页面才合理。 (2) 置换范围：当需要挑选一个物理页面被置换时，是在发生缺页故障的进程物理页面集合中挑选，还是在所有进程的物理页面集合中挑选，即局部置换还是全局置换
换出策略	换出策略与读取策略相反，它用于确定何时将一个修改过的页面写回磁盘。通常有两种选择： (1) 请求式：只有当一个物理页面被挑选用于置换时，才被写回磁盘。 (2) 预先式：将已修改的多个页面在需要用到它们所占的物理内存之前，成批地写回磁盘
加载控制	决定驻留在内存中进程的数目，或称为“系统并发度”。如果某一时刻，驻留的进程太少，所有进程同时处于阻塞状态的概率较大，则会有许多时间花费在交换上；另一方面，如果驻留的进程太多，平均每个进程占用的内存较少，就会发生频繁缺页故障，从而导致抖动

本节就来讨论上述管理策略，特别是读取策略、置换策略和驻留集管理。在介绍这些策略之前，我们先介绍程序的局部性原理，该原理是保证读取策略有效性的基础，并在计算机软硬件设计和执行效率方面有着基础性作用。

5.4.1 程序局部性原理

一个良好编写的程序通常会呈现良好的局部性。所谓程序的局部性，是指程序访问数据时，总是会呈现这样一种趋势：如果一个程序刚访问过一个数据，那么它下一次总是趋向于再次访问该数据，或者访问存储在该数据附近的其他数据。局部性原理有两种形式。

(1) 时间局部性(Temporal locality)：如果一个内存单元刚被程序访问过一次，那么在不久的将来，该程序很可能多次重复访问该内存单元。

(2) 空间局部性(Spatial locality)：如果一个内存单元刚被程序访问过一次，那么在不久的将来，该程序很可能会访问该内存单元附近的其他单元。

我们通过一个例子来说明局部性原理。

【例 5-8】 对于如图 5-27 所示的向量元素求和函数，向量 **v**[N]通常连续存储在内存中，for 循环顺序读取向量元素 v[0]，v[1]，…，v[N−1]。对于变量 sum 而言，每一次循环都要访问到它，因此函数对于 sum 具有好的时间局部性；由于 sum 是标量，因此关于 sum 没有空间局部性。对于向量 **v** 而言，每次循环顺序读取向量元素，因此该函数对于 ***v*** 具有好的空间局部性，但是时间局部性较差，因为每个向量元素只被访问一次。

```
1    int sumvec(int v[N])
2    {
3        int i, sum=0;
4
5        for(i=0;i<N;i++)
6            sum+=v[i];
7        return sum;
8    }
```

图 5-27 程序局部性原理

由于程序指令存储在内存中，必须被 CPU 读取，因此我们也可以讨论指令读取的局部性。对于上面的例子而言，for 循环体中的指令按照存储顺序被执行，因此循环结构具有好的空间局部性；另外，由于循环体被多次执行，因此它也具有好的时间局部性。

实际上，程序数据和程序指令本质上都是数据，因此它们的局部性原理也是一致的。区别主要表现在两个方面：一是层次有所不同。程序数据是由程序指令来访问的，因此要获得较好的数据局部性取决于良好编写的程序以及编译器；而程序指令的读取是由 PC 寄存器的内容决定的，因此获得较好的指令局部性取决于程序设计语言的结构化和编译器。二是程序指令在运行时几乎不被修改，而程序数据在运行时的状态会不断发生变化。

我们可以通过下面几条简单规则来评价程序的局部性：

(1) 重复访问相同变量的程序享有较好的时间局部性。

(2) 顺序访问方式具有好的空间局部性，而程序在内存中以较大跨度跳跃式访问，具有较差的局部性。

(3) 循环结构对于指令读取具有较好的时间和空间局部性，循环体越小、循环次数越多，局部性越好。

一般而言，程序的局部性越好，程序运行得就越快。局部性原理对现代计算机系统各个层次的设计具有重要意义。在硬件层，为了加速主存的访问，通常引入一个存储能力小、访问速度更快的存储器，作为主存的“缓存存储器”(Cache memory)，用它来存储最近刚访问的指令和数据，以加速程序的执行速度；在操作系统层次，程序局部性原理允许我们把主存用作最近访问的虚拟地址空间区块的缓存。类似的，操作系统也用主存缓存最近刚访问的磁盘文件系统的磁盘块，以加速磁盘文件访问；在设计应用程序时，也要充分考虑程序的局部性。例如，Web 浏览器利用时间局部性，通常把最近访问的网页存储在本地磁盘上。大容量 Web 服务器通常把最近请求的文档存放在前台磁盘存储器中。浏览器可以直接对这些文档进行请求，而不需要服务器的任何干预。

5.4.2 读取策略

读取策略用于决定何时将一个虚拟页面取入内存。该策略的两个选择是：请求分页和预取分页。请求分页是一种延迟换入策略(Lazy swapper)，不是把整个进程虚拟内存换入物理内存，而是当访问到某虚拟页面中的一个单元时，才将该页取入内存，否则不会换入任何页面。在程序开始执行时，所有虚拟页面都不在内存中。当访问程序入口指令时，将会出现缺页故障，于是异常处理例程将会把入口指令所在的页面换入内存，并再次执行该指令。可以想象，在程序执行的开始阶段，将会出现大量缺页故障，随着程序的运行，越来越多的页面被取入内存，指令和数据访问的命中率越来越高，缺页故障的数目会逐渐减小。

注意，由于分配给每个进程的物理页面的数目是有限的，对于一个大程序而言，不可能将它的所有虚拟页面都取入内存。尽管如此，请求分页仍然是非常高效的，甚至根本就没有必要将整个进程的虚拟空间取入内存，因为程序的局部性原理保证了：当把一个页面换入内存之后，程序接下来将要访问的指令和数据，将以很大概率仍然在该页中，换句话说，页面被换入之后，不会立即失效，总是在一段时间内能够满足程序执行的需要。

预取分页采用特定的算法预测程序将要访问的虚拟页面，将这些页面预先取入内存，或者利用大多数辅存设备(如磁盘)的特性，一次从辅存设备中读取多个连续虚拟页面，并把它们换入内存，即使有些页面目前还没有被访问到。由于访问辅存设备的速度很慢，因此一次读入多个连续的页比每隔一段时间读取一页更有效。当然，预取分页也存在风险。如果大多数预先被换入的页面并没有被程序访问到，那么该策略就是低效的。

以下我们主要讨论请求分页。请求分页的一个关键需求是，缺页故障处理完之后，要重新执行发生缺页故障的指令。页面故障可以发生在内存访问的任何时刻：

(1) 如果在读取指令时发生缺页故障，我们需要再次启动该指令的读取。

(2) 如果在访问一个指令操作数时发生缺页故障，仍然需要再次读取和解码该指令，然后再次访问该操作数。

图 5-28 是请求分页的过程，其中部分细节已经在图 5-18 虚拟地址转换过程中介绍过了。以一个三地址指令 ADD A,B,C 为例，它将操作数 A 和 B 相加的结果放到 C 中。执行这个指令包括以下步骤：

(1) 读取和解码 ADD 指令。

(2) 读取 A。

(3) 读取 B。

(4) 把 A 和 B 相加。

(5) 将相加结果存入 C 中。

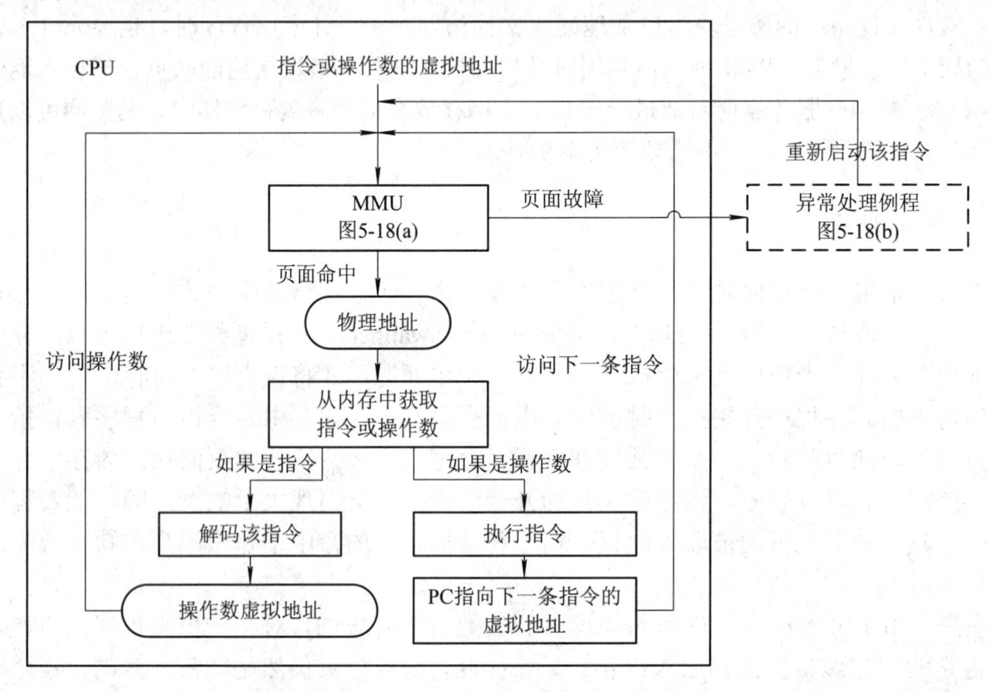

图 5-28　请求分页过程

如果在第(5)步存入 C 时发生缺页故障(因为 C 所在的页面当前不在内存中)，我们必须换入相应的页面，修改页表，然后重启 ADD 指令。重启将会再次读取指令、解码、读取两个操作数并相加，然后将结果写入 C。这次不会发生缺页故障，指令成功执行。

在指令执行过程中发生缺页故障并重启该指令时，在某些情况下会带来中间状态不一致的问题。例如，考虑一个 IBM 360/370 系统的 MVC(MoVe Character)指令，它把 256 个字节从一个位置移动到另外的位置。如果源数据块或目的数据块横跨一个页面边界，缺页故障有可能发生在 MOV 指令部分执行之后。特别是，如果源和目的数据块是重叠的，那么指令的部分执行有可能改变了源数据块，在这种情况下，不能简单地重启该指令。这个问题的实质是指令执行的原子性问题，或者说：一个指令要么正确地执行完毕，要么必须恢复到执行前的一致状态，不能处于任何不一致的中间状态。

5.4.3　置换策略

置换策略是指，当内存中没有空闲物理页面，并且需要把一个新虚拟页面换入内存时，如何在候选物理页面集合中选择一个物理页面来置换。所有策略的目标都是移出最近最不可能访问的页。根据局部性原理，最近的访问历史和最近将要访问的模式之间具有很大相关性。因此大多数策略都是基于过去的行为来预测将来的行为。置换策略设计得越精细、越复杂，实现它的软硬件开销就越大，因此需要考虑策略的功能和性能之间的均衡。

值得注意的是，置换策略有一个约束：某些虚拟页面或物理页面可能是被“锁定”(Locked)在内存中的。如果一个页面被锁定，那么该页就不能被置换。大部分操作系统内核和重要的控制结构就锁定在页面中。此外 I/O 缓冲区和其他对时间有严格要求的区域也可能锁定在物理页面中。锁定可以通过给每个虚拟页面或物理页面关联一个 lock 位来实现，这一位可以包含在内存分配表或页表中。

操作系统内核需要锁定在内存中，一方面是为了提高执行效率，另一方面也是为了避免死锁。考虑这种情况：假定内存中保存缺页故障异常处理例程(该例程是操作系统内核的一部分)的虚拟页面被交换到磁盘中，那么当一个进程发生缺页故障时，应当由缺页故障异常处理例程换入特定的页面，但这时异常处理例程的代码不在内存中而是在磁盘中，它本身也需要被换入内存，那么这时由谁来完成缺页故障异常处理例程代码的换入呢？这就出现了一个逻辑矛盾，导致死锁发生。

在进行 I/O 操作时，我们也必须把用户进程中用来发送和接收数据的缓冲区锁定在内存中，否则可能会出现逻辑错误。如下事件序列给出了一个反例：

---

(1) 当一个进程 P1 请求一个 I/O 操作后，该请求被放入 I/O 设备的等待队列中，同时 P1 转换到阻塞态。

(2) CPU 开始调度执行其他就绪进程。假定这些进程产生了缺页故障，其中的一个进程 P2 把包含 P1 的缓冲区 buffer 的物理页面置换了出去。

(3) 一段时间后，P1 的 I/O 请求移到了等待队列的最前面，这时 I/O 设备开始处理该请求，需要从 buffer 读出或向 buffer 写入数据。但这时，buffer 原来所在的物理页面已经被 P2 的页面所置换。于是出现了这样一种情况：I/O 设备需要等待包含 buffer 的页面被换入内存，但是由于 P1 处于阻塞态，它需要等待 I/O 请求的完成，于是出现了死锁，这就是单进程死锁问题。

下面我们介绍页面置换算法。我们把分配给一个进程的物理页面的集合称为该进程的驻留集。置换策略是在一个进程的驻留集中选择要被置换的页面。最基本的置换算法包括：

(1) LRU(Least Recently Used)：置换内存中最近一次使用距当前最远的页。根据局部性原理，这也是最近最不可能访问到的页。实现 LRU 的一种方法是给每一页添加一个最后一次访问的时间戳，并且必须在每次访问时都更新这个时间戳。另一种方法是维护一个关于访问页的栈。

(2) FIFO：该策略把分配给进程的物理页面集合看做一个循环缓冲区，按先入先出的方式淘汰页面。在实现时，需要一个指针，它在该进程的页面集合中循环。该策略所隐含的逻辑是，置换驻留在内存中时间最长的页，即一个在很久以前取入内存的页，到现在可能已经不会再用到了。但是这个推断常常是错误的，因为经常会出现一部分程序或数据在整个程序的生命周期中反复被使用的情况，如果使用 FIFO 算法，则这些页会反复地被换入和换出。

(3) CLOCK：时钟策略。时钟策略有多个变种，最简单的时钟策略需要给每个物理页面关联一个附加位，称为使用位。当某一虚拟页面首次被装入内存时，则将该物理页面的使用位设置为1；当该物理页面被命中时，它的使用位也会被设置为1。用于置换的候选物理页面集合被看做一个循环缓冲区，并且有一个指针与之关联。当一个物理页面被置换时，该指针被设置成指向缓冲区的下一个物理页面。当需要置换一个物理页面时，操作系统从指针处扫描缓冲区，以查找使用位为0的一个物理页面，并且每当遇到一个使用位为1的物理页面时，操作系统就将该位重新设置为0；在扫描过程中，总是选择第一个使用位为0的物理页面；如果所有物理页面的使用位都为1，则指针在缓冲区中完整地扫描一周，把所有使用位都置为0,并且停留在最初的位置上,置换该物理页面。可见该策略类似于FIFO，唯一不同的是，在时钟策略中使用位为1的物理页面被跳过。

【例 5-9】 图5-29是一个由 n 个物理页面组成的循环缓冲区。在虚拟页面727被取入内存之前，循环缓冲区的状态如图5-29(a)所示。缓冲区指针指向2号物理页面，从这个位置起顺时针扫描缓冲区，并把2号物理页面的使用位置为0，直到找到第一个使用位为0的页面，即3号物理页面，然后把727页面换入，它的使用位被设置为1，并将指针移动到下一个物理页面，即4号物理页面。置换后的缓冲区状态如图5-29(b)所示。

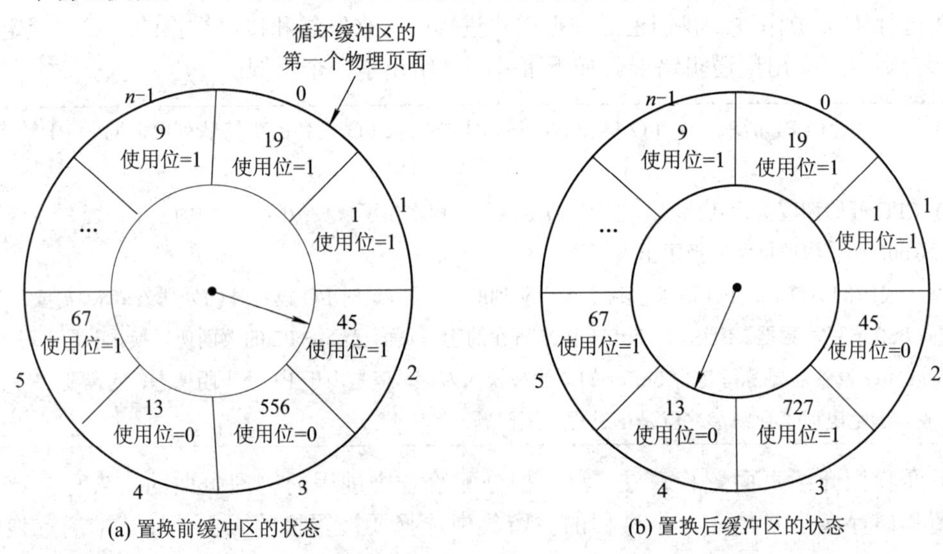

(a) 置换前缓冲区的状态　　(b) 置换后缓冲区的状态

图5-29　时钟策略的例子

【例 5-10】 假设为某进程分配了固定的3个物理页面。进程执行需要访问5个不同的虚拟页面，该程序运行时需要访问的虚拟页面序列(即页面趋势或走向)为

2,3,2,1,5,2,4,5,3,2,5,2

求使用LRU、FIFO和CLOCK置换策略时，物理页面集合的状态变化过程。

解　物理页面集合的状态变化如图5-30所示。在LRU算法中，我们在页号后面添加了时间戳，表明该页面最近一次访问的时间。在置换时，总是选择距离当前时间最长的一个页面去置换。在FIFO算法中，用箭头表示队列头的指针，每次缺页故障发生时，总是置换位于队列头的物理页面。在CLOCK算法中，用星号*表示该物理页的使用位为1，没有星号则表示使用位为0，箭头表示指针的位置。F表示出现缺页故障。

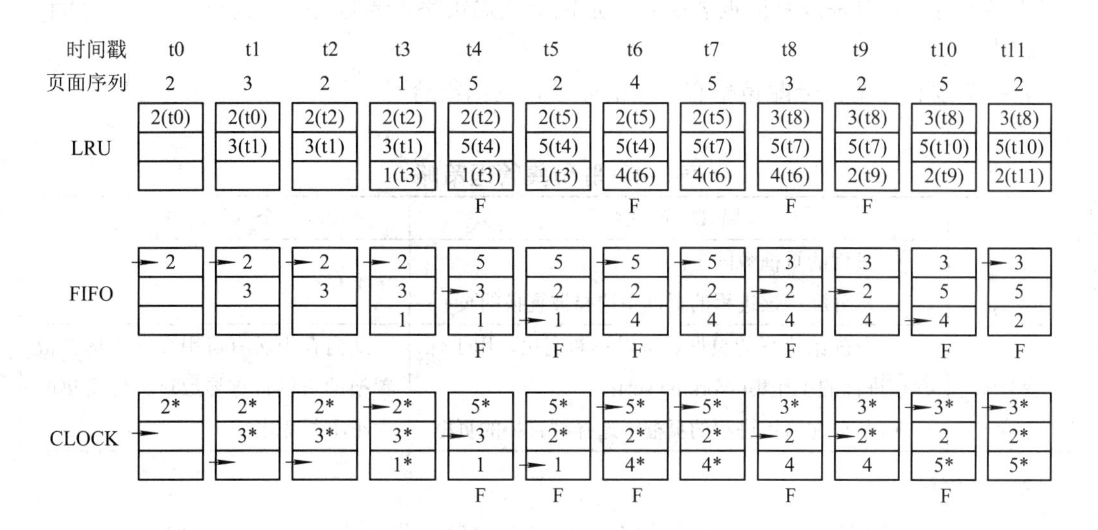

图 5-30 物理页面集合的状态变化

5.4.4 驻留集管理

本节主要讨论两个问题：驻留集大小和置换范围。

1. 驻留集大小

对于分页式内存管理，程序执行时不需要也不可能把一个进程的所有虚拟页面都取入内存。因此，操作系统必须决定要为一个进程读取多少页，或者说为一个进程分配多大的内存空间。分配给一个进程的内存越小，驻留在内存中的进程数就越多，这就增加了操作系统至少能够找到一个就绪进程的可能性，从而减少了由于交换而消耗的处理器时间；另一方面，一个进程的驻留集较小，缺页率就会相应提高，这又增加了页面交换的时间。

考虑到这些因素，操作系统通常采用两种策略：

(1) 固定分配策略(Fixed allocation)：为一个进程在内存中分配数目固定的页框。这个数目是在最初加载时(进程创建时)确定的，可以根据进程的类型(交互、批处理、应用类)或者基于程序员、系统管理员的需要来确定。在进程执行过程中一旦发生缺页故障，驻留集中的一页必须被置换。

(2) 可变分配策略(Variable allocation)：分配给一个进程的页框数目在该进程的生命周期内不断发生变化。理论上，如果一个进程的缺页率一直比较高，表明在该进程中局部性原理表现得比较弱，应该给它多分配一些页框以减少缺页率；而如果进程的缺页率特别低，则表明进程的局部性表现得比较好，那么可以在不明显增加缺页率的前提下减少页框数目。

可变分配策略看起来性能更优，但是它的难点在于要求操作系统能够评估活动进程的行为，这必然需要操作系统的软件开销，并且还依赖于处理器平台所提供的硬件机制。

2. 置换范围

置换范围是指当一个进程发生缺页故障，而且没有空闲页框时，是在该进程的驻留集中选择一个置换页框，还是在内存中所有未被锁定的页框中选择一个置换页框，而不管它们属于哪个进程。我们把前者称为局部置换策略，后者称为全局置换策略。尽管局部置换

策略更易于分析，但是没有证据表明它一定优于全局策略，全局策略的优点在于实现简单、开销较小。

置换范围和驻留集分配策略有一定的联系，两两组合可以形成不同驻留集管理策略，如表 5-4 所示。

表 5-4　驻留集管理策略

	局部置换	全局置换
固定分配	• 进程的页框数固定； • 从分配给该进程的页框中选择被置换的页	不存在
可变分配	• 分配给进程的页框数可以不断变化，用于保存该进程的工作集(Working set)； • 从分配给该进程的页框中选择被置换的页框	从内存中所有可用页框中选择被置换的页框；这导致进程驻留集的大小不断变化

3. 工作集

无论是固定分配还是可变分配，都存在如何确定驻留集大小的问题。要解决这个问题，需要引入工作集(Working set)的概念。

工作集 $W(t, \Delta)$是一个页面的集合，表示在时间 t 时，最近 Δ 个页面访问所涉及的页面集合。如果一个页面最近是活动的，那么它将包含在工作集中；如果它最近不再被访问，那么从它最后一次访问后，经过 Δ 个时间单位，它将从工作集中消失。图 5-31 表示了一个页面访问序列以及 $\Delta = 10$ 时的工作集。

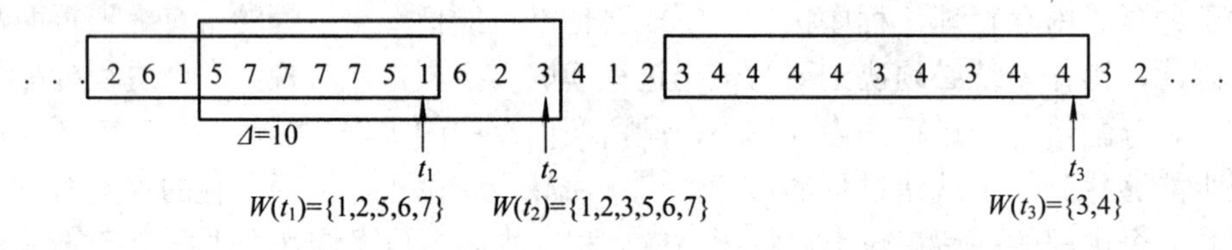

图 5-31　工作集的一个例子

显然，工作集是程序局部性的一个近似。对于给定的工作集窗口长度 Δ，如果工作集满足这样的性质：对于任意时间 t，$|W(t, \Delta)| \leqslant R$，那么就意味着给该进程分配大小为 R 的驻留集就足够了。但是 Δ 的选择较为困难。如果 Δ 选得太小，工作集不能覆盖整个局部，如果 Δ 选得太大，工作集可能会覆盖若干个局部。极端情况下，$\Delta = 1$，则$|W(t, \Delta)| = 1$；Δ = 无穷大，则$|W(t, \Delta)| = N$，N 是程序执行过程中涉及的所有页面的数目。一般情况下，我们有

$$1 \leqslant |W(t, \Delta)| \leqslant N$$

一旦 Δ 被选定，就可以使用工作集确定驻留集的大小。操作系统监视每个进程的工作集，并且按照工作集的大小为进程分配足够的页框。如果还有额外的空闲页框，就可以启动其他进程。如果工作集大小的总和超过了页框的总数，那么操作系统选择一个进程挂起，该进程的页面被交换出去，释放的页框重新分配给其他进程。挂起的进程在之后适当的时候被重新启动。

5.4.5　换出策略

换出策略与读取策略正好相反，它用于确定何时将一个修改过的页面写回磁盘。通常

有两种选择：

(1) 请求式：只有当一个页面被选择用于置换时才被写回磁盘。

(2) 预先式：将那些修改过的多个页在需要用到它们所占的页框之前成批地写回磁盘。

完全使用任何一种策略都存在风险。对于预先式策略，一个被写回磁盘的页可能仍然留在内存中，直到页面置换算法指示它被换出。预先式策略允许成批地写页，但这并没有太大实际意义，因为这些页中的大部分常常会在被置换之前又被修改。

对于请求式策略，写出一个被修改过的页和读入一个新页是成对出现的，因此发生缺页故障的进程在解除阻塞之前必须等待两次页传送，这会降低处理器的使用率。

5.4.6 加载控制

加载控制决定驻留在内存中进程的数目，也就是系统的并发度。如果某一时刻，驻留的进程太少，所有进程同时处于阻塞状态的概率较大，因而会有较多时间花费在交换上；另一方面，如果驻留的进程太多，平均每个进程占用的内存较小，就会发生频繁缺页故障，从而导致抖动。图 5-32 说明了抖动的情况。

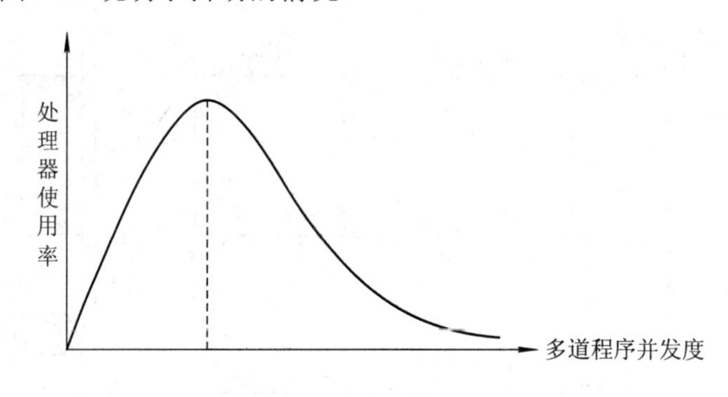

图 5-32 系统抖动

当系统并发度从较小的值开始增加时，由于很少会出现所有驻留进程都被阻塞的情况，因此处理器的使用率增长。但是当到某一点时，平均驻留集不够用了，此时缺页故障数目会迅速增加，从而处理器的利用率下降。

Denning 等人提出了一种确定系统并发度的方法，称为 $L = S$ 准则。他认为，当缺页故障之间的平均时间等于处理一次缺页故障的平均时间时，处理器的利用率达到最大。因此可以把缺页故障之间的平均时间和处理一次缺页故障的平均时间，作为动态调整并发度的依据。

为了减小系统的并发度，一个或多个进程必须被挂起(换出)，究竟该挂起哪些进程，可以参考下面的启发式规则：

(1) 挂起优先级最低的进程。

(2) 挂起发生缺页故障的进程：进程发生缺页故障时，异常处理例程很可能还没有把页面取入页框，因而挂起它对性能的影响最小。

(3) 挂起最后一个被激活的进程：这个进程的工作集很可能还没有驻留。

(4) 挂起驻留集最小的进程：将来再装入时所需要的代价最小。但是，它不利于局部性较小的程序。

(5) 挂起占用空间最大的进程：换出这样的进程可以得到最多的空闲页框。

5.5 分段式虚拟内存管理

5.5.1 基本原理

早期的一些程序设计语言支持程序的分段，一个程序通常由若干段组成。例如由一个主程序段、若干子程序段、若干数组段和工作区段所组成。分段式内存管理以段为单位进行存储分配，如图 5-33(a)所示。每一段都可从“0”开始编址，段内地址是连续的。通常使用

<段号，段内偏移>

的地址形式来访问段内的指令或数据。

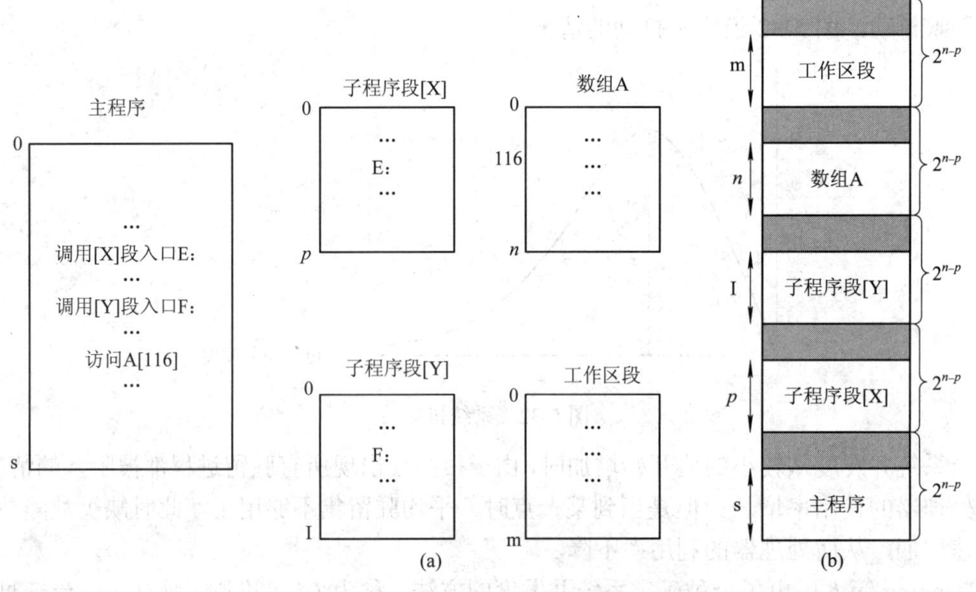

图 5-33　程序的分段结构

借助虚拟内存的概念，也可以把分段结构的程序统一用虚拟内存编排，如图 5-33(b)所示。与分页式虚拟内存不同，分段式虚拟内存以段为基本单位划分虚拟内存，每个段具有独立、完整的逻辑意义，并且对应程序中的一个模块。

虚拟地址结构确定以后，一个进程中允许的最大段数及每段的最大长度就确定了下来。例如，PDP-11/45 的段址结构为：段号占 3 位，段内偏移占 13 位，也就是一个进程最多可分 8 个段，每段长度可达 8 KB；而 GE645 的 Multics 容许一个作业占有 256 个段，每段可达 64 KB。一般的，对于一个 n 位虚拟地址，如果段号占高 p 位，段内偏移占低$(n-p)$位，那么容许的最大段数为 2^p，每段长度可达 2^{n-p} 字节。

与分页式管理类似，用段表来描述段在物理内存中的分配情况。每个段被缓存到物理内存中的一段连续区域，不同的段之间不要求连续存储。一个段表由若干段表项组成，每个段表项包括标志位(标志一个段是否缓存在内存中)、段的内存起始地址、段长、段在磁

盘等辅助存储器中的位置等，还可设置段是否被修改过、是否能移动、是否可扩充、是否共享等标志。段表格式如下：

	标志位	存取权限	修改位	扩充位	内存起址	段长	辅存地址
0段							
1段							

其中：

(1) 标志位由两位组成：00—该段不在内存中；01—该段在内存；10—保留；11—可共享。

(2) 存取权限：00—允许执行；01—允许读；10—保留；11—允许写。

(3) 修改位：00—未修改过；01—修改过；10—保留；11—不能移动。

(4) 扩充位：0—固定长；1—可扩充。

与分页式内存管理类似，分段式内存管理也需要把一个虚拟地址转换为物理地址。对于一个形如<段号, 段内偏移>的虚拟地址，硬件地址转换机构首先根据段号查找段表，若该段在内存中，则按照与分页管理类似的方法把虚拟地址转换为物理内存地址，如图 5-34 所示。

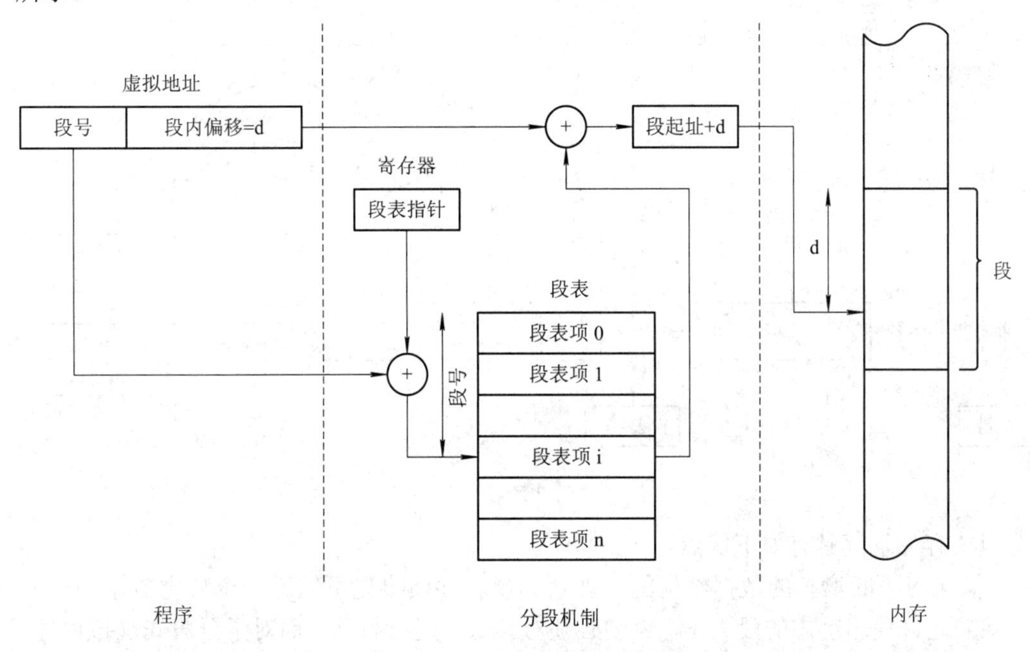

图 5-34　分段系统中的地址转换

若该段不在内存中，则硬件发出一个缺段异常。操作系统处理这个异常时，查找内存分配表，找出一个足够大的连续区域以容纳该分段。如果找不到足够大的连续区域，则检查空闲区的总和，若该总和能够满足该分段的要求，那么进行适当移动后，将该分段装入内存。若空闲区总和不能满足要求，则可调出一个或几个分段到磁盘上，再将该分段装入内存。

在执行过程中，有些表格或数据段随输入数据多少而发生变化。例如，某个分段在执行期间因表格空间用完而要求扩大分段。这只要在该分段后添加新信息即可，添加后的长度不应超过硬件允许的段的最大长度。对于这种变化的数据段，当要向其中添加新数据时，由于欲访问的地址超出原有的段长，硬件将产生一个越界异常。操作系统处理这个异常时，先判断该段的“扩充位”标志，如可以扩充，则增加段的长度，必要时还需移动或调出一个分段以腾出内存空间。如该段不允许扩充，那么这个越界异常就表示程序出错。

缺段异常和段扩充处理流程如图 5-35 所示。

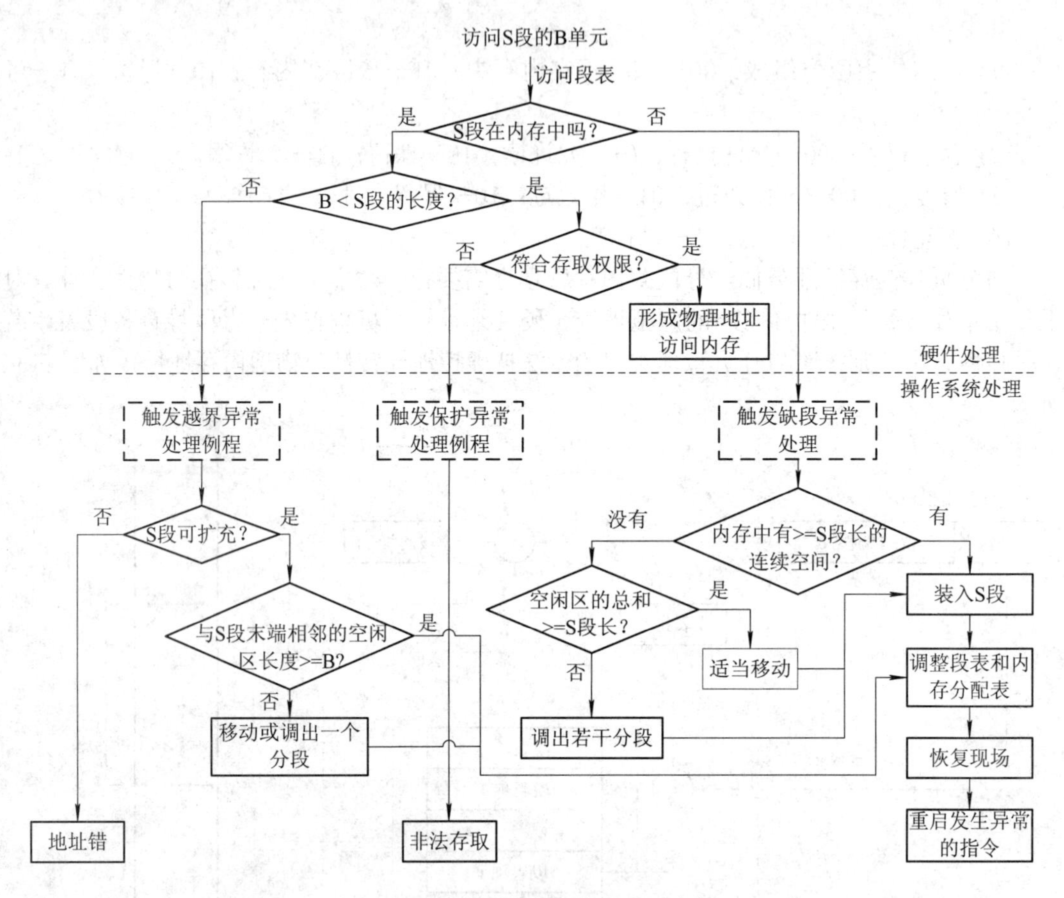

图 5-35　缺段异常和段扩充处理流程

分段式存储管理具有如下优点：

(1) 简化对不断增长的数据结构的处理。如果程序员事先不知道一个特定数据结构的大小，除非允许使用动态的段大小，否则必须对其大小进行预估。而对于分段式虚拟内存，这个数据结构可以分配到它自己的段，需要时操作系统可以扩大或者缩小这个段的大小。

(2) 允许程序段独立地改变或重新编译，而不要求整个程序集合重新链接和重新加载。

(3) 有助于进程间的共享。程序员可以在段中放置一个实用工具程序或一个有用的数据表，供其他进程访问。

(4) 有助于保护。由于一个段可以被构造成包含一个明确定义的程序或数据集，因而程序员或系统管理员可以更方便地指定访问权限。

5.5.2 段的动态链接

分段管理的优点之一是允许程序段独立改变和重新编译，而不要求整个程序集合重新链接和加载。这一优点是通过程序段的动态链接来体现的。

为了提高程序的结构化，一个应用程序通常由若干模块构成，每个模块独立编写和编译，形成可重定位目标文件。由于模块之间可能存在“定义-引用”关系，因此需要把一个目标文件中的符号引用与定义在另一个模块中的符号定义关联起来，这一过程就是程序的链接过程。实现链接的方式有两种：静态链接和动态链接。

静态链接发生在程序加载之前。静态链接器把各个可重定位目标文件和它们所引用的静态库放在一起汇编，形成一个自含的可执行目标文件。由于符号定义都被包含在了可执行目标文件中，因此所有符号引用都可以在汇编时得到解析。

动态链接将链接过程推迟到程序加载时或程序运行时。如果在加载时已经知道程序要用到的动态库，那么就在程序加载时加载这些动态库并链接；如果只有在运行时才能知道需要用到的动态库，那么就只能在运行时加载并链接这些动态库。

下面分析一下分段管理中运行时动态链接过程的具体实现。实现动态链接需要两个支持机制：地址无关代码和链接中断机制。首先，编译器要把需要动态链接的符号引用编译成地址无关代码，然后当程序第一次运行到该符号引用时，必须能够中断程序的运行，转而执行动态链接器程序，由它把动态库载入内存，然后对符号引用进行链接。分段式内存管理分别通过间接编址和链接中断位来实现上述两个机制。

如图 5-36 所示，当分段 3 要对另一段产生符号形式的调用时(LOAD 1, [X] | <Y>)，编译器就产生一个间接编址的指令(LOAD* 1, 3|100)来代替。其中地址 3|100 是一个间接地址，地址 3|100 处放置了一个间接字。间接字的格式为

L	直接地址

其中 L 是链接中断位。当 L = 1 时，表示需要链接，发出链接中断信号，转操作系统处理，进行链接工作。当 L = 0 时，表示不需要链接。

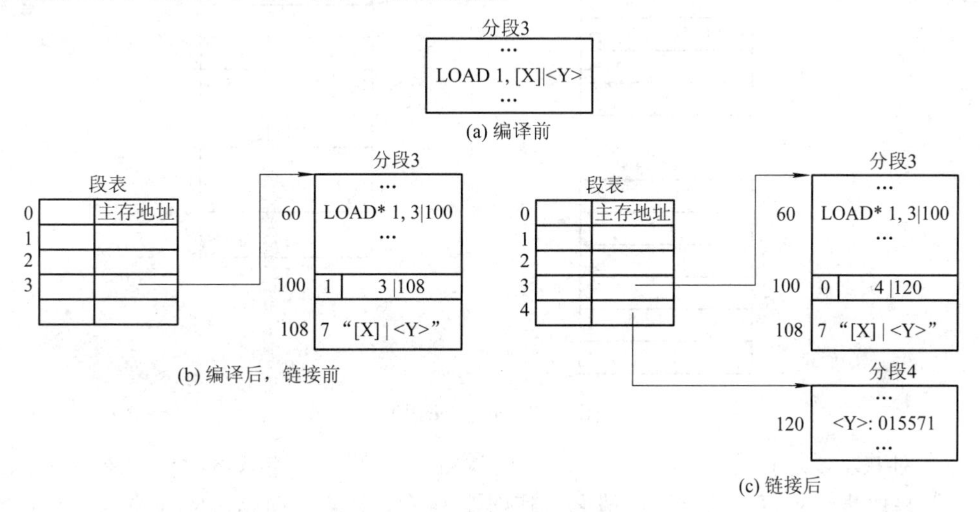

图 5-36 段的动态链接

这里间接字的 L = 1，直接地址是 3|108，它指向代表符号调用的字符串 7“[X] | <Y>”所在的位置。分段 3 执行到“LOAD* 1, 3|100”指令时，将产生链接中断，操作系统对链接中断的处理过程如下：

(1) 从 3 段 100 单元中取出间接字。

(2) 取出间接字中的直接地址：3 段 108 单元。

(3) 按直接地址取出要链接段的符号名[X]|<Y>,给分段 X 分配段号(这里假定[X] = 4)，并查找符号 Y 在 X 段中的偏移量(这里假定<Y> = 120)。

(4) 查[X]段是否在主存中，若不在则从辅助存储器上把它调入主存，并登记段表，修改主存分配表。

(5) 修改间接字，取消链接中断位，且使直接地址为链接的分段地址，即 4|120。

(6) 重新启动被中断的指令执行。

当指令重新执行时，由于 3 段 100 单元处已无链接中断指示，不再引起中断，且直接地址就是要链接的地址 4|120，于是可从 4|120 读出所需的数据 015571，装入到 1 号寄存器。

5.5.3　段的共享

在前面的 5.3.6 节中谈到使用页表管理机制能够容易地实现进程空间中的私有和共享结构。同样，在分段式虚拟内存管理系统中，采用段表机制也可以实现段的共享。所谓段的共享是指一个代码段或数据段在内存中只存在一个副本，而且可以被多个进程同时访问。

例如，进程 1 和进程 2 都需要使用公共子程序 cos。代码段 cos 在进程 1 的虚拟地址空间中的段号为 5，在进程 2 的虚拟地址空间中的段号为 3，但是在物理内存中只存在一个副本，它被两个进程所共享，如图 5-37 所示。

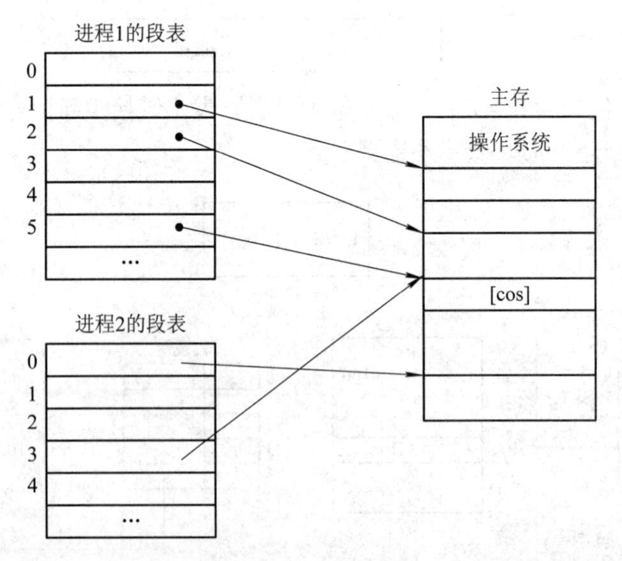

图 5-37　共享[cos]段

为了对共享段进行管理，除了段表之外，还需要设置一张“共享段表”来协助管理共享段。共享段表记录每个共享段的段名、在/不在主存、在主存时指出它在主存的起始地址和长度、调用该段的进程数、进程名和进程定义的段号等，如图 5-38 所示。

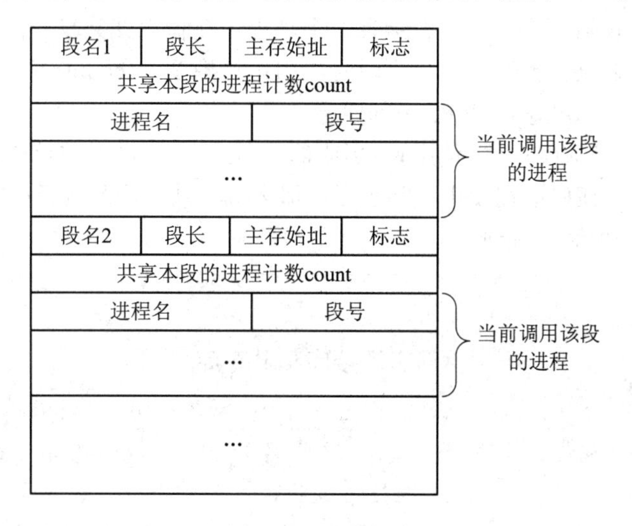

图 5-38　共享段表

当一个进程首次调用某个共享段时，若该段不在主存，先将其调入主存，然后在共享段表中填写必要的表项，并修改进程段表的相应表项；若该段已在主存，则修改共享段表和段表的相应表项。

当共享段被调出主存后，必须修改共享该段的每个进程的段表的相应表项(共享该段的进程名和段号可在共享段表中找到)，指示该段不在主存中。如果让进程段表中有关共享段的表项指向共享段表，那么就可以减少修改表格的工作量，在移动、调出及再装入时，只要修改共享段表中的表项即可，如图 5-39 所示。

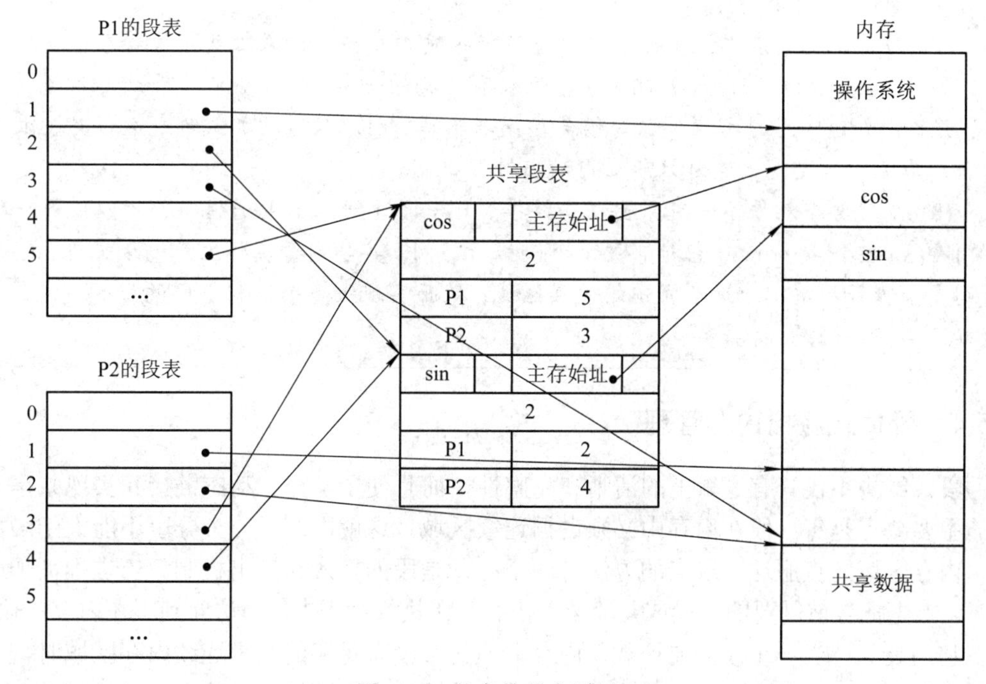

图 5-39　共享的基本原理

(1) 当一个共享段首次被一个进程 P1 访问时，它被载入内存，并在共享段表中添加相应表项，引用计数 count 设置为 1，表示有一个进程正在使用该共享段。

(2) 当另一个进程 P2 也访问该共享段时，引用计数变为 count+1，并在共享段表中添加有关 P2 的信息，即该共享段在 P2 中的段号。

(3) 当一个进程释放(即不再使用)共享段时，操作系统将引用计数变为 count-1。当 count=0 时，表明没有任何进程使用该共享段，那么就将共享段从内存中释放，并将共享段表中有关该共享段的所有表项删除。

知识扩展

动态链接库和共享库

• 动态链接库(DLL，Dynamic Link Library)：微软公司在 Windows 操作系统中实现共享函数库的一种方式。这些函数库的扩展名为 .dll、.ocx(包含 ActiveX 控件的库)或 .drv(旧的系统驱动程序)。所谓“链接”过程，是指把符号的引用与符号的定义关联起来的过程，这里的符号可以是变量名也可以是函数名。所谓动态链接，是指链接过程可以发生在程序加载时和程序运行时两个时态。

• 共享库：或称为共享对象(Shared Object)，常用在 UNIX/Linux 操作系统中，扩展名为 .so，是指可以被多个进程或线程共享的函数库。

可以这么认为，动态链接库和共享库指代同一概念，前者是从链接的角度来命名，而后者是从目的来命名。但是，二者仍然存在一些细微的差别：

(1) 引入动态链接库的目的不只是为了共享。比如，在某些情况下，把经常容易变更和升级的函数库封装为动态链接库，主要目的不是共享，而是便于程序不必重新编译而升级。

(2) 为了实现共享库，通常需要动态链接机制的支持。如果把共享库静态链接进程序中，那么共享库的代码和数据就成为进程私有结构的一部分，不能在多个进程间共享。通常，并不能知道哪些进程在什么时候会访问共享库，因此只能在加载时或运行时把共享库加载到虚拟地址空间，这时只能采用动态链接机制。

(3) 实现共享对象不一定需要动态链接。比如多个进程需要通信时，可以设计一块共享内存(Shared Memory)，它能够被多个进程所访问。共享内存实际上是一个文件，它被映射到多个进程的虚拟地址空间中的共享区域，从而实现被多个进程访问的目的。这是共享数据，不需要动态链接。

5.5.4 段页式虚拟内存管理

段式结构不仅具有逻辑上的清晰和完整性，而且便于扩充、动态链接和实现共享。但它的主要缺点是每一段在内存中必须占据连续区域，这就限制了一个分段不能大于最大的空闲内存区域。克服这一缺点的方法有两个：一是段的换入和换出机制。当进程被加载运行时，首先把当前需要的一段或几段装入内存，在执行过程中，当访问到不在内存的段时，再把它们装入；当一个段需要被载入内存，但是又没有足够的空闲连续内存区域时，可以把一个段从内存中换出，腾出或合并出足够大的连续内存区域以供载入；二是打破一个段必须存储在连续区域的限制，把每个段分成若干页面，每一段可按页存放在不连续的物理页面中，并且当物理页面不够时，可只将一段的部分页面放在内存中。这种把分段和分页结合起来的内存管理方法称为段页式内存管理。这种管理方式已经在 IBM370 和 Honeywell 6180 中采用。IBM370 采用的一种逻辑地址格式为

0　　　　7	8　　　　15	16　　19	20　　　　31
	段号	页号	页内偏移

即硬件提供了 256 个分段，每个段最多有 16 页，每页 4 KB，也就是一个分段最大不超过 16 × 4 KB = 64 KB。

采用段页式结构，每个进程都要设置一张段表和若干张页表。段表中指出每段的页表始址和长度以及其他属性。页表长度是由段长和页面大小决定的。段表、页表以及它们之间的关系如图 5-40 所示。

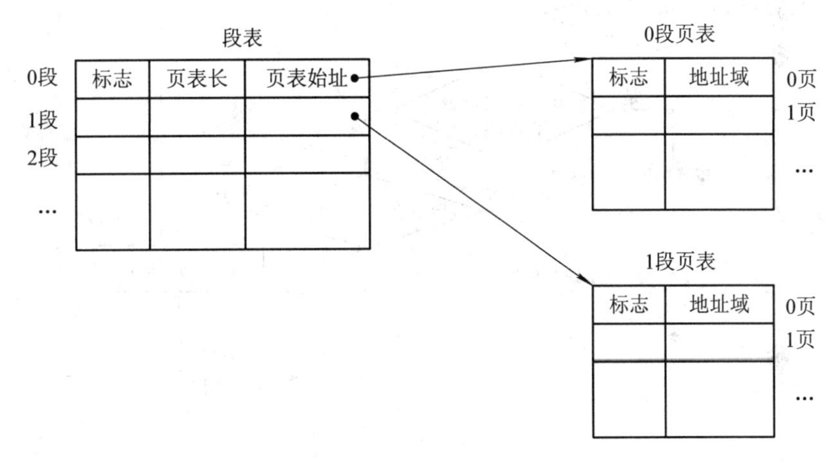

图 5-40 段页式结构的段表和页表

通过段表和页表，可以把一个虚拟地址 vaddr 转换为物理地址：

> 在段页式虚拟内存中，*n* 位虚拟地址 vaddr 由三部分组成：vaddr=<SN,VPN,VPO>，其中 SN 为段号，VPN 为虚拟页面号，VPO 为页内偏移。
>
> 设段表为 ST，段表中对应段号 SN 的段表项为 ST(SN)，该段表项的页表始址所指向的页表为 PT(ST(SN))，则在页面命中的情况下，虚拟地址转换过程可以表示为公式：
>
> paddr = < address-field(PT(ST(SN)) (VPN)),VPO >

地址转换公式的含义：

(1) 首先根据虚拟地址格式，得到 vaddr 中的段号 SN、页号 VPN 和页内偏移 VPO；

(2) 使用段号 SN 查找段表 ST，得到对应的段表项 ST(SN)；

(3) 从段表项中得到对应的页表 PT(ST(SN))；

(4) 使用页号 VPN 查找页表中对应的页表项 PT(ST(SN))(VPN)；

(5) 从页表项 PT(ST(SN))(VPN)中得到对应物理页面的起始地址：
address-field(PT(ST(SN))(VPN))

(6) 将物理页面的起始地址与页面偏移拼接在一起，得到物理地址 paddr：

paddr = < address-field(PT(ST(SN))(VPN)),VPO >

当然，为了加快地址转换速度，也可以像分页式管理那样采用相联存储器来存放快表，快表中应指出段号、页号和页面的地址域。

在这种方式下，为访问某一单元而进行地址转换时，可能会引起链接中断、缺段中断、缺页中断、越界中断。地址转换流程如图 5-41 所示。

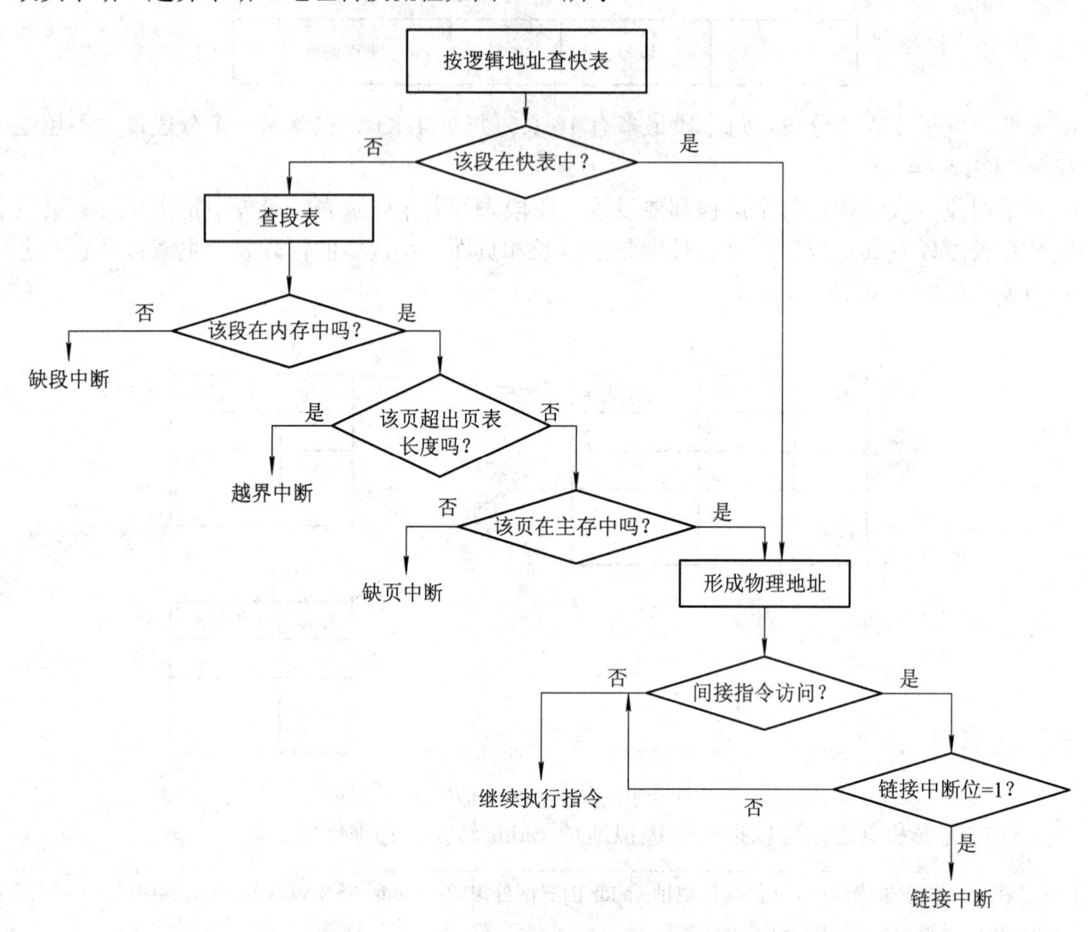

图 5-41　段页式存储管理的中断处理

这些中断的处理如下：

(1) 链接中断：按照 5.5.2 节所述方式处理。

(2) 缺段中断：为该段建立一张页表；查段表中该段的段表项(无段表项时，找一个空表目)填写页表始址和长度，以及其他必要的内容。

(3) 缺页中断：找出一个空闲物理页面或调出一页，装入所需页面，修改相应的表格，如页表、主存分配表等。

(4) 越界中断：当该段允许扩充时，增加页表表目，修改段表中的页表长度指示。当该段不允许扩充时，做出错处理。

中断处理后，重新启动被中断的指令执行(出错情况除外)。

段页式虚拟存储系统结合了分段式和分页式的全部优点，但是增加了成本和复杂性，表格的额外开销也大大增加，所以这种方式只适用于大型通用机。

习　题

1．试述内存管理的基本需求。试从进程管理的角度谈谈保护和共享需求的意义。

2．试从内存管理的可重定位需求方面谈谈为什么不可能在编译时实施内存保护。

3．虚拟地址的位数取决于哪些因素？虚拟地址的位数能不能大于物理地址的位数？

4．分页式虚拟内存管理是如何实现内存管理的保护需求和共享需求的？

5．为什么说请求分页管理能够实现存储器的扩充？

6．程序局部性原理包括哪两个方面？试从程序局部性原理的角度，谈谈为什么模块化是度量程序设计好坏的主要因素之一。

7．什么是请求分页和预取分页？试比较这两种读取策略的优、缺点。

8．段的动态链接过程是如何实现的？

9．对固定分区内存管理，按内存地址排列的空闲区大小是 10 KB、4 KB、20 KB、18 KB、7 KB、9 KB、12 KB 和 15 KB。对于连续的段请求：(a) 12 KB，(b) 10 KB，(c) 9 KB，使用首次适配算法、最佳适配和最差适配，分别进行内存分配。

10．假设计算机系统使用伙伴系统进行内存管理。初始时系统有 1 MB 的空闲内存，内存块起始地址为 0。对于下面的内存请求序列，说明每次内存申请和释放之后，内存的占用和空闲状态如何？

(1) 申请 256 KB；

(2) 申请 500 KB；

(3) 申请 60 KB；

(4) 申请 100 KB；

(5) 申请 30 KB，然后释放(1)；

(6) 申请 20 KB。

11．对下面的每个十进制虚拟地址，分别使用 4 KB 页面和 8 KB 页面计算虚拟页号和页内偏移量：20000，32768，60000。

12．一个 32 位地址的计算机使用两级页表。虚拟地址被分成 9 位的一级页表域、11 位的二级页表域和一个偏移量。

(1) 页面大小是多少？地址空间中一共有多少个页面？

(2) 如果页面大小保持不变，采用一级页表，试比较一级页表和上述二级页表的大小。

13．一个计算机使用 32 位虚拟地址，页面为 4 KB。程序和数据都位于最低的页面(0～4095)，堆栈位于最高的页面。如果使用一级分页，页表中需要多少个表项？如果使用二级分页，每部分有 10 位，需要多少个页表项？

14．有二维数组 int X[64][64]。假设系统中有四个页框，每个页框大小为 128 个字(一个整数占用一个字)。处理数组 X 的程序正好可以放在一页中，而且总是占用 0 号页。数据会在其他三个页框中被换入和换出。数组 X 为按行存储。下面两段代码中，哪一个会有最少的缺页中断？计算缺页中断的次数。

A 段：

```
for (int j=0; j<64;j++)
    for(int i=0; i<64; i++) X[i][j]=0;
```

B 段：

```
for (int i=0; i<64; i++)
    for(int j=0; j<64; j++) X[i][j]=0;
```

15．考虑以下来自一个 460 字节程序的虚拟地址(十进制)序列：

10、11、104、170、73、309、185、245、246、434、458、364

假设页面大小为 100 字节。求出页面走向，并计算在 LRU 和 FIFO 置换策略下，缺页中断的次数。(假定给程序固定分配 3 个页框)

16．考虑这样一个分页系统，该系统在内存中存放了二级页表，在 TLB 中存储了最近访问的 16 个页表表项。如果内存访问需要 80 ns，TLB 检查需要 20 ns，页面交换(读/写磁盘)时间需要 5000 ns。假设有 20%的页面被更改，TLB 的命中率是 95%，缺页率是 10%，那么访问一个数据项需要多长时间？

17．在一个简单分段系统中，包含如下段表：

段号	起始地址	长度/字节
0	660	248
1	1752	442
2	222	198
3	996	604

对如下的每一个逻辑地址，确定其对应的物理地址或者说明段错误是否会发生：

(1) 0198；

(2) 2156；

(3) 1530；

(4) 3444；

(5) 0222。

第六章 文 件 管 理

文件系统是操作系统的重要子系统，也是普通用户接触最多的子系统。用户的各种数据通常以文件的形式保存在计算机中。文件通常存储在非易失性存储介质中，因此其生命周期可以跨越进程边界，当进程终止之后，甚至当计算机掉电或重启之后，文件并不会消失，而是持久地保存在计算机中。

进程与文件有着密切的关系。进程结构中的代码段、数据段等都保存在可执行文件中。当进程创建时，把可执行文件中的这些段映射到进程的虚拟内存空间中；在进程执行过程中，如果需要页面交换，那么当换出时，物理页面可能回写到磁盘中的页面文件；换入时，虚拟页面又被加载到相应的物理页面；当进程消亡后，它占据的物理页面被释放，而文件及其状态仍然保存在磁盘中。

在学习文件系统时，尤其需要注意文件的两个基本特性：共享性和安全性。进程的重要特性是“隔离”，而文件的一个重要特性是“共享”。每个进程是一个相互不干扰的独立计算单位，而文件存储在磁盘等永久性介质中，作为一种资源可以被多个进程所访问，因此使用文件可以实现进程间通信，比如管道等进程通信机制都通过文件系统来实现。在多用户操作系统中，文件作为一种公共资源对不同主体呈现出不同的安全性级别。我们需要了解操作系统进行文件访问控制的方法。

本章学习内容和基本要求如下：

➢ 学习文件的逻辑结构和物理结构，重点掌握几种常用的文件物理结构和组织，了解每种结构的优缺点。其中，难点是索引顺序文件和散列文件结构。

➢ 学习若干种文件存储空间管理方法，重点掌握 MS-DOS 的盘空间管理方法和 UNIX 的成组链接法，尤其需要思考这些方法是如何对空闲磁盘块进行分配和释放的。

➢ 了解不同操作系统下目录项的结构，特别是 UNIX 中的目录项结构和 i-node 结构。本节的难点在于正确理解文件的硬链接和符号链接。

➢ 重点学习进程打开文件在内核中的数据结构，在此基础上正确理解打开文件的两种共享方式，以及管道通信机制的原理。

➢ 形成文件系统安全的基本概念，重点学习文件访问控制的方法，明确用户、用户组、附加用户组等基本概念，了解文件访问许可是如何与访问主体(即进程)相匹配的。

本章内容较多较杂，我们用图 6-1 所示知识结构图来概括和梳理本章学习内容。在学习本章过程中，尤其要注意寻找和建立文件系统与进程管理、文件系统与内存管理的关系，从而形成对操作系统较为系统化的认识。

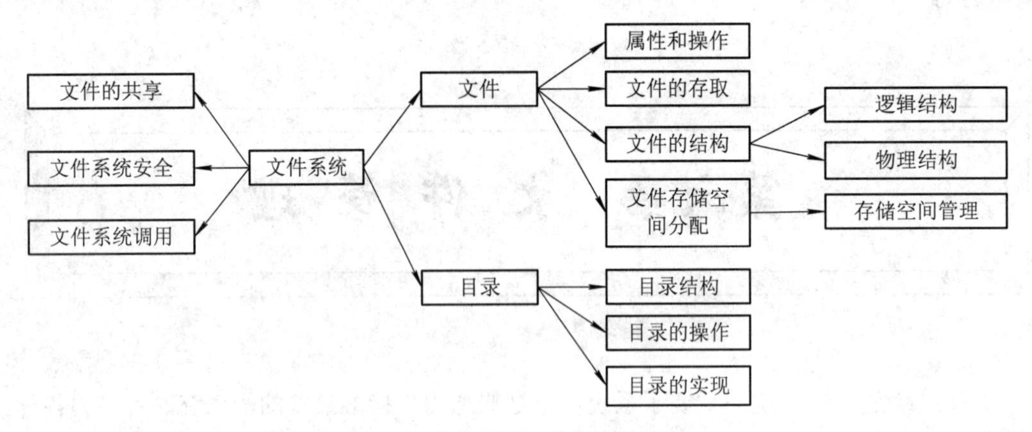

图 6-1　文件系统章节知识结构图

6.1　文 件 系 统

6.1.1　文件系统的概念

文件系统是管理用户和系统信息的存储、检索、更新、共享和保护，并为用户提供一整套方便有效的文件使用和操作方法的子系统。文件系统包括文件集合和目录结构两部分，目录结构提供系统中所有文件的信息。文件系统驻留在非易失性存储设备上。

文件系统的功能如下：

(1) 方便用户的使用。使用者只要知道文件名，给出有关操作要求便可存取文件内容，实现了按名存取，无需考虑文件内容存放的具体物理位置以及具体存储方式。

(2) 保障文件安全可靠。由于用户通过文件系统来访问文件，而文件系统能够提供各种安全、保密和保护措施，故可防止对文件信息的有意或无意的破坏或窃取。此外，在文件使用过程中可能出现硬件故障，这时文件系统可组织重执或组织转储以提高文件的可靠性。

(3) 提供文件共享功能。不同的用户可以使用同名或异名的同一文件，这样既节省了文件存放空间，又减少了传送文件的交换时间，进一步提高了文件和存储空间的利用率。

计算机中使用的文件系统种类较多，大多数操作系统支持多种文件系统。UNIX 使用 UFS(UNIX File System)文件系统，该系统基于伯克利快速文件系统 FFS(Fast File System)。Windows NT、2000 和 XP 支持 FAT、FAT32 和 NTFS 等磁盘文件系统格式，以及 CD-ROM、DVD 和软盘文件系统格式。Linux 能够支持 40 多种不同的文件系统，标准 Linux 文件系统是扩展文件系统 EXT(Extended File System)，最常用的版本是 EXT2 和 EXT3。

6.1.2　文件系统的存储结构

一个计算机系统通常支持多个文件系统，文件系统的类别也多种多样。例如，一个典型的 Solaris 系统可能包括若干个 UFS 文件系统、一个 VFS 虚拟文件系统和一些 NFS 网络文件系统。再如，Windows 操作系统支持 NTFS 和 FAT 两种文件系统。

文件系统保存在磁盘等非易失性存储介质中。一个磁盘可以被完全用于一个文件系统，也可以在一个磁盘上存放多个文件系统，或者把磁盘的一些区域用于存放文件系统，其他区域用于其他目的，比如页面交换空间或未格式化磁盘空间等。我们把磁盘的这些区域称为磁盘的分区(Partition)、分片(Slice)或小盘(Minidisk)。在磁盘的每个分区中可以创建一个文件系统，多个分区可以组合形成更大的存储结构，称为卷(Volume)。文件系统也可以创建于卷上。为了简化起见，我们把装载了一个文件系统的存储区域称为一个卷。每一个卷可以被理解为一个虚盘。每个卷包含一个文件系统，该文件系统中所有文件的信息存放在设备目录(Device directory)或卷表(Volume table of contents)中。设备目录中记录了该卷中的所有文件的文件名、位置、大小和类型等信息。图 6-2 是一个典型文件系统的组织。

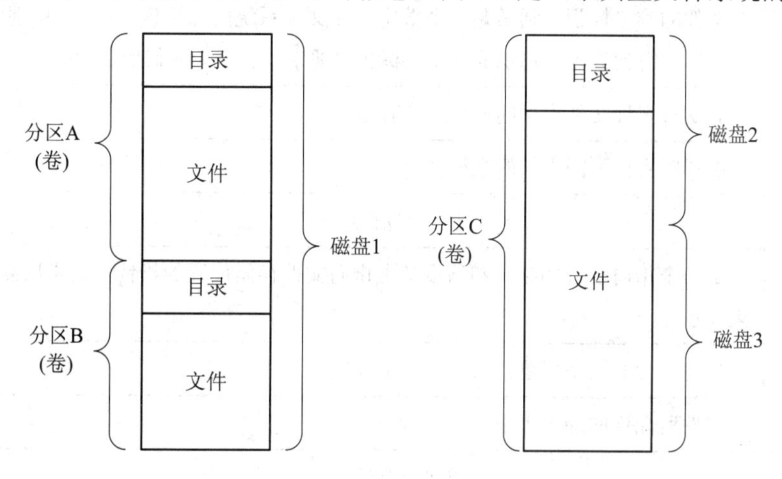

图 6-2 一个典型文件系统的组织

图 6-2 中有三个磁盘，其中磁盘 1 分为两个分区，分区 A 和分区 B，每个分区上装载一个文件系统，形成各自的卷。磁盘 2 和磁盘 3 合在一起装载了一个文件系统，形成分区 C 和相应的文件卷。三个分区构成了三个文件卷，每个分区装载一个文件系统，因而可以理解为一个独立的虚盘。当用户使用文件系统时，并不关心这个文件系统是在一个磁盘分区上还是在多个磁盘构成的分区上。

6.2 文　件

文件是操作系统为用户提供的一个用于存储信息的统一的逻辑视图。文件抽象掉了不同存储设备的物理特性，为用户提供了一个逻辑存储单元。文件中的信息内容由文件的创建者来定义。存储在文件中的信息多种多样，比如源程序、目标程序、可执行程序、数字数据、文本、工资记录、图像、音频记录等。一个文件具有特定的结构，这通常依赖于文件内容信息的种类。比如，文本文件的结构是由若干字符构成的一个序列，这些字符被组织成若干行和若干页；源程序文件的结构是由若干子例程或函数构成的一个序列，而每一个子例程或函数又由声明部分和可执行语句的序列构成；目标文件是由若干字节构成的一个序列，这些字节被组织成能为链接器所理解的若干块或段；可执行文件的结构是由若干代码段构成的序列，这些段能够被加载器所识别并加载到内存中执行。

6.2.1　文件的属性

一个文件具有若干基本属性，这些属性依赖于不同的文件系统，但是通常包括表 6-1 所列的几项。

表 6-1　文 件 属 性

基 本 信 息	
文件名	一个文件通常具有一个容易被人们识记的符号名。一旦文件被命名，它就与进程、用户甚至创建它的系统独立开来
标识符	文件的唯一标识，通常是一个数字，在文件系统内部标识一个文件。脱离了文件系统，标识符就失去了标识的作用。标识符通常不容易为人们所识记
文件类型	对支持多种文件类型的操作系统有用
文件组织	供那些支持不同组织的系统使用
地 址 信 息	
位置信息	是一个指向设备的指针和该设备上指向文件存储位置的指针。通常用卷和起始地址来表示
使用大小	当前文件的大小，单位为字节、字或块
分配大小	文件所允许的最大大小
访问控制信息	
所有者	被指定为控制该文件的用户。所有者可以授权或拒绝其他用户的访问，并可以改变给予他们的权限
访问信息	最简单的形式包括每个授权用户的用户名和口令
允许的操作	读、写、执行以及在网上传送
使 用 信 息	
创建者身份	通常是当前所有者
当前使用信息	有关当前文件活动的信息，如打开文件的进程、是否被一个进程加锁、文件是否在内存中被修改但没有在磁盘中修改等
时间、日期和用户标识	文件创建时间、最后一次修改和最后一次使用时间。这些属性对于文件保护、保密和监视文件的使用是非常有用的

一个文件的所有属性信息构成了该文件的元信息或元数据(Metadata)。一个文件的元数据通常保存在文件控制块(FCB，File Control Block)中。这样，为了完整地描述一个文件，需要把文件分为两部分，即 File = FCB + Content，其中 FCB 并不是文件本身，而是描述文件属性信息的数据结构；Content 才是文件所包含的实际数据内容。FCB 和 Content 并不是完全无关的，通过 FCB 中的“位置信息”属性可以找到文件实际内容所在的存储空间。图

6-3 是一个典型文件控制块的示意图。

不同操作系统实现 FCB 的方式有所不同。在 UNIX 中使用 i-node 数据结构来实现 FCB，而在 Windows NTFS 文件系统中，直接用目录项来实现 FCB。

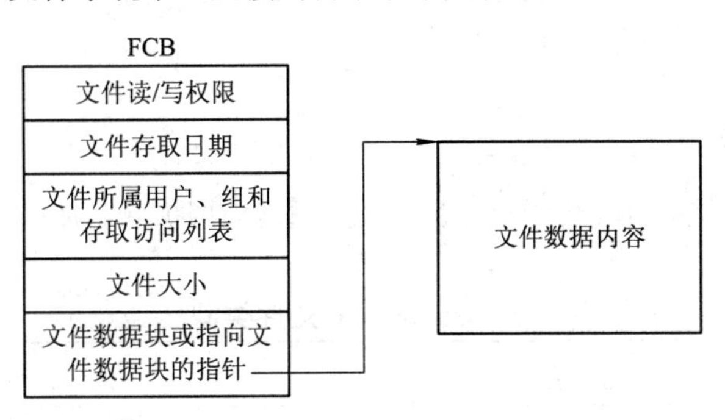

图 6-3 一个典型文件控制块(FCB)的示意图

所有文件的属性信息保存在目录结构中，目录结构也必须驻留在非易失性存储介质上。在 UNIX 中，一个目录项由文件名和文件的唯一标识符构成，标识符可以进一步用来索引其他文件属性。通常保存一个文件的属性信息需要花费一千多个字节，对于一个包含许多文件的系统，其目录本身的大小会达到几兆字节。目录必须保存在存储设备上，并在需要时被载入内存。

6.2.2 文件的操作

操作系统提供一系列对文件进行操作的系统调用。这里先考察一下作用在文件上的操作有哪些，如表 6-2 所示，具体使用什么样的系统调用来实施这些操作，将留在后续小节来介绍。

表 6-2 文件的基本操作

操 作	说 明
创建文件	创建文件需要两步：首先，在文件系统中为该文件找到存储空间。其次，在目录中为该文件建立一个目录项
写入文件	写入一个文件需要指出文件名和将被写入的信息。文件系统使用文件名在目录中找到文件的位置。系统必须维护一个指向文件写入位置的“写指针”，下一次写操作就从写指针指向的位置开始写入。当写操作发生时，写指针必须更新
读文件	读一个文件需要指出文件名和读取的文件数据应放入的内存缓冲区。同样，需要搜索目录查找对应的目录项。系统需要维护一个指向文件读取位置的“读指针”，下一次读操作就从该位置开始读取
文件重定位	把当前文件位置指针设置为给定值。文件重定位操作不会引起任何实际 I/O 操作
删除文件	首先根据文件名找到对应的目录项，然后释放文件的所有存储空间，再删除目录项
截断文件 (Truncating file)	有时用户希望删除一个文件的内容但同时保持文件的属性不变。这时，可以对文件施加截断操作。该操作的后效是：除了文件的长度被设为 0 之外，文件的其他属性均保持不变，而且文件所占的存储空间被释放

以上给出了文件的基本操作，除此之外，还有一些常用操作，如appending、renaming等。有些操作系统还提供了文件上锁操作。使用文件锁可以锁定一个文件，阻止其他进程获取该文件的访问权限。文件锁对于由几个进程共享的文件非常有用。比如，系统日志文件只能被系统中的一些进程所访问和修改。

6.2.3　文件的类型

文件系统可以支持多种文件类型。文件类型通常使用扩展名加以标识。表6-3是常用的文件类型。

表6-3　常用的文件类型

文件类型	常见扩展名	说　明
可执行文件	exe, com, bin 或 none	能够运行的机器语言程序
目标文件	obj, o	编译后生成的目标代码文件，还未链接
源代码文件	c, cc, java, pas, asm, a	使用各种语言编写的源代码文件
批处理文件	bat, sh	由若干命令构成的命令脚本文件。批处理文件由命令解释器读取并解释执行
文本文件	txt, doc	文本数据，文档
字处理文件	wp, tex, rtf, doc	各种字处理格式文件
库文件	lib, a, so, dll	静态库或动态库(共享库)文件
打印或查看文件	ps, pdf, jpg	用于打印输出或查看的文件
存档文件(archive)	arc, zip, tar, jar	一组相关文件被打包成一个文件，有时还会被压缩用于存档或存储
多媒体文件	mpeg, mov, rm, mp3, avi	包含音视频的二进制文件

6.2.4　文件的存储设备

常见的存储介质有磁盘、磁带、闪存等。对于磁带机和可卸盘组磁盘机等设备而言，由于存储介质与存储设备可以分离，所以存储介质和存储设备不总是一致的，不能混为一谈。

块是存储介质上连续信息所组成的一个区域，也叫物理记录。块是内存与辅助存储设备进行信息交换的物理单位，每次总是交换一块或整数块信息。决定块大小的因素有用户使用方式、数据传输效率和存储设备类型等不同类型的存储介质，块的大小常常有所不同；同一类型的存储介质，块的大小也可以不同。有些存储设备由于启停机械动作的要求或识别不同块的特殊需要，两个相邻块之间必须留有间隙。间隙是块之间不记录用户数据信息的区域。

文件的存储结构依赖于存储设备的物理特性，下面介绍两种不同类型的文件存储设备，它们决定了文件的两种存取方式。

1．顺序存取存储设备

顺序存取存储设备是严格依赖信息的物理位置进行定位和读/写的存储设备，所以从存取一个信息块到存取另一个信息块要花费较多的时间。磁带机是最常用的一种顺序存取存储设备。它的优点是存储容量大、稳定可靠、卷可装卸和便于保存。磁带上物理块长是可变的，且变化范围较大，块可以很小，也可以很大，原则上没有限制。为了保证可靠性，块长取适中较好。

磁带上的物理块没有确定的物理地址，而是由它在磁带上的物理位置来标识。例如，磁头在磁带的始端，为了读出第 100 块上的记录信息，必须正向引带走过前面 99 块。对于磁带机，除了读/写一块物理记录的通道命令外，通常还有辅助命令，如反读、前跳、后退和反绕等，以实现多种灵活控制。为了便于对带上物理块的分组和标识，有一个称作带标的特殊记录块，只有使用写带标命令才能刻写。在执行读出、前跳和后退时，如果磁头遇到带标，硬件能产生设备特殊中断，通知操作系统进行相应处理。

2．直接存取存储设备

磁盘是一种直接存取存储设备，又叫随机存取存储设备。它的每个物理记录有确定的位置和唯一的地址，存取任何一个物理块所需的时间几乎不依赖于此信息的位置。目前多数使用活动臂磁盘，除盘组的上下两个盘面不用外，其他盘面用于存储数据。每个盘面有一个读/写磁头，所有的读/写磁头都固定在唯一的移动臂上同时移动。在一个盘面上的读/写磁头的轨迹称为磁道，在磁头位置下的所有磁道组成的圆柱体称为柱面，一个磁道又可被划分成一个或多个物理块，称为扇区,如图 6-4 所示。

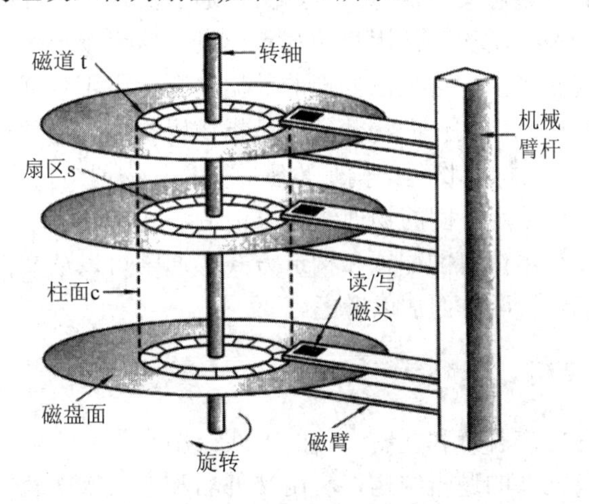

图 6-4　磁盘驱动器的组成

文件的信息通常记录在同一柱面的不同磁道上，这样可使移动臂的移动次数减少，从而缩短存取信息的时间。为了访问磁盘上的一个物理记录，必须给出三个参数：

<柱面号，磁头号，扇区号>

磁盘机根据柱面号控制移动臂作机械的法向移动，带动读/写磁头到达指定柱面，这个动作较慢，一般称作“寻道时间”。下一步根据磁头号可以确定数据所在的盘面，然后把盘面旋转到特定的扇区进行存取，这段延迟时间称为“搜索延迟”。磁盘机实现这些操作的通道命令是寻道、搜索、转移和读/写。表 6-4 是典型的磁盘驱动器参数。

表 6-4　典型的磁盘驱动器参数

特　性	Seagate Barracuda 180	Seagate Barracuda 36ES	Toshiba HDD1242	Hitachi Microdrive
应用	高容量服务器	入门台式机	便携	手持设备
容量	181.6 GB	18.4 GB	5 GB	4 GB
最小寻道时间	0.8 ms	1.0 ms	—	1.0 ms
平均寻道时间	7.4 ms	9.5 ms	15 ms	12 ms
轴心速度	7200 r/m	7200 r/m	4200 r/m	3600 r/m
平均旋转延迟	4.17 ms	4.17 ms	7.14 ms	8.33 ms
最大传送率	160 MB/s	25 MB/s	66 MB/s	7.2 MB/s
每扇区的字节数	512	512	512	512
每磁道的扇区数	793	600	63	—
每柱面的磁道数(盘面数)	24	2	2	2
柱面数(盘片一面的磁道数)	24247	29851	10350	—

6.3　文件的结构

文件是逻辑上具有完整意义的信息集合，文件通过文件名相互区分。文件具有逻辑结构和物理结构。文件的逻辑结构是从用户的观点出发，研究用户概念中的抽象的信息组织方式，这是用户能够观察到的，可加以处理的数据集合。由于数据可独立于物理环境加以构造，所以称为逻辑结构。而文件的物理结构是指逻辑文件在物理存储空间中的存放方式和组织关系。文件的逻辑结构和物理结构是紧密相关的，物理结构决定了文件的存取方式，同一逻辑结构的文件可以采用不同的物理结构来构造。

文件的组织是指文件中信息的配置和构造方式，通常可以从文件的逻辑结构和组织，以及文件的物理结构和组织两方面加以考虑。

6.3.1　文件的逻辑结构

文件的逻辑结构是用户看待和使用文件的方式。用户不必考虑文件信息在物理介质上的存储问题，只需了解文件的逻辑结构，利用文件名和有关操作就能存储、检索和处理文件信息。存储设备的物理特性会影响数据的逻辑组织和可用的存取方法。

文件的逻辑结构分为两种形式：记录式文件和流式文件。记录式文件由若干逻辑记录组成，逻辑记录是相关数据项的集合。记录在文件中的排列可能有顺序关系，除此以外，记录与记录之间不存在其他关系。记录式文件有其历史来源。早期的计算机常使用卡片输入/输出机。一个文件由一叠卡片组成，每张卡片对应于一个逻辑记录。这类文件中的逻辑记录可以依次编号。

流式文件指文件的数据不再组成记录，只是一串信息流。这种文件常常按长度来读取所需信息，可以用插入的特殊字符作为分界。事实上，有许多类型的文件并不需要分记录，如源程序就是一个顺序字符流，没有必要把源程序文件分割成若干记录。UNIX 操作系统对用户仅提供流式文件。

例如，某学校学生管理文件中，使用逻辑记录描述每个学生实体的属性信息，这些属性包括学号、姓名、出生年月、性别和籍贯等。该校全体学生的逻辑记录就构成了一个逻辑文件，如表 6-5 所示。

表 6-5 记录式文件举例

	数据项 1	数据项 2	数据项 3	数据项 4	数据项 5	
	学号	姓名	出生年月	性别	籍贯	
记录 1	0001	张三	1994.1	男	陕西	逻辑文件
记录 2	0002	李四	1994.10	女	湖北	
…	…	…	…	…	…	
记录 100	000100	王五	1993.7	男	北京	

一条逻辑记录在存储时，可能占用一个或多个物理块，一个物理块也可以包含多条逻辑记录。我们可以做这样一个比喻。把一本书比作一个文件，书中的章节就是文件的逻辑记录，书的每一节就是一个物理块。一个章节可能跨跃多个页，一页中也可能包括多个章节。

为了便于文件的组织和管理，对记录式文件的每个逻辑记录至少设置一个与之对应的基本数据项，利用它可与同一文件中的其他记录区别开来。这个用于唯一标识一条记录的数据项称作记录键，也叫关键字，简称键。用户通过记录键来引用一条记录。在表 6-5 的记录式文件中，“学号”可以用来唯一地标识一条记录，因此“学号”是记录键。除了“学号”之外，还可以选择“姓名”、“出生年月”等其他数据项作为关键字，但这些关键字不一定能唯一地标识一条记录。

6.3.2 文件的物理结构

文件的物理结构和组织是指逻辑文件在物理存储空间中的存放方式和组织关系。这时，文件被看作物理文件，即相关物理块的集合。文件的物理结构涉及块的划分、记录排列、索引组织、信息搜索等许多问题，其优劣直接影响文件系统的性能。

选择文件物理结构时，需要考虑五项主要原则：访问快速、易于修改、节约存储空间、维护简单、可靠性高。这些原则的相对优先级取决于使用这些文件的应用需求。例如，如果一个文件仅仅以批处理方式处理，并且每次都要访问到它的所有记录，则几乎不用考虑快速检索文件记录的需求。存储在 CD-ROM 中的文件永远不需要更改，因此易于修改这一点根本就不需要考虑。当然，这些原则之间有可能是冲突的。例如，为了节约存储空间，数据冗余应当尽量小。但另一方面，冗余是提高数据访问速度的一种主要手段，比如索引。

构造文件物理结构的方法有两类。第一类称为计算法，其实现原理是：设计一个映射算法，例如线性计算法、杂凑法等，把记录键转换成对应的物理块地址，从而把一条逻辑记录映射到一个物理块。直接寻址文件、计算寻址文件、顺序文件均属此类。计算法的存取效率较高，又不必增加存储空间存放附加控制信息，能把分布范围较广的键均匀地映射到一个存储区域中。第二类称为指针法，这类方法设置专门指针，指明相应记录的物理地

址或表达各记录之间的关联。索引文件、索引顺序文件、连接文件、倒排文件等均属此类。使用指针的优点是可将文件信息的逻辑次序与存储介质上的物理排列次序完全分开，便于随机存取和更新，能加快存取速度。但使用指针要占用额外的存储空间，大型文件的索引查找要耗费较多处理机时间。所以究竟采用哪种文件存储结构，必须根据应用目标、响应时间和存储空间等多种因素进行权衡。

下面介绍几种常用的文件物理结构和组织形式。

1. 顺序文件

顺序文件是一种最简单的文件组织形式，它将一个文件的信息存放到依次相邻的存储块上，这类文件也叫连续文件。显然，顺序文件的逻辑记录与物理记录顺序完全一致，通常记录按存放的次序被读出或修改。

保存在磁带上的文件只能是顺序文件。此外，卡片机、打印机、纸带机介质上的文件也属此类。存放在磁盘上的文件，也可以组织成顺序文件。这时可由文件目录项(即文件控制块)指出存放该文件信息的第一块物理块和文件块数。如图 6-5 所示，假定一个顺序文件有 4 个逻辑记录，一个物理块存放一个逻辑记录，那么它在存储器上应占用 4 个物理块。在该文件的文件控制块中应指出起始物理块号和文件块数，才能唯一确定该文件在存储器上的分布。

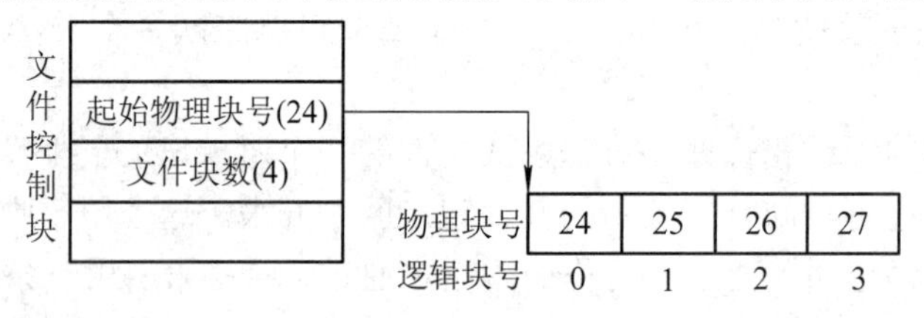

图 6-5　顺序文件结构

为了改善顺序文件的处理效率，用户常常对顺序文件中的记录按一个或多个数据项的值大小重新排列，经排序处理后，记录有某种确定的次序，成为有序的顺序文件。有序顺序文件能较好地适应批处理等顺序应用。

顺序文件的优点是：顺序存取记录时速度较快，所以批处理文件、系统文件用得最多。采用磁带存放顺序文件时，总可以保持快速存取的优点。若以磁盘作存储介质时，顺序文件的记录也按物理邻接次序排列，因而顺序的盘文件也能像带文件一样进行严格的顺序处理。然而，由于多道程序的访问，在同一时刻另外的用户进程可能驱动磁头移向其他文件，打破了原来文件的顺序存取，因而降低了顺序文件的这一优势。

顺序文件的主要缺点是：建立文件前需要能预先确定文件的长度，以便分配存储空间；修改、插入和增加文件时有困难；对直接存取存储器进行连续分配，随着时间的推移，会造成大量磁盘碎片。

2. 连接文件

连接文件又称串联文件，其特点是使用链接字(或指针)来表示各个物理块之间的关联。第一块文件信息的物理地址由文件控制块给出，而每一块的链接字指出了下一个物理块。链接字为 0 时，表示文件至本块结束。图 6-6 给出了一个连接文件的例子。假定文件 A 的 4 个逻辑记录分别存放在物理块 22、18、27 和 56 中。第一个块号由文件控制块给出，后续的块号由前一个块的链接字给出，最末一块的链接字为 0，说明文件在该块结束。显然，要确定或说明一个顺序文件的物理结构，只需在文件控制块中给出第一块的物理地址即可，而对后续块的存取访问要通过它的前驱块的链接字才能得到。

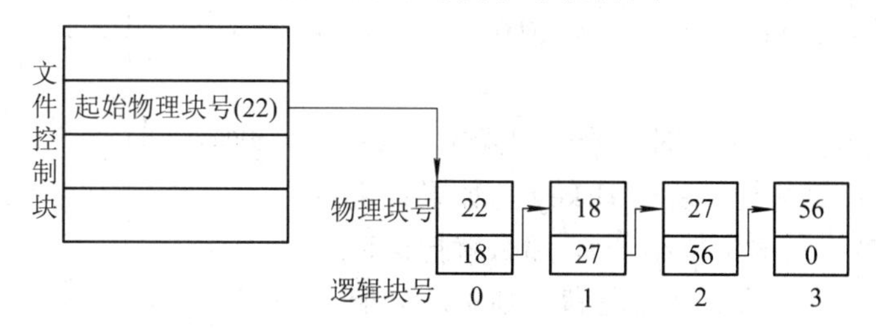

图 6-6　连接文件结构

使用指针可以将文件的逻辑记录顺序与它所在的物理块顺序完全独立开来，即物理块可以任意选用，不必连续，而借助指针表达记录之间的逻辑关系。

连接文件的优点是：易于对文件记录作增、删、改，易于动态增长记录；不必先确定文件长度；不必连续分配，从而提高了存储空间利用率。

连接文件的缺点是：存放指针需额外的存储空间；必须将链接字和数据信息存放在一起，破坏了物理块的完整性；由于存取需通过获得链接字后，才能找到下一物理块的地址，因而仅适合于顺序存取。

3. 直接文件或散列文件

直接文件结构是在直接存取存储设备上，通过某种函数变换 H，把逻辑记录的关键字 key 直接映射到该记录存储地址的一种文件物理结构形式。之所以称为直接文件结构，就是因为通过函数变换 H 和记录的关键字 key，可以直接通过计算 H(key)得到记录所在的存储块号，然后通过直接存取存储设备访问该块号，从而存取记录的数据。由于是通过计算得到存储块号，我们也把这种文件结构称为计算寻址结构。

这里的关键是函数 H 的选择，通常选择哈希函数(Hash)(散列函数、杂凑函数)作为函数变换。不失一般性，设一个逻辑记录为 $R[i] = <key_i, value_i>$ (i = 1，2，…，N)，其中 key_i 为 R[i] 的关键字，$value_i$ 为 R[i] 的其他数据值。理想情况下，如果函数 H 满足如下两个条件，我们就可以通过计算直接得到记录 R[i] 的物理块号：

(1) 对于所有的关键字 key_i，$H(key_i)$的值在 1 到 M 之间。

(2) 对任意的两个关键字 key_i 和 $key_j(i≠j)$，都有 $H(key_i) \neq H(key_j)$。

我们把 H(key)称为 key 的哈希值，这里哈希值就代表一个存储块号。第一个条件说明了记录关键字的哈希值是一个有限范围内的存储块号；第二个条件说明了不同记录所在的存储块是不同的。在这两个条件的保证下，可以方便地组织一个文件的存储结构，并对文件进行存取、修改、增加和删除等一系列操作。如果键的范围和所使用地址(即存储块号)范围相等，那么这就是一种十分理想的存取方法。但大部分情况下，一个存储块可以存放多条记录，记录键值范围也大大超过所用地址的范围，这时就会出现多个键值被映射到同一个物理块的情况，我们把这种情况称为“冲突”。

出现冲突的概率越小，存取记录的效率就越高，但同时也意味着记录的存储分布范围越大。当出现冲突时，就要解决冲突。解决冲突的方法叫做溢出处理技术。常用的溢出处理技术有顺序查探法、两次散列法、拉链法、独立溢出区法等。图 6-7 是一个采用拉链法

处理冲突的例子。

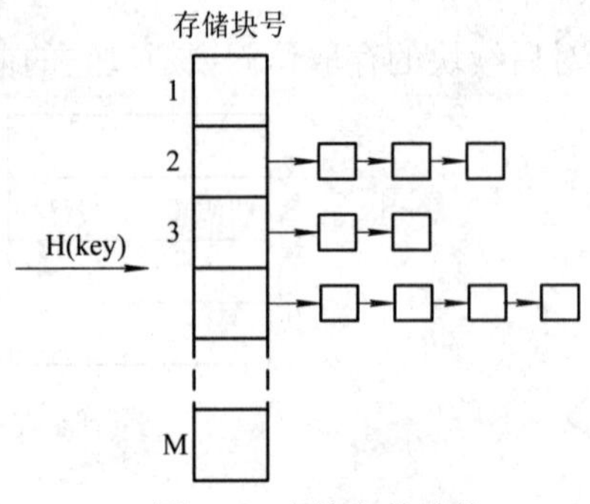

图 6-7　直接文件结构

图 6-7 中，记录的个数 N 远远大于使用的实际地址的范围 1，2，…，M。假定一个物理块可以存放 r 条记录：

(1) 为记录分配存储空间时，给定记录键值 key，使用哈希函数 H 计算得物理块号 H(key)，如果该块中还没有记录，或者记录的条数小于 r，那么就把该记录存入该块；如果该块中的记录数已满，则重新分配一个存储块，并把该块与 H(key)对应的块通过指针关联起来，然后将记录存入该块。

(2) 在存取键值为 key 的记录时，首先计算出存储块号 H(key)，如果该块内有多条记录，或者该块有关联的其他块，那么在块或块链表中进一步查找满足要求的记录。解决冲突会付出相当多的额外代价，因而“冲突”是计算寻址结构性能下降的主要因素。

直接文件存储结构是通过指定记录在介质上的位置进行直接存取的，记录无所谓次序。而记录在介质上的位置是通过对记录的键施加变换而获得的，利用这种方法构造的文件也称为散列文件。这种存储结构用在不能采用顺序组织法、次序较乱又需在短时间内存取的场合，如实时处理文件、操作系统目录文件、编译程序变量名表等。此外，由于不需要索引，节省了索引存储空间和索引查找时间。

4. 索引顺序文件

索引结构通过在文件中增加一个冗余数据结构，即索引表，来实现文件的非连续存储以及提高记录的访问速度，它适用于数据记录保存在随机存取存储设备上的文件。索引表由若干表目按照一定顺序组成，其中每个表目是一个偶对：

<key, pointer>

其中，key 是一个记录键，pointer 是该记录的存储地址，存储地址可以是记录的物理地址，也可以是记录的符号地址。索引表实际上是一个简单的顺序文件，称为索引文件，简称索引。索引中的表目通常按照记录键的某种次序排列。为了不引起混淆，我们把索引文件所指示的原文件称为主文件。

索引通常用在数据库中。在数据库表上可以建立一个或多个索引。一个数据库表就是一个文件，表中的一个元组就是一条记录，主码就是记录键，通过索引可以快速找到对应键值的记录。值得注意的是，索引有完全索引和部分索引之分。完全索引为文件中的所有记录建立索引，而部分索引只对文件中满足一定谓词条件的记录集合建立索引。

使用索引使得文件逻辑记录的次序与这些记录所在的存储块的次序相分离，并且可以加快检索速度。为查找一个特定的记录，首先查找索引表，检索键值等于目标键值或者位于目标键值之前且最大的索引项，然后从该索引项的指针所指的主文件中的位置处开始查找。

例如，对于一个包含 10000 条记录的文件，为查找某一特定的键值，平均需要访问 5000 次记录。假设创建了一个包含 100 项的部分索引，索引中的键值或多或少均匀分布在主文件中，为找到这条记录，平均只需要在索引文件中进行 50 次访问，接着在文件中进行 50 次访问。查找开销从 5000 次减少到 100 次。

索引文件实际上维护了文件记录的逻辑顺序。但是当插入一条新记录，或删除一条记录时，为了仍然维持文件记录的顺序，需要更新部分甚至全部索引文件，这对一个表目较多的索引文件来说，是一个不小的开销。为了解决这一问题，通常采用溢出文件的方法。所谓溢出文件，也称日志文件或事务文件。当向主文件中插入一条新记录时，它被添加到溢出文件，然后修改主文件中逻辑顺序位于这个新记录之前的记录，使其包含指向溢出文件中新记录的指针。如果新记录前面的那个记录也在溢出文件中，那么修改那个记录的指针。待到系统空闲时，按批处理方式合并溢出文件，并更新索引文件。

我们用图 6-8 来说明溢出文件的作用。索引文件按照记录键值的升序排列，每个表目包含指向记录存储位置的指针。当向主文件中依次添加键值为 10 和 11 的新记录时，首先把键值为 10 的记录添加到溢出文件中，然后在索引中找到小于 10 的最大键值，即 key = 8 的表目，进而得到 8 号记录，再修改 8 号记录的附加域，使其指向 10 号记录。11 号记录的添加与此类似，首先从索引表中找到 8 号记录，然后从 8 号记录的附加域找到 10 号记录，再将 11 号记录添加到 10 号记录之后。

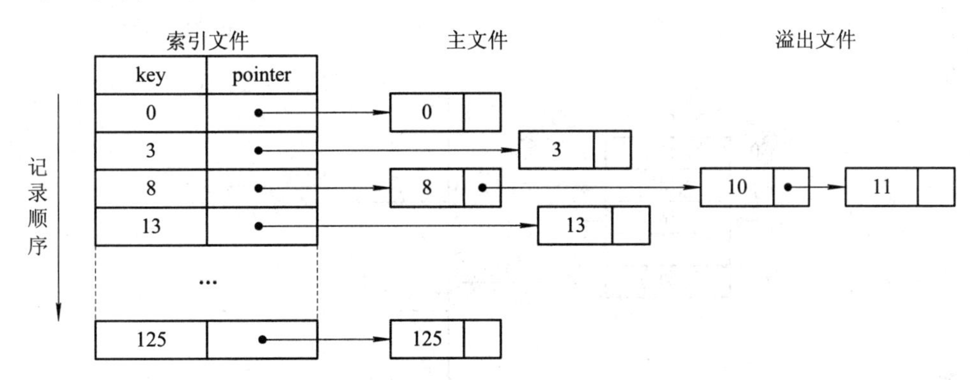

图 6-8　在索引文件中增加一条新记录

使用溢出文件的好处是，每次增加或删除记录时，不用立即更新索引表，而是待系统空闲时，整批处理新增或删除的记录，把溢出文件合并到索引文件中。

通常，索引表的地址可由文件控制块指出，如图 6-9 所示。

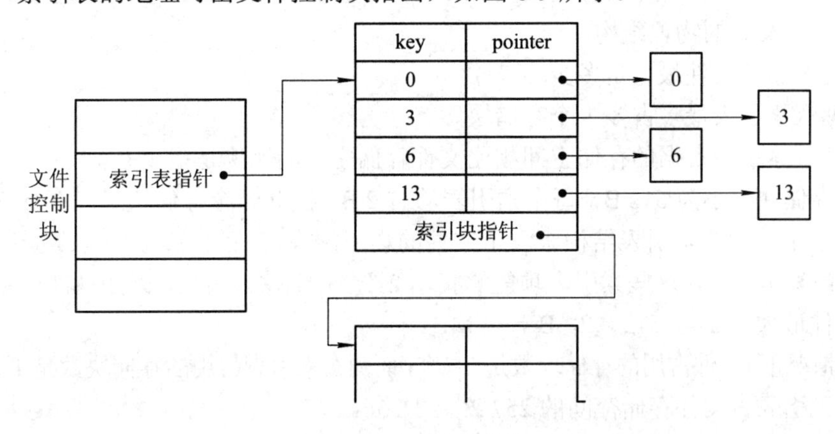

图 6-9　索引文件结构

索引文件结构具有如下优点：

(1) 文件逻辑记录的顺序与记录的存储顺序相分离，因此不需要预先确定文件的长度，对于文件内容的修改、插入、增加和删除没有限制。

(2) 索引文件可以方便地进行随机存取。通过记录键值，在索引表中找到对应的存储块号，然后通过随机存取存储设备直接存取存储块。

索引文件的缺点是：保存索引表本身需要一定的存储空间，有时索引表的信息量甚至可能远远超过文件记录本身的信息量；增加了文件存取时间。在存取文件时，需要两步操作，第一步是查找文件索引表，获得记录的物理地址；第二步是以物理地址获得记录数据。这样，至少需要两次访问辅助存储器，但若文件索引已预先调入主存，那么就可减少一次访盘操作。

索引表是在文件建立时由系统自动创建的，并与文件一起存放在同一文件卷上。因此，文件的索引表通常要占用一个或多个存储块。当索引表的表目不多时，仅用一个存储块就可以容纳，但当表目增多，一个存储块不够存放索引表时，就需要多个存储块来存放。存放索引表的存储块称为索引表块。多个索引表块的组织方式有两种：连接文件方式和多重索引方式。连接文件方式将多个索引表块按连接文件的方式链接起来。多重索引方式是建立多级索引表，如图 6-10 所示。

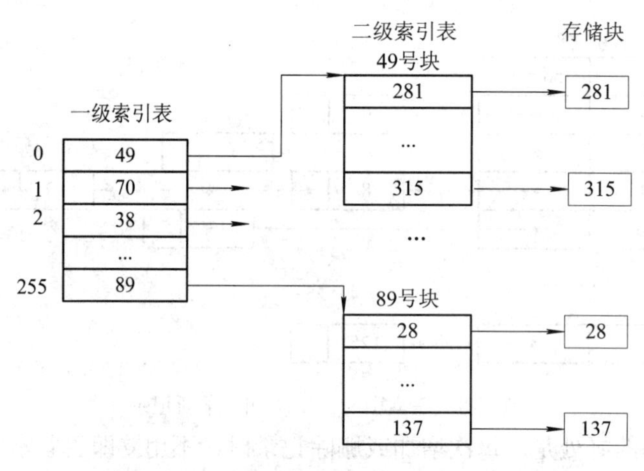

图 6-10　按多重索引方式组织索引表

【例 6-1】 设一个存储块大小为 512 B，每个索引表项占 2 B。如果采用两级索引表结构来描述一个文件的物理结构，问：

(1) 能表示的文件最大是多少(字节)？

(2) 两级索引表最多占多少个存储块？

(3) 两级索引表占据的存储空间相比文件存储空间的比例是多少？

解　存储块大小为 512 B，每个索引表项占 2 B，因此一个存储块最多存放 256 条索引表项。由于采用两级索引表结构来表示文件的物理结构，因此两级索引表最多具有 $256 \times 256 = 2^{16}$ 条索引表项，这些索引表项能够指示 2^{16} 个存储块。因此，采用两级索引表结构能表示的文件最大是 $2^{16} \times 512 = 2^{25}$ B = 32 MB。

最大情况下，文件占用的存储块数是 2^{16} 个，而两级索引表占用的存储块数是 $1 + 256 = 257$ 块，因此索引表占文件存储空间的 $257/2^{16} = 1/256$。

由此可见，尽管索引表占据了相当数目的存储块，但相对于文件大小来说，所占比例仍然很小。

5．UNIX 文件的物理结构

在 UNIX 系统中，采用流式文件为文件的逻辑结构，采用混合索引表来描述文件的物理组织。一个文件的混合索引表位于该文件的 i-node 数据结构中。在 i-node 中定义了一个 120 字节的索引数组 i-addr[15]，每个元素占 8 字节，用于存放磁盘地址或指针。系统把常规文件分成小型、中型、大型和巨型四种。

(1) 小型文件：索引数组的前 12 项(i-addr[0]～i-addr[11])为直接索引，即直接存放文件数据的物理块号。

(2) 中型文件：使用索引数组的前 13 项，其中前 12 项用于直接索引，第 13 项(即 i-addr[12])作为一级间接索引。

(3) 大型文件：使用索引数组的前 14 项，其中前 12 项用于直接索引，i-addr[12] 为一级间接索引，i-addr[13]为二级间接索引。

(4) 巨型文件：使用索引数组的全部。其中，i-addr[0]～i-addr[11] 用于直接索引，i-addr[12] 为一级间接索引，i-addr[13] 为二级间接索引，i-addr[14] 为三级间接索引，如图 6-11 所示。

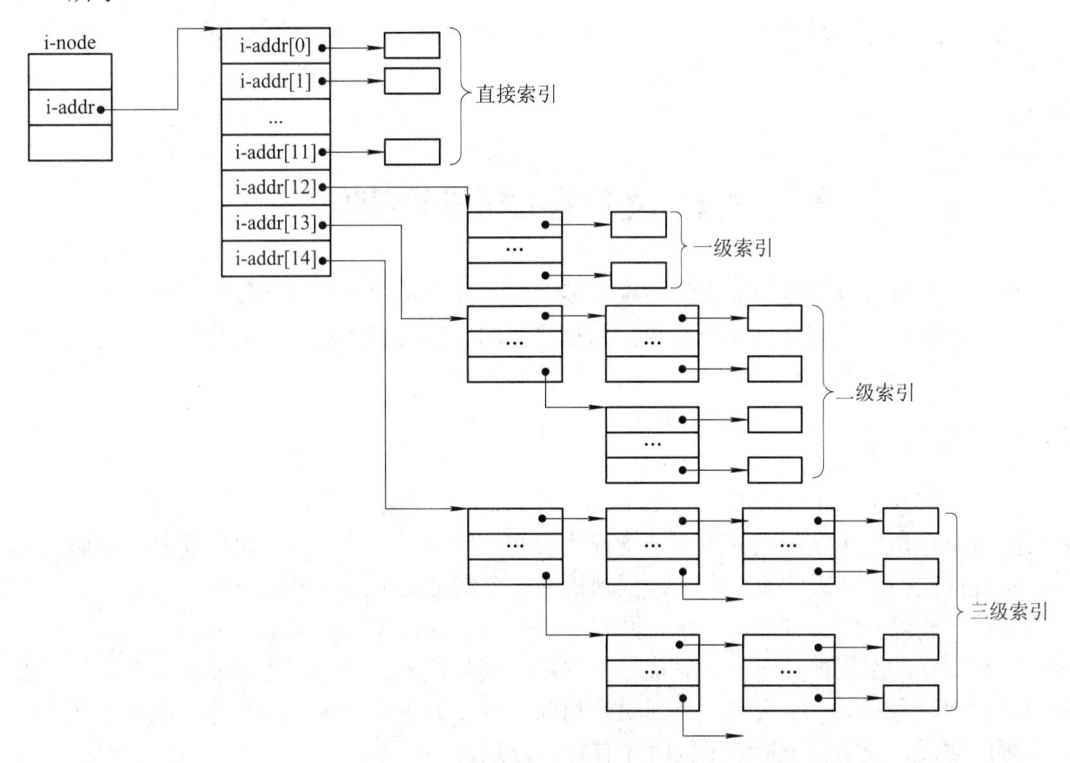

图 6-11　UNIX 文件的混合索引结构

采用这样的结构，一方面可以保证即使是非常大的文件，其索引表也只有 120 字节；另一方面，对于常用的小型、中型文件，通过直接索引或一级间接索引就可以描述。

UNIX 系统的文件逻辑结构采用流式文件。根据逻辑文件的字节偏移量可计算出该字节所在的物理块号。计算分两步完成。第一步，将逻辑文件的字节偏移量转换为文件的逻辑块号和块内偏移量，其转换方法是：将字节偏移量除以盘块大小的字节数，所得的商记为文件的逻辑块号，余数就是块内偏移。第二步，通过索引数组，将文件的逻辑块号映射为相应的物理块号。

【例 6-2】 对于如图 6-11 所示的 UNIX 文件物理结构。假设逻辑块和磁盘块大小都是

8 KB，磁盘块指针是 32 位，其中 8 位用于标识物理磁盘，24 位用于标识物理块，那么

(1) 该系统支持的文件大小最大是多少？

(2) 该系统支持的分区数最多有多少？最大文件系统分区是多少？

(3) 假设只有文件索引节点保存在内存中，访问第 13423956 字节需要多少次磁盘访问？

解　(1) 一个磁盘块中最多能够容纳 8 KB/4 B = 2K 个磁盘块指针。12 个直接索引能够访问 12 个磁盘块，一个一级索引能够访问 2K 个磁盘块，一个二级索引能够访问 2K × 2K = 4M 个磁盘块，一个三级索引能够访问 2K × 2K × 2K = 8G 个磁盘块，因此能够支持的文件最大是

$$(12 + 2K + 4M + 8G) \times 8\ KB = 96\ KB + 16\ MB + 32\ GB + 64\ TB \approx 64\ TB$$

(2) 由于使用 8 位地址标识物理磁盘，因此分区个数最多为 $2^8 = 256$ 个；由于使用 24 位地址标识一个磁盘块，因此能够标识的最大磁盘块数目是 $2^{24} = 16M$ 个，该文件系统支持的最大分区是 16 M × 8 KB = 128 GB。

(3) 13423956/8K = 1638.66 块，说明该位置的字节在第 1639 块中。

使用直接索引能够访问 12 个块，因此第 1639 块在一级索引的第 1639-12=1627 块。显然需要两次磁盘访问，第一次访问一级索引所在的磁盘块，第二次访问该位置所在的磁盘块。

6.4　文件存储空间管理

磁盘等大容量存储空间被操作系统及多个用户共享，用户进程运行期间常常要建立和删除文件，操作系统应能自动管理和控制存储空间。存储空间的有效分配和释放是文件系统应解决的一个主要问题。常用的存储空间管理方法有以下几种。

6.4.1　空闲区表

把磁盘空间上一个连续的未分配区域称为空闲区。系统为所有这些空闲区建立一个表。表目的内容包括一个空闲区的第一个物理块号和空闲块的个数。当用户请求分配存储空间时，系统依次扫描该表的所有表目，直到找到一个满足要求的空闲区为止。

当用户删除一个文件时，系统收回其文件空间。这时也要扫描空闲区表，找出一个空表目，将其释放空间的第一个物理块号及占用的块数填入表目中。在释放过程中，如果被释放的物理块号与某一表目中的物理块号相邻，则还要进行空闲区的合并。这种方法仅适用于顺序文件，仅当有少量空闲区时才有较好效果。

6.4.2　空白块链

如果采用非连续结构，则可用链接指针或索引结构把所有空白块组织成一个空闲块链。采用链接结构时，把整个空闲块链看成一个栈结构，释放和分配的空闲块都可以在链首处进行，相当于空闲块的入栈和出栈操作。其主要问题是要修改几个有关的链接字。这种方法只要求在主存中保存一个指向第一个空闲块的指针。当修改链接字时，要读几个盘块，工作量较大。如果采用索引表，则只需修改索引表中几个有关项，但是索引表占用的存储空间较大，对系统来说也是一个开销。UNIX 文件系统采用了一种改进的办法，即空闲块

成组链接法。

6.4.3　位示图

位示图使用若干字节构成一张表，每一位对应一个物理块。每一位有两个状态：用 1 表示相应块已占用，0 表示该块空闲。微机操作系统 CP/M 和 IBM 操作系统 VM/SP 等均使用这种技术管理存储空间。位示图的主要优点是，可以全部或部分地保存在主存中，故可实现高速分配。

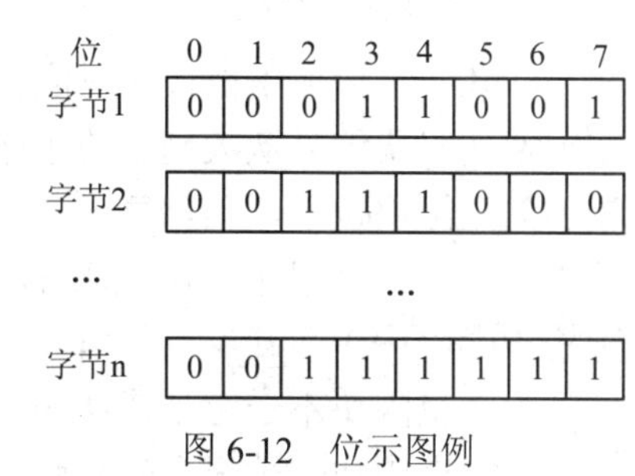

图 6-12　位示图例

如果从 0 开始连续编码物理块号，那么从图 6-12 的位示图的字节 1 可见，物理块 0, 1, 2, 5, 6 都是空闲的。当分配一个空闲块后，它对应的位状态从 0 变为 1；当释放一个物理块后，它对应的位状态从 1 变为 0。

【例 6-3】　假定磁盘块的大小为 1 KB，对于 500 GB 的磁盘，其位示图占用多少个磁盘块？

解　500 GB 的硬盘共有 $500 \times 2^{30}/2^{10} = 500 \times 2^{20}$，即 500M 个块。每个块用 1 位来表示，则位示图的大小为 500M 位，即 500M/8 = 62.5MB，保存这些字节共需要 62.5 MB/1 KB = 62.5K 个磁盘块。尽管位示图占用的磁盘块数看起来很多，但是相对于整个磁盘来说，只占了其中的 62.5 MB/500 GB = 0.0125%，几乎可以忽略不计。这说明使用位示图管理磁盘空间是高效的。

6.4.4　MS-DOS 的盘空间管理

MS-DOS 盘空间的分配采用文件分配表 FAT，盘空间的分配单位称为簇(相当于块)。簇的大小因盘而异。每个簇在 FAT 中占用一项，如图 6-13 所示。

FAT 是一个简单的线性表，它由若干项组成。FAT 的头两项用来标记盘的类型，其余的每个项包含 3 位十六进制数：若为 000，表示该簇是空闲的；若为 FFF，表明该簇是一个文件的最后一簇；若为其他十六进制数，则表示该簇是文件的下一簇号。

一个文件占用了磁盘的哪些簇，可用 FAT 中形成的链表结构来说明。文件的第一个簇号记录在该文件的文件目录项(相当于文件控制块)中。第一个簇号对应的 FAT 表项中存放了下一个簇的簇号。这样，依次指出下一个簇的簇号，直到文件的最后一簇，对应表项的内容为 FFF。比如，对于图 6-13 所示的 FAT，文件第一簇的簇号是 002，以 002 为索引可以在 FAT 中找到下一簇号为 004，依次找下去，直到表项中的内容为 FFF。文件在盘上占据了 5 个簇，依次是 002, 004, 007, 006, 00A。

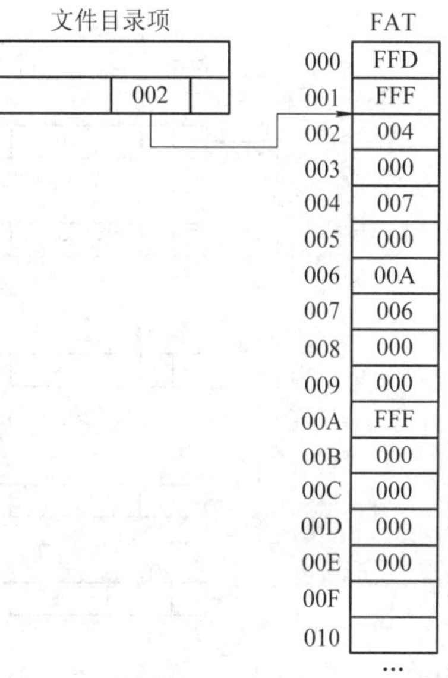

图 6-13　MS-DOS 中的 FAT

一个 FAT 表项对应一个簇号，磁盘中有多少个盘簇就有多少个 FAT 表项。FAT 表项的

内容是下一个盘簇号。因此，可以把 FAT 看作一个单向链表。当存取文件中某一个偏移量的数据内容时，首先需要计算偏移量所在的逻辑块号，然后根据逻辑块号，从文件的第一簇号开始，依次查找 FAT 表项，从而得到对应的盘簇号。

6.4.5 UNIX 文件存储空间的管理

UNIX 采用成组链接法对磁盘空闲块进行管理。成组链接法的基本思想是把所有磁盘空闲块按照块编号从大到小的顺序排列成一个栈结构，编号较大的空闲块位于栈底，编号较小的空闲块位于栈顶。每次分配和释放磁盘块时，都从栈顶磁盘块开始操作。当需要分配磁盘块时，从栈顶取出(即出栈)一个空闲块分配出去；当释放一个磁盘块时，将它加入到栈顶(即入栈)。

由于空闲块不一定是连续的，因此在栈结构中需要把所有空闲块编号记录下来。可以想象，当空闲块个数很多时，必须花费较多的存储空间来记录空闲块的编号。为此，成组链接法采用了一种非常节约存储空间的方法来保存空闲块编号的栈结构。它以 50 个空闲块编号为一组，按照编号从大到小的次序，把这些编号依次划分为若干组。编号最大的一组称为“第一组”，编号最小的一组称为“最后一组”。由于空闲块数不一定是 50 的整数倍，因此最后一组的空闲块编号的个数通常不足 50 个。

然后，对于第 k 组空闲块编号，使用第 k+1 组编号中的某个编号所对应的空闲块来保存，即：第一组空闲块的编号使用第二组的某个编号(通常用组中最大的编号)所对应的磁盘块来保存，第二组空闲块的编号使用第三组的某个编号所对应的磁盘块来保存，……，直到最后一组。那么最后一组的空闲块编号保存在哪里呢？UNIX 使用 $1^{\#}$ 块，即资源管理块或超级块，来保存最后一组的空闲块编号。换句话说，UNIX 文件管理系统可以从 $1^{\#}$ 块中找到最后一组空闲块编号，于是就可以进行磁盘块的分配和释放等操作。做了这样分组之后，整个空闲块编号序列变成一个由若干分组构成的栈结构，如图 6-14 所示。

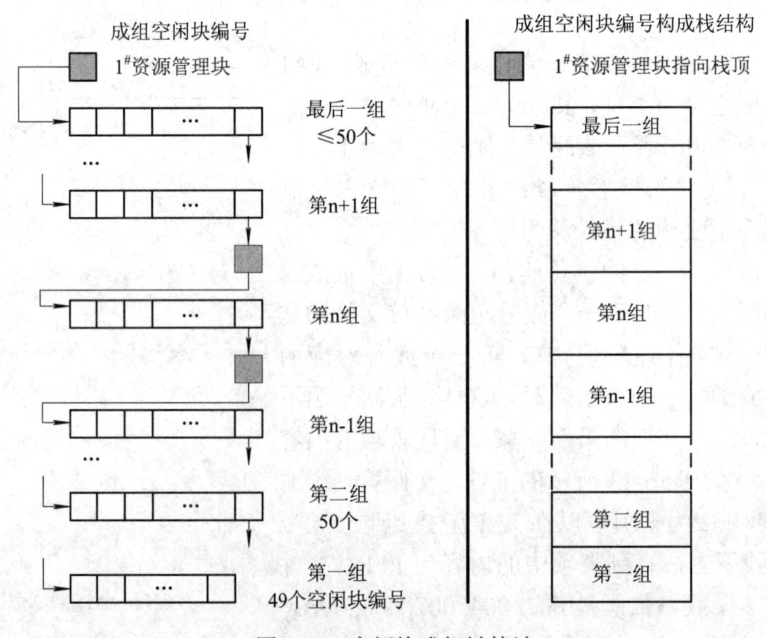

图 6-14　空闲块成组链接法

由于第一组前面再没有其他分组，因此没有必要设置一个磁盘块来保存，因此第一组的编号有 49 个。在 1# 资源管理块中，用于空闲块管理的数据结构主要有 s-nfree，当前在此登记的空闲块数，最多 50 个；s-free[50]，当前在此登记的空闲盘块号。系统在初启时，把资源管理块复制到内存，从而使得空闲块的分配和释放可在内存中进行。

下面我们用一个简单例子来说明成组链接的结构。

【例 6-4】 假定磁盘中空闲块编号的范围是 150～250，351～380，401～449。请用成组链接法组织这些空闲块。

解　首先按照空闲块编号从大到小的次序把空闲磁盘块划分成四组。

第一组：401～449，恰好 49 个块；

第二组：231～250，351～380，50 个块；

第三组：181～230，共 50 个块；

最后一组：150～180，共 31 个块。

第二组的最后一个块 380，用于记录第一组的块数和块号；第三组的最后一个块 230 用于记录第二组的块数和块号；最后一组的最后一个块 180 用于记录第三组的块数和块号；资源管理块，即 1# 块，用于记录最后一组的块数和块号。成组链接结构如图 6-15 所示。

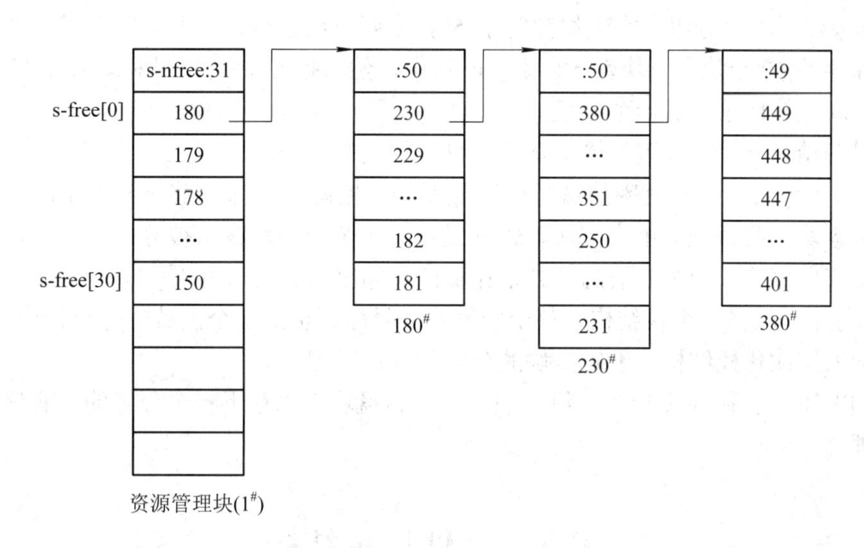

图 6-15　成组链接结构

成组链接表实际上可以被看作一个用链表实现的栈结构，每个栈元素是一组空闲块编号，其中第一组空闲块编号位于栈底，最后一组空闲块编号位于栈顶，各个栈元素用指针连接起来。当进行空闲块的分配与释放操作时，总是从栈顶开始，即从最后一个分组开始分配或释放。

我们用如下算法给出空闲块的分配和释放过程。这个过程总是从最后一个分组开始的。在算法中，s-nfree 和 s-free[50] 分别是资源管理块(1# 块)中保存的空闲块数和空闲块号列表。我们用 N 表示一个内存变量，用来暂存磁盘块编号。用 n# 表示 n 号磁盘块，用“[n#]”表示 n# 磁盘块的数据内容。

磁盘块分配算法：	$n^{\#}$盘块释放算法：
if s-nfree>1	if s-nfree < 50
s-free[s-nfree-1]被分配;	s-free[s-nfree]:=n#;
s-nfree:=s-nfree-1;	s-nfree:=s-nfree+1;
else //s-nfree=1	else //s-nfree=50
copy s-free[s-nfree-1] to N;	copy [1#] to [n#];
clear [1#];	clear [1#];
copy [N] to [1#];	s-nfree:=1;
N 被分配;	s-free[0]:=n#;

当提出磁盘块分配请求时，盘块分配程序从最后一个分组开始分配。如果最后一个分组中空闲块数大于 1，则从分组的栈顶弹出一空闲块编号，将其对应的盘块分配出去，然后栈顶指针下移一个单位，总块数减 1。若请求的盘块恰好是分组的最后一个盘块编号，则先将该块中存放的前一组的各块号和块数读入 $1^{\#}$块，然后把该块分配出去。这时最后一个分组已经全部分配完毕，倒数第二组成为了最后一组。

在系统释放磁盘空间时，被释放的磁盘块 $n^{\#}$被添加到最后一个分组中。如果最后一个分组空闲块数不足 50 个，那么把释放的空闲块号直接压入最后一组的栈顶位置，空闲块数加 1；如果最后一个分组中空闲块数等于 50，表示该组已满，需要另外开辟一个分组。把 $1^{\#}$块中保存的 50 个块号和块数 50 写入 $n^{\#}$块中，然后把 $n^{\#}$块的块号和块数 1 写入 $1^{\#}$块。这时，$n^{\#}$块就构成了最后一个分组。

可以总结一下使用成组链接法管理磁盘空闲块的好处：

(1) 大大节省了保存空闲块编号的存储空间。实际上，保存前一分组空闲块数和空闲块号的磁盘块本身就是一个空闲块，也就是说，一个空闲块在未被分配之前，被充分利用起来，用来保存前一分组的信息，真正花费的存储空间其实只有 $1^{\#}$块。

(2) 每个分组是一个栈结构，整个空闲块编号序列也是一个由若干分组构成的栈结构，这样形成的层次化栈结构便于磁盘块的分配和释放管理。

(3) 以 50 个空闲块编号为一组，使得一个磁盘块足以存下一个分组的所有信息，便于系统管理。

6.5　文件目录结构

文件系统包括文件的集合和目录结构。目录结构的功能有两个：一是存放目录下的文件的相关信息；二是提供通过文件名搜索文件属性信息和文件数据内容的机制。目录也必须保存在非易失性存储介质中。本节将介绍目录的逻辑组织结构以及目录结构的实现方式。

6.5.1　目录结构

目录可以看成一个能够把文件名映射到对应目录项的符号表。目录结构具有如下几种形式。

1. 一级目录

在操作系统中构造一张线性表，与每个文件相关的信息占用一个目录项就构成了单层目录结构。单用户微型机操作系统 CP/M 的软盘文件便采用这一结构。每个磁盘上设置一张一级文件目录表，不同磁盘驱动器上的文件目录互不相关。目录项的长度为 32 字节。目录项 0 称为目录头，记录有关文件目录表的信息，其他每个目录项记录文件控制块 FCB，即记录文件的有关信息。图 6-16 给出了文件目录表及其主要内容。

一级目录存在的主要问题是“重命名”问题。在一级目录中，文件名和文件实体之间存在着一一对应关系，不允许两个文件具有相同的名字。在多道程序系统中，尤其是多用户的分时系统中，重名是很难避免的，而由人工来管理文件名注册以避免命名冲突，则是很麻烦的。解决这一问题的方法是建立二级目录。

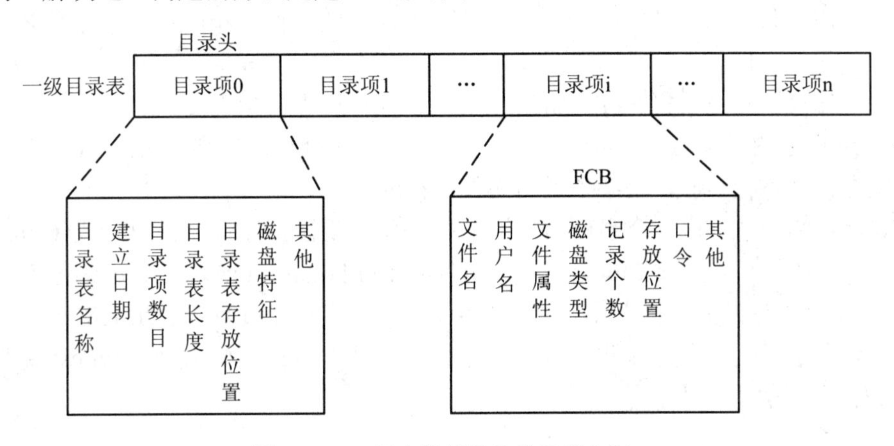

图 6-16　一级文件目录结构及其内容

2. 二级目录

二级目录允许系统中的各个用户(或用户组)建立各自的用户文件目录表(UFD)。管理这些用户目录表的总文件目录称为主目录表(MFD)。主目录表中每个目录项给出了用户文件目录的名字、目录大小及其所在的物理位置等。这样就构成了二级目录结构，如图 6-17 所示。

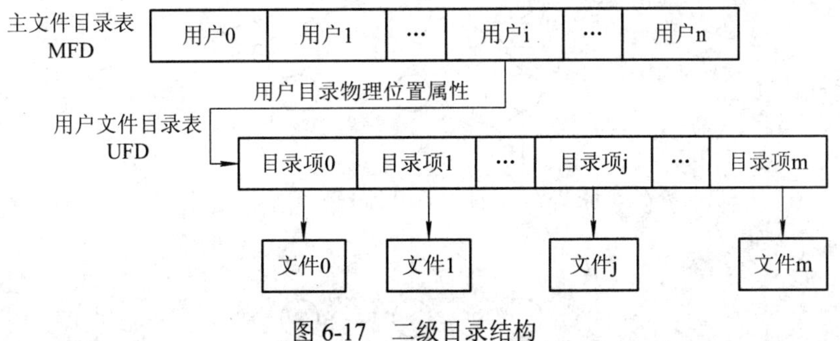

图 6-17　二级目录结构

当一个用户要存取一个文件时，系统根据用户名，在主文件目录表中找出该用户的文件目录表，然后再根据文件名，在其用户目录表中找到相应的目录项，通过该目录项进一步找到这一文件的物理位置，从而得到所需的文件。

当用户想建立一个文件时，如果是新用户，即主文件目录表中无此用户的相应目录项，则在主目录表中申请一空闲项，然后分配给该用户，用于存放用户目录表，新建文件的目录项就登记在这个用户目录表中。

删除文件时，除了释放文件存储空间之外，还应在用户目录中删除该文件的目录项。如果删除后该用户目录表为空，则表明该用户已经脱离系统，从而可从主文件目录中删除该用户的目录项。

使用二级目录结构可以解决重命名问题。二级目录结构可以看作一个高度为 2 的树，树的根是 MFD，它的直接后继是 UFD，UFD 的后继是文件本身，即文件是树的叶子节点。给定一个用户名和一个文件名，就定义了树中从根节点到叶节点的一条路径。因此，用户名和文件名一起定义了一个路径名，系统中每个文件都有一个路径名。为了唯一地命名一个文件，用户必须知道文件的路径名。即使两个用户的文件名相同，使用路径名也能够区分这两个不同的文件。

例如，如果用户 A 想存取自己的文件 test，他可以直接使用文件名 test 来存取。为了存取用户 B(相应的目录名为 userb)的 test 文件，它必须使用路径名/userb/test 来存取。有的操作系统在说明路径名时，还必须说明文件所在的卷。

比如，MS-DOS 中，用一个字母加冒号表示一个卷，因此文件路径名表示为 C:\userb\test。在 VMS 系统中，文件 login.com 被表示为 u:[sst.jdeck]login.com;1，其中 u 是卷名，sst 是目录名，jdeck 是子目录名，1 是版本号。其他系统把卷名简单处理为目录名的一部分，路径名中第一个名字就是卷名，剩下的部分就是目录名和文件名。例如，/u/pbg/test 说明了文件 test 所在的卷是 u，目录是 pbg。

3. 多级目录

为了便于系统和用户更加灵活、方便地组织、管理和使用各类文件，对二级目录进一步扩展，形成了多级目录结构。多级目录结构可以被看作高度为任意值的树。例如，UNIX 系统的树形目录结构如图 6-18 所示。

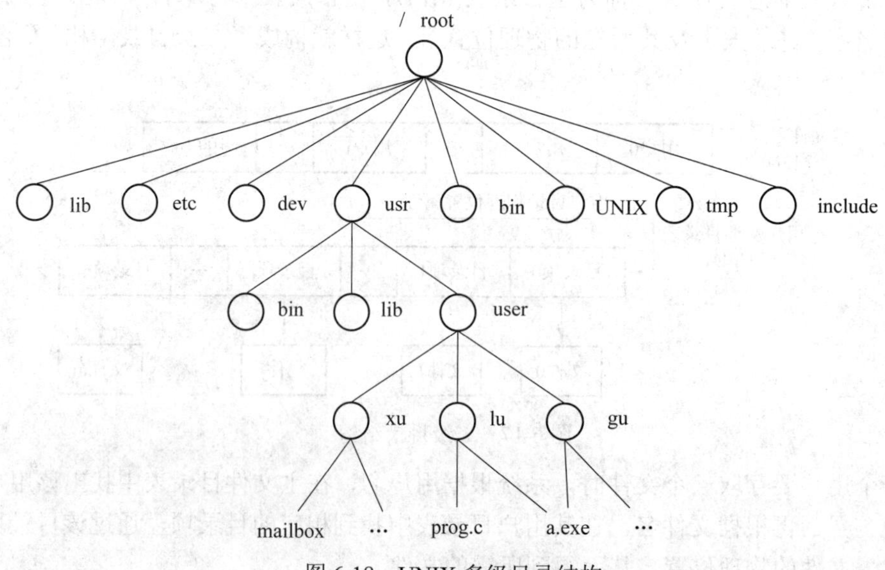

图 6-18 UNIX 多级目录结构

在树形目录结构中，路径名有两种表示方法：绝对路径名和相对路径名。从根开始到达文件的路径称为绝对路径。例如文件 prog.c 的绝对路径名为 /usr/user/lu/prog.c。相对路径名通常和“工作目录”的概念一起使用。用户可以指定一个目录作为当前的工作目录。这时，所有的路径名，如果不是从根目录开始，则都是相对于工作目录的。例如，如果当前的工作目录是 /usr/user/lu，则绝对路径名为 /usr/user/lu/prog.c 的文件可以简单地用 prog.c 来引用。

6.5.2　目录和目录项的实现

目录是目录项的一个线性列表。实现目录结构的关键在于定义一个目录项。不同操作系统定义目录项的方式不同。

1. MS-DOS 中的目录项

图 6-19 是 MS-DOS 的一个目录项。一个目录项用 32 个字节(0x00～0x1F)来表示。一个目录项可以表示一个文件，也可以表示一个子目录。MS-DOS 的一个目录项就是一个文件控制块 FCB，其中保存了文件或目录的基本信息。MS-DOS 的文件物理结构采取连接文件结构，其第一个磁盘块的块号(首簇号)放在目录项中。根据首簇号，按照链接表，可以找出文件的所有块。

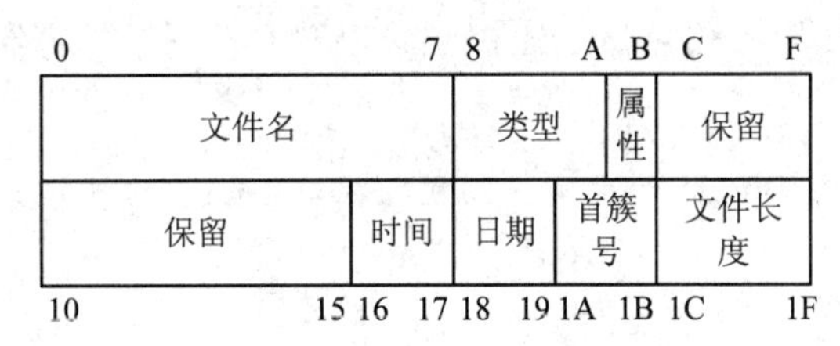

图 6-19　MS-DOS 目录项

2. UNIX 中的目录项

UNIX 中每个目录项仅包含一个文件名及其 i-node 号，如图 6-20 所示。文件的其他属性均放在 i-node 中。根据 i-node 号，在专门存放 i-node 的磁盘区域中，可以找到对应的 i-node，进而获得文件的所有属性、控制管理信息以及文件数据内容的存储分布。

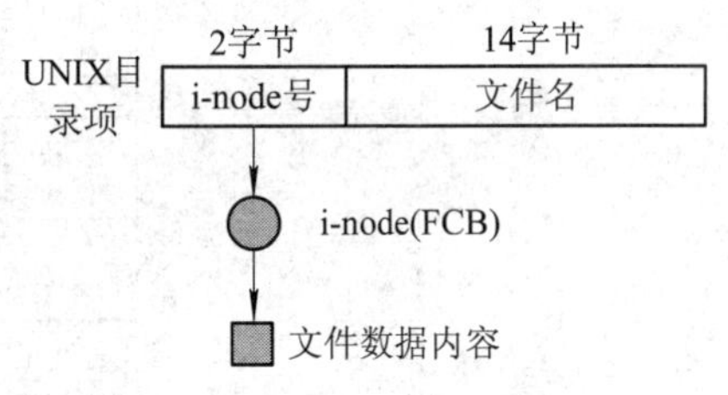

图 6-20　UNIX 中的目录项

UNIX 的目录项几乎没有存放文件的任何信息，真正存放文件元信息的单元是 i-node，目录项仅提供了一个从文件名找到对应 i-node 号的机制，因此它相当于一个指向文件 i-node 的指针。

UNIX 把目录也当作一个文件，使用类型域来区分目录和普通文件。既然目录也是一个文件，那么一个目录也有对应的 i-node(即目录的文件控制块)，保存该目录的元信息。目录的数据内容实际上就是目录项的列表。

例如，要找到文件 /usr/ast/mbox，我们用图 6-21 来说明查找过程以及涉及的结构。根目录“/”、子目录 usr 和 ast 都有相应的 i-node，因此首先从根目录的 i-node 找起。由于文件系统总是能够知道根目录 i-node 的存储位置，因此能够访问到根目录 i-node。整个查找

过程为：文件系统首先找到根目录的 i-node，从该 i-node 的位置属性信息中获取根目录的内容，即根目录的目录项列表。这些目录项可能表示子目录，也可能表示根目录下的文件。在这个目录项列表中，用符号名“usr”查找对应的目录项，从而得到 usr 目录的 i-node 号，再从该号得到 usr 目录的 i-node，再从该 i-node 得到 usr 的内容，即 usr 目录的目录项列表，然后继续在该列表中查找名为“ast”的目录项，依次这样继续下去，直到找到 mbox 文件为止。由于 mbox 是目录结构中的叶子节点，因此当搜索到 mbox 时，搜索过程终止。

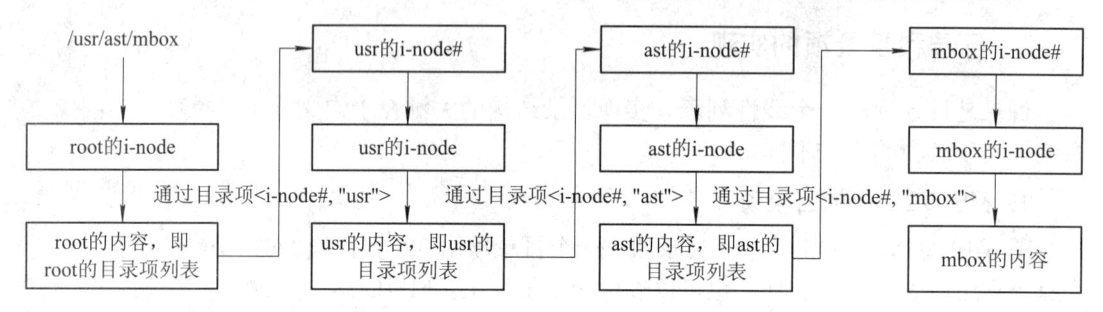

图 6-21　查找/usr/ast/mbox 的过程

知识拓展

UNIX 文件系统中 i-node 的结构以及文件系统的存储结构

1. i-node 结构

UNIX 文件系统使用 i-node 表示文件的元信息。i-node 的结构如下图所示：

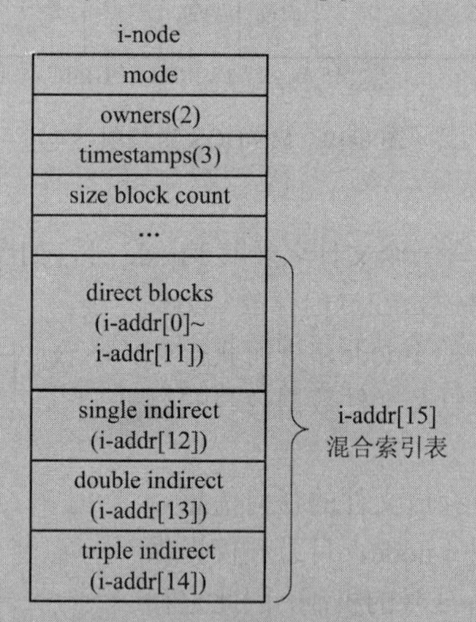

i-node 结构中包含了文件的属性信息以及文件的位置信息，其中 i-addr[15]就是前面 6.2.2 节中讲到的 UNIX 文件的混合索引表，通过这个索引表可以得到文件的存储空间分布。

2. 文件系统的存储结构

我们总结一下文件系统在磁盘中是如何存储的。磁盘可以分为若干分区，每个分区中可以装载一个文件系统(分区也可以不装载任何文件，保持未格式化)，成为一个文件卷。按照层次组织关系，一个文件卷中包含：

• 引导控制块(boot control block)。引导块存放用于从该卷中引导一个操作系统所需的信息。如果卷中不包含操作系统，那么该块为空。通常，引导块是卷的第一个块。UFS(UNIX 文件系统，UNIX File System)系统中称引导控制块为“引导块”(boot block)，NTFS 把它称为“分区引导区”(partition boot sector)。

• 卷控制块(volume control block)。卷控制块包含卷或分区的细节信息，如分区中块的数目、块的字节大小、空闲块的数目以及空闲块的指针等。UFS 系统中把它称为“超级块”(super block)，在 NTFS 中，它被存放在“主文件表”(MFT，Master File Table)中。

• 目录结构。目录结构用来组织文件。目录由一个或多个目录项组成。目录项的结构取决于不同的操作系统。前面的图 6-17 和图 6-18 分别给出了 MS-DOS 和 UNIX 实现的目录项结构。在 UNIX 中，目录被看作一个文件，目录中的目录项就是目录文件的内容。在 NTFS 中，目录结构被存放在主文件表 MFT 中。

• 文件控制块 FCB。每个文件都有一个文件控制块，其中保存了文件的元信息。在 UNIX 中，FCB 使用 i-node 来实现，而在 MS-DOS 中，FCB 使用目录项来实现。在 NTFS 中，文件控制块实际上存放在主文件表 MFT 中。

• 文件数据内容。文件的数据内容存放在物理存储块中。

下图给出了 UNIX 文件系统的存储结构：

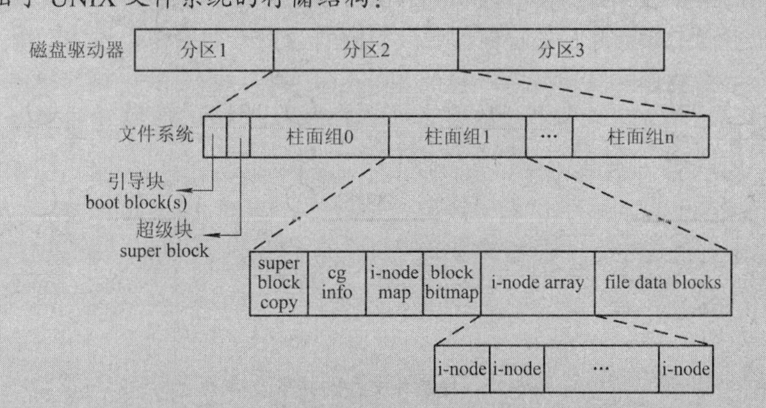

如果我们进一步分析 i-node 数组和数据块的结构，会得到下图：

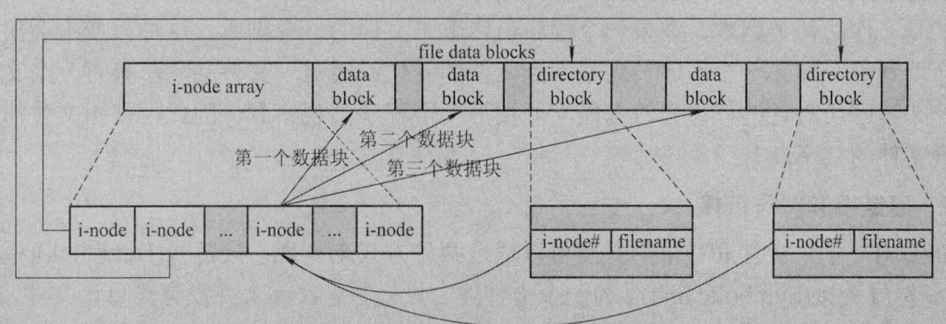

i-node 数组其实就是 i-node 结构的线性序列，每个 i-node 代表一个文件或目录。数据块用来存放文件的数据内容，而目录块(directory block)用来存放目录的内容，即目录项的列表。通过 i-node 中的位置属性信息可以找到它对应的文件内容(即数据块)或目录的内容(即目录块)。

6.5.3　文件链接

1．文件的共享需求

树状目录结构能够很好地实现文件的隔离。树状结构保证了每一个文件或目录有且只有一条访问路径。在多用户操作系统中，一个用户的文件位于他的用户文件目录(UFD)之下，同名文件由于路径不同，不会出现冲突和混淆。但有时，我们希望不同用户能够共享同一文件或目录。

比如，两个程序员 usr1 和 usr2 共同开发一个项目，他们都需要对项目文件进行操纵，即需要共享项目文件。由于每个程序员工作在自己的 UFD 之下，要共享项目文件，他们必须能够从各自的 UFD 访问到这些文件。假定项目文件保存在目录 /usr/usr/project 中，usr2 需要从其用户目录 /usr/usr2 建立一条访问 project 的路径，如图 6-22(a)中箭头线所示。这样一来，在目录结构中就出现了两条路径指向同一目录的情况，破坏了目录原来的树状结构。

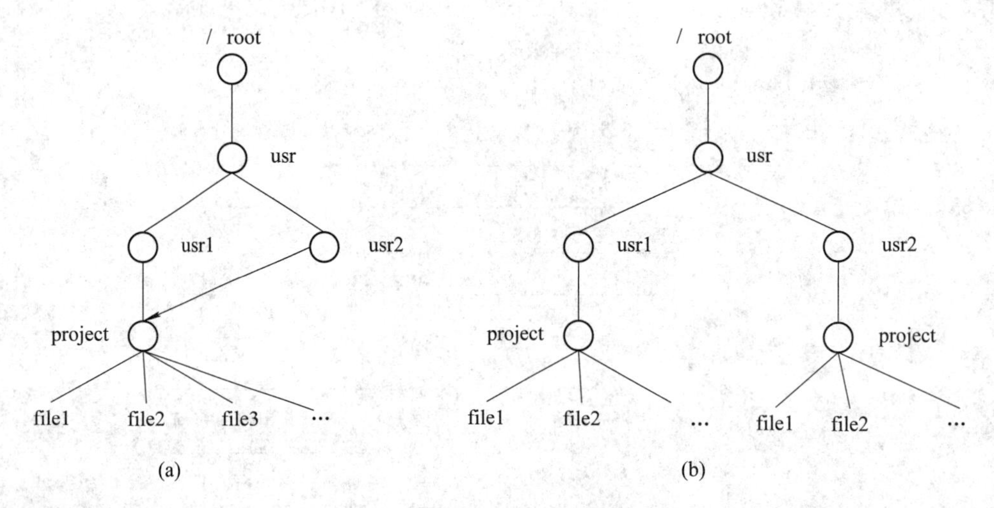

图 6-22　目录和文件的共享及拷贝

值得注意的是，文件共享不同于文件的拷贝。对于文件拷贝(图 6-22(b))，usr1 和 usr2 看到的是文件的两个副本，如果一个程序员修改了文件的一个副本，这种改变不会出现在另一个副本中，即另一个程序员观察不到文件的变化；而对于文件共享，只有一个文件存在，一个程序员对它的任何修改都能立即被另一个程序员观察到。因此，使用文件拷贝无法实现文件的共享。

2．硬链接和符号链接

在 UNIX 中，文件和目录的共享可以通过两种方式来实现：硬链接(Hard link)(或简称链接)和符号链接(Symbolic link)。为一个文件建立硬链接，实际上并没有拷贝该文件，而是建立了一个指向该文件的 i-node 的目录项；而为一个文件建立符号链接，实际上是建立了一个新文件，这个新文件的内容记录了被链接文件的路径。

UNIX 通过提供 shell 命令和系统调用两种方式来建立文件链接，本节介绍命令方式，系统调用方式将在后面介绍。

对于图 6-22 所示的目录结构，假定项目文件目录 project 已经存在于目录 usr1 之下，

usr2 想从自己的用户目录 /usr/usr2 中引用文件 /usr/usr1/project/file1，那么他可以使用 ln 命令建立硬链接或者符号链接。

硬链接：

$ln /usr/usr1/project/file1　./lfile1

符号链接：

$ln -s　/use/usr1/project/file2　./slfile2

“ln existingpath newpath”是建立硬链接的命令，“ln -s actualpath sympath”是建立符号链接的命令。

上面的硬链接命令在用户目录“/usr/usr2/”中建立一个形如<i-node#, "lfile1">的目录项，其中 i-node#是文件/usr/usr1/project/file1 的 i-node 号；而上面的符号链接命令实际上在用户目录“/usr/usr2/”下建立了一个名为 slfile2 的文件，该文件的内容是一条路径名“/use/usr1/project/file2”。我们用图 6-23 来比较硬链接和符号链接的不同。

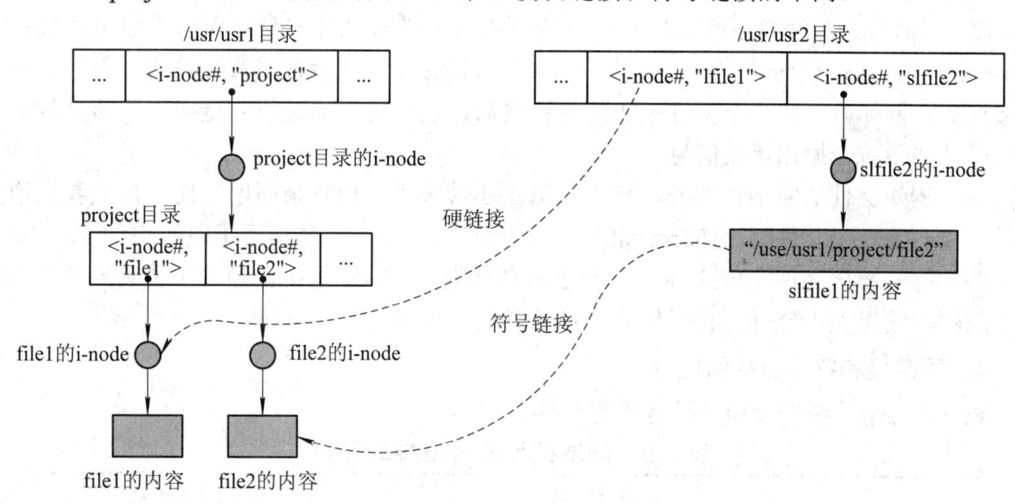

图 6-23　硬链接和符号链接的区别

在一个文件上建立链接之后，就可以使用链接来引用该文件。比如，在用户目录“/usr/usr2”之下，用硬链接“./lfile1”引用文件 /usr/usr2/project/file1，用符号链接“./slfile2”引用文件 /usr/usr2/project/file2。另外还可以在目录上建立符号链接(注意：一般不允许在目录上建立硬链接)，比如 usr2 用户在其目录下用命令：

$ln -s　/usr/usr1/project　./slproject

建立一个指向目录“/usr/usr1/project”的符号链接。用户 usr2 在其用户目录下，使用该链接可以这样访问文件 file1 和 file2：./slproject/file1，./slproject/file2。

从以上比较可以看出，硬链接实际上是建立一个指向被链接文件的 i-node 的目录项；而符号链接则是新建一个文件，其内容是被链接文件的路径名。当使用硬链接引用一个文件时，先从硬链接对应的目录项找到该文件的 i-node，进而找到该文件；而使用符号链接引用一个文件时，实际上是从符号链接文件中读出被链接文件的路径名，然后文件系统解析该路径名，从而访问到被链接文件。因此，符号链接的访问速度要比硬链接慢。为便于理解，我们可以把符号链接看作 Windows 系统中的“快捷方式”。在这个意义上，硬链接与被链接文件的关系更加紧密。

3．链接计数

无论是硬链接还是符号链接，成功地建立链接之后，就可以通过多条路径访问到同一个文件或目录。这样做的好处是实现了文件的共享，但是也给文件管理带来了额外的复杂性。比如，在一个文件上建立了一个硬链接之后，如果通过一条路径把该文件删除掉了，那么当通过另一条路径访问该文件时就会出现“空引用”现象，这可以类比程序设计中的“悬空指针引用”错误。

UNIX 系统是这样解决文件删除问题的：在文件的 i-node 中引入一个“链接计数”(Link count)属性，用来记录 i-node 上硬链接的个数。当一个文件创建时，count = 1，当在其上建立一个硬链接之后，count := count+1。当删除一个文件时，分两种情况：

(1) 当通过硬链接删除一个文件时，首先把 i-node 的计数递减，即 count := count-1，这时如果 count != 0，说明还有其他链接引用该文件，那么就不能删除该文件；如果 count = 0，说明没有任何链接引用该文件，这时就可以将其安全地删除掉，并释放其存储空间。

(2) 当通过符号链接删除文件时，只会删除符号链接文件本身，而对于被链接文件及其 i-node 不会造成任何影响；当通过其他非符号链接路径删除被链接文件时，不会对符号链接造成任何影响；当一个文件被删除并释放后，仍然可以通过符号链接访问该文件，但是这时文件系统会抛出错误信息。

除了删除文件的复杂性之外，链接的引入还带来了其他复杂问题。比如，当我们通过符号链接删除一个文件时，如$rm slfile2，究竟删除的是符号链接所指向的文件 file2 呢，还是删除符号链接文件 slfile2 本身。对于这些问题，UNIX 系统已经给予了确定的回答，限于篇幅，这里不再展开，有兴趣的读者可以进一步参考其他资料。

4．硬链接和符号链接的比较

表 6-6 总结了硬链接和符号链接的差异。

表 6-6　硬链接和符号链接的异同

	硬 链 接	符 号 链 接
是否能在目录上建立	一般不允许在目录上建立	可以在文件或目录上建立
对 i-node 的影响	硬链接实际上是一个目录项，它指向被链接对象的 i-node。建立硬链接时，i-node 的链接计数递增	符号链接实际上是一个新文件，它拥有自己的 i-node，与被链接文件的 i-node 无关，也不会引起被链接文件 i-node 的任何变化
名字解析快慢	因为硬链接包含对象的直接引用，因此解析速度较快	符号链接包含对象的路径名，该路径名必须被再次解析以找到相应的对象，因此总体解析速度较慢
对象是否存在	建立硬链接时，被链接对象必须要存在	建立符号链接时，被链接对象不要求必须存在
对象删除	为了删除一个对象，该对象上的所有硬链接必须被完全解除	一个对象可以被删除，即使还有指向它的符号链接存在
范围	硬链接只限定在同一文件系统内部	符号链接可以跨文件系统，甚至跨计算机、跨网络
作用	提供文件共享功能；为重要文件建立硬链接，可以防止误删	提供快捷对象引用方式

【例 6-5】 解释如下 UNIX shell 命令的含义：

```
$ touch f1      #创建一个测试文件 f1
$ ln f1 f2      #创建 f1 的一个硬链接文件 f2
$ ln -s f1 f3   #创建 f1 的一个符号链接文件 f3
$ ls -li        # -i 参数显示文件的 i-node 节点信息
```

显示结果为

```
9797648 -rw-r--r--      2 oracle oinstall 0 Apr 21 08:11 f1
9797648 -rw-r--r--      2 oracle oinstall 0 Apr 21 08:11 f2
9797649 lrwxrwxrwx      1 oracle oinstall 2 Apr 21 08:11 f3 -> f1
```

其中，“9797648”为文件 i-node 号，可见硬链接 f2 与被链接文件 f1 具有相同的 i-node，实际上 f1 和 f2 的地位是完全等同的，文件系统无法区分哪个是原始文件，哪个是硬链接；而符号链接 f3 就有所不同，首先它具有不同的 i-node 号“9797649”，其次文件属性“lrwxrwxrwx”中的“l”表明它是一个符号链接文件，而且链接到文件 f1，即“f3 -> f1”。

继续对上述文件进行如下操作：

```
$ echo "I am f1 file" >>f1              #将内容“I am f1 file”重定向到 f1
$ cat f1                                #查看 f1 的内容
I am f1 file
$ cat f2                                #使用硬链接 f2 查看内容
I am f1 file
$ cat f3                                #使用符号链接 f3 查看内容
I am f1 file
$ rm -f f1                              #删除目录项 f1。由于文件上还有硬链接 f2，所以该文件仍然存在
$ cat f2                                #仍然可以通过 f2 访问该文件
I am f1 file
$ cat f3                                #由于目录项 f1 已被删除，所以不能通过 f1 访问到文件，于是通过
cat: f3: No such file or directory      #符号链接访问该文件的企图失败
```

【例 6-6】 下面一个例子说明了在目录上建立链接可能会产生环路，增加了文件系统管理的复杂性。

```
$ mkdir foo
$ touch foo/a
$ ln -s ../foo   foo/testdir
$ ls -l   foo
total 0
-rw-r-----    1   sar    0    Jan 22 00:16    a
lrwxrwxrwx 1   sar    0    Jan 22 00:16    testdir->../foo
```

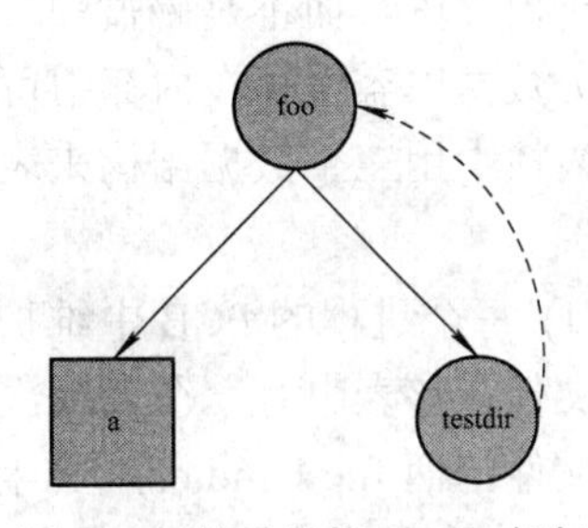

图 6-24 符号链接 testdir 产生环路

经过如上命令的执行，目录结构如图 6-24 所示，其中存在 foo→testdir→foo 的回路。当我们引用文件 a 时，

可能出现无穷多条可能的路径：

foo/a，foo/testdir/a，foo/testdir/testdir/a，foo/testdir/testdir/…/a，…

6.6 文件共享

文件系统驻留在非易失性存储介质中，其生命周期跨越了进程的边界和计算机一次启动的边界。一个进程要使用一个文件，首先必须打开它，当不再使用时，必须关闭它。在进程使用文件期间，文件作为一项资源被该进程所拥有。由于文件是一种公共资源，因此并不被打开它的进程所独占，而是可以在多个进程间被共享。换句话说，在一个进程打开并使用一个文件期间，另一个进程也可以打开并使用该文件，于是该文件就在这两个进程间得到共享。

文件共享为操作系统带来了额外的复杂性。一是并发控制的复杂性。多个进程可以同时对共享的文件进行一系列操作，如果不施加合理的并发控制，那么就会造成不期望的结果。(可以这样类比：把文件当作一个缓冲区，把文件偏移量当作缓冲区指针，多个进程对文件的并发操作问题实际上就是第四章讲过的多个进程对缓冲区的读/写问题。)二是文件管理的复杂性。当多个进程共享一个文件时，共享的语义变得更加复杂：共享是指文件数据内容的共享？文件偏移量的共享？还是文件 i-node 的共享？共享的一致性语义是如何定义的？

文件共享在带来复杂性的同时，也为我们带来了一些便利。正是由于文件可以在多个进程间共享，我们才能通过文件在进程间进行方便的通信：共享文件就是通信信道，一个进程向共享文件中写入数据，另一个进程从该文件中读出数据，如果写入和读取的操作顺序控制得当，那么进程间就完成了一次通信。实际上，UNIX 系统中的管道通信机制就是通过文件共享来实现的。要理解和清楚地辨析文件共享的语义，首先必须介绍文件系统在内核中的相关数据结构。

6.6.1　打开文件在内核中的数据结构

文件系统驻留在磁盘等外部存储介质中，但是在内存中需要维护文件系统的部分映像，或者为文件系统创建特定的内核数据结构。其原因一是基于文件系统管理方面的考虑。比如，当一个进程成功地打开了一个文件，那么这个文件就与进程建立了特定的关联。这种关联随着进程成功地打开一个文件而建立，随着进程退出或关闭该文件而消亡，该关联不是文件本身的属性，而是伴随着进程而产生和消亡的，因此反映这种关联的数据结构应当存在于内存中，而不是磁盘中。二是基于性能方面的考虑，把文件系统的部分结构和文件的部分数据内容缓存在内存中可以加快文件的存取速度。

内核中用三个数据结构来表示一个被打开的文件(以下简称“打开文件”)，如图 6-25 所示。

(1) 每个进程的 PCB 中维护一个进程打开文件表(Per-Process Open-File Table)，每一个打开文件在该表中有一个表项，表项中包括文件描述符 fd(file descriptor，Windows 系统中称为文件句柄 file handler)、fd 标志(fd flags)和文件指针，其中文件指针指向系统打开文件表的一个表项。

(2) 内核为所有打开文件维护一个系统打开文件表(System-Wide Open-File Table)，每个打开文件占据一个表项。表项中包含文件打开状态标志，如 read、write、append、sync、nonblocking 等；当前文件偏移量；引用计数 fd count 和指向一个 v-node 表项的指针。

(3) v-node 表。每个 v-node 表项中包含文件 i-node 信息，这些信息是在文件被打开时，从磁盘中的 i-node 读入的，因此关于文件的所有持久性信息都可以从 v-node 得到，例如文件的拥有者、文件大小、存储文件的数据块的指针等。

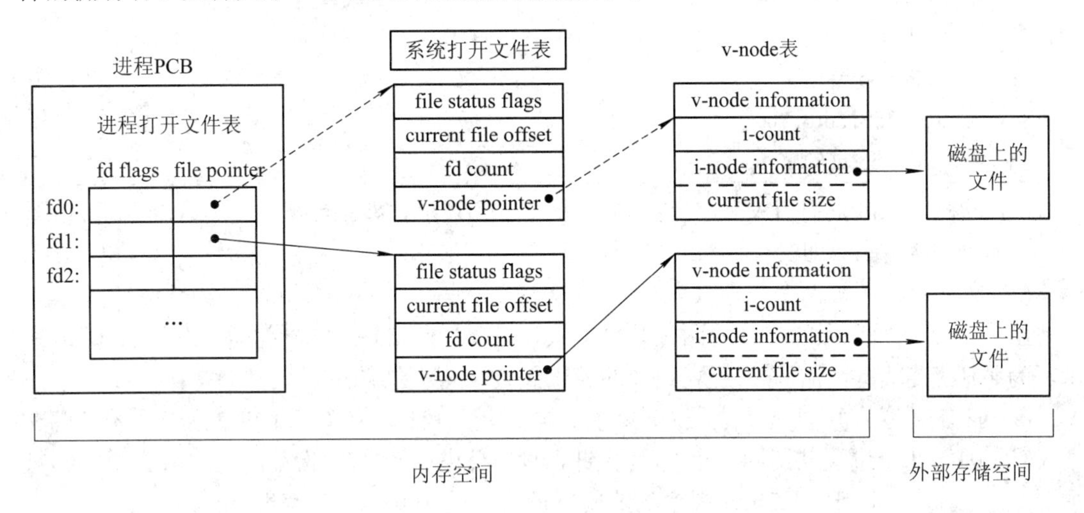

图 6-25 打开文件的内核数据结构

6.6.2 进程间的文件共享

当一个进程首次打开一个文件时，操作系统将为该文件分配一个进程打开文件表项、系统打开文件表项和 v-node 表项，并将磁盘中 i-node 的信息拷贝到 v-node 表项中，建立起打开文件结构。另一个进程可以通过两种方式共享一个已经打开的文件：

(1) 父进程通过创建子进程让其共享已经打开的文件。

父进程在创建子进程时，除了状态、标识以及时间等少数信息外，子进程复制了父进程的所有信息。子进程被创建后将拥有自己的进程打开文件表，其中的内容是复制自父进程的。这时对于父进程已经打开的所有文件，子进程都可以使用，即子进程继承了父进程已经打开的所有文件。值得注意的是，这时“文件共享”的语义是：父、子进程共享同一个系统打开文件表项。在系统打开文件表项中，用属性 fd count 标识共享该表项的进程个数。

在子进程创建完成之后，父、子进程可以并发运行，它们还可以各自独立地打开同一个文件，但这些各自独立打开的文件不能通过第一种方式被共享，但是可以通过第二种方式共享。

(2) 一个进程通过同名或异名再次打开该文件来共享。

假设一个进程 P1 已经打开了一个文件，当另一个进程 P2 通过使用同名或异名再次打开该文件时，发现其对应的 v-node 节点已经在内存中，这时系统为 P2 的进程打开文件表、系统打开文件表各分配一个表项，但不再分配 v-node 表项，而是与 P1 进程共享。这种情况下，“文件共享”的语义是：多个进程共享同一个 v-node 表项。v-node 中的 i-count 属性

就是用来记录共享该 v-node 的进程个数。

【例 6-7】 假定父进程 Parent 通过 fork 调用创建了一个子进程 Child。它们的文件操作如以下伪码所示：

Parent:	Child:
fdA = open("A");	fdB = open("B");
read(fdA, bufA, 100);	read(fdB, buf, 300);
fork( );	fdD = open("D");
fdB = open("B");	
read(fdB, bufB, 200);	
fdC = open("C");	

(1) 进程 Parent 的打开文件 A 能否被进程 Child 共享？如果能够共享，这时 Child 观察到的文件 A 的读指针(即文件偏移量)是多少？

(2) 文件 B 能否被两个进程共享？两个进程观察到的文件 B 的读指针是否会相互干扰？

解 根据上面介绍的文件的两种共享方式，四个打开文件的内核数据结构如图 6-26 所示。为了清楚起见，图中省去了表项中的若干属性。根据此图可以这样回答：

(1) 打开文件 A 可以被子进程 Child 所共享。由于 Parent 和 Child 共享同一系统打开文件表项，因此两个进程共用同一个读/写指针，即一个进程对读/写指针的任何改变都能够被另一个进程观察到。所以 Child 观察到的文件偏移量是 100，而且 fd count=2。

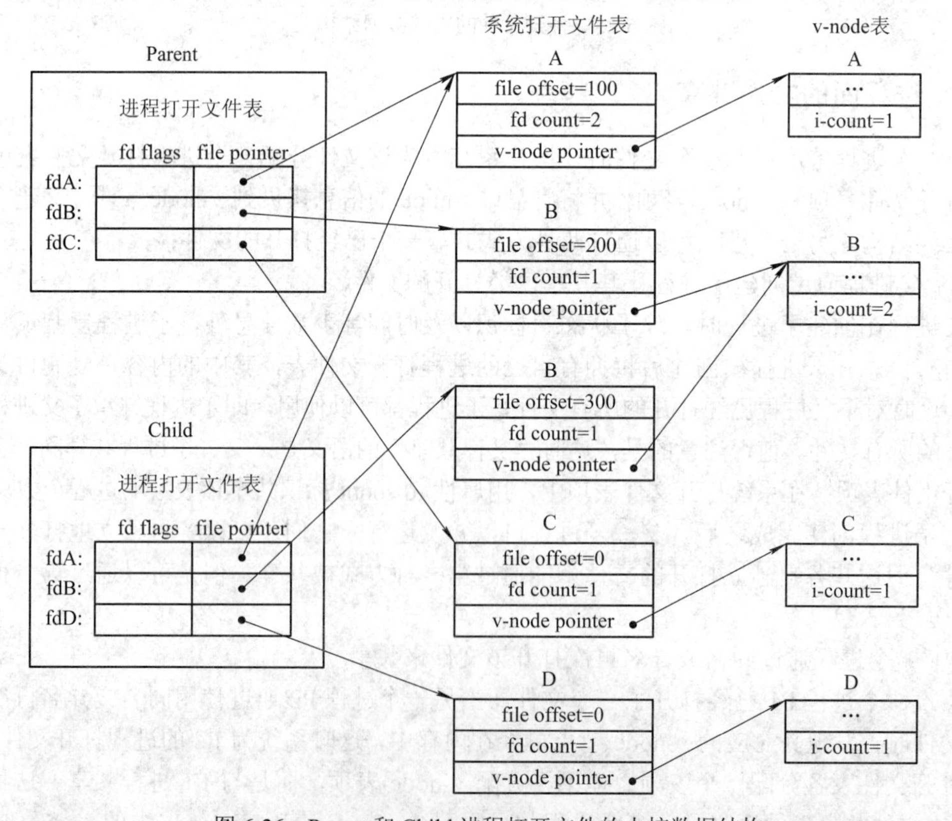

图 6-26　Parent 和 Child 进程打开文件的内核数据结构

(2) 由于 Parent 和 Child 分别打开文件 B，因此它们也能够共享文件 B。每个进程拥有各自的系统打开文件表项，因此也拥有各自的文件偏移指针，即两个进程观察到的文件 B 的读/写指针不会相互干扰。这时两个进程共享同一 v-node 表项，因此 i-count=2。

尽管两个进程观察到的读/写指针不会相互干扰，但是并不意味着它们可以不加任何并发控制地对文件进行操作。比如，当两个进程同时对文件 B 进行写操作时，由于它们共享同一文件数据内容，因此，如果不加并发控制的话，可能出现各种并发错误，比如写覆盖错误，即一个进程在某个文件位置上刚写入的数据内容，被另一个进程在同一位置上用新数据重新写入。

6.6.3 打开文件的一致性语义和文件锁

前面讲述了多个进程如何共享打开文件的内核数据结构，本节讲述文件内容的共享，即当多个进程同时对同一文件内容进行操作时，文件的状态如何变化。

文件内容的共享有两种处理方式：一种是允许多个进程(用户)同时访问共享文件；第二种是当一个进程正在访问一个文件时，不允许其他进程访问该文件，即实现共享文件的互斥。

对于第一种方式，需要解决的主要问题是文件的一致性语义。当多个进程对共享文件操作时，假定它们同时执行了写入操作，那么当一个进程对文件写入后，其他进程是否能够立即观察到文件内容的变化？文件的最终状态究竟该如何定义？

对于第二种方式，需要解决的主要问题是：在保证文件互斥的前提下，如何实现较高的并发访问度。

1. 一致性语义

在下面的讨论中，假定一个进程(用户)对一个文件的一系列操作总是封装在 open( )和 close( )操作之间，我们把这样的文件操作序列称为该文件的一个会话(File session)。

不同文件系统所采用的文件一致性语义有所不同。UNIX 文件系统采用如下一致性语义：

(1) 一个进程对一个打开文件的写入，能够立即被共享这一打开文件的进程观察到。

(2) 当多个进程共享同一系统打开文件表项时，它们共享文件当前位置指针，因此一个进程对文件指针的移动能够影响所有其他共享的进程。这种情况下，文件只有一个镜像，所有共享的进程对它互斥交叠地存取。

Andrew 文件系统采用下面的一致性语义：

(1) 一个进程对一个打开文件的写入，不能立即被共享这一打开文件的进程观察到。

(2) 仅当一个文件上的会话结束时，该文件上的变更对之后开启的会话量是可见的。在会话结束前打开的文件实例观察不到这些变更。

根据该语义，一个文件可以同时与多个文件镜像相关联。因此，允许多个进程(用户)在各自的文件镜像上进行并发读/写操作，几乎不需要施加任何并发控制。

在分布式系统中还采用一种非常特殊的文件共享语义，称为“不可变更共享文件”(Immutable-Shared-Files)语义：一旦一个文件被声明为共享文件，那么它的内容就不允

许改变了。

2．文件锁

文件锁是一种并发控制机制，使用它可以保证多个进程对共享文件的互斥访问。为了提高并发度，文件锁分为“共享锁”(Shared lock)和“排他锁”(Exclusive lock)。简单地说，共享锁就是读锁，多个进程可以同时获得共享锁，对共享文件进行读操作；排他锁就是写锁，任一时刻只允许一个进程获得排他锁，也就是当一个进程正在写文件时，不允许任何其他进程对文件进行操作(无论是读还是写)。值得注意的是，并不是所有操作系统都支持这两类锁，一些操作系统只提供互斥锁。

操作系统还提供强制锁(Mandatory locking)和咨询锁(Advisory locking)文件封锁机制。如果采用强制封锁机制，那么当一个进程获得一个排他锁，操作系统将阻止任何其他进程企图对封锁文件的读、写访问请求，无论这些进程有没有使用锁机制。而咨询锁机制要比强制锁机制宽松一些，当一个进程获得一个排他锁，操作系统只能阻止那些使用了封锁请求的进程，而对那些没有使用锁机制而且企图对封锁文件进行读、写访问请求的进程不会起到排斥作用。

比如，假定一个进程 P1 获得了文件 system.log 上的排他锁，现在另外一个进程 P2 企图打开该文件。如果采用强制锁机制，无论 P2 有没有对 system.log 加锁，操作系统都将阻止 P2 对 system.log 的访问，直到排他锁被释放；如果采用咨询锁机制，若 P2 在访问 system.log 时对其加了锁(无论是共享锁或排他锁)，那么操作系统将会按照封锁协议阻止 P2 对文件的访问；若 P2 在访问 system.log 时没有加锁，那么操作系统将不予理会，允许 P2 对文件的任何读、写访问。换句话说，咨询锁实际上将封锁的使用权留给了程序的设计者，由设计者决定合适的封锁请求和释放。如果设计者在访问文件时，能够正确地使用封锁，那么就能保证程序的并发访问正确性；如果设计者由于各种原因，没有使用封锁，那么操作系统仍然允许对文件的访问请求，因此有可能出现多个进程同时写入，或同时读/写的情况，从而产生并发访问错误。一般来说，Windows 系统采用强制锁机制，UNIX 系统默认情况下采用咨询锁机制。

6.6.4　管道

管道、消息队列和共享内存是进程间的三种通信方式。消息队列已经在第四章介绍过，本节主要介绍管道机制。管道实际上是一个能够被两个进程共享的打开文件，一个进程向其中写入，另一个进程从其中读出，就完成了一次通信过程。

管道是 UNIX 系统最早采用的一种进程间通信机制，被所有版本所支持。但是管道的使用具有如下限制：

(1) 管道是半双工的(Half duplex)，即管道的通信方向是单向的。要进行进程间的双向通信，必须建立两个管道。

(2) 管道只能用于父、子进程间通信，或者具有同一祖先的进程间通信。一般的，父进程先创建一个管道，然后通过 fork( )创建一个子进程，这样父子进程就共享该管道。

通过 pipe 系统调用创建一个管道：

```
#include <unistd.h>

int pipe (int fd[2]);
                                        Returns: 0 if OK, -1 on error
```

该系统调用创建两个文件描述字：fd[0]是读端口，fd[1]是写端口，fd[1]的输出是 fd[0]的输入，图 6-27 所示。

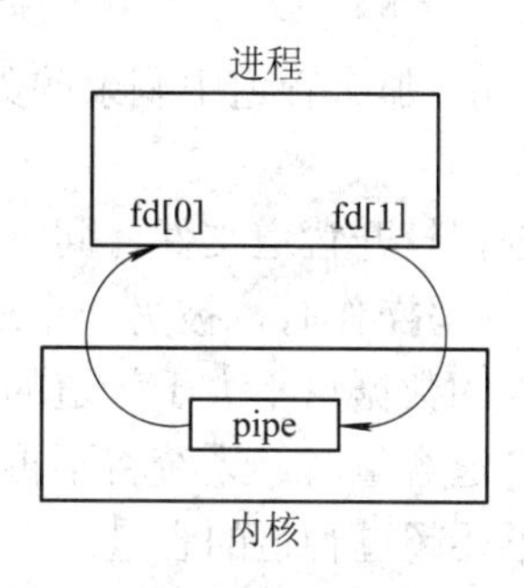

图 6-27　单进程中的管道

单个进程中的管道几乎没有什么用处。通常的做法是，一个进程创建一个管道后，接着调用 fork( )，这样管道就被子进程继承下来，如图 6-28 所示。

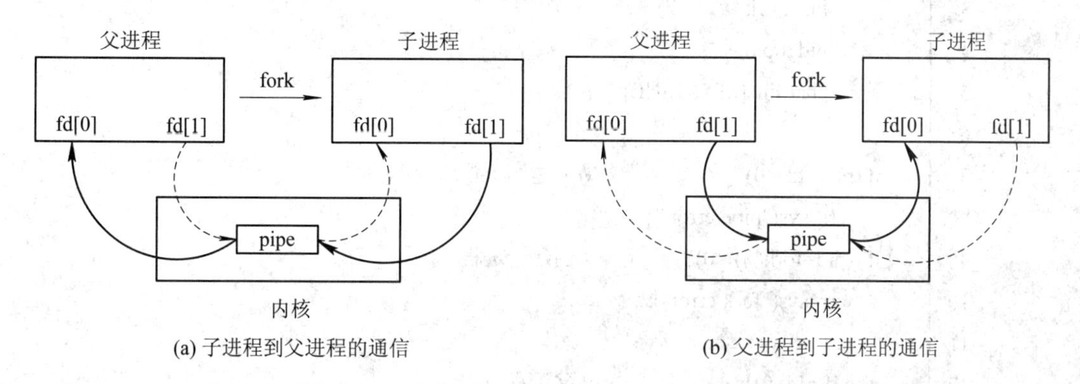

图 6-28　管道的继承

当管道用于子进程到父进程的通信时，需要把子进程的 fd[0]和父进程的 fd[1]关闭，如图 6-28(a)所示；当管道用于父进程到子进程的通信时，需要把父进程的 fd[0]和子进程的 fd[1]关闭，如图 6-28(b)所示。

管道创建完毕之后，父、子进程就可以通过管道进行通信：一个进程通过 fd[1]端口向管道写入；另一个进程通过 fd[0]从管道读出。对管道的读/写与文件类似，可以通过 write( )和 read( )系统调用来完成。与第四章所讲的消息传递一样，凡是进程间的通信过程，都会涉及对公共信道读、写操作的同步问题。因此与普通文件的读/写操作不同，管道的读、写操作需要同步，也就是可能存在阻塞调用进程的问题。具体的，

(1) 当管道中没有数据可读时，read 调用将会阻塞，即调用进程进入阻塞状态，直到有数据到来为止。

(2) 当管道满的时候，write 调用将会阻塞，直到有进程读出数据为止。

另外，当对管道进行读、写操作时，还可能出现对端端口已经关闭的情况。如果对这种情况不加处理，有可能导致进程永远阻塞下去。比如，当一个进程试图通过 read 调用读管道时，而该管道的写端口已经关闭，那么该进程将永远阻塞在 read 调用上。对于这种情况，UNIX 是这样约定的：

(1) 如果管道的读端口被关闭，则 write 调用会抛出一个异常信号，并立即返回 –1，不等待 read 操作。

(2) 如果管道的写端口被关闭，那么管道中剩余的数据都被读出后，再次执行 read 时，会返回 0，并不等待 write 操作。

一般情况下，可能有多个进程打开管道文件，同时向管道写入，那么会不会出现多个写操作交叠(即一个进程正在执行写操作时，被另一个进程的写操作所中断)的情况呢？对此，UNIX 可以保证：当要写入的数据量不大于管道的容量时，系统将保证写入操作的原子性；当要写入的数据量大于管道容量时，系统将不再保证写入操作的原子性。这就要求我们，向管道中写入数据时，不要超过管道的容量，否则可能产生不期望的结果。

【例 6-8】 下面是一个通过管道进行进程间通信的例程。

```
1     int main(void){
2         int n;
3         int fd[2];
4         pid_t pid;
5         char line[MAXLINE];
6
7     if (pipe(fd)<0)                    //创建一个管道
8         err_sys("pipe error");
9     if ((pid=fork( )) <0){             //创建子进程
10        err_sys("fork error");
11    }
12    else if(pid>0){                    //父进程
13         close(fd[0]);                 //关闭读端口
14         write(fd[1], "hello world\n", 12);
15    }
16    else{                              //子进程
17         close(fd[1]);                 //关闭写端口
18         n=read(fd[0], line, MAXLINE);
19         write(STDOUT_FILENO, line, n);
20    }
21    exit(0);                           //两个进程都退出，释放管道资源
22      }
```

程序执行的结果是：父进程向子进程发送了 12 个字符 "hello world\n"，子进程收到后，

将结果转送到标准输出文件，即在计算机屏幕上打印出该字符串。对于该程序，我们还需要进一步分析它的两个并发特性：

(1) 程序没有对父、子进程的读/写顺序进行控制。实际上，父进程创建子进程后，两个进程是并发执行的，父、子进程可以被交叠调度(Interleaved)，子进程对管道的读操作可能发生在父进程对管道的写操作之前。这种情况下，是不是意味着程序的执行可能出错呢？答案是否定的。根据前面的介绍，在管道没有被写入数据之前，read 操作会阻塞，即子进程的 read 操作会等待父进程的 write 操作完成之后才执行。

(2) 一个进程写入管道的操作能否被其他进程写入同一管道的操作所中断？答案是否定的，当写入的数据量不超过管道的容量时，系统能够保证其原子性，也就是当一个进程正在写入管道时，其他进程的写入操作必须等待，直到其完成为止。

6.7　文件系统的保护

计算机中要保护的资源很多，比如 CPU、内存段、磁盘驱动器或打印机等硬件资源，也包括进程、文件、数据库和信号量等软件资源。计算机系统安全和保护涵盖的内容非常广泛，在此不可能全面探讨，但是将着重介绍有关文件系统安全的内容。

首先，我们需要区分两个重要概念，即保护(Protection)和安全(Security)。保护是对进程访问计算机资源加以控制的一种方式。保护必须提供两方面内容：一是能够对施加的访问控制加以说明；二是能够对访问控制加以强制执行。安全概念的外延要比保护广泛得多，它是对计算机系统及其数据保持完整性的信任程度的一种度量。这里我们仅介绍与文件系统保护相关的内容。

对系统资源(文件是系统资源的一部分)加以保护的目的，一是防止一个进程或用户无意或有意地违反系统资源访问约束；二是确保系统中的每一个活动部件(如进程或用户)都能够按照给定的策略使用系统的每项资源。

6.7.1　文件访问权和保护域

文件是系统资源之一，其访问应当受到控制和保护。我们把一个受保护的对象(如文件)称为一个“客体”(Object)。一个客体包括数据或状态以及一个良定义的操作集。我们把能够访问客体的实体称为“主体”(Subject)(如进程或登录用户等)。主体只能通过操作集中的操作来访问客体的数据或状态。

进行安全保护的措施之一是定义主体对受保护对象的访问权。所谓访问权(Access right)，是指一个主体能够执行一个对象上的一组操作的能力。访问权通常用一个三元组来描述：

<Subject, Object, rights-set>

其中 Subject 是访问主体，Object 是访问对象，rights-set 是定义在 Object 上的操作集合。对于文件系统保护而言，主体通常是进程或用户，对象就是文件或目录，文件或目录上的操作通常包括 create、open、read、write、execute 和 destroy 等。当主体明确时，也可以用<Object, rights-set>表示该主体的一个访问权。

一个主体可能对多个对象具有访问权，这些访问权的集合就构成了主体的一个保护域

(Domain)。保护域是指与一个主体相关联的所有访问权的集合。主体只拥有保护域中的权限，除此之外再无其他任何权限。

例如，名为 Alice 的用户，对名为 F1 的文件具有读、写和执行的权限，对文件 F2 具有只读权，那么 Alice 的访问权可以写作 <F1, {r,w,e}> 和<F2, {r}>，与 Alice 相关联的保护域为

D = {<F1, {r,w,e}>, <F2,{r}>}

这意味着 Alice 用户除了对文件 F1 和 F2 具有相应访问权之外，不能对任何其他文件进行操作。

值得注意的是，在一个主体的生命周期内，其保护域并不是一成不变的。为了满足最小权限原则，在主体运行的不同阶段会被赋予不同的保护域，换句话说，主体的保护域会随时间发生切换。

对于文件系统保护而言，主体是进程。由于进程是一个动态概念，它不断地产生和消亡，显然事先无法定义进程对文件的访问权。因此，UNIX 采用用户标识符(user ID)和用户组标识符(group ID)来定义进程的保护域。如果一个进程具有某个用户(组)标识符，那么该进程就具有由该用户(组)标识符定义的保护域中的权限。如果进程的用户(组)标识符发生了变化，那么对应的保护域也就发生了变化。

为了描述系统中所有用户(组)标识符对所有文件的访问权，通常使用访问矩阵的形式。比如，表 6-7 是一个多用户对多文件的访问矩阵，其中每一行表示一个用户标识符，每一列表示一个文件，矩阵元素 A[UID,F]表示用户标识符 UID 对文件 F 的访问权。比如 A[LU,SQRT] = RW，表示用户 LU 对文件 SQRT 可读、可写。

表 6-7　访问矩阵的例子

	SQRT	TEST	AAA	BAS
XU	RE	RWE	RW	R
LU	RW	E	None	E
GU	E	None	R	None

【例 6-9】 对于表 6-7 所示的访问矩阵，写出用户 XU 的保护域。

解　与用户标识符 XU 相关联的保护域 D 是

D = {<SQRT, {RE}>, <TEST, {RWE}>, <AAA, {RW}>, <BAS, {R}>}

当文件系统较大、用户较多时，访问矩阵的规模将会很大，而且通常这个矩阵是一个稀疏矩阵，不便于存储和访问。为了解决这个问题，可以把访问矩阵按列、按行分别存储。

(1) 按列来存储，就是以文件为单位，罗列不同用户对该对象的访问权限，我们把这样形成的列表称为文件的访问控制列表(ACL，Access Control List)。比如，在表 6-7 中，文件 SQRT 的访问控制列表为

ACL = {XU:RE; LU:RW; GU:E}

表示文件 SORT 可以由三个用户 XU、LU 和 GU 来访问，可执行的操作分别是 RE、RW 和 E。

(2) 按行来存储，就是以用户为单位，罗列他能够访问的所有文件权限，我们把这样形成的列表称为该用户的权能字列表(C-list，Capability list)。显然一个权能字列表表示了一个用户所拥有的所有权限。比如，在表 6-7 中，用户 XU 的权能字列表是

C-list = {<SORT, {RE}>; <TEST, {RWE}>; <AAA, {RW}>; <BAS, {R}>}

该列表恰好是由用户 XU 所定义的一个保护域。

6.7.2　UNIX 文件系统的访问控制机制

UNIX 操作系统是这样实现访问控制的：为每个文件定义用户和用户组的访问许可(Permission)，每个进程拥有特定的用户标识(user ID)和组标识(group ID)，即特权(Privilege)，如果文件的访问许可和进程的特权按照访问控制规则是匹配的，那么该进程就拥有对该文件的访问权。下面介绍 UNIX 访问控制机制中的一些基本概念和访问控制规则。

1．用户和 user ID

在多用户操作系统中，要使用计算机系统，主体必须具有一定的用户身份。用户身份由系统管理员授予，包括用户名和 user ID 两部分。User ID 是一个数字值，用来唯一标识一个用户。我们把 user ID 为 0 的用户称为根用户 root 或超级用户 superuser。我们把超级用户拥有的特权称为超级用户特权，它包括系统的所有的访问权。

2．用户组和 group ID

一个用户组是工作于一个项目或部门的用户的集合，这些用户通常共享特定的系统资源。每个用户组用 group ID 唯一标识。一个用户必须属于一个基本用户组(Primary group)和多个附加用户组(Supplementary)。UNIX 最多支持 16 个附加用户组。

UNIX 把访问一个文件的主体分为三类：文件拥有者、文件用户组和其他用户。

(1) “文件拥有者”就是拥有该文件的 user ID。当一个文件被创建时，创建进程的有效用户 ID(Effective user ID)就是该文件的拥有者。注意，由于超级用户可以修改文件的拥有者，因此文件拥有者并不是一成不变的。

(2) “文件用户组”是为一个文件指定的 group ID。当文件被创建时，创建进程的有效组 ID(Effective group ID)就是该文件的文件用户组。同样，文件用户组也不是一成不变的，可以被超级用户或文件的拥有者修改。

(3) “其他用户”是指除了文件拥有者和文件用户组之外的其他用户的集合。

文件访问许可规定了系统中不同用户对一个文件的访问权。UNIX 采用如图 6-29 所示的方式来定义一个文件上的访问许可。

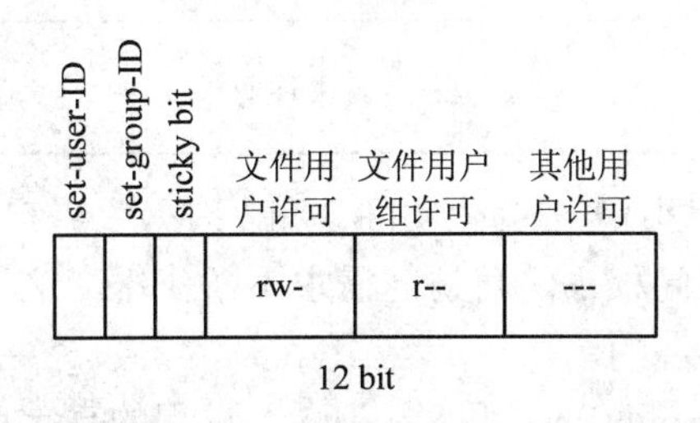

图 6-29　文件访问许可定义

3．文件访问许可

一个文件的访问许可使用 12 个访问许可位来表示。图 6-29 中的访问许可位表示：对于文件用户许可读和写操作，对于文件用户组内的其他用户只许可读操作，对于其他用户

不许可任何操作。除此之外，还有三个位 set-user-ID、set-group-ID 和 sticky bit。这些许可位的解释对于普通文件和目录有所不同，如表 6-8 所示。

表 6-8　文件和目录的访问许可位

	许可位	普通文件	目　录
文件用户	user-read	允许文件用户读取文件	允许文件用户读目录项，即读取目录下的所有文件和子目录的元信息。注意：这不等于能够读取目录下的文件内容
	user-write	允许文件用户写入文件	允许文件用户在目录中删除和创建文件或子目录
	user-execute	允许文件用户执行文件	允许文件用户在目录中搜索给定的路径名
文件用户组	group-read	允许组内其他用户读取文件	允许组内其他用户读取目录项
	group-write	允许组内其他用户写入文件	允许组内其他用户在目录中删除和创建文件或子目录
	group-execute	允许组内其他用户执行文件	允许组内其他用户在目录中搜索给定的路径名
其他用户	other-read	允许其他用户读取文件	允许其他用户读取目录项
	other-write	允许其他用户写入文件	允许其他用户在目录中删除和创建文件或子目录
	other-execute	允许其他用户执行文件	允许其他用户在目录中搜索给定的路径名

4．进程的用户角色

每一个进程也与用户和用户组相关联。UNIX 操作系统使用至少六个用户(组)标识来表示一个进程的用户角色，如表 6-9 所示。

表 6-9　与一个进程所关联的用户和用户组 ID

real user ID real group ID	标识进程的实际用户(组)ID
effective user ID effective group ID supplementary group ID	有效用户(组)ID，用于文件访问许可检查的用户(组)ID
saved set-user-ID saved set-group-ID	由 exec 函数来保存

之所以要把用户(或用户组)区分为“实际”和“有效”用户(组)，是为了遵守最小特权原则，一个进程所拥有的访问权需随着访问需求不断变化。这种访问权限的变化是通过进程用户角色的不断切换来实现的。

- real user ID 和 real group ID：用于标识一个进程的真实用户身份。它们的取值来自于用户登录时的密码文件中保存的条目，也就是启动该进程的登录用户的 user ID 和 group ID。在登录会话期间，这些 IDs 值一般保持不变；
- effective user(group) ID 和 supplementary group ID：用于判断进程是否具有文件访问权。

• saved set-user(group)-ID：当一个进程调用 exec 执行一个程序文件时，exec 函数把进程的 effective user ID 和 effective group ID 分别拷贝到 saved set-user-ID 和 saved set-group-ID 域中，以便事后恢复成原来的有效用户(组)ID。

一般情况下，effective user ID=real user ID，effective group ID=real group ID，但是当一个进程执行一个程序文件时，如果该程序文件的 set-user-ID 位被设置，那么进程的 effective user ID 就被设置为该文件的 user ID；类似的，如果该程序文件的 set-group-ID 位被设置，那么进程的 effective group ID 就被设置为该文件的 group ID。

值得注意的是，一个进程可以通过调用 setuid (uid)和 setgid(gid)来改变用户和用户组。为了安全起见，只有超级用户和满足一定限制的进程才能修改进程的 user ID 和 group ID。

5．文件的访问控制规则

文件访问控制规则规定了一个进程访问文件时，应该拥有或获取的文件访问权。表 6-10 给出了 UNIX 中使用的部分访问控制规则。

表 6-10　访问控制规则

规则 1	当一个进程企图使用文件名(或路径名)open 一个文件时，必须对文件路径上的每个目录拥有“执行”许可，包括当前目录。例如，为了打开文件/usr/include/stdio.h，进程需要拥有目录“/”、“/usr”和“/usr/include”的执行权；如果当前目录是/usr/include，为了打开 stdio.h，进程需要拥有当前目录的执行权。另外，如果进程对于 PATH 环境变量所指示的目录没有执行权，那么 shell 不会在该目录下寻找可执行文件
规则 2	一个进程要以只读(O_RDONLY)或读/写(O_RDWR)的方式 open 一个已存在的文件，那么它必须拥有该文件上的“读”许可。
规则 3	一个进程要以只写(O_WRONLY)或读/写(O_RDWR)的方式 open 一个已存在的文件，那么它必须拥有该文件上的“写”许可。
规则 4	要以 O_TRUNC 方式 open 一个文件，进程必须拥有该文件的“写”许可
规则 5	为了在一个目录中创建一个新文件，进程必须拥有该目录的“写”和“执行”许可
规则 6	为了删除一个已存在的文件，进程必须拥有包含该文件的目录的“写”和“执行”许可。进程不必拥有该文件的“读”或“写”许可
规则 7	如果要使用 exec 函数执行一个程序文件，进程必须拥有该文件的“执行”许可。程序文件必须是一个普通文件，不能是目录

6．文件访问控制测试

当一个进程打开、创建或删除一个文件时，操作系统内核必须进行文件访问控制测试。所谓文件访问控制测试，是指判断一个进程是否拥有一个文件的访问许可的过程。

文件访问控制测试依赖于文件的 user(group)ID 以及进程的 effective user(group)ID 和 supplementary group ID。为了方便起见，我们用记号 p.effective user ID 或 f.user ID 分别表示进程的有效用户 ID 和文件的用户 ID。文件访问控制测试步骤如下：

(1) 如果 p.effective user ID = 0(即 p 是超级用户)，那么对文件 f 的访问被允许，即超级用户对于整个文件系统拥有所有访问权。

(2) 如果 p.effective user ID = f.user ID(即 p 是 f 的用户)，那么 p 要想拥有特定的许可，当且仅当文件的对应许可位被设置，即

- p 要拥有 f 上的读许可，当且仅当 f.user-read 许可位被设置；
- p 要拥有 f 上的写许可，当且仅当 f.user-write 许可位被设置；
- p 要拥有 f 上的执行许可，当且仅当 f.user-execute 许可位被设置。

(3) 如果 p.effective group ID = f.group ID 或存在 p 的一个附加组等于 f.group ID，那么 p 要拥有特定的许可，当且仅当文件的对应许可位被设置，即

- p 要拥有 f 上的读许可，当且仅当 f.group-read 许可位被设置；
- p 要拥有 f 上的写许可，当且仅当 f.group-write 许可位被设置；
- p 要拥有 f 上的执行许可，当且仅当 f.group-execute 许可位被设置。

(4) 如果 p 的有效用户 ID 不是文件用户而且有效用户组也不等于文件用户组，那么它要拥有特定的许可，就必须考察 f 的其他用户许可位：

- p 要拥有 f 上的读许可，当且仅当 f.other-read 许可位被设置；
- p 要拥有 f 上的写许可，当且仅当 f.other-write 许可位被设置；
- p 要拥有 f 上的执行许可，当且仅当 f.other-execute 许可位被设置。

(5) 在进行访问控制测试时，以上四个步骤按顺序依次测试。如果进程是文件的用户，那么就根据步骤(2)决定访问权给予或否决，不用再尝试文件用户组的许可；类似的，如果进程不是文件的用户，但属于合适的用户组，那么就根据步骤(3)决定访问权限给予或否决，不用再尝试其他用户许可。

7. 新文件和新目录的用户和用户组

一个进程在运行过程中可能使用 open 或 create 系统调用创建一个新文件，或者使用 mkdir 创建一个新目录，那么如何设置这些新文件和新目录的 user ID 和 group ID 呢？实际上，这些 ID 的设置不是由进程显式设置的，而是由操作系统根据特定的规则隐式设置的。其规则如表 6-11 所示。

表 6-11　为新文件和新目录指定 user ID 和 group ID 的规则

规则 1	新文件(或新目录)的 user ID 被设置为创建它的进程的 effective user ID
规则 2	新文件(或新目录)的 group ID 的设置可以采用下面两种方式之一： (1) group ID 被设置为进程的 effective group ID； (2) group ID 被设置为该文件所在目录的 group ID。 FreeBSD 5.2.1 和 Mac OS X 10.3 采用第(2)种方式，而 Linux 允许在(1)和(2)之间进行选择。 使用第(2)种方式，确保在一个目录下创建的所有文件和子目录都具有与该目录相同的 group ID，也就是父目录的 group ID 会向下传递

当新文件(目录)的 user ID 和 group ID 被设置之后，接着需要设置文件(目录)的访问许可位，这需要通过在 open、create 或 mkdir 系统调用中传入相应的参数来实现。

【例 6-10】 已知目录“/”、“/dir1”和“/dir1/dir2”的 user ID 和 group ID 分别为

(0，GID0)、(UID1，GID1)和(UID2，GID2)

设一个进程 P 要在目录/dir1/dir2 中创建一个名为 F 的文件，如果 P 的用户角色为 P.real user ID = UID1，P.effective user ID=UID2，P.effective group ID = GID2。请问：P 要完成文件创建工作，需要拥有的最小访问权集合是什么？为了支持该权限集合，文件系统需要提供哪些访问许可？

解　根据文件访问控制规则，P 要在目录/dir1/dir2 中创建一个文件，它必须拥有对“/”和“/dir1”的执行权，以及“/dir1/dir2”的写和执行权限，即

Least Privilege = {</, {execute}>,
</dir1, {execute}>
</dir1/dir2, {write, execute}>}

为了支持该权限，文件系统需要提供足够的访问许可，匹配每一条访问权：

(1) 对于访问权</dir1/dir2, {write, exccute}>，由于 P.effective user ID = /dir1/dir2 的 user ID = UID2，因此，/dir1/dir2 的 user-write 和 user-execute 必须被设置。

(2) 对于访问权</dir1, {execute}>，由于 P.effective user ID ≠ /dir1 的 user ID 而且 P.effective group ID ≠ /dir1 的 group ID，因此，/dir1 的 other-execute 必须被设置。

(3) 类似的，对于权限</, {execute}>，由于 P.effective user ID ≠ “/” 的 user ID 而且 P.effective group ID ≠ “/” 的 group ID，因此，“/” 的 other-execute 必须被设置。

6.8　UNIX 中有关文件的系统调用

UNIX 操作系统中有关文件的系统调用非常丰富，同一类调用的变种也很多，本节仅对一些常用、典型的系统调用作一介绍。文件作为系统中一类受保护的资源，其上的系统调用必须受到访问控制的约束，因此在分析文件的系统调用时，尤其需要注意其前置条件。

我们把文件系统调用分为三类：文件读、写的系统调用，访问文件状态的系统调用和文件链接的系统调用。

6.8.1　文件读、写的系统调用

(1) 打开或创建一个文件：

```
#include <fcntl.h>
int open(const char* pathname, int oflag, .../*mode_t    mode*/);
                                        Returns: file descriptor if OK, -1 on error
```

参数 pathname 是打开或创建的文件名，第三个参数只有在创建一个新文件时才用到。参数 oflag 包括访问模式必选项、若干可选项和并发控制可选项等。常见的访问模式有 O_RDONLY(以只读方式打开文件)、O_WRONLY(以只写方式打开文件)和 O_RDWR(以读/写方式打开文件)。

前置条件：这里仅说明在文件保护方面的前置条件。

① 无论是打开一个已存在的文件还是创建一个新文件，调用进程必须拥有路径名 pathname 中的每个目录的“执行”访问权。

② 如果以 O_RDONLY 或 O_RDWR 方式打开一个已存在的文件，那么调用进程必须拥有该文件的“读”许可。

③ 如果以 O_WRONLY 或 O_RDWR 方式打开一个已存在的文件，那么调用进程必须拥有该文件的“写”许可。

④ 如果在一个目录中创建一个新文件，调用进程必须拥有该目录的“写”和“执行”许可。

后置条件：

① 如果成功地打开一个已存在的文件，则为该文件创建进程打开文件表项和系统打开文件表项。如果是第一次打开这个文件，还需要为它创建一个 v-node 表项；如果其他进程先前已经打开了该文件，则共享该文件的 v-node 表项，并将 v-node 表项中的 i-count 递增。建立进程打开文件表项、系统打开文件表项和 v-node 之间的关联。

② 如果成功地打开了一个文件，则根据 oflag 选项，设置系统打开文件表项的 file status flag，如 read、write、append、sync、nonblocking 等。

③ 如果用 open 成功地创建一个文件，则在目录中创建该文件的对应目录项、i-node，设置文件访问许可位为 mode，设置文件的 user id 和 group id，并为文件分配存储空间。

(2) 关闭一个文件：使用 close( )调用关闭一个打开文件。

```
#include <unistd.h>

int close(int filedes);
                                        Returns: 0 if OK, -1 on error
```

关闭一个文件也随之释放调用进程施加在该文件上的所有记录锁。当一个进程终止时，它的所有打开文件被内核自动关闭。许多程序就利用这一点，并不显式地关闭打开文件。

(3) 移动当前文件偏移量：每个打开文件都有一个关联的“当前文件偏移量”(current file offset)。偏移量用来度量一个位置从文件开头的字节数，通常为一个非负整数。读、写操作通常起始于当前文件偏移量，并且使偏移量增加读取或写入的字节数。当一个文件被打开时，缺省情况下，偏移量被初始化为 0。一个打开文件的偏移量可以通过调用 lseek 来设置。

```
#include <unistd.h>

off_t lseek(int filedes, off_t offset, int whence);
                                  Returns: new file offset if OK, -1 on error
```

参数 offset 的解释依赖于参数 whence。当 whence = SEEK_SET 时，文件的偏移量被设置为 offset；当 whence = SEEK_CUR 时，文件的偏移量被设置为“当前值 + offset”，offset 可以是正值或负值；当 whence = SEEK_END 时，文件的偏移量被设置为“文件大小 + offset”，offset 可以是正值或负值。

由于 lseek 成功调用后将返回一个新文件偏移量，因此可以用如下代码得到文件当前偏移量：

```
off_t currpos;
currpos = lseek(fd, 0, SEEK_CUR);
```

注意，lseek 只能记录内核中的当前文件偏移量，它不会引起任何 I/O 操作。这个偏移量主要用于下一次读、写操作。

(4) 读取文件内容：从一个打开文件中读取文件内容的调用是 read。

```
#include <unistd.h>

ssize_t read(int filedes, void *buf, size_t nbytes);
                    Returns: number of bytes read, 0 if end of file, -1 on error
```

如果 read 调用成功，返回读取的字节数；如果文件当前偏移量在文件末尾，那么返回 0。实际读取的字节数可能小于请求的字节数。比如，从一个普通文件中读取时，如果在请求的字节数目之前就到达了文件末尾。

read 调用从文件当前偏移量开始读取，在成功返回之前，偏移量随实际读取的字节数不断递增。

(5) 写入文件内容：使用 write 调用可以将数据写入一个打开文件。

```
#include  <unistd.h>

ssize_t write(int filedes, const void *buf, size_t nbytes);
                    Returns: number of bytes written if OK, -1 on error
```

调用的返回值通常等于参数 nbytes，否则发生错误。错误的原因可能是磁盘已满或者超过了文件大小的上限。write 调用从文件当前偏移量开始写入。write 成功执行后，文件偏移量递增实际写入的字节数。

6.8.2　访问文件状态的系统调用

(1) 获取文件状态信息的调用：

```
#include <sys/stat.h>
int stat(const char *restrict pathname, struct stat *restrict buf);
                    Returns: 0 if OK, -1 on error
```

给定文件名 pathname，stat( )调用返回该文件状态信息的结构。第二个参数是一个指针，指向用户定义的一个结构体 struct stat，stat( )通过指针 buf 把文件状态信息填充到该结构体中。文件状态信息结构大致如下：

```
struct stat{
    mode_t   st_mode;     /*文件类型和访问允许位*/
    ino_t    st_ino;      /*i-node 号*/
    dev_t    st_dev;      /*设备号(文件系统)*/
    dev_t    st_rdev;     /*设备号(特殊文件)*/
    nlink_t  st_nlink;    /*文件链接的个数*/
    uid_t    st_uid;      /*文件用户的 user id*/
    gid_t    st_gid;      /*文件用户的基本组 group id*/
    off_t    st_size;     /*文件大小(字节)，仅对普通文件而言*/
```

```
    time_t    st_atime;     /*最后一次访问文件的时间*/
    time_t    st_mtime;     /*最后一次修改文件的时间*/
    time_t    st_ctime;     /*文件状态最后一次变更的时间*/
    blksize_t st_blksize;   /*最优的 I/O 块的大小*/
    blkcnt_t  st_blocks;    /*分配给该文件的磁盘块数目*/
}
```

(2) 改变文件的访问许可位：系统调用 chmod 改变文件的访问许可位。

```
#include <sys/stat.h>

int chmod(const char *pathname, mode_t mode);
                                        Returns: 0 if OK, -1 on error
```

前置条件：调用进程的 effective user ID 必须等于文件用户的 user ID 或者调用进程拥有超级用户权限。

比如，文件 bar 当前访问允许位为“rw-------”，即只有文件用户才能读/写。现在要将其访问允许位改为“rw-r--r--”，可以这样调用：

chmod(“bar”, S_IRUSR | S_IWUSR | S_IRGRP | S_IROTH);

(3) 改变文件的所属：

```
#include <sys/stat.h>

int chown(const char *pathname, uid_t owner, gid_t group);
                                        Returns: 0 if OK, -1 on error
```

前置条件：UNIX 的一些版本仅允许超级用户更改一个文件的所属，而另一些版本还允许在调用进程的 effective user ID 等于文件的 user ID 的情况下，改变文件的所属。

6.8.3 文件链接的系统调用

(1) 创建文件硬链接：

```
#include <unistd.h>
int link (const char *existingpath, const char *newpath);
                                        Returns: 0 if OK, -1 on error
```

创建一个名为 newpath 的新目录项，该目录项引用 existingpath 指定的文件。如果 newpath 已经存在，将返回错误。只有 newpath 的最后一个部分被创建，路径的其余部分必须事先存在。新目录项的创建和被链接文件的链接计数递增必须是原子操作。

(2) 删除文件目录项：

```
#include <unistd.h>

int unlink (const char *pathname);
```

```
                                         Returns: 0 if OK, -1 on error
```

前置条件：调用时，必须对包含该目录项的目录具有“写”和“执行”的权限。

后置条件：该函数删除指定的目录项，并将 pathname 引用的文件链接计数减 1。如果还有其他链接指向该文件，那么该文件的数据内容仍然可以通过其他链接访问。如果函数调用出错，那么所引用的文件不发生改变。只有当文件的链接计数为 0 时，文件的内容才被删除，文件所占的存储空间被释放。

(3) 创建符号链接：

```
#include <unistd.h>

int symlink (const char *actualpath, const char *sympath);
                                   Returns: 0 if OK, -1 if error
```

该函数的后效是：创建一个名为 sympath 的符号链接文件。actualpath 和 sympath 不要求在同一文件系统中。

习　　题

1．很多数据库使用文件系统来实现，如果一个数据库表用一个文件来保存，那么该文件适合采用什么样的逻辑结构？数据库表中的元组之间在逻辑上有没有次序？

2．试从文件物理结构的角度分析，在数据库表上建立索引后，是否对元组的物理次序进行了重新排列？

3．选择文件物理结构时，需要考虑的主要原则是什么？为什么这些原则之间有可能是冲突的？

4．为什么在索引顺序文件中查找一个记录的平均查找时间小于在顺序文件中的平均查找时间？

5．以 UNIX 文件系统为例，说明通过路径名访问文件的数据内容需要经过哪些查找过程？

6．硬链接与符号链接的区别是什么？为什么可以通过硬链接保护重要的文件不被误删？当不同进程使用异名硬链接打开同一文件时，v-node 节点能否共享？

7．通过子进程继承父进程打开文件的方式与进程通过同名或异名方式共享文件，这两种方式在打开文件内存结构方面有什么不同？

8．谈谈文件的生命周期与打开文件的生命周期有什么不同？

9．在 UNIX 操作系统中，如何判断一个进程能够以某种方式(如读、写、执行等)访问一个文件？

10．连接文件的链接字可以定义如下：

- 链接字的内容为：上一块的块号 ⊕ 下一块的块号；
- 首块链接字的内容为下一块的块号；
- 末块链接字的内容为上一块的块号。

其中 ⊕ 为异或操作。试述这种链接字有何特点。

11．假设 UNIX 系统已经在 /path 路径下挂载了一个文件系统。那么一个应用程序为了读取 /path/to/file 的第一个字节，必须额外访问多少次磁盘？

12．对于如图 6-13 所示的 FAT，文件占据的盘簇依次为 002, 004, 007, 006, 00A。若对该文件进行如下操作，FAT 的状态如何发生变化？

(1) 在该文件末尾增加一个盘簇；

(2) 在 004 与 007 号盘簇之间增加一个盘簇；

(3) 将 006 号盘簇释放。

13．根据下列内容，写出文件访问矩阵。(提示：asw 属于 users 和 devel 两个组，gmw 仅仅是 users 组的成员。把两个用户和两个组当作列，把四个文件当作行，矩阵就有 4 行 4 列。

-rw-r--r--	2	gmw	users	908	May 26 16:45	PPP-Notes
-rwxr-xr-x	1	asw	devel	432	May 13 12:35	Prog1
-rw-rw----	1	asw	users	50094	May 30 17:51	project.1
-rw-r-----	1	asw	devel	13124	May 31 14:30	splash.gif

14．设物理块大小为 1 KB。对于 UNIX 混合索引表，假设每个物理块最多可存放 256 个物理块号，请分别计算长度为 7 KB、20 KB 和 50 MB 的文件占用多少个数据块，多少个直接索引块，多少个一级间接索引块，多少个二级间接索引块和多少个三级间接索引块。

15．对于如图 6-15 所示的成组链表结构图，当发生如下磁盘块分配和释放请求时，成组链表的状态如何变化？

(1) 先分配 2 个盘块，再分配 30 个盘块；

(2) 先释放 2 个盘块 100#、101#，再释放 20 个盘块 80#～99#。

第七章　输入/输出系统

输入/输出系统，简称I/O系统，是操作系统的重要组成部分，用于管理诸如鼠标、键盘、磁盘等I/O设备与存储设备。I/O系统所含设备种类繁多，差异又非常大，致使I/O系统成为操作系统中最繁杂且与硬件最紧密相关的部分。对I/O设备进行高度抽象，建立一个I/O设备的虚拟界面使编程人员能够容易地检索和存储数据，这是I/O系统设计所面临的主要问题。

I/O系统管理的主要对象是I/O设备和相应的设备控制器，其主要任务是完成用户提出的I/O请求，提高访问I/O速度以及设备的利用率，并为进程方便地使用这些设备提供手段。本章共分七节，从I/O概述、I/O系统硬件组织、软件组织、缓冲处理技术、磁盘驱动调度、设备的分配与实施、I/O进程控制等七个方面对输入/输出系统进行了全面的讨论。学习本章时，应注意回顾第二章中介绍的与I/O相关的计算机硬件基础知识，同时注意建立I/O系统与内存管理、I/O系统与进程管理的联系。

本章学习内容和基本要求如下：

➢ 学习I/O系统硬件结构和组织，了解设备控制器、DMA、通道等I/O硬件的结构和功能，重点掌握三种设备控制方式。其中，难点在于理解和掌握通道控制方式。

➢ 学习I/O系统软件组织和结构。了解I/O软件设计的目标，明确设备驱动程序、设备无关I/O软件以及用户空间I/O软件的层次和功能。

➢ 学习缓冲处理技术以及磁盘驱动调度。掌握单缓冲区、双缓冲区以及缓冲池等概念，了解常用的磁盘调度算法。

本章仅介绍有关计算机输入/输出系统的基本原理。实际上，在具体操作系统实现中，I/O设备管理更加复杂，而且增加了很多个性化细节。尽管如此，通过本章内容的学习，读者能够对输入/输出系统有一个全面了解，为进一步学习和使用操作系统打下基础。

7.1　I/O系统概述

在计算机系统中，除了处理器和内存外，其他大部分硬件设备称为外部设备，包括常用的输入/输出设备、外存设备以及终端设备。图7-1是常用I/O设备概览，图7-2为音频信号输入/输出设备图。I/O系统管理的主要对象是I/O设备和相应的设备控制器，主要任务是完成用户提出的I/O请求，提高I/O速度以及设备的利用率，并为高层的用户进程方便地使用这些设备提供手段。

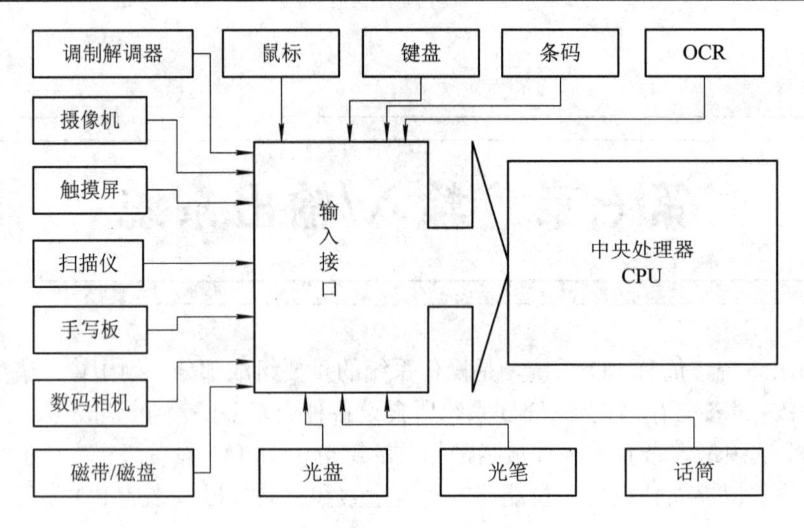

图 7-1　常用 I/O 设备概览

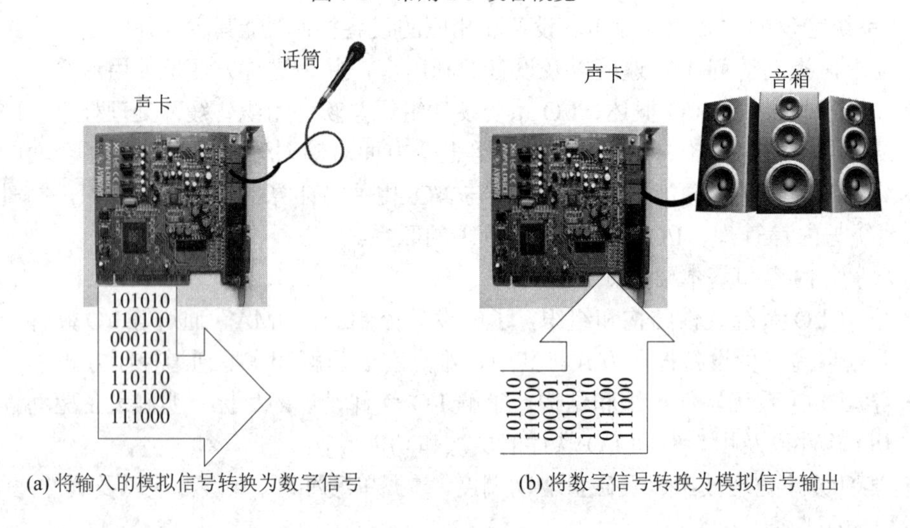

(a) 将输入的模拟信号转换为数字信号　　(b) 将数字信号转换为模拟信号输出

图 7-2　音频信号输入/输出设备

7.1.1　I/O 系统的基本功能

为了方便用户使用计算机，满足用户进程输入/输出的需求，I/O 系统应具备如下功能。

1．隐藏物理设备细节

I/O 设备种类繁多，彼此间存在许多差异。为了对这些千差万别的设备进行控制，通常都为它们配置相应的设备控制器。设备控制器是一种硬件设备，其中包含若干个用于存放控制命令和参数的寄存器。用户通过这些命令和参数控制外部设备执行所要求的操作。

显然，对于不同的设备，需要不同的命令和参数。例如，对磁盘进行操作时，不仅要给出本次是读还是写的命令，还需要给出源或目标数据的位置，包括磁盘的柱面号、磁头号和扇区号。由此可见，如果要求程序员或用户编写直接面向这些设备的程序，将是非常复杂和困难的。因此，I/O 系统必须对设备加以适当的抽象，隐藏物理设备的实现细节，仅向上层进程提供少量的、抽象的读/写命令，如 read、write 等。

2. 设备无关性

设备无关性是在隐藏物理设备细节的基础上，为用户访问 I/O 设备提供更高一级的抽象。这样做的好处是，一方面，用户不仅可以通过抽象的 I/O 命令，还可以使用抽象的逻辑设备名来使用设备。例如，当用户要打印输出时，只需要提供读/写命令和抽象的逻辑设备名。如 DOS 操作系统下，PRN 作为逻辑设备名可以代表物理打印机 LPT1、LPT2、LPT3，用户只需要使用 PRN 而不需要指定具体哪一个端口上的打印机；另一方面，也可以有效地提高操作系统的可移植性和易适应性。

3. 提高处理机与 I/O 设备的利用率

通常大多数 I/O 设备是相互独立的，能够并行操作，处理机和设备也能够并行操作。因此 I/O 系统要尽可能地让处理机和 I/O 设备并行操作，以提高它们的利用率。为此，一方面要求处理机能尽快响应用户的 I/O 请求，使 I/O 设备快速行动起来；另一方面也应尽量减少每个 I/O 设备运行时处理机的干预时间。

4. 对 I/O 设备的控制

对 I/O 设备控制是驱动程序的功能。控制主要有四种方式：循环 I/O 控制方式、程序中断 I/O 方式、直接存储器存取(DMA)方式和通道方式。

具体采用哪种控制方式，与 I/O 设备的传输速率、传输的数据单位等因素有关。例如，打印机、键盘、字符终端等低速设备，其进行数据交换的基本单位是字节(字符)，可采用程序中断控制方式；而对于磁盘、磁带、光盘等高速设备，其传输数据的基本单位是数据块，应采用 DMA 方式，以提高系统利用率；而通道方式主要适用于中大型计算机，通道的建立可使 I/O 操作的组织和数据传输独立于 CPU 而进行。

5. 独占设备与共享设备的分配

根据设备的固有属性，可将设备分为独占设备和共享设备，它们在使用分配方式上有一定的差别。从系统资源角度看，独占设备属于临界资源，进程应互斥地访问这类设备，即系统一旦把这类设备分配给了某进程，便由该进程独占，直至用完释放。典型的独占设备有打印机、绘图仪、磁带机等。系统对独占设备进行分配时必须考虑分配的安全性。共享设备属于共享资源，是指在一段时间内允许多个进程同时访问的设备。典型的共享设备是磁盘，当有多个进程对磁盘进行读、写操作时，可交叉进行，不影响读、写的正确性。

6. 错误处理

大多数设备都是由机械部件和电子器件构成的机构，运行时容易出现错误和故障。从错误处理的角度，可将错误分为暂时性错误和持久性错误。对于暂时性错误，可通过重试操作来纠正，只有发生了持久性错误时，才需要向上层报告。例如，在磁盘传输过程中发生错误时，系统并不认为磁盘发生了故障，而是重新再传，一直到多次重传后(例如 16 次)，若仍然有错，才认为磁盘发生了故障。由于大多数错误与设备密切相关，因此错误处理应该尽可能地在接近硬件层面上进行。只有低层软件解决不了时，才把错误向上层报告，请求高层软件解决。

7.1.2　I/O 系统层次结构和模型

I/O 系统涉及的内容很广，向下与硬件密切相关，向上又与文件系统、虚拟内存系统和

用户直接交互。为了使复杂的 I/O 系统具有清晰的架构以及良好的可移植性和易用性，目前普遍采用层次结构的 I/O 系统。其基本原理是将系统中的设备管理模块划分为若干层次，每一层利用下层提供的服务，完成 I/O 中的某些子功能，并且屏蔽了这些功能实现的细节，向高层提供服务。

1. I/O 系统的层次结构

通常把 I/O 系统组织成五个层次的结构，如图 7-3 所示，图中的箭头表示 I/O 的控制流。

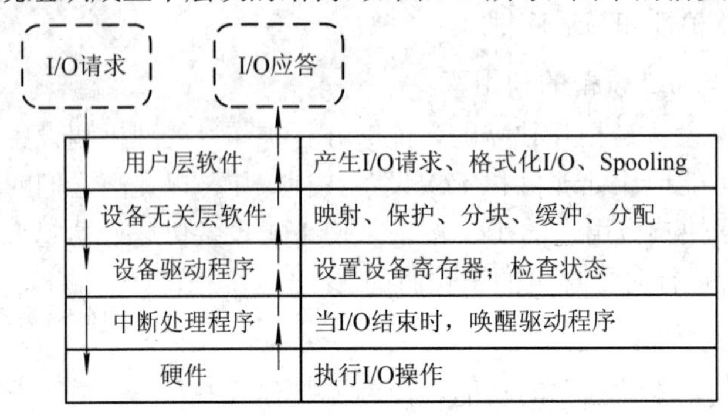

图 7-3　I/O 系统软件层次结构

2. I/O 系统中各模块之间的层次架构

为了能更清楚地描述 I/O 系统中主要模块之间的关系，下面进一步介绍 I/O 系统中各种 I/O 模块之间的层次架构，如图 7-4 所示。在 I/O 系统中，存在两个层次的接口：I/O 系统接口和软件/硬件接口(RW/HW)，I/O 系统位于这两个接口之间。

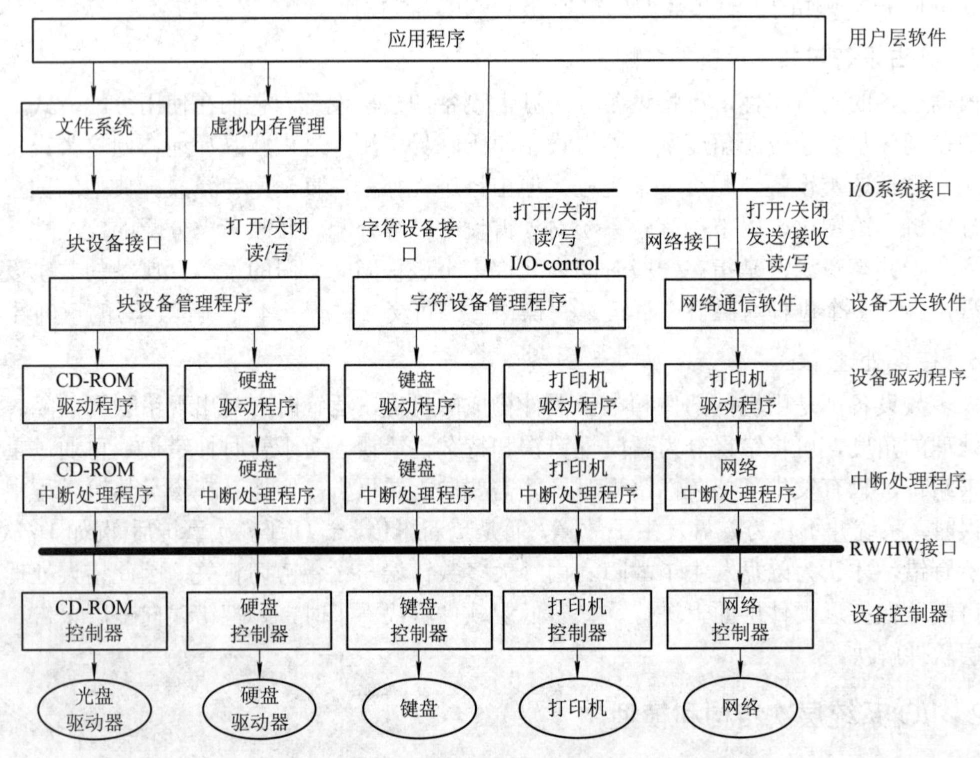

图 7-4　I/O 系统中各种模块之间的层次架构

I/O 系统接口是 I/O 系统与上层系统(包括文件系统、虚拟内存系统、用户进程等)之间的接口，向上层提供对设备进行操作的抽象 I/O 命令，以方便高层对设备的使用。有不少操作系统在用户层提供了与 I/O 操作有关的库函数，供用户使用。软件/硬件接口位于中断处理程序和设备控制器之间，由于设备种类繁多，这一层非常复杂，不同的设备有不同的软件/硬件接口。

中断处理程序直接与硬件进行交互。当 I/O 设备发起中断请求信号时，中断硬件首先进行初步处理，然后便转向中断处理程序。它首先保存被中断进程的上下文，然后转入相应设备的中断处理程序进行处理，在处理完后，又恢复被中断进程的上下文，返回断点继续运行。

设备驱动程序是进程和设备控制器之间的通信程序，其主要功能是将上层发来的抽象 I/O 请求转换为对 I/O 设备的具体命令和参数，并把它装入到设备控制器的命令和参数寄存器中。由于设备之间的差异很大，每类设备的驱动程序都不相同，因此必须由设备制造商提供，而不是由操作系统设计者来设计。因此，每当在系统中增加一个新设备时，都需要安装由厂商提供的设备驱动程序(生产厂商只有提供相关驱动程序，其生产的设备才能有广泛的市场)。

现代操作系统中的 I/O 系统基本上都实现了设备无关性，也称为设备无关软件，其含义是：I/O 软件独立于具体使用的物理设备。由此带来的最大好处是提高了 I/O 系统的可适应性和可扩展性，使它们能应用于许多类型的设备，而且每次增加或更新设备时，都不需要对 I/O 软件进行修改。设备无关软件的内容包括设备命名、设备分配、数据缓冲和数据高速缓存一类软件。

7.1.3　I/O 系统接口

根据不同设备类型，可以把 I/O 系统接口进一步分为若干接口。在图 7-4 中示意了块设备接口、字符(字节)流设备接口和网络接口。

1．块设备接口

块设备接口是块设备管理程序与高层软件之间的接口。该接口反映了大部分磁盘存储器和光盘存储器的本质特征，用于控制该类设备的输入/输出。

所谓块设备，是指数据的存取和传输都是以数据块为单位的设备。典型的块设备是磁盘。该类设备的基本特征是传输速率较高，通常每秒可达数兆字节到数十兆字节。另一个特征是可寻址，即能指定数据的输入源地址及输出的目标地址，可随机地读/写磁盘中的任一块。磁盘设备在输入/输出时常采用 DMA 方式。

块设备接口能够把上层发来的对文件或设备的打开、读、写和关闭等抽象命令映射为设备能识别的较低层具体操作。例如，上层发来读磁盘命令时，它把命令中的逻辑块号转换成为磁盘的柱面、磁道(头)和扇区等。

虚拟内存系统也需要使用块设备接口，因为在进程运行期间，每当它所访问的页面不在内存时便会发生缺页中断，此时就需要利用 I/O 系统，通过块设备接口从磁盘存储器中将所缺的页面换入内存。

2．字符(字节)流设备接口

字符流设备接口是流设备管理程序与高层软件之间的接口，它反映了大部分字符设备

的本质特征，用于控制字符设备的输入/输出。

所谓字符设备，是指数据的存取和传输都是以字符(字节)为单位的设备，如键盘、打印机等。字符设备的基本特征是传输速率较低，通常为每秒几个字节或数千字节。另一个特征是不可寻址，即不能指定数据的输入源地址及输出的目标地址。字符设备在输入/输出时，常采用中断驱动方式。

由于字符设备是不可寻址的，因而对它只能采取顺序存取方式。通常是为每个字符设备建立一个字符缓冲区(队列)，设备的I/O字符流顺序地进入字符缓冲区(读入)，或从字符缓冲区顺序地送出到设备(输出)。用户程序获取和输出字符的方法是采用get和put操作。get操作用于从字符缓冲区取得一个字符(到内存)，将它返回给调用者，而put操作则用于把一个字符(从内存)输出到字符缓冲区中，以等待送出到设备。

由于字符设备种类繁多，并且差异很大，为了以统一的方式来处理它们，通常在流设备接口中提供了一种通用的in-control指令，该指令包含了许多参数，每个参数表示一个与具体设备相关的特定功能。在Linux操作系统中，in-control指令的具体实现方式为ioctl 函数调用。

ioctl是设备驱动程序中对设备的I/O通道进行管理的函数。所谓对I/O通道进行管理，就是对设备的一些特性进行控制，例如串口的传输波特率、马达的转速等等。它的函数原型如下：

```
int ioctl(int fd, int cmd, …);
```

其中，fd是打开的设备文件标识符(Linux操作系统中所有设备被抽象为文件)，cmd是用户程序对设备的控制命令，后面的省略号是一些补充参数，与cmd的意义相关。

大多数流设备都属于独占设备，因此必须采取互斥方式实现共享。在使用这类设备时，必须先用打开操作来打开设备，如果设备已被打开，则表示它正在被其他进程使用。

3．网络通信接口

现代操作系统都提供了网络功能，但首先要通过某种方式把计算机连接到网络上。同时操作系统也必须提供相应的网络软件和网络通信接口，使计算机能够通过网络与网络上的其他计算机节点通信。网络通信接口涉及网络通信协议及相关的网络层次结构。

7.2　I/O系统硬件结构和组织

I/O设备硬件一般由执行I/O操作的机械部分和执行I/O控制的电子部件组成，二者封装为一体，但在实现上通常是分开的。我们把执行I/O操作的机械部分称为“I/O设备”，而把执行I/O控制的电子部分称为“设备控制器(I/O控制器)”或“适配器”。I/O设备硬件构造复杂，工作机理差别很大，本节将介绍一些主要的I/O设备的硬件结构与组织。

7.2.1　I/O设备类型

可以从四个维度对I/O设备进行分类：使用特性、所属关系、资源分配和传输数据数量。

按使用特性可以把外部设备分为存储设备、输入/输出设备、终端设备以及脱机设备等，如表 7-1 所示。

表 7-1　按使用特性对设备分类

存储设备	输入/输出设备	终端设备	脱机设备
磁带 硬盘 软盘 光盘 U 盘 磁鼓	键盘 打印机 显示器 图形图像输入/输出设备 绘图仪 音频输入/输出设备 网络通信设备 其他	通用终端 专用终端 智能终端 虚拟终端	纸带穿孔机

按所属关系可以把外部设备分为系统设备和用户设备。系统设备是指在操作系统生成时已经登记在系统中的标准设备，如打印机、磁盘等。时钟也是一个特殊的系统设备，它的全部功能就是按事先定义的时间间隔发出中断。用户设备是指在系统生成时未登记在系统中的非标准设备。这类设备及其处理程序通常由用户提供，并通过适当的手段把设备登记在系统中，以便系统能对它实施统一管理。

从资源分配角度可以把外部设备分为独占设备、共享设备和虚拟设备三类。为了保证信息传输的连贯性，通常独占设备一经分配给某个进程，在该进程释放它之前，其他进程不能使用该设备。多数低速 I/O 设备都属于独占设备，如打印机和纸带输入机。共享设备允许多个进程同时交替地使用同一台设备，如几个进程轮流从一个磁盘上读/写数据。显然，共享可以获得较高的设备利用率。

虚拟设备是通过假脱机(Spooling)技术把原来的独占设备改造成可为若干个进程所共享的设备，以提高设备的利用率。有关假脱机的介绍，见后面的 7.3.5 节。

按传输数据数量可以把外部设备分为字符设备和块设备。字符设备是以字节为单位进行传输的设备，如打印机、终端、键盘和光电输入机等低速设备。块设备是以数据块为单位进行传输的设备，如磁盘、磁带等高速外存储设备。

7.2.2　I/O 设备的物理特性

本节以磁盘、终端为例介绍不同 I/O 设备具有的不同物理特征。

1. 磁盘

磁盘是一种直接存取存储设备。磁盘是将信息存储在涂有一层铁磁物质的金属圆盘上的一种存储介质。如果将若干个这样的圆盘片组合在一起，便形成了一个盘组。只有一个盘片的磁盘称为软盘，由多个盘片组成的磁盘称为硬盘。每个盘片有上、下两个盘面，上、下两面都有若干个同心圆和一个读/写磁头。在活动磁头磁盘中，每个盘面只有一个读/写磁头，这些磁头在盘面上沿径向来回移动，而盘体则绕中心轴高速旋转。图 7-5 表示一个盘组由若干圆盘面组成，磁头在盘面上来回移动的情况。该盘片由 10 个圆盘组成，共 20 个盘面，而每个盘面上只有一个磁头，磁头编号为 0～19，其中有一个磁头称为伺服磁头，用于控制定位。图 7-6 表示了盘片、磁道、扇区与读/写磁头关系示意图。

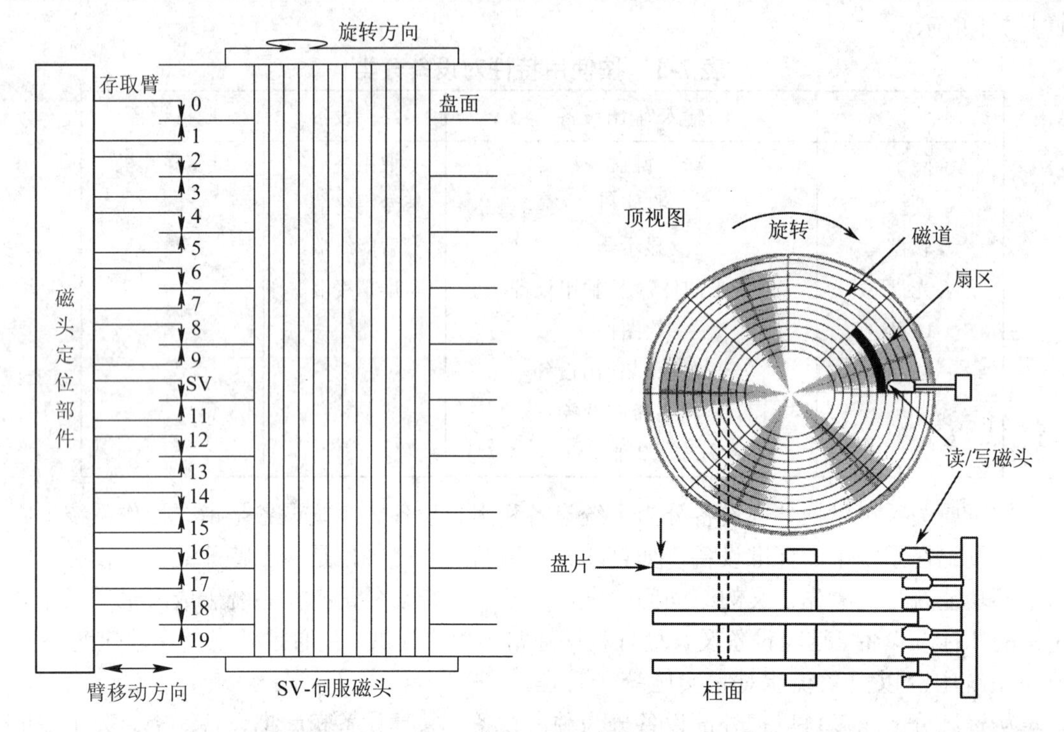

图 7-5　磁盘物理概念图　　　　图 7-6　盘片、磁道、扇区与读/写磁头关系示意图

在磁盘执行读/写操作时，整个盘组在不停地旋转，存取臂带动磁头来回移动。存取臂移动到某一固定位置，对应的磁头就在磁盘上画一个圆，这个圆称为磁道。各个存取臂以相同的长度沿水平方向移动，则相同半径的一些磁道组成一个圆柱面，称为柱面。对于一个盘组，其柱面由外向里依次编号。在每个柱面上，把磁头号作为磁道号，磁道从上向下依次编号。

所有磁盘组织成许多柱面，一个柱面上的磁道数等于垂直放置的磁头数。一个磁道又可划分成许多扇区。软盘每个磁道上有 8～32 个扇区，某些硬盘可多达数百个扇区。通常每条磁道上具有相同的扇区数，每个扇区包含相同的字节数。软件程序使用的数据块通常由几个连续的扇区组成，作为一个物理记录进行读/写。磁盘上一个物理块的地址由三部分组成：柱面号(CC)、磁道号(HH)和扇区号。

不难看出，物理上靠近磁盘外边沿的扇区比靠近内边沿的扇区要长一些，不过读/写每个扇区的时间是一样的。显然，最里面柱面上的数据密度要高一些，这种密度的不同意味着要牺牲一些磁盘容量。有人尝试设计了一种当磁头处于外部磁道时，旋转速度更快的软盘，这样外圈磁道就可以具有更多的扇区，从而增加磁盘的容量。在现代大容量磁盘中，外圈磁道具有的扇区数比内圈磁道更多，这样就产生了 IDE(Integrated Drive Electronics)驱动器。这种驱动器用内置的电子器件进行了复杂的处理，屏蔽了具体细节。对操作系统来说，它仍然呈现出简单的结构，每条磁道具有相同的扇区。

2．终端

每台计算机都有一个或多个终端。终端的种类、型号较多，需要终端驱动程序屏蔽其细节。根据操作系统与终端的通信方式，一般将终端分为存储映像终端与 RS-232 串行接口终端。

如图 7-7 所示为存储映像终端，目前台式 PC、笔记本电脑上的显示器均属于这种终端。

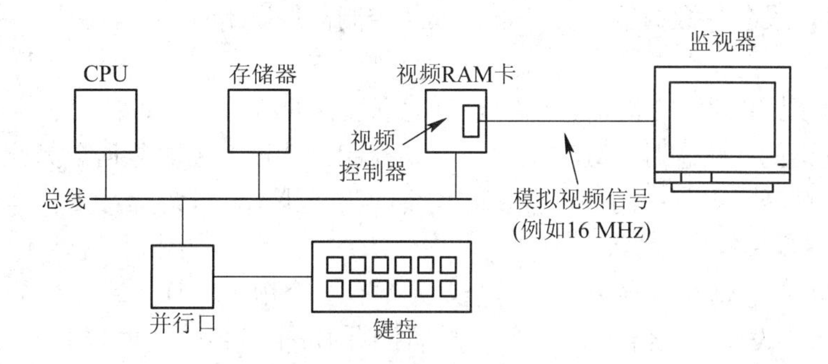

图 7-7　存储映像终端

RS-232 终端通过一次传输一位的串行口与计算机通信，如图 7-8 所示。终端从外形上看好像一个显示器+键盘结构。在分时操作系统环境下大量使用这类终端。RS-232 终端是一种“哑终端”，本身不具有智能性。

图 7-8　RS-232 终端

7.2.3　I/O 设备控制器

I/O 设备控制器的主要功能是控制一个或多个 I/O 设备，以实现 I/O 设备和计算机之间的数据交换。I/O 设备控制器是处理机与 I/O 设备之间的接口，接收从处理机发来的命令，控制 I/O 设备工作，使处理机从繁杂的设备控制事务中解脱出来。I/O 设备控制器是一个可编址的设备，当它仅控制一个设备时，它只有一个唯一的设备地址；若控制器连接多个设备，则应含有多个设备地址，每一个设备地址对应一个设备。可以把设备控制器分成两类：字符设备控制器和块设备控制器。

1. 设备控制器的基本功能

(1) 接收和识别命令。设备控制器能够接收并识别处理机发来的多种命令。在控制器中具有相应的控制寄存器，用来存放接收的命令和参数，并对所接收的命令进行译码。例如，磁盘控制器可以接收处理器发来的 read、write、format 等 15 条命令，而且有些命令还带有参数。相应的，在磁盘控制器中有多个寄存器和命令译码器等。

(2) 数据交换。I/O 设备控制器可以实现处理器与设备之间的数据交换。通过数据总线，

处理器把数据并行地写入控制器，或者从控制器把数据并行地读出。通过控制器与设备之间的局部总线，设备将数据输入控制器，或从控制器传送给设备。为此，在控制器中需设置数据寄存器。

(3) 标识和报告设备的状态。控制器应记下设备的状态供处理器了解。例如，仅当一个设备处于发送就绪状态时，处理器才能启动控制器从设备读取数据。为此，在控制器中应设置状态寄存器，用其中的每一位反映设备的某一状态。处理器读入将该寄存器的内容便可了解设备的状态。

(4) 地址识别。就像内存中的每一个单元都有一个地址一样，系统中的每一个设备也有一个地址。I/O 设备控制器必须能够识别所控制的每个设备的地址。此外，为使处理器能向(或从)寄存器中写入(或读出)数据，这些寄存器应具有唯一的地址。控制器应能正确识别这些地址，为此，在控制器中应配置地址译码器。

(5) 数据缓冲区。由于 I/O 设备的速率较低，而处理器和内存的速率却很高，故在控制器中必须设置一个缓冲区。在输出时，用此缓冲区暂存由主机高速传来的数据，然后再以 I/O 设备所匹配的速率将缓冲区中的数据传送给 I/O 设备。在输入时，缓冲区则用于暂存从 I/O 设备送来的数据，待接收到一批数据后，再将缓冲区中的数据高速地传送给主机。

(6) 差错控制。对于 I/O 设备传送来的数据，设备控制器还兼管差错检测。若发现传送中出现了错误，通常是将差错检测码置位，并向处理器报告，于是处理器将本次传送来的数据作废，并重新进行一次传送。这样便可保证数据输入的正确性。

2．I/O 设备控制器的组成

由于设备控制器位于处理器与设备之间，它既要与处理器通信，又要与设备通信，还应按照处理器发来的命令去控制设备工作，因此大多数控制器都由以下三部分组成。

(1) 设备控制器与处理器的接口。该接口用于实现处理器与设备控制器之间的通信。该接口共有三类信号线：数据线、地址线和控制线。数据线通常与两类寄存器相连接，第一类是数据寄存器，在控制器中可以有一个或多个数据寄存器，用于存放从设备送来的数据(输入)，或从处理器送来的数据(输出)；第二类是控制/状态寄存器，用于存放从处理器送来的控制信息或设备的状态信息。

(2) 设备控制器与设备的接口。一个设备控制器可以连接一个或多个设备。相应的，在控制器中便有一个或多个与设备的接口。每个接口中都有数据、控制和状态三种类型的信号。控制器中的 I/O 逻辑根据处理器发来的地址信号去选择一个设备接口。

(3) I/O 逻辑。I/O 逻辑用于实现设备控制。它通过一组控制线与处理机交互。处理机利用该逻辑向控制器发送 I/O 命令。当处理器要启动一个设备时，将启动命令发送给控制器，同时通过地址线把地址发送给控制器，由控制器的 I/O 逻辑对地址进行译码，再根据所译出的命令对所选设备进行控制。

7.2.4　I/O 通道

1．I/O 通道设备的引入

虽然在处理器和 I/O 设备之间增加了设备控制器后，已大大减少了处理器对 I/O 的直接干预，但当主机所配置的外设很多时，处理器的负担仍然很重。为此在处理器与设备控制器之间又增设了专门负责I/O的处理机，即I/O通道(I/O channel)。增设I/O通道的目的是建立独立的I/O操作，不仅使数据的传送独立于处理器，而且使I/O操作的组织、管理及结束处理尽量独立于处理器，以保证处理器进行更有效的数据处理。也就是说，把一些原来由处理器处理的I/O任务转而由通道来承担，从而把处理器从繁杂的I/O任务中解脱出来。设置了通道之后，处理器只需向通道发送一条I/O命令，通道收到后，便从内存中取出本次要执行的通道程序，然后执行它，仅当通道完成了指定的I/O任务后，才向处理器发送中断信号。

I/O通道实际上是一种特殊的处理机，它具有执行I/O指令的能力，并通过编制和执行通道程序(I/O程序)来控制I/O操作。I/O通道与一般处理机不同，主要表现在如下两个方面：一是其指令类型单一，这是由于通道硬件比较简单，其所能执行的命令主要局限于与I/O操作有关的指令；二是通道没有自己的内存，通道所执行的通道程序存放在主机的内存中(主机把这些通道程序作为数据块对待)，即通道处理机与主处理器共享内存。

2. 通道类型

通道是控制外围设备I/O操作的处理机，由于外围设备的类型较多，且其传输方式和传输速率相差甚大，因而通道也具有多种类型。根据信息交换方式的不同，可把通道分成以下三种类型。

(1) 字节多路通道(Byte multiplexor channel)。这类通道按字节交叉方式工作。它通常含有多个非分配型子通道，其数量可从几十个到数百个，每一个子通道连接一台I/O设备，并控制该设备的I/O操作。这些子通道按时间片轮转方式共享主通道。当第一个子通道控制其I/O设备完成一个字节的交换后，便立即让出主通道给第二个子通道使用；当第二个子通道也完成一个字节的交换后，同样也把主通道让给第三个子通道使用；依次类推。当所有的子通道轮转一周后，重新又返回来由第一个子通道去使用字节多路主通道。这样，只要字节多路通道扫描每个子通道的速率足够快，而连接到子通道上的设备的速率又不是太高，就不会丢失信息。

图7-9为字节多路通道的工作原理图。它所含有的多个子通道为A，B，C，D，E，…，N，分别通过控制器与一台设备相连。假设这些设备的速率相近，且都同时向主机传送数据。设备A所传送的数据流为A_1，A_2，A_3，…；设备B所传送的数据流为B_1，B_2，B_3，…把这些数据流合成后，通过主通道送往主机的数据流为A_1，B_1，C_1，D_1，…，A_2，B_2，C_2，D_2，…，A_3，B_3，C_3，D_3，…

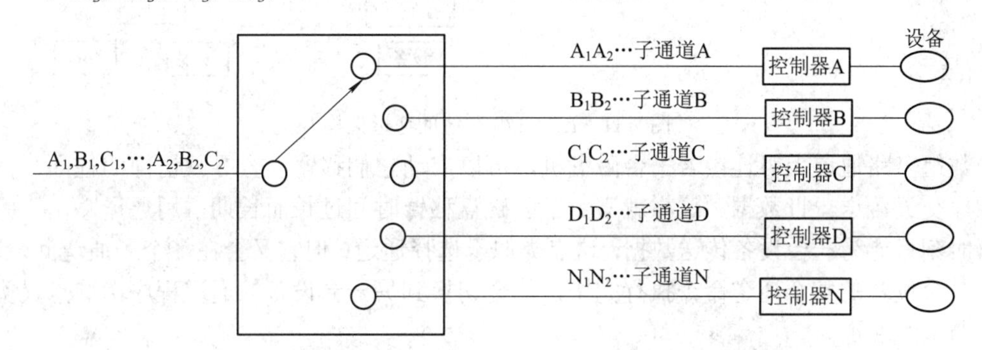

图7-9　字节多路通道的工作原理图

(2) 数组选择通道(Block selector channel)。字节多路通道不适合连接高速设备，为此，人们设计了按数组方式(每次传送一批数据)进行数据传送的数组选择通道，简称为选择通道。这种通道虽然可以连接多台高速设备，但由于它只含有一个分配型子通道，在一段时间内只能执行一道通道程序，控制一台设备进行数据传输，致使当某台设备占用了该通道后，不允许其他设备使用，直至该设备传送完毕释放该通道。图 7-10 为数组选择通道的工作原理图。

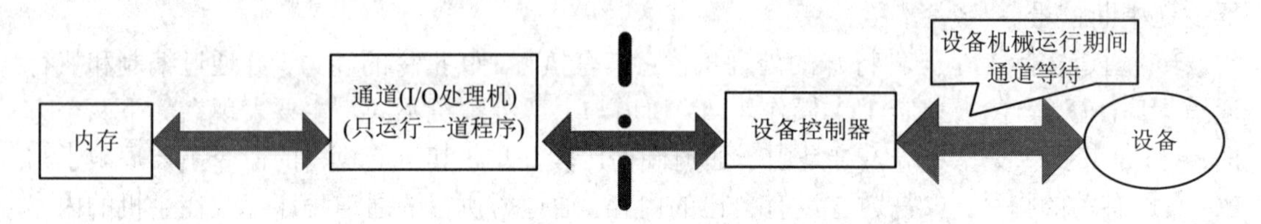

图 7-10　数据选择通道的工作原理图

(3) 数组多路通道(Block multiplexor channel)。选择通道虽然有很高的传输速率，但它每次只允许一个设备传输数据。数组多路通道是将选择通道和字节多路通道的优点相结合而形成的一种通道。它含有多个非分配型子通道，因而既具有很高的传输速率，又能获得较高的通道利用率。该通道数据传送按数组方式进行，先为一台设备执行一条通道命令，然后自动切换，为另外一台设备执行一条通道命令。图 7-11 为 IBM 370 系统的通道架构。

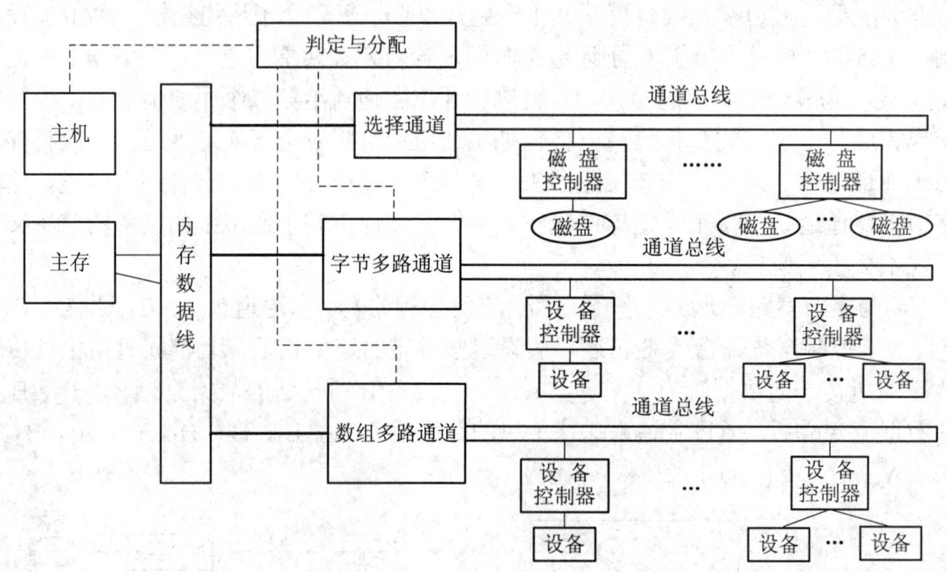

图 7-11　IBM 370 系统的通道架构

数组多路通道上可连接若干台磁盘机，可以启动它们移臂，查寻欲访问的柱面，然后按次序交叉传送一批数据。这样就避免了因磁盘移臂时间过长而长期占用通道。由于它在任一时刻只能为一台设备传送数据，这点类似于选择通道；但它又会在多个子通道间轮转，不等一台设备的整个通道命令执行完毕，就会切换到另一台设备的通道程序，这点又类似于字节多路通道。

(4) 通道架构的“瓶颈”问题。通道是一个 I/O 处理机，它能完成主存和外设之间的数

据传输，并与中央处理机并行工作。在具有通道架构的计算机系统中，主存、通道、控制器和设备之间采用四级连接，实现三级控制，设备和主存之间完成一次数据交换必须要打通“设备—设备控制器—通道—主存”这条通路。由于通道价格昂贵，致使机器中所配置的通道数量较少，这往往使通道成了 I/O 的瓶颈，造成整个系统吞吐量下降。例如，在图 7-12 中，假设设备 1 至设备 4 是四个磁盘，为了启动磁盘 4，必须用通道 1 和控制器 2；但若这两者已被其他设备占用，必然无法启动磁盘 4。类似地，若要启动磁盘 1 和磁盘 2，由于它们都要用到通道 1，因而也不可能启动。

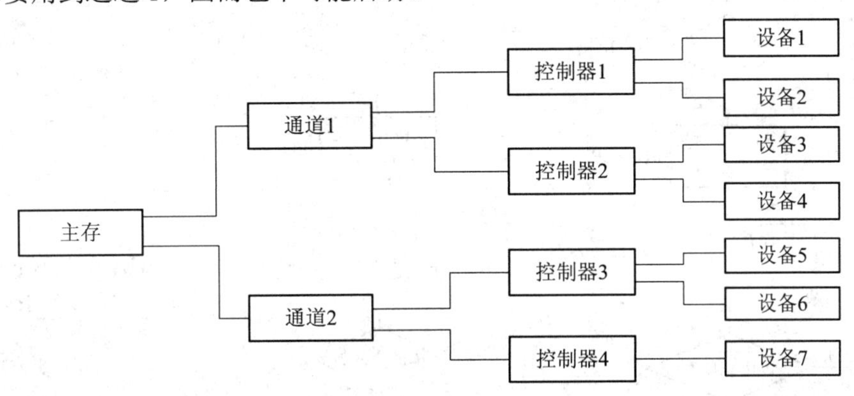

图 7-12　单通路 I/O 系统

解决“瓶颈”问题最有效的方法是增加设备到主机之间的通路而不增加通道，也就是把一个设备连接到多个控制器上，把一个控制器又连接到多个通道上，如图 7-13 所示。图中设备 1、2、3、4 都有 4 条通路连接主存。多通路方式不仅解决了“瓶颈”问题，同时也提高了系统的可靠性，个别通道或控制器的故障不会使设备和存储器之间无路可通。

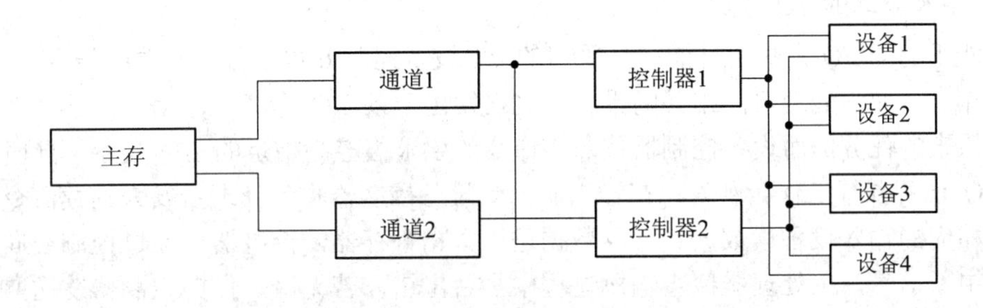

图 7-13　多通路 I/O 系统

7.2.5　I/O 设备的控制方式

第二章提到，程序访问 I/O 模块有三种方式：可编程 I/O、中断驱动的 I/O 和直接内存访问(DMA)。本节先回顾一下前两种方式，然后主要介绍 DMA 控制方式。

1. 可编程 I/O 方式(循环 I/O 测试方式)

这种方式下，程序通过 I/O 测试指令不断测试 I/O 设备的状态，决定设备是否就绪、数据是否成功发送或数据是否到来。显然，这种方式下，中央处理器的大量时间消耗在等待输入、输出的循环检测上，使主机不能充分发挥效率，外设也不能得到合理的使用，整个系统效率很低。循环 I/O 测试方式如图 7-14(a)所示。

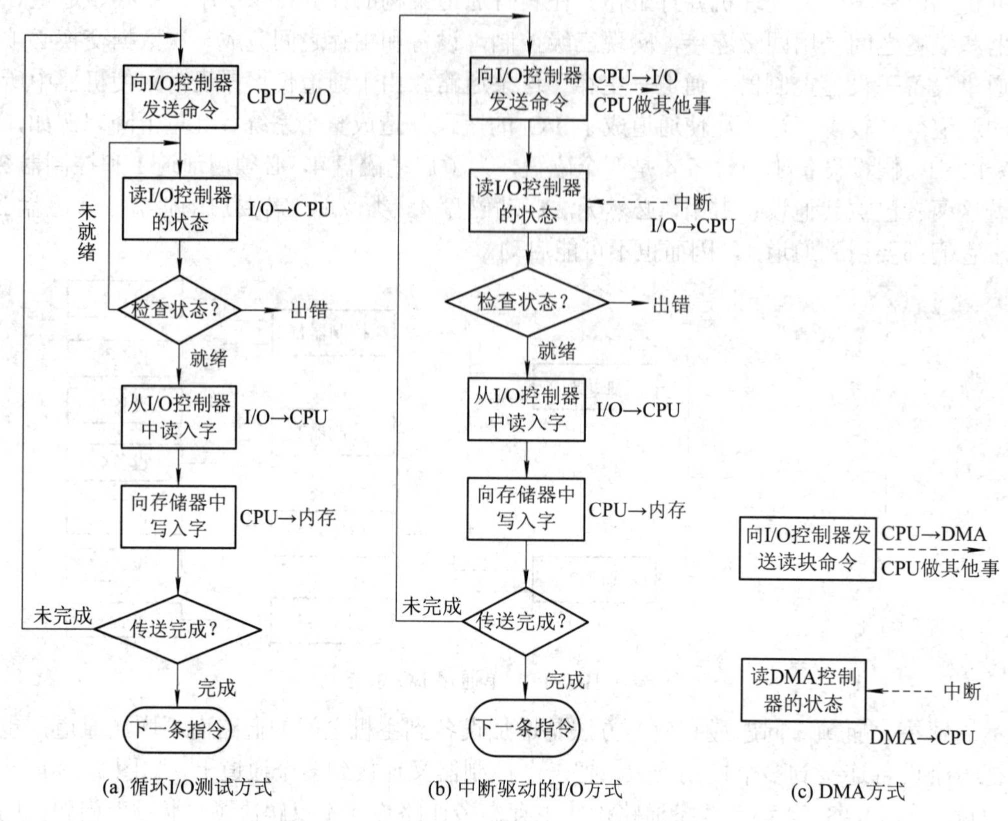

图 7-14　程序访问 I/O 模块的三种方式

2. 中断驱动的 I/O 方式

中断驱动的 I/O 方式是目前广泛采用的 I/O 设备控制方式。当一个进程要启动一个 I/O 设备工作时，便由处理器向相关的设备控制器发出一条 I/O 命令，然后处理器立即返回继续执行原来的任务，而设备控制器按照该命令的要求去控制指定的 I/O 设备。此时，处理器与 I/O 设备并行工作。例如，在输入时，当设备控制器收到处理器发来的读命令后，便去控制相应的输入设备读数据。一旦数据进入数据寄存器，控制器便通过控制线向处理器发送一中断信号，由处理器检查输入过程中是否出错，若无错，便向控制器发送取走数据的信号，然后再通过控制器及数据线，将数据写入内存指定单元中。图 7-14(b)为程序中断方式的流程。

在 I/O 设备输入每个数据的过程中，处理器与 I/O 设备并行工作。仅当输入完成时，才需要处理器花费极短的时间去作中断处理。这样可使处理器和 I/O 设备处于忙碌状态，从而提高了整个系统的资源利用率及吞吐量。

3. 直接内存访问方式

虽然程序中断 I/O 比循环 I/O 方式更有效，但它仍然是以字节为单位进行 I/O 处理的。每当完成一个字节的 I/O 时，控制器便向处理器请求一次中断。如果将这种方式用于块设备的 I/O，显然极其低效。例如，为了从磁盘中读出 1KB 的数据块，需要中断处理器 1K 次。为了进一步减少处理器对 I/O 的干预，引入了直接内存访问方式，如图 7-14(c)所示。

DMA 方式的特点是：

(1) 数据传输的基本单位是块，即在处理器和 I/O 设备之间，每次至少传送一个数据块。

(2) 所传送的数据是从 I/O 设备直接送入内存，或者直接从内存传送到 I/O 设备。

(3) 仅在传送一个或多个数据块的开始和结束时，才需要处理器的干预，整块数据的传送是在控制器的控制下完成的。可见，DMA 方式较之程序中断 I/O 方式又进一步提高了处理器与 I/O 设备的并行操作程度。

DMA 控制器由三部分组成：处理器与 DMA 控制器的接口，DMA 控制器与块设备的接口，I/O 控制逻辑电路，如图 7-15 所示。这里主要介绍处理器与控制器之间的接口。

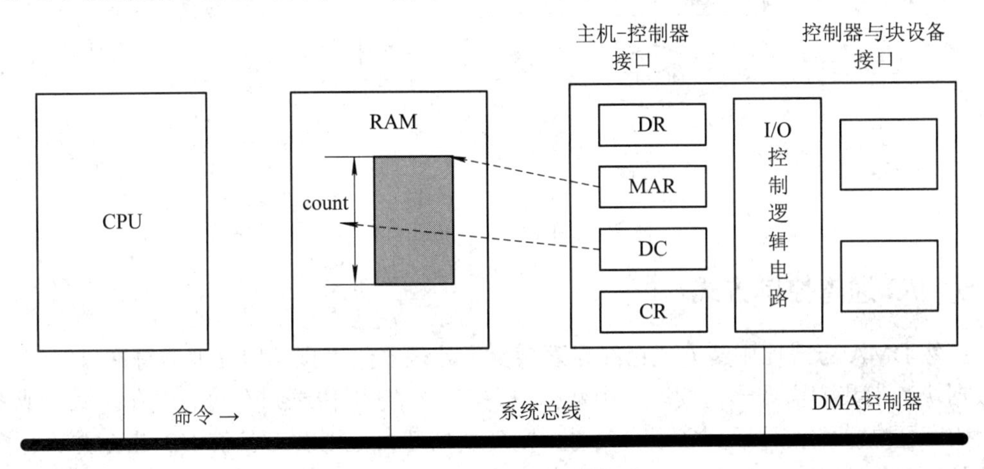

图 7-15　DMA 控制器的组成

为了实现处理器与控制器之间成块数据的直接交换，必须在 DMA 控制器中设置如下四类寄存器：

(1) 命令/状态寄存器(CR)，用于接收从处理器发来的 I/O 命令、有关控制信息或设备的状态。

(2) 内存地址寄存器(MAR)，存放源数据内存起始地址或目标内存起始地址。

(3) 数据寄存器(DR)，用于暂存从设备到内存或从内存到设备的数据。

(4) 数据计数器(DC)，存放本次处理器要读/写的字节数。

4．DMA 的工作方式

当处理器要从磁盘读入一数据块时，便向磁盘控制器发送一条读命令。读命令被送入命令寄存器 CR 中。同时，将本次要读入的数据在内存中的起始目标地址送入内存地址寄存器 MAR 中，将要读数据的字节数送入数据计数器 DC 中，还需将磁盘中的源地址直接送至 DMA 控制器的 I/O 控制逻辑电路中。

然后，启动 DMA 控制器进行数据传送。此后，处理器便可以去处理其他任务，整个数据传送过程由 DMA 控制器进行控制。当 DMA 控制器已从磁盘中读入一个字节的数据，并送入数据寄存器 DR 后，再窃取一个存储器周期，将该字节传送到 MAR 所指示的内存单元中。然后便对 MAR 内容加 1，将 DC 内容减 1，若减 1 后 DC 内容不为 0，表示传送未完，便继续传送下一个字节；否则，由 DMA 控制器发出中断请求。图 7-16 是 DMA 方式的工作流程。

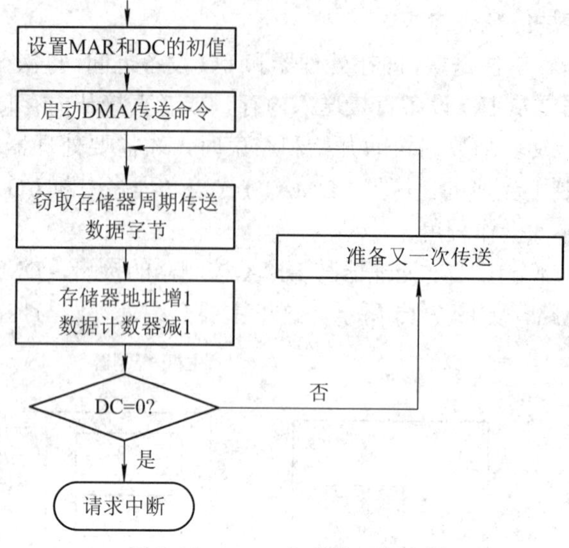

图 7-16　DMA 方式的工作流程

7.2.6　I/O 通道控制方式

虽然 DMA 方式比中断方式已经显著减少了处理器的干预，但处理器每次只能读/写一个数据块。当我们需要一次读取多个数据块并将它们分别传送到不同的内存区域，或者从多个内存区域把数据传送到多个设备时，则需由处理器分别发出多条 I/O 指令并进行多次中断处理才能完成。

I/O 通道方式是 DMA 方式的发展，它进一步减少了处理器的干预，即把以数据块为单位的读/写干预，减少为以一组数据块的读/写及有关的控制和管理为单位的干预。同时，又可以实现处理器、通道和 I/O 设备三者的并行操作，从而更有效地提高整个系统的资源利用率。例如，当处理器要完成一组读/写操作及相关控制时，只需要向 I/O 通道发送一条 I/O 指令，给出所要执行的通道程序的首址和要访问的 I/O 设备，通道接到该指令后，通过执行通道程序便可完成处理器指定的 I/O 任务。

1. 通道命令与通道程序

I/O 通道作为 I/O 处理机具有自己的指令系统。为了与主处理器指令相区别，我们把 I/O 处理机的指令称为“通道命令”。一条通道命令称为一个通道命令字(CCW)，用通道命令字编写的程序称为通道程序，也叫 I/O 程序。编写通道程序的过程叫做“通道程序设计”或“I/O 程序设计”。通道命令与一般的机器指令不同，每条通道命令都包含如下信息：

(1) 操作码，规定了通道命令所执行的操作，如读、写、控制等。

(2) 内存地址，标明字符送入内存(读操作)和从内存取出(写操作)时的内存地址。

(3) 计数，表示本条通道命令所要读/写数据的字节数。

(4) 通道程序结束位 P，表示通道程序是否结束。P = 1 表示本条通道命令是通道程序的最后一条命令。

(5) 记录结束标志 R。R = 0 表示本通道命令与下一条命令所处理的数据同属于一条记录；R = 1 表示这是处理某记录的最后一条命令。

表 7-2 给出了一个由六条通道命令所构成的简单通道程序。该程序的功能是将内存中

不同地址的数据写成多条记录。其中，前三条命令是分别将 813～892 单元中的 80 个字符和 1034～1173 单元中的 140 个字符及 5830～5889 单元中的 60 个字符写成一条记录；第 4 条命令是单独写一条具有 300 个字符的记录；第 5、6 条命令共写 300 个字符的记录。

表 7-2　通道程序列表

指令	操作	P	R	计数	内存地址
1	WRITE	0	0	80	813
2	WRITE	0	0	140	1034
3	WRITE	0	1	60	5830
4	WRITE	0	1	300	2000
5	WRITE	0	0	50	1650
6	WRITE	1	1	250	2720

2．处理器和通道之间的通信

处理器和通道之间的关系是主从关系，处理器是主设备，通道是从设备。处理器和通道之间的通信方式是：

(1) 处理器向 I/O 通道发出输入/输出指令(I/O 指令)，命令通道工作，并检查其工作情况。

(2) 通道处理完毕后，以中断的方式向处理器汇报，等候处理器处理。

输入/输出指令是中央处理器的指令，这类指令均为特权指令，只能在管态(内核态或系统态)下运行，否则会出错引起程序中断。

处理器在何时、如何向通道发出 I/O 指令呢？当用户程序要求主存和 I/O 设备间交换数据时，就在其程序中以系统调用的形式向操作系统提出 I/O 请求。这样处理器就由用户态进入内核态，在内核态下运行的系统程序就可以使用 I/O 指令了。图 7-17 示例了处理器启动通道程序工作的 I/O 时序。

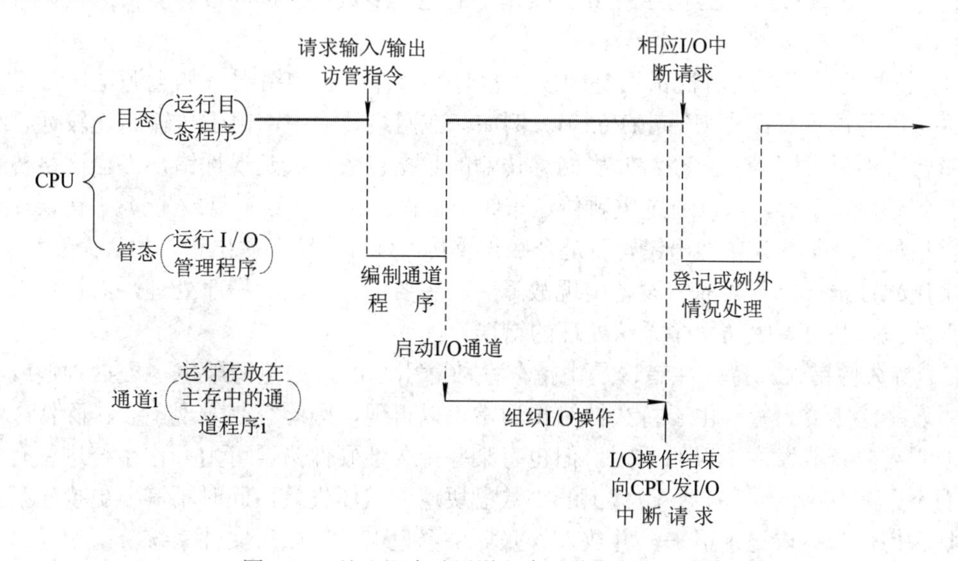

图 7-17　处理器启动通道程序工作的 I/O 时序图

7.3 I/O 系统软件组织

I/O 系统的软件设计目标是：将软件组织成一种层次结构，低层次软件用来屏蔽硬件细节，高层次软件则主要为用户提供一个简单规范的接口。I/O 系统软件的组织结构如图 7-3 所示，本节详细讨论各层次的功能和所要解决的问题。

7.3.1 I/O 软件设计的目标

1. 设备无关性

I/O 软件设计的第一个目标是设备无关性。现代操作系统无一例外地都采用与设备无关的 I/O 软件，以实现设备的独立性或设备无关性。在操作系统中，每个设备所配置的设备驱动程序是与硬件密切相关的。为了实现设备的独立性，必须在设备驱动程序之上设置一层软件，这层软件的集合称为“设备无关的 I/O 软件”或“设备独立性软件”。例如，程序员写出的软件无需任何修改就可读出软盘、硬盘、光盘以及 U 盘等设备上的文件，而与具体的设备无关。再如，用户可以简单地输入如下命令，从输入文件 input.txt 中读/写文本行、将排序好的内容输出到文件 output.txt 中：

```
Sort < input.txt >output.txt
```

这里可以从各种设备上获得输入，包括键盘、磁盘等，同时将输出送到各种不同的设备上，如 U 盘、屏幕等。不同设备之间的差异由操作系统处理，操作系统会调用不同的设备驱动程序真正地将输入数据写到输出设备上。

2. 错误处理

I/O 软件设计的第二个目标是错误处理。由于设备中有许多机械和电气部分，因此它们比主机更容易出现故障，这就导致 I/O 操作中的绝大多数错误都与设备有关。错误可分为两类：

(1) 暂时性错误。暂时性错误是因发生暂时性事件引起的错误，如电源电压不稳。这类错误可以通过重试操作来纠正(Retry)。例如，在网络传输中，由于传输路途较远、缓冲区数量暂时不足等因素，会经常发生网络传输的数据包丢失或延误性错误。当网络传输软件检测到错误发生后，可以通过重新传送来纠正错误。又如，当磁盘发生读/写错误后，开始时驱动程序并不认为传送出错，而是令磁盘重传。只有连续多次出错，才认为磁盘出错，并向上层软件报告。一般的，设备出现故障后，主要由设备驱动程序处理，而设备无关性软件只处理那些设备驱动程序无法处理的错误。

(2) 持久性错误。持久性错误是由持久性故障引起的，如电源断电、磁盘划痕或者计算机中发生除零溢出等。由于持久性错误通常可以再现，因此容易发现。要排除持久性错误，通常需要查清发生错误的原因。但也有某些持久性硬件错误可由操作系统进行有效处理，而不用涉及高层软件。如磁盘上的少数盘块遭到破坏失效，此时不需要更换磁盘，而只需将它们作为坏块记录下来，并放入一张坏块登记表中，以后文件系统分配空间时不再使用这些坏块即可。

总的来说，错误应尽可能在接近硬件的地方处理。如果控制器发现了一个错误，则尽量自己去处理；如果处理不了，才交给设备驱动程序。只有在低层软件处理不了的情况下，错误才提交到高层软件解决。在许多情况下，低层软件可以自己处理错误而不被高层软件所知晓。

3．同步/异步传输

I/O 软件设计的第三个目标是同步/异步传输。多数 I/O 设备采用异步传输，即处理器启动传输操作后便转去做其他工作，直至中断到达。如果采用同步 I/O 操作，则用户程序开发工作将会简单些。在发出一条 Read 命令后，用户进程进入阻塞状态，直至数据读到缓冲区中。操作系统的 I/O 软件不仅能处理异步传输，也能处理同步传输。

4．处理独占设备和共享设备的 I/O 操作

I/O 软件设计的第四个目标是必须能正确处理独占设备和共享设备的 I/O 操作。对于独占设备，为了避免多个进程对独占设备的竞争，必须由操作系统来统一分配，不允许进程自行使用。每当进程需要使用某个独占设备时，必须先提出申请。操作系统接到设备请求后，先对进程所请求的独占设备进行检查，查看该设备是否空闲。若空闲，才把设备分配给该进程。否则，进程将被阻塞，放入该设备的等待队列中，等到其他进程释放该设备后，再将队列中的第一个进程唤醒。共享设备则可以被多个进程同时共享，如磁盘设备。

为了实现以上四个目标，I/O 系统需要被组织成四个层次：中断处理程序、设备驱动程序、设备无关的 I/O 软件和用户空间的 I/O 软件。下面依次对这四个层次进行介绍。

7.3.2　中断处理程序

当一个进程请求 I/O 操作时，该进程进入阻塞状态，直到 I/O 设备完成 I/O 操作后，设备控制器便向处理器发送一个中断请求，告诉操作系统已完成了设备的读/写操作。处理器响应这一中断请求，转向中断处理程序，中断处理程序执行相应的处理，处理完后解除该进程的阻塞状态。中断处理程序位于 I/O 系统的最低层。

7.3.3　设备驱动程序

设备驱动程序包括所有与设备有关的代码。每一个设备驱动程序只处理一种设备或一类密切相关的设备。设备驱动程序的功能是从设备无关软件中接收并执行抽象的请求。

执行一条抽象 I/O 请求的第一步是将该请求转换成更具体的形式。例如，磁盘驱动程序收到一条读磁盘第 n 块的请求，它首先计算第 n 块的物理地址，检查驱动电机是否在转，检测存取臂是否定位在正确的柱面；然后，驱动程序向控制器中的设备寄存器写入这些命令。

在多道程序系统中，驱动程序一旦发出 I/O 命令，启动一个 I/O 操作后，驱动程序便把控制权返回给 I/O 系统，把自己阻塞起来，直到中断到来时再被唤醒。具体的 I/O 操作是在设备控制器的控制下进行的，因此在设备忙于传送数据时，处理器可以去干其他事情，实现了处理器和 I/O 设备的并行工作。

7.3.4　设备无关的 I/O 软件

设备无关的 I/O 软件提供适用于所有设备的常用 I/O 功能，并向用户层软件提供一致的接口。设备无关软件位于设备驱动程序层和用户 I/O 软件层之间，它们之间的界限因操作系统和设备的不同有所差异。例如，对于一些本来应放在设备无关软件层实现的功能，却放在了设备驱动程序中实现。这些差异主要出于对操作系统、设备独立性和设备驱动程序运行效率等方面因素的权衡。总之，在设备无关的软件中，包括了执行所有设备共有操作的软件。

以块设备为例，设备无关的 I/O 软件的主要功能如下：

(1) 设备命名。为了实现设备无关性，当应用程序使用 I/O 设备时，应当使用逻辑设备名。但系统只能识别物理设备名，因此在系统中要设置一张逻辑设备表，用于将逻辑设备名映射为物理设备名。逻辑设备表(LUT，Logical Unit Table)的每个表目包含三项：逻辑设备名、物理设备名和设备驱动程序入口地址，如表 7-3 所示。

表 7-3　逻辑设备表

逻辑设备名	物理设备名	驱动程序入口地址
/dev/tty	3	1024
/dev/printer	5	2050
/dvv/console	7	3000
/dev/hda1	10	3100
…	…	…

当用户程序用逻辑设备名请求分配 I/O 设备时，操作系统根据当时的具体情况，为它分配一台相应的物理设备。与此同时，在逻辑设备表上建立一个表目，填上应用程序使用的逻辑设备名、系统分配的物理设备名以及该设备的驱动程序入口地址。当以后再次利用该逻辑设备名请求 I/O 操作时，系统通过查找 LUT，便可找到逻辑设备所对应的物理设备和该设备的驱动程序。设备无关的 I/O 软件负责将设备名映射到相应的设备驱动程序。

(2) 设备保护。操作系统应向各个用户赋予不同设备的访问权限，以实现对设备的保护。例如，UNIX 对 I/O 设备的设备文件采用了 rwx 保护机制，系统管理员可以为每台设备设置合理的访问权限。

(3) 与设备无关的块大小。不同磁盘的扇区大小可能不同，设备无关软件屏蔽了这一差异，并向上层软件提供统一的数据块大小。例如，把若干扇区作为一个逻辑块，这样高层软件就只和逻辑块大小相同的抽象设备交互，而不管磁盘物理扇区的大小。

(4) 数据缓冲。块设备和字符设备均需要缓冲。对于块设备来说，硬件每次读/写均以块为单位，而用户程序则可以读/写任意大小的单元。如果用户写半个块，操作系统将在内部保留这些数据，直到其余数据到齐后才一次性地将这些数据写到磁盘上。对于字符设备，用户向计算机系统写数据的速度可能比系统向设备输出的速度快，所以也需要缓冲。

(5) 数据块的分配。当创建了一个文件并向其写入数据时，必须为该文件分配新的磁盘块。为了完成分配工作，操作系统需要为每个磁盘配置一张记录空闲盘块的表或位示图，定位一个空闲块的算法是独立于设备的。

(6) 独占设备的分配与释放。独占设备在同一时刻只能由一个进程使用，这就要求操作系统检验对该设备的使用要求，并根据设备的忙闲情况来决定是接受还是拒绝此请求。

(7) 错误处理。大多数错误是与设备密切相关的，错误处理多由驱动程序完成。当驱动程序检测到设备错误并无法处理时，将向设备无关软件报告。

7.3.5　用户空间的 I/O 软件

虽然大部分 I/O 软件属于操作系统，但也有一小部分是与用户程序链接在一起的库例程(静态链接库或动态链接库)，甚至是在内核外运行的完整程序。系统调用包括 I/O 系统调用，通常是由库例程来调用的。例如，在下面的 C 程序中，程序使用了系统调用将字符串“Hello, world!”输出在标准输出设备上。

```
#include <unistd.h>
char msg[14] = "Hello, world!\n";
#define len 14
int main(void)
{
    write(1, msg, len);
    _exit(0);
}
```

库函数 write( )将与用户程序链接在一起，并包含在二进制代码中。这一类库例程也是 I/O 系统的一部分。标准 I/O 库包含很多涉及 I/O 的库例程，它们作为用户程序的一部分运行。

并非所有的用户层 I/O 软件都由库例程构成，另外一个重要的类型就是假脱机(Spooling)系统，它是多道程序设计中处理独占设备的一种方法。例如，打印机是经常用到的输出设备，属于独占设备。如果一个进程申请并分配到打印机，在它释放打印机前，其他进程是无法再使用这台打印机的。然而，利用假脱机技术可以将它改造为一台供多个用户共享的打印设备，从而提高设备的利用率，也方便了用户使用。

共享打印机技术已被广泛地用于多任务系统和局域网络中。假脱机打印系统主要由以下三部分组成：

(1) 磁盘缓冲。它是在磁盘上开辟的一个存储空间，用于暂存用户程序的输出数据，在该缓冲区中可设置几个盘块队列，如空块队列、满块队列等。

(2) 打印缓冲。该部分用于缓和处理器和磁盘之间速度不匹配的问题，设置在内存中，暂存从磁盘缓冲区送来的数据，以后再传送给打印设备进行打印。

(3) 假脱机管理进程和假脱机打印进程。由假脱机管理进程为每个请求打印的用户数据建立一个假脱机文件，并把它放入假脱机文件队列中。由假脱机打印进程依次对队列中

的文件进行打印。

图 7-18 为假脱机打印机系统的工作原理图。当用户进程发出打印输出请求时，假脱机打印系统并不是立即把打印机分配给该用户进程，而是由假脱机管理进程完成两项工作：

(1) 在磁盘缓冲区中为该进程申请一个空闲盘块，并将要打印的数据送入其中暂存。

(2) 为用户进程申请一张空白的用户请求打印表，并将用户的打印要求填入其中，再将该表挂到假脱机文件队列上。在这两项工作完成后，虽然还没有进行任何实际的打印输出，但对用户进程而言，其打印请求已经得到满足，打印输出任务已经完成。

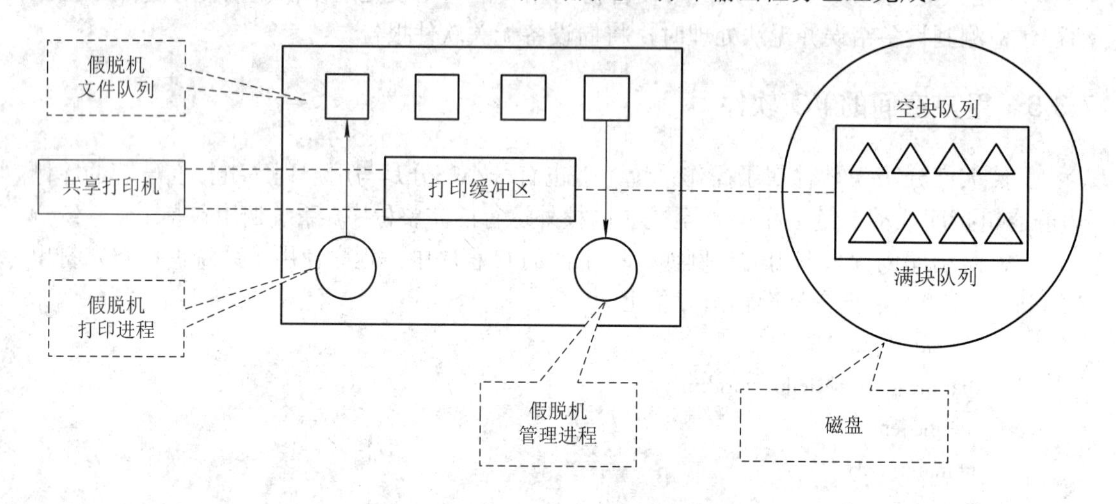

图 7-18　假脱机打印机系统工作原理图

真正的打印输出是由假脱机打印进程负责的，当打印机空闲时，该进程首先从假脱机文件队列的队首取得一张请求打印表，然后根据表中的要求将要打印的数据由磁盘上的数据暂存区传送到内存缓冲区(打印缓冲区)，再交付打印机进行打印。一个打印任务完成后，假脱机打印进程将再次扫描假脱机文件队列，若队列非空，则重复上述工作，直至队列为空。此后假脱机打印进程将自己阻塞起来，仅当再次有打印请求时，才被重新唤醒。

由此可见，利用假脱机系统向用户提供共享打印机的基本原理是：对每个用户而言，系统并非即时执行真实打印操作，而只是即时将数据输出到磁盘缓冲区，这时的数据并未真正被打印，只是让用户感觉到系统已为他提供了打印服务；真正的打印操作，是在打印机空闲且该打印任务在队列中已排到队首时进行的，而且打印操作本身也是利用了处理器的一个时间片，没有使用专门的外围处理器。以上过程对用户是完全透明的。

7.4　缓冲处理技术

在操作系统中，几乎所有 I/O 设备在与处理器交换数据时都需要用到缓冲区。缓冲区是一个由操作系统内核进行管理，而且位于内核的存储区域。缓冲区也可以由专门的硬件寄存器组成，但由于硬件的成本较高，容量也较小，一般仅用在对速度要求非常高的场合，如内存管理中所用的联想存储器、设备控制器中用的数据缓冲区等。一般情况下，更多的是利用内存作为缓冲区。本节主要介绍内存缓冲区的主要管理功能与组织形式。

7.4.1　缓冲区的引入

引入缓冲区的原因可归结为以下几点：

(1) 缓和处理器和 I/O 设备间速率不匹配的矛盾。事实上，凡在数据输入速率与输出速率不匹配地方，都需要设置缓冲区。处理器的运算速率远远高于 I/O 设备的速率，如果没有缓冲区，在输出数据时，必然会由于输出设备的速度跟不上，而使处理器停下来等待；而在计算阶段，输出设备又空闲无事。如果在输出设备或控制器中设置一缓冲区，用于快速暂存程序的输出数据，以后由输出设备“慢慢地”从中取出并处理，这样就可以提高处理器的工作效率。类似的，在输入设备与处理器之间设置缓冲区，也可使处理器的工作效率得以提高。

(2) 减少对处理器的中断频率，放宽对处理器中断响应时间的限制。在远程通信系统中，如果从远端终端发来的数据仅用一位缓冲来接收，如图 7-19(a)所示，则必须在每收到一位数据时便中断一次处理器，这样对于速率为 9.6 kb/s 的数据通信来说，就意味着其中断频率也为 9.6 k/s，即每 100 μs 就要中断处理器一次，而且处理器必须在 100 μs 内予以响应，否则缓冲区内的数据将被覆盖掉。假若设置一个具有 8 位的缓冲(移位)寄存器，如图 7-19(b)所示，则可使处理器被中断的频率降为原来的 1/8；若再设置一个 8 位的寄存器，如图 7-19(c)所示，则又可以把处理器对中断的响应时间从 100 μs 放宽到 800 μs。类似的，在磁盘控制器和磁带控制器中，都需要设置缓冲寄存器，以减少对处理器中断的频率，放宽对处理器中断响应时间的限制。随着传输速率的提高，需要配置位数更多的寄存器进行缓冲。

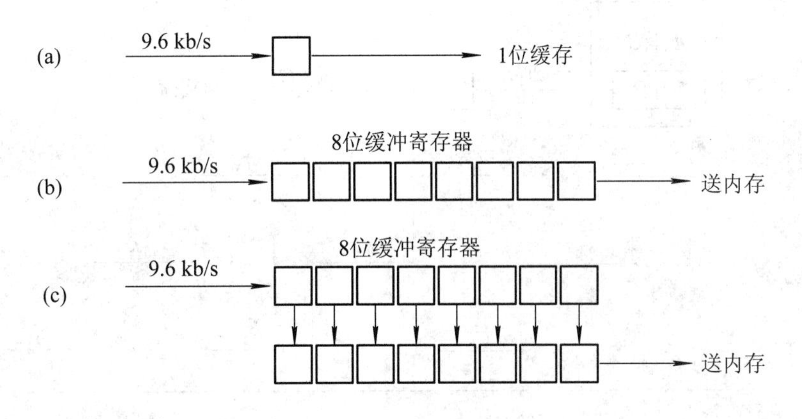

图 7-19　缓冲寄存器实现移位

(3) 解决数据粒度不匹配的问题。缓冲区可用于解决生产者与消费者之间交换的数据粒度(数据单元大小)不匹配的问题。例如，生产者所生产的数据粒度比消费者的数据粒度小时，生产者进程可以一连生产好几个数据单元数据，当其总和已达到消费者进程所要求的数据单元大小时，消费者便可从缓冲区中取出数据消费。反之，如果生产者所生产的数据粒度比消费者消费的数据粒度大，则生产者每次生产的数据可以供消费者分几次从缓冲区中取出消费。

(4) 提高处理器和 I/O 设备之间的并行性。缓冲区的引入可显著地提高处理器和 I/O 设备间并行操作的程度，提高系统的吞吐量和设备的利用率。例如，在处理器(生产者)和打印机(消费者)之间设置了缓冲区后，生产者在生产了一批数据并将它放入缓冲区后，便可以立即去进行下一次的生产。与此同时，消费者可以从缓冲区中取出数据来消费，这样便可以使处理器与打印机处于并行工作状态。

缓冲技术包括输入缓冲和输出缓冲。所谓输入缓冲，是指用户进程需要数据之前，操作系统已经把数据从设备读入到系统存储区中；所谓输出缓冲，是指操作系统先把要输出的数据写入系统存储区，当进程继续运行时，操作系统再把数据送往设备输出。

7.4.2　单缓冲区和双缓冲区

如果生产者与消费者之间未设置缓冲区，生产者与消费者在时间上会相互限制。例如，生产者已经完成了数据的生产，但消费者未准备好接收，则生产者必须等待，直到消费者就绪。如果在生产者与消费者之间设置了一个缓冲区，则生产者无需等待消费者就绪，可把数据输出到缓冲区。

1．单缓冲区

在单缓冲区情况下，每当用户进程发出一个 I/O 请求时，操作系统便在主存中为它分配一个缓冲区，如图 7-20 所示。在块设备输入时，假定从磁盘把一块数据输入到缓冲区的时间为 T，OS 将该缓冲区中的数据传送到用户区的时间为 M，而 CPU 对这一块数据处理(计算)的时间为 C。由于 T 和 C 是可以并行的，当 $T > C$ 时，系统对每一块数据的处理时间为 $T + M$，反之则为 $M + C$，故可把系统对每一块数据的处理时间表示为 $\text{Max}(C, T) + M$。

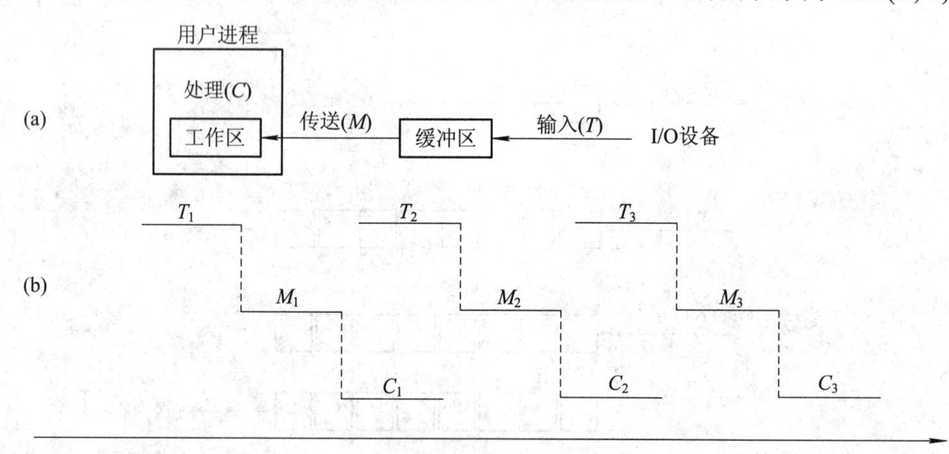

图 7-20　单缓冲区工作原理示意图

在字符设备输入时，缓冲区用于暂存用户输入的一行数据。在输入期间，用户进程被挂起以等待数据输入完毕；在输出时，用户进程将一行数据输出到缓冲区后继续进行处理。当用户进程已有第二行数据输出时，如果第一行数据尚未被提取完毕，则此时用户进程被阻塞。

2．双缓冲区

由于缓冲区是共享资源，生产者与消费者在使用缓冲区时必须互斥。如果消费者没有取出缓冲区中的数据，即使生产者又生产出新的数据，也无法将它送入缓冲区，生产者这时必须等待。如果在生产者和消费者之间设置了两个缓冲区，便能解决这个问题。

为了加快输入和输出的速度，提高设备利用率，人们又引入了双缓冲区机制。在设备输入时，先将数据送入缓冲区 1，填满数据后便转向缓冲区 2。此时操作系统可以从缓冲区 1 中移走数据，并送入用户进程，接着由处理器对数据进行计算。图 7-21 为双缓冲区工作原理示意图。

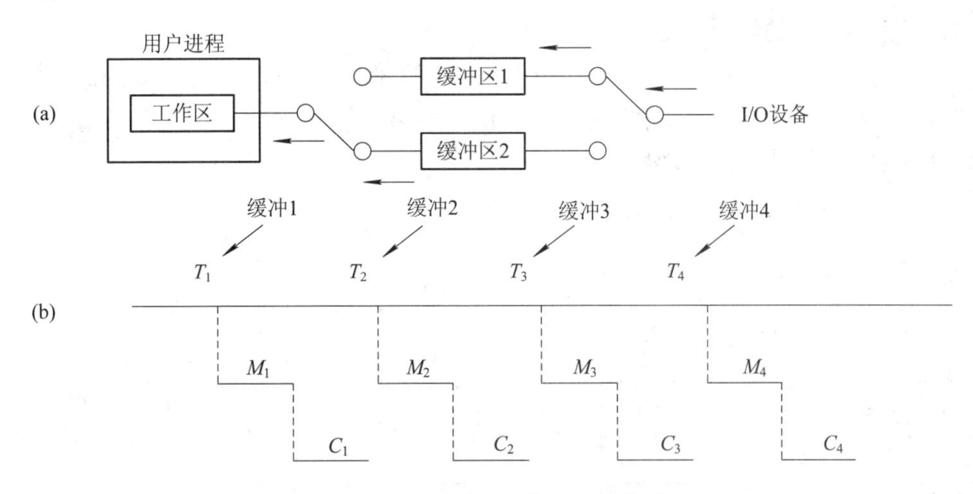

图 7-21　双缓冲区工作原理示意图

在双缓冲区时，系统处理一个数据块的时间可以粗略估计为 Max(C,T)，如果 $C<<T$，可使块设备连续输入；如果 $C > T$，则处理器不必等待设备输入。对于字符设备，若采用行输入方式，则采用双缓冲区通常能消除用户的等待时间，即用户在输入完第一行后，在处理器执行第一行的命令时，用户可继续向第二个缓冲区输入下一行数据。

如果在两台机器之间实现通信时，仅为它们配置了单缓冲区，如图 7-22(a)所示，那么它们之间在任一时刻都只能实现单方向的数据传输。例如，只允许把数据从 A 传送到 B，

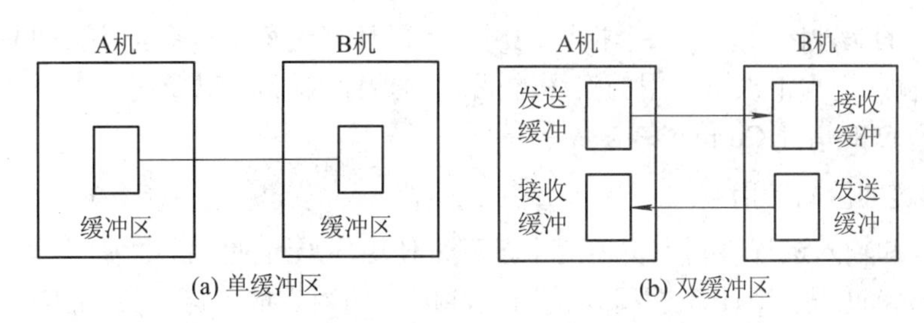

(a) 单缓冲区　(b) 双缓冲区

图 7-22　双机通信时的缓冲区设置

或者从 B 传送到 A，而绝不允许双向同时传输。为了实现双向传输，必须在两台机器中都设置两个缓冲区，一个作为发送缓冲，另一个作为接收缓冲，如图 7-22(b)所示。

双缓冲区可以进一步扩充成多缓冲区。此时操作系统与用户进程将轮流使用多个缓冲区，以改善系统性能。但是，系统性能并不随着缓冲区的数量不断增加而无休止地提高，当缓冲区达到一定数量时，对系统性能的提高将是微乎其微的，甚至太多的缓冲区占据大量内存空间，会使系统性能下降。

7.4.3　环形缓冲区

当输入与输出的速度基本匹配时，采用双缓冲区能获得较好的效果，可使生产者和消费者之间基本上能并行操作。但若两者速度相差甚远，双缓冲区的效果则不够理想，不过可以适当增加缓冲区的数量，改善系统性能。因此，通过引入多缓冲区机制，可将多个缓冲区组织成环形缓冲区。

1．环形缓冲区的组成

环形缓冲区由多个单缓冲区组成，每个单缓冲区的大小相同。作为输入的多缓冲区可分为三种类型：用于装输入数据的空缓冲区 R、已装满数据的缓冲区 G 以及计算进程正在使用的现行工作缓冲区 C，如图 7-23 所示。

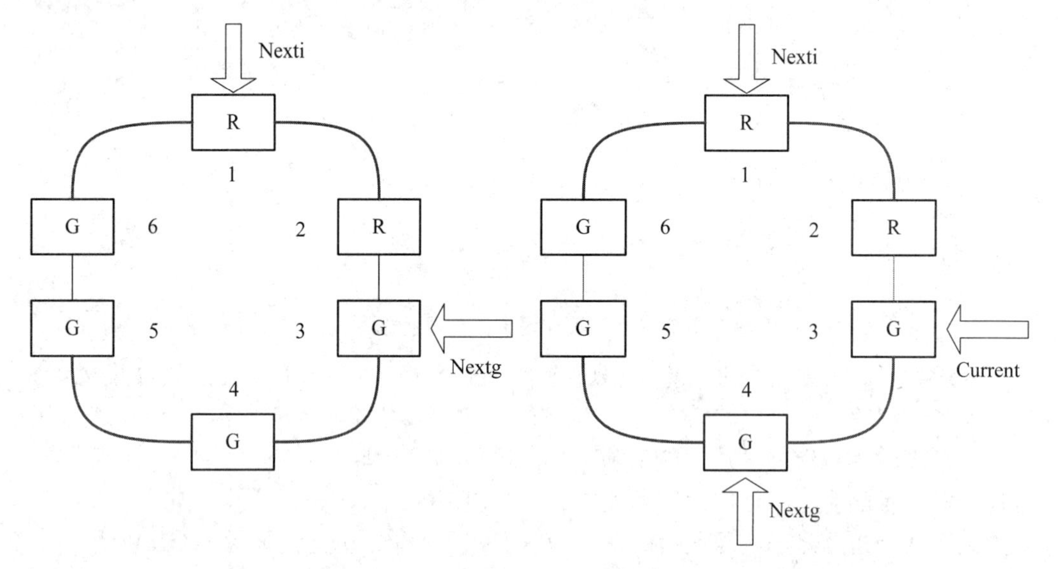

图 7-23　环形缓冲区

作为输入的缓冲区可设置三个指针：用于指示计算进程下一个可用缓冲区 G 的指针 Nextg、指示输入进程下次可使用的空缓冲区 R 的指针 Nexti，以及用于指示计算进程正在使用的缓冲区 C 的指针 Current。

2．环形缓冲区的使用

计算进程和输入进程可利用下述两个过程来使用环形缓冲区：

(1) Getbuf 过程。当计算进程要使用缓冲区中的数据时，可调用 Getbuf 过程。该过程把指针 Nextg 所指示的缓冲区提供给进程使用，同时把它改为现行工作缓冲区，并令 Current 指针指向该缓冲区的第一个单元，然后将 Nextg 移向下一个 G 缓冲区。类似的，当输入进程要使用空缓冲区装入数据时，也要调用 Getbuf 过程，由该过程将指针 Nexti 所指的缓冲区提供给输入进程使用，同时将 Nexti 指针移向下一个 R 缓冲区。

(2) Releasebuf 过程。当计算进程把 C 缓冲区中的数据提取完毕，便调用 Releasebuf 过程，将缓冲区 C 释放。此时，缓冲区由现行工作缓冲区 C 改为空缓冲区 R。类似的，当输入进程把缓冲区装满时，也调用 Releasebuf 过程，将该缓冲区释放，并改为 G 缓冲区。

3．进程之间的同步问题

使用输入循环缓冲区可使输入进程和计算进程并行执行。相应的，指针 Nexti 和指针 Nextg 将不断地沿着顺时针方向移动，这样就可能出现下述两种情况：

(1) Nexti 指针追赶上 Nextg 指针。这意味着输入进程输入数据的速度大于计算进程处理数据的速度，已把全部可用的空缓冲区装满，再无缓冲区可用。此时，输入进程应阻塞，直到计算进程把某个缓冲区中的数据全部提取完，使之成为空缓冲区 R，并调用 Releasebuf 过程将它释放时，才将输入进程唤醒。这种情况被称为系统受计算限制。

(2) Nextg 指针追赶上 Nexti 指针。这意味着输入进程输入数据的速度低于计算进程处理数据的速度，使全部装有输入数据的缓冲区都被抽空，再无装有数据的缓冲区供计算进程提取数据。这时，计算进程只能阻塞，直至输入进程又装满某个缓冲区，并调用 Releasebuf 过程将它释放时，才去唤醒计算进程。这种情况被称为系统受 I/O 限制。

7.4.4　缓冲池

上述的缓冲区是专门为特定的生产者和消费者进程设置的，它们都属于专用缓冲区。当系统较大时，应该有很多这样的循环缓冲区，这不仅要消耗大量的内存空间，而且其利用率又不高。为了提高缓冲区的利用率，目前广泛使用既可用于输入又可用于输出的公用缓冲池，在池中设置了多个可供若干个进程共享的缓冲区。缓冲池与缓冲区的区别在于：缓冲区仅仅是一组内存块组成的链表，而缓冲池是由多个缓冲区队列、一组管理用数据结构以及对缓冲区进行操作的函数组成的机构。

1．缓冲池的组成

缓冲池管理着多个缓冲区，每个缓冲区由缓冲区首部和缓冲区体两部分组成，缓冲区首部用于对缓冲区的标识和管理，缓冲区体用于存放数据。缓冲区首部一般包括缓冲区编号、设备号、设备上的数据块号、同步信号量以及队列链表指针等。为了管理上的方便，一般将缓冲池中类型相同的缓冲区链接成一个队列，于是形成以下三个队列：

(1) 空白缓冲队列 emq。这是由空缓冲区所链成的队列。其队首指针 Head(emq)和队尾指针 Tail(emq)分别指向该队列的首缓冲区和尾缓冲区。

(2) 输入队列 inq。这是由装满输入数据的缓冲区所链成的队列。其队首指针 Head(inq)和队尾指针 Tail(inq)分别指向该队列的首缓冲区和尾缓冲区。

(3) 输出队列 outq。这是由装满输出数据的缓冲区所链成的队列。其队首指针 Head(outq)和队尾指针 Tail(outq)分别指向该队列的首缓冲区和尾缓冲区。

除了上述三个队列外，还应具有四种工作缓冲区：用于收容输入数据的工作缓冲区，用于提取输入数据的工作缓冲区、用于收容输出数据的工作缓冲区和用于提取输出数据的工作缓冲区。

2．Getbuf 过程和 Putbuf 过程

对缓冲池的管理有两个基本操作：

(1) Getbuf(type)：用于从 type 所指向的队列的队首摘下一个缓冲区。

(2) Putbuf(type,number)：用于将参数 number 所指示的缓冲区挂在 type 队列上。

缓冲池中的队列本身是临界资源，多个进程在访问一个队列时，既要互斥又需同步。因此，必须保证 Getbuf(type)和 Putbuf(type, number)两个过程能协同地访问缓冲池中的队列。

为了使诸进程能互斥地访问缓冲池队列，可为每一个队列设置一个互斥信号量。此外，为了保证诸进程同步地使用缓冲区，又为每个队列设置一个资源信号量 RS(type)。设 B 为工作缓冲区，信号量 MS(type)的初值为 1，RS(type)的初值为 0，既可实现互斥又可保证同步的 Getbuf 过程和 Putbuf 过程描述如下：

```
Void Getbuf(unsigned type)
    {
      P(RS(type));
      P(MS(type));
      B(number)=Takebuf(type);
      V(MS(type));
    }

Void Putbuf( type,number)
    {
      P(MS(type));
      Addbuf(type, number);
      V(MS(type));
      V(RS(type));
    }
```

3．缓冲池的工作方式

缓冲池有收容输入、提取输入、收容输出和提取输出四种工作方式，如图 7-24 所示。

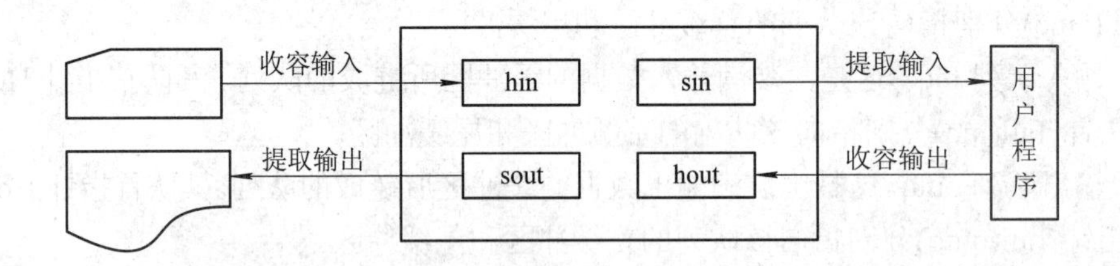

图 7-24　缓冲池的工作方式

(1) 收容输入。输入进程可调用 Getbuf(emq)过程，从空缓冲队列的队首摘下一空缓冲区，把它作为收容输入工作缓冲区 hin。然后，把数据输入其中，装满数据后再调用 Putbuf(inq,hin)过程，将它挂在输入队列 inq 上。

(2) 提取输入。计算进程可调用 Getbuf(inq)过程，从输入队列 inq 的队首取得一缓冲区，作为提取输入工作缓冲区(sin)，计算进程从中提取数据。计算进程用完该数据后，再调用 Putbuf(emq,sin)过程，将它挂到空缓冲队列 emq 上。

(3) 收容输出。计算进程可调用 Getbuf(emq)过程，从空缓冲队列的队首摘下一空缓冲区，把它作为收容输出工作缓冲区 hout。当其中装满输出数据后，又调用 Putbuf(outq,hout)过程，将它挂在 outq 队列末尾。

(4) 提取输出。输出进程可调用 Getbuf(outq)过程，从输出队列的队首摘下一装满输出数据的缓冲区，把它作为提取输出工作缓冲区 sout。在数据提取完后，再调用 Putbuf(emq,sout)过程，将它挂在空缓冲队列的末尾。

7.5 磁盘驱动调度

磁盘存储器是计算机系统中最重要的存储设备，其中存放了大量文件。文件的读、写操作都涉及对磁盘的访问。磁盘 I/O 速度的快慢和磁盘系统的可靠性将直接影响系统性能。可以通过多种途径来改善磁盘系统的性能。首先可通过选择好的磁盘调度算法，以减少磁盘的寻道时间；其次是提高磁盘 I/O 速度，以提高文件的访问速度；第三是采取冗余技术，提高磁盘可靠性，建立高可靠的文件系统。本节将主要介绍磁盘驱动调度策略与算法。

在多道程序设计中，可能会出现多个进程同时对磁盘设备提出输入/输出请求并等待磁盘驱动器对其进行处理的现象。系统必须采用一种调度策略，使得磁盘设备能按最佳的次序处理这些请求，这就是驱动调度问题，所采用的调度策略称为驱动调度算法，如图 7-25 所示。如何减少处理这些请求所花费的总时间是驱动调度算法研究的主要问题。

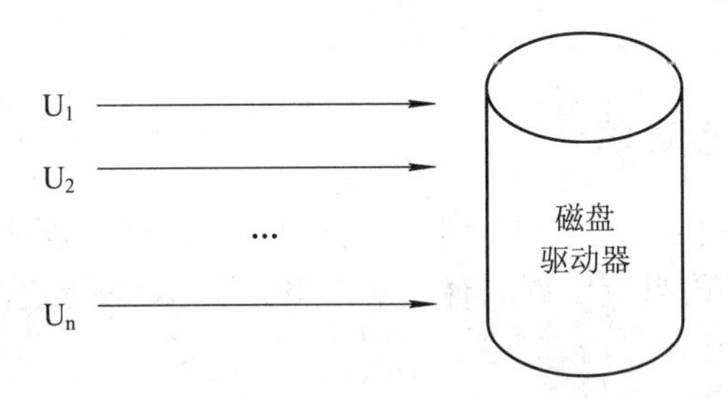

图 7-25 多个用户同时对磁盘设备提出请求

7.5.1 磁盘访问时间

磁盘设备在工作时以恒定的速度旋转。为了读/写，磁头必须移动到所指定的磁道上，并等待所指定的扇区旋转到磁头下，然后再开始读/写数据。可把磁盘的访问时间划分成以下三部分。

(1) 寻道时间 T_s。这是指把存取臂移动到指定柱面所经历的时间。该时间是启动移臂的时间 s 与磁头移过 n 个柱面所花费的时间之和，即

$$T_s = m \times n + s$$

其中，m 是常数，与磁盘驱动器存取臂的移动速度有关。对于一般磁盘，$m = 0.2$，对于高速磁盘，$m \leqslant 0.1$。存取臂的启动时间 s 约为 2 ms。这样对于一般的温盘，其寻道时间将随

着寻道距离的增大而增加，大体上是 5～30 ms。

(2) 旋转时间 T_r。这是指定扇区旋转到磁头下面所经历的时间。不同的磁盘类型旋转速度至少相差一个数量级，如软盘为 300 r/min，硬盘一般为 7200～15 000 r/min 甚至更高。若硬盘旋转速度为 15 000 r/min，每转需要 4 ms，平均旋转延迟时间 T_r 为 2 ms；而对于软盘，其旋转速度为 300 r/min 或 600 r/min，这样平均 T_r 为 50～30 ms。

(3) 传输时间 T_t。这是指把数据从磁盘读出或向磁盘写入数据所经历的时间。T_t 的大小与每次所读/写的字节数 b 和旋转速度有关：

$$T_t = \frac{b}{rN}$$

其中，r 为磁盘每秒钟的转数，N 为一条磁道上的字节数。当一次读/写的字节数相当于半条磁道上的字节数时，T_t 与 T_r 相同，因此，可以将访问时间 T_a 表示为

$$T_a = T_s + \frac{1}{2r} + \frac{b}{rN}$$

由上式可以看出，在访问时间中，寻道时间和旋转延迟时间与所读/写数据的多少无关，而且它通常占据了访问时间的大部分。例如，假定寻道时间和旋转延迟时间平均为 20 ms，而且磁盘的传输速率为 10 MB/s，如果要传输 10 KB 的数据，此时总的访问时间为 21 ms，可见传输时间所占的比例是非常小的。当传输 100 KB 的数据时，其访问时间也只是 30 ms，即当传输的数据量增大 10 倍时，访问时间只增加约 50%。目前磁盘的传输速率已达到 80 MB/s 以上，数据传输时间所占整个访问时间的比重更低。可见适当地集中数据传输，有利于提高传输效率。总之，减少移动到目标柱面的移臂时间、缩短转动到目标数据块的旋转时间可节省整体访问时间。

7.5.2 早期的磁盘调度算法

为了减少文件访问时间，应采用一种最佳磁盘调度算法，以使各进程对磁盘的平均访问时间最少。目前常用的磁盘调度算法有先来先服务法、最短寻道时间优先法和扫描法等。

1. 先来先服务

先来先服务(FCFS)是最简单的磁盘调度算法。它根据进程请求磁盘的先后次序进行调度。该算法的优点是公平、简单且每个进程的请求都能依次得到处理，不会出现某一进程的请求长期得不到满足的情况。但此算法未对寻道进行优化，因此平均寻道时间可能较长。图 7-26 示出了 9 个进程先后提出磁盘 I/O 请求时，按 FCFS 算法进行调度的情况。假设开始时，磁头停留在 100 米柱面上。可见，平均寻道距离为 55.3 条磁道，与后面讲到的几种调度算法相比，其平均寻道距离较大，因此 FCFS 算法仅适用于请求磁盘 I/O 的进程数目较少的情况。

2. 最短寻道时间优先

最短寻道时间优先(SSTF)算法总是选择要求访问的柱面与当前磁头所在柱面距离最近的 I/O 请求优先执行，以使每次的寻道时间最短，但这种算法不能保证平均寻道时间最短。图 7-27 示出按 SSTF 算法进行调度时，各进程被调度的次序、每次磁头移动的距离，以及 9 次磁头平均移动距离。

比较图 7-26 和图 7-27 可看出，SSTF 算法平均每次磁头移动距离明显低于 FCFS 算法的距离，因而 SSTF 较之 FCFS 有更好的寻道性能。

下一柱面号	移动距离(柱面数)
55	45
58	3
39	19
18	21
90	72
160	70
150	10
38	112
184	146
平均寻道长度 55.3	

图 7-26 FCFS 调度算法

下一柱面号	移动距离(柱面数)
90	10
58	32
55	3
39	16
38	1
18	20
150	132
160	10
184	24
平均寻道长度 27.5	

图 7-27 SSTF 调度算法

7.5.3 基于扫描的磁盘调度算法

1. 扫描算法

SSTF 算法的实质是基于优先级的调度算法，因此可能导致优先级低的进程发生“饥饿”现象。因为只要不断有新的请求到达，且其所要访问的柱面与当前磁头所在的柱面距离较近，该请求必然优先满足。对 SSTF 算法略加修改后，则可以防止低优先级进程出现“饥饿”现象。

扫描(SCAN)算法不仅考虑了欲访问的柱面与当前柱面之间的距离，更优先考虑的是磁头的移动方向。例如，当磁头正在由里向外移动时，SCAN 算法所处理的下一个请求是其欲访问的柱面既在当前柱面之外，又是距离最近的一个。这样自里向外访问，直至再无更多的柱面需要访问时，才将读/写臂换向为自外向里移动。这时，同样也是每次选择这样的 I/O 请求来调度：要访问的柱面在当前位置内为最近者，这样磁头又逐步地从外向里移动，直至再无更里面的磁道要访问，从而避免了“饥饿”现象。由于该算法中磁头移动的规律很像电梯的运行，因而又称为电梯调度法。图 7-28 示出了 SCAN 算法对 9 个进程进行调度及磁头移动的情况。

向柱面号增加的方向移动	
下一柱面号	移动距离(柱面数)
150	50
160	10
184	24
90	94
58	32
55	3
39	16
38	1
18	20
平均寻道长度 27.8	

图 7-28 SCAN 调度算法

2. 循环扫描算法

SCAN 算法既能获得较好的寻道性能，又能防止“饥饿”现象，因此得到了广泛应用。

但扫描算法也存在这样的问题：当磁头刚从里向外移动而越过了某一柱面时，恰好又有一进程请求访问此柱面，这时该进程必须等待，待磁头继续由里向外，再从外向里扫描完外面的所有柱面后，才处理该进程的请求，致使请求被大大推迟。为了减少这样的延迟，循环扫描(CSCAN)算法规定磁头单向移动，例如只是自里向外移动，当磁头移到最外柱面并访问后，磁头立即返回到最里的欲访问的柱面，亦即将最小柱面号紧接着最大柱面号构成循环，进行循环扫描。采用循环扫描方式后，上述请求进程的延迟将从原来的 $2T$ 减为 $T+S_{max}$，其中 T 为由里向外或由外向里单向扫描完要访问的柱面所需的寻道时间，而 S_{max} 是将磁头从最外面被访问的柱面直接移到最里面欲访问的柱面的寻道时间(或相反)。图 7-29 示出了 CSCAN 算法对 9 个进程调度的次序及每次磁头移动的距离。

向柱面号增加的方向移动	
下一柱面号	移动距离(柱面数)
150	50
160	10
184	24
18	166
38	20
39	1
55	16
58	3
90	32
平均寻道长度 35.8	

图 7-29　CSCAN 调度算法

7.6　设备分配及其实施

进程提出 I/O 请求后，由操作系统中的设备分配程序根据相应的分配算法为进程分配资源。如果进程得不到它所申请的资源，则将被放入资源等待队列中等待，直到所需资源被释放。

7.6.1　设备分配的数据结构

设备分配和管理需要一组反映系统设备状态的数据结构，这一组数据结构包括设备控制块(UCB)、控制器控制块(CUCB)、通道控制块(CCB)以及系统设备表 SDT。图 7-30 为设备管理中的三种控制块，图 7-31 为系统设备表。

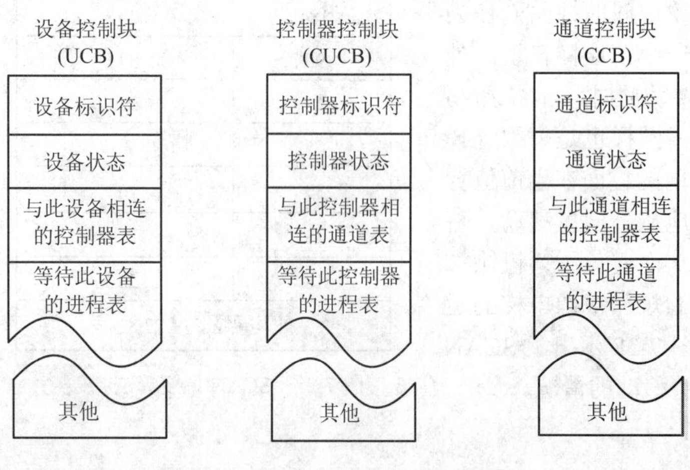

图 7-30　设备管理中的三种控制块

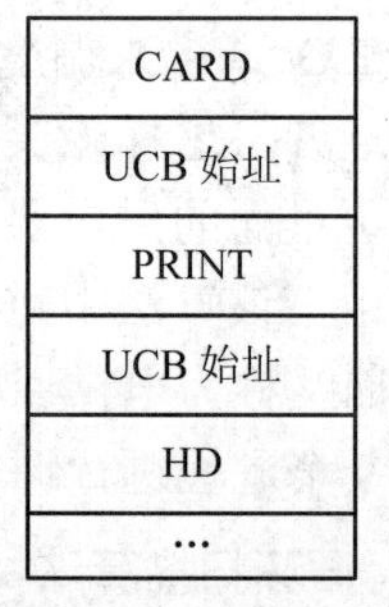

图 7-31　系统设备表

现以设备控制块 UCB 为例，说明系统设备表中各项的意义。设备控制块 UCB 通常包括如下内容：

(1) 设备标识符。它是指该设备的设备名或设备号。

(2) 设备状态。如该设备忙，则记入使用该设备的进程 PCB 的首地址；如果设备不忙，则置空闲标志，如图 7-32 所示。

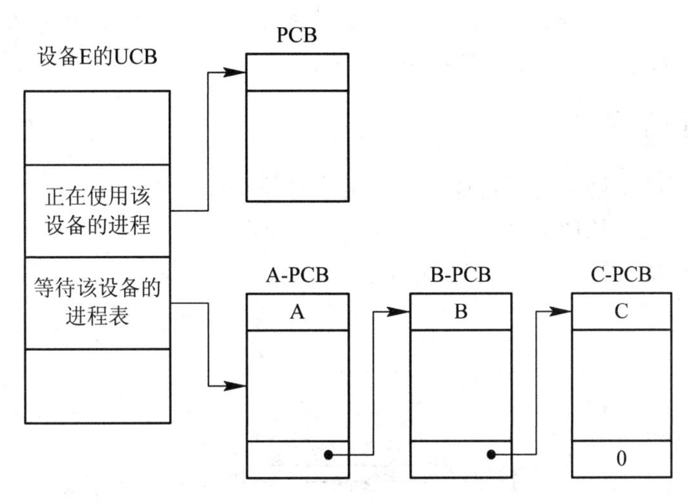

图 7-32　UCB 和 PCB 的连接

(3) 与此设备相连的控制器表。如图 7-33 所示，与设备 E 相连的控制器有 C、D。在该项内置入与此设备相连接的控制器控制块首址，因控制器 C 和 D 连接到同一设备 E，故控制器 C 和控制器 D 的 CUCB 也连接在一起。

(4) 等待此设备的进程表。由于请求使用此设备的进程有多个，因此等待此设备的进程按某种调度策略构成了进程链，如图 7-32 所示。

系统设备表是系统范围的数据结构，它记录了系统拥有的全部 I/O 设备，每一类设备占用一个表目。每个表目包含若干项，项目的多少和项目的内容随系统而异。图 7-34 给出了系统设备表和 UCB 的关系。

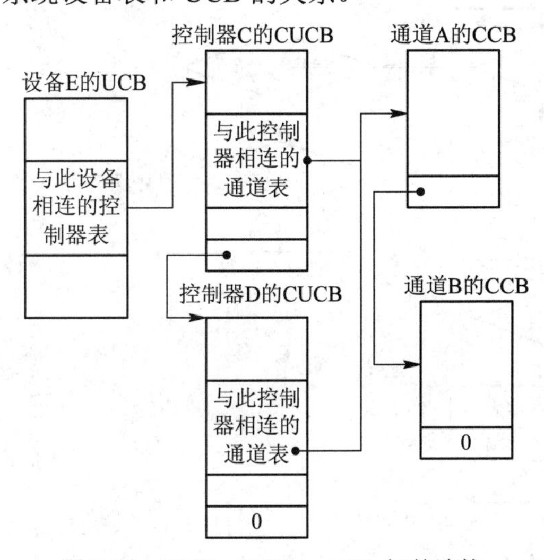

图 7-33　UCB、CUCB、CCB 间的连接

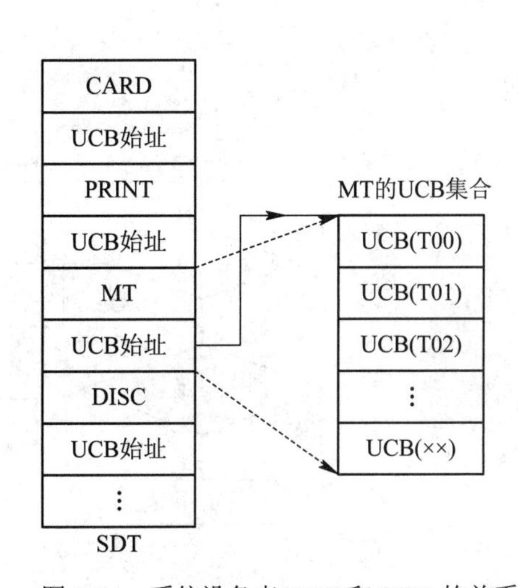

图 7-34　系统设备表(SDT)和 UCB 的关系

有了上述数据结构，I/O 设备分配程序一方面随时登记通道、控制器和设备的状态信息，另一方面构成 I/O 设备到主存的通路。

根据所请求的 I/O 设备，由系统设备表找到该设备的 UCB,然后检查 UCB。例如，假设要请求图 7-33 中的设备 E，于是 I/O 设备分配程序检查设备 E 的 UCB，从中找到与此设备相连接的 CUCB，发现控制器 C、D 与设备 E 相连。如果控制器 C 不忙，则从控制器 C 的 CUCB 中找出与此设备相连接的通道，即通道 A 或通道 B。如果通道 B 空闲，那么便可构成一条 I/O 通路：通道 B→控制器 C→设备 E。

7.6.2　设备分配的原则

设备分配的原则是根据设备特性、用户要求和系统配置情况决定的。设备分配的总原则是既要充分发挥设备的使用效率，尽可能地让设备忙，又要避免由于不合理的分配方法造成进程死锁。设备分配流程如图 7-35 所示。

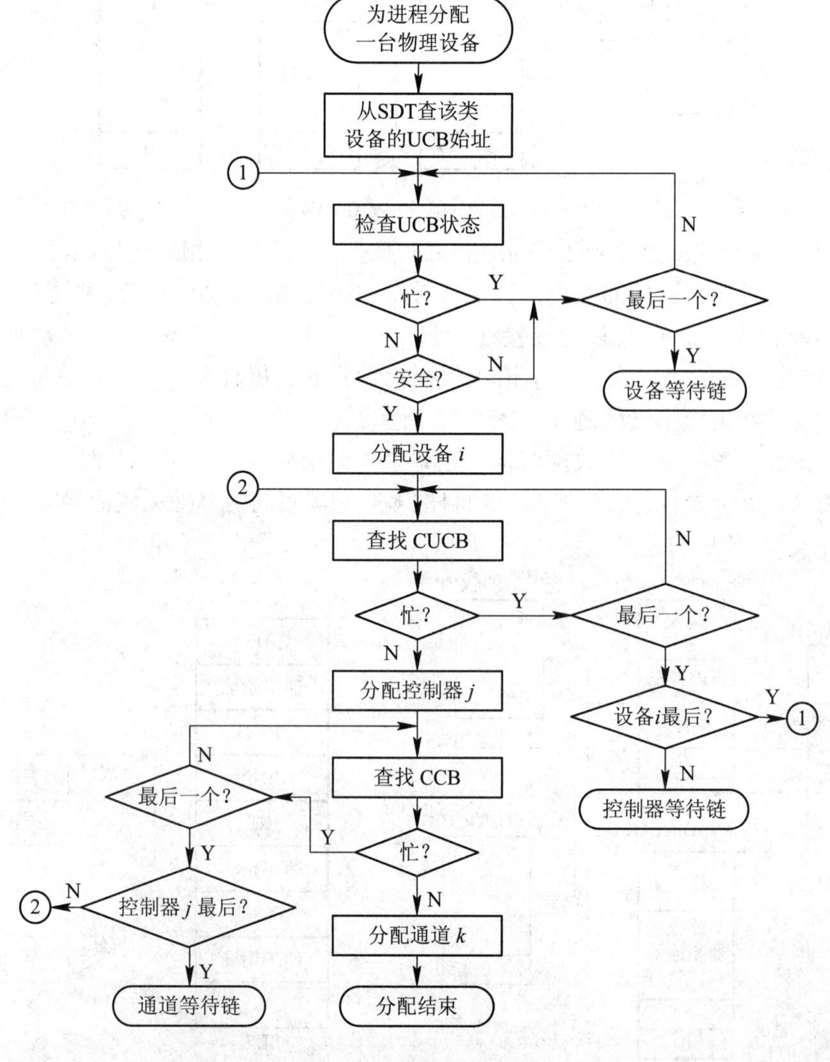

图 7-35　设备分配流程

设备分配方式有两种，即静态分配和动态分配。静态分配方式是在用户进程开始执行之前，由系统一次分配该进程所要求的全部设备、控制器和通道。一旦分配，这些设备、控制器和通道就一直为该进程所占用，直到该进程被撤销。静态分配方式不会出现死锁，但设备利用率低，不符合设备分配的总原则。

动态分配在进程执行过程中根据执行需要进行分配。当进程需要设备时，通过系统调用向系统提出设备请求，由系统按照事先规定的策略给进程分配设备、I/O 控制器和通道，一旦用完便立即释放。动态分配方式有利于提高设备的利用率，但如果分配算法不当，则有可能造成死锁。

7.6.3　设备分配的策略

动态设备分配基于一定的分配策略。常用的分配策略有先请求先分配、优先级高者先分配策略，但不能使用时间片轮转策略，这是因为对于 I/O 操作而言，一个通道程序一经启动便一直进行下去，直到最后完成，中途不允许被中段。

1．先请求先分配

当有多个进程对某一个设备提出 I/O 请求时，或者是在同一设备上进行多次 I/O 操作时，操作系统按提出 I/O 请求的先后顺序，将 I/O 请求排成队列，其队首指向请求设备的 UCB。当该设备空闲时，系统从该设备的请求队列的队首取下一个 I/O 请求，将设备分配给发出这个请求的进程。

2．优先级高者先分配

这种策略和进程调度的优先级调度法是一致的，即进程的优先级高，其对应的 I/O 请求优先级也高，应优先予以满足。对于相同优先级的进程来说，则按先请求先分配的策略进行分配。因此，优先级高者先分配策略把对某设备的 I/O 请求按进程的优先级组成队列，从而保证在该设备空闲时，系统能从 I/O 请求队列队首取下一个具有最高优先级的 I/O 请求命令，并将设备分配给发出该请求的进程。

7.7　I/O 进程控制

前面各节讨论了 I/O 数据传送控制方式、缓冲技术以及进行 I/O 传输所必需的设备分配策略与 I/O 调度算法。那么，操作系统在何时分配设备、何时申请缓冲，由哪个进程进行中断响应呢？另外，尽管处理器向设备或通道发出了启动命令，设备的启动以及 I/O 控制器中的有关寄存器的值由谁来设置呢？这些都是前面几节的讨论中没有解决的问题。

从用户进程的输入/输出请求开始，给用户进程分配设备和启动有关设备进行 I/O 操作，以及在 I/O 操作完成之后响应中断，进行善后处理为止的整个控制过程称为 I/O 控制。

7.7.1　I/O 控制的功能

I/O 控制的功能如图 7-36 所示。I/O 控制过程首先从收集和分析调用 I/O 控制过程的原因开始：是从外部设备来的中断请求？还是从进程来的 I/O 请求？然后，根据不同请求分别调用不同的程序模块进行处理。

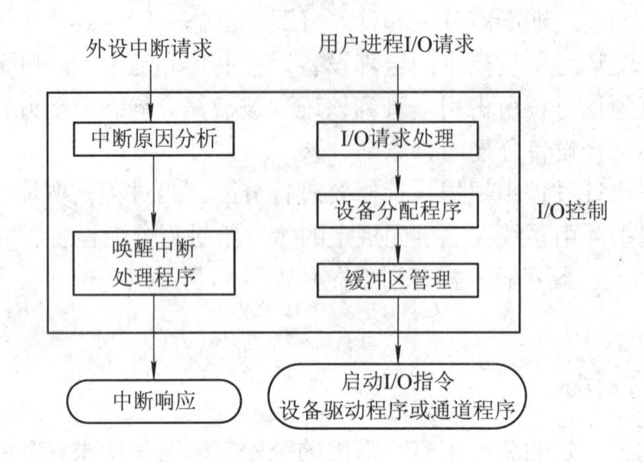

图 7-36　I/O 控制的功能

图 7-36 中各子模块的功能简单地说明如下：

I/O 请求处理模块是用户进程和设备管理程序接口的一部分，它把用户进程的 I/O 请求变换为设备管理程序所能接收的信息。一般来说，用户的 I/O 请求包括：逻辑设备名、要求的操作、传送的数据长度和起始地址等。I/O 请求处理模块对用户的 I/O 请求进行处理。首先将 I/O 请求中的逻辑设备名转换成对应的物理设备名，然后检查 I/O 请求命令中是否有参数错误；在 I/O 请求命令参数正确时，把该命令插入指向相应 UCB 的 I/O 请求队列，再启动设备分配程序。在有通道的系统中，I/O 请求处理模块还将按 I/O 请求命令的要求编制出通道程序(通道程序是用通道命令字编写的能在通道处理机上运行的 I/O 程序)。

在设备分配程序为 I/O 请求分配了相应的设备、控制器和通道之后，I/O 控制模块还将启动缓冲区管理模块为此次 I/O 传送申请必要的缓冲区，以保证 I/O 传送的顺利完成。缓冲区的申请也可在设备分配之前进行。例如，UNIX 系统首先请求缓冲区，然后把 I/O 请求命令写到缓冲区中并将该缓冲区挂接到设备的 I/O 请求队列上。

另外，在数据传送结束后，外设发出中断请求，I/O 控制过程将调用中断处理程序并做出中断响应。对于不同的中断，其善后处理也不同。例如处理结束中断时，要释放相应的设备、控制器和通道，并唤醒正在等待该操作完成的进程。同时，还要检查是否还有等待该设备的 I/O 请求命令。如有，则要通知 I/O 控制过程进行下一个 I/O 传送。

7.7.2　I/O 控制的实现

I/O 控制过程可以按三种方式来实现：

(1) 作为请求 I/O 操作的进程的一部分实现。当一个进程在运行过程中要求 I/O 操作时，为了使该进程具有良好的实时性，将一些 I/O 控制命令直接编入程序中以实现快速 I/O 操作。这种 I/O 实现方式常常出现于汇编语言开发的单任务控制系统中。

(2) 作为当前进程的一部分实现。这种情况下，不要求系统具有高度的实时性。但由于当前进程与完成的 I/O 操作无关，所以当前进程不能接受 I/O 请求命令的启动 I/O 操作。不过，当前进程可以在接收到中断信号后，将中断信号转交给 I/O 控制模块处理，因此，如果让请求 I/O 操作的进程调用 I/O 操作控制部分(I/O 请求处理、设备分配、缓冲区分配等)，而让当前进程负责调用中断处理部分，也是一种可行的I/O控制方案。

(3) I/O控制由专门的系统进程——I/O进程完成。在用户进程发出I/O请求命令之后，系统调度I/O进程执行，控制I/O操作。同样，在外设发出中断请求之后，I/O进程也被调度执行以响应中断。I/O请求处理模块、设备分配模块以及缓冲管理模块、中断原因分析模块、中断处理程序模块和下述的设备驱动程序模块等都是I/O进程的一部分。

I/O进程也有三种实现方式：

(1) 每类(个)设备设一个专门的I/O进程，且该进程只能在内核态下执行。

(2) 整个系统设一个I/O进程，全面负责系统的数据传送工作。由于现代计算机系统设备十分复杂，I/O进程的负担很重，因此又可把I/O进程分为输入进程和输出进程。

(3) 每类(个)设备设一个专门的I/O进程，但该进程既可在用户态也可在内核态下执行。

在具体的操作系统实现中，I/O控制的实现方案往往考虑到操作系统的类型与设计目标会有所不同。例如，对于实时操作系统，往往采用为每个设备设置一个专门的I/O进程的方案；对于一般的通用操作系统，往往采用为整个系统设立一个I/O进程(总I/O入口)和为相关设备采用专门I/O进程相结合的方案。

7.7.3　设备驱动过程

设备驱动程序是驱动物理设备和DMA控制器或I/O控制器等，直接进行I/O操作的子程序的集合。它负责设置相应设备寄存器的值，启动设备进行I/O操作，指定操作的类型和数据流向等。

为了对设备驱动程序进行管理，操作系统中设置有设备开关表(DST，Device Switch Table)。设备开关表中给出相应设备的各种操作子程序的入口地址，例如打开、关闭、读、写和启动设备的子程序的入口地址。一般来说，设备开关表是二维结构的，其中的行和列分别表示设备类型和驱动程序类型。设备开关表也是I/O进程的一个数据结构。I/O控制过程为进程分配设备和缓冲区后，可以使用设备开关表调用所需的设备驱动程序进行I/O操作。

习　题

1．试说明I/O系统的基本功能。

2．简要说明I/O系统的五个层次的基本功能。

3．设备无关性的含义是什么？为什么要设置该层？

4．设备控制器由哪几部分组成？各部分的主要功能是什么？

5．为了实现处理器和设备控制器之间的通信，设备控制器应具备哪些功能？

6．什么是DMA方式？试说明采用DMA方式进行数据传输的过程。

7．在I/O系统中，为什么要引入缓冲技术？在单缓冲与双缓冲的情况下，系统对一块数据的处理时间分别怎样衡量？

8．有哪几种I/O控制方式，各适用什么场合？

9．假脱机系统向用户提供共享打印机的基本思想是什么？

10．磁盘访问时间由哪几部分组成？每部分时间应如何计算？

11．目前常用的磁盘调度算法有哪几种？每种算法优先考虑的问题是什么？

12．什么是设备的安全分配方式和不安全分配方式？

13．试给出两种 I/O 调度算法，并说明为什么 I/O 调度算法中不能采用时间片轮转法？

14．在配置通道的计算机系统中，利用 UCB、CUCB、CCB 如何查找从主存到 I/O 设备的一条可用通路？

15．设备分配的策略与哪些因素有关？

16．什么是 I/O 控制？它的主要任务是什么？

17．I/O 控制可用哪几种方法实现？各有什么优、缺点？

18．设备驱动程序是什么？为什么要有设备驱动程序？系统是怎样管理设备驱动程序的？

19．旋转型设备上信息的优化分布能减少若干个输入/输出服务的总时间。例如，有 10 个记录 A，B，…，J 存放在某磁盘的某一磁道上，假设这个磁道划分成 10 块，每块存放一条记录，存储布局如下表所示。现在要处理这些记录，如果磁盘的旋转速度是每转 20 ms，处理程序每读出一条记录后需要花费 4 ms 的时间进行处理。试问：

(1) 处理完 10 条记录的总时间是多少？

(2) 为了缩短处理时间，应进行怎样的优化分布？计算优化分布后进行处理所需的总时间。

块号	1	2	3	4	5	6	7	8	9	10
记录号	A	B	C	D	E	F	G	H	I	J

20．假设某磁盘有 200 个柱面，编号为 0～199，当前存取臂的位置在 143#柱面上，并刚刚完成了 126#柱面的请求，如果请求队列的先后顺序是 86，147，91，177，94，150，102，175，130。试问：为了完成上述请求，下列移臂调度算法移动的总量是多少？写出存取臂移动的顺序。

(1) FCFS；(2) SSTF；(3) SCAN；(4) CSCAN。

21．某磁盘的平均寻道时间是 5.6 ms，磁盘驱动器旋转电机的转速为 7200 r/min，每个磁道有 128 个扇区，每个扇区的尺寸是 1 KB，则传送 10 MB 大小的文件所需的时间是多少？

参 考 文 献

[1] 孙钟秀. 操作系统教程. 北京：高等教育出版社，1989.

[2] 徐甲同，等. 计算机操作系统教程. 2 版. 西安：西安电子科技大学出版社，2006.

[3] 斯托林斯(Stallings W). 操作系统：精髓与设计原理. 6 版. 陈向群，等译. 北京：机械工业出版社，2010.

[4] 布莱恩特(Bryant R E)，奥哈拉伦(O'Hallaron D R). 深入理解计算机系统(英文版). 2 版. 北京：机械工业出版社，2011.

[5] 史蒂文斯(Stevens W R)，拉戈(Rago S A). UNIX 环境高级编程(英文版). 2 版. 北京：人民邮电出版社，2006.

[6] 西尔伯查茨(Silberschatz A)，高尔文(Galvin P B)，加根(Gagne G). 操作系统概念：Java 实现(英文版). 7 版. 北京：高等教育出版社，2007.

[7] Andrews G R. Concurrent Programming: Principles and Practice. The Benjamin/Cummings Publishing Company, Inc. 1991.

[8] 塔嫩鲍姆(Tanenbaum A S). 现代操作系统. 3 版. 陈向群,等译. 北京:机械工业出版社，2009.

[9] 申丰山，王黎明. 操作系统原理与 Linux 实践教程. 北京：电子工业出版社，2016.

参考文献